JN426333

신편 전력공학

이동신 · 류근채 · 이황재 · 석원엽 · 박상호 공저

도서출판 태영문화사

머 리 말

21세기를 살아가는 우리 인간에게 전기는 이제 지난 세기의 단순한 에너지 구실로만은 아니다. 전기가 발명된 이래 한때는 불을 밝히는 목적만으로 사용되어 어두운 밤에는 송전했다가 날이 밝아지면 단전하는 때도 있었다. 그러나 이제 전기는 물, 공기와 같이 당연히 있는 것이라 생각되어 그 고마움을 모르지만 전기가 없으면 단 하루를 살아가기 힘들게 되었다.

이 세상에는 여러 가지 형태의 에너지가 있다. 높은 곳에 있는 물, 연료를 연소하여 얻는 열, 태양열, 지열, 바람, 조수간만의 차 등, 이 많은 형태의 에너지 중에서 우리 인간이 가장 사용하기에 편리한 에너지 형태가 바로 전기적 에너지, 즉 전기이다라고 설명할 수 있다.

이와 같은 어떤 형태의 에너지에서 전기적 에너지로 바꾸는 것이 발전이며, 많은 형태의 에너지가 있는 만큼 발전방식 또한 상당히 많다.

그 중에서 전력공학이라는 차원에서 수력, 화력, 원자력 등 경제성이 있는 몇 가지만 발전쪽에서 간단히 다루기도 한다.

또한 전기를 발전소에서부터 우리 인간 가까이 가져다주는 제반시설 및 운용에 관한 기술적 이론을 다루는 송배전공학의 중요도는 비단 전기공학분야에만 국한되는 것이 아니라고 말할 수 있겠다.

우리나라 전력계통은 1961년 한국전력설립 당시 설비용량이 37만[kW]에 불과하던 것이 40년이 지난 2001년에는 전력 수요 마저도 그 100배가 넘는 4000만[kW]를 상회하고 있다. 계통의 송전전압도 66[kV]에서 154[kV] 또는 345[kV]로, 다시 765[kV]로 초고압화로 변천을 거듭하면서, 계통구성도 종래의 단순한 수지식에서 다중 loop로 Network화하고, 그 보호방식이나 운용형태도 정보통신의 급격한 발전에 힘입어 대단한 성장을 이룩하였다. 이렇게 전력계통의 각 분야에 많은 변화를 가져온 만큼 송배전공학 또한 그 내용면에서 새로운 다듬질이 요구되지 않을 수 없다.

이러한 요구를 이 책에서는 이해하기 어려운 이론은 지양하고 누구나 이해하기 쉽고 간결하게 기술하였다.

아무쪼록 이 책이 전력공학에 많은 관심을 갖는 모든 분들에게 조금이라도 참고가 된다면 저자로서 더 이상 바랄 것이 없겠으며, 이 책의 미비한 점에 대해서는 독자 여러분의 기탄없는 편달을 바라는 바입니다.

끝으로 이 책을 출판함에 있어서 여러 가지로 애써주신 도서출판 태영문화사 사장님 이하 임직원 여러분들께 깊은 감사의 뜻을 표하는 바입니다.

저자 씀

차 례

제 1 장 수력 발전

제 2 장 수력학의 기초

제 3 장 유량과 낙차

제 4 장 수력설비

제 5 장 수 차

제 6 장 화력 발전의 개요

제 7 장 열역학

제 8 장 연료 및 연소장치

제 9 장 보일러

제 10 장 증기 터빈

제 11 장 원자력 발전

제 12 장 송배전 계통

제 13 장 가공전선로

제 14 장 지중전선로

제 15 장 선로정수 및 코로나

제 16 장 송전특성

제 17 장 송전선의 고장계산과 유도장해

제 18 장 중성점의 접지

제 19 장 이상전압과 보호

제 20 장 변전소

제 21 장 보호계전기

제 22 장 전력개폐설비

제 23 장 배전방식 및 역률

제 24 장 배전선의 전기적 계산

제 25 장 배전선의 전압조정

제 1 장

수력 발전

1.1 수력 발전의 개요

수력 발전은 높은 곳에 있는 물이 가진 위치에너지를 낙차를 이용하여 물의 운동에너지로 되어 수차를 회전시켜 기계적인 에너지로 바꾸어 발전기를 회전시켜 전력을 발생시키는 발전방식이다.

지금 1초 동안에 Q[m^3]의 유량이 유효낙차 H[m]를 낙하할 때 얻어지는 동력 P_w는

$$P_w = 1,000\,QH[\text{kg}\cdot\text{m/s}]$$

물 1[m^3]의 무게를 1,000[kg], 1[kg · m]=9.8[J], 1[kW]=10^3[J/s]이므로

$$P_w = 9.8\,QH[\text{kW}] \tag{1-1}$$

P_w를 이론수력이라 한다.

이 이론수력으로 수차를 돌리고 발전기를 구동시켜 발생하는 전력 P는 수차효율 η_t, 발전기효율 η_g라 하면 종합효율은 $\eta_t \eta_g$이며, 다음과 같다.

$$P = 9.8QH\eta_t\eta_g[\text{kW}] \tag{1-2}$$

1.2 수력 발전소의 종류

1.2.1 취수방법에 의한 분류

(1) 수로식 발전소(conduit type power plant)

하천의 구배 및 굴곡 등의 지형을 이용하여 완만한 구배의 수로를 시설하므로서 낙차를 얻는 방식이며 그림 1-1과 같은 배치가 된다. 이 형식은 짧은 수로로서 가급적 큰 낙차가 얻어지는 경우에 유리하므로 일반적으로 급구배로 굴곡이 많은 하천의 하류 또는 중류부에 설치된다.

취수댐 → 취수구 → 수 로 → 침사지 → 수 로 → 상수조 → 수압관 → 수 차 → 방수로 → 방수구

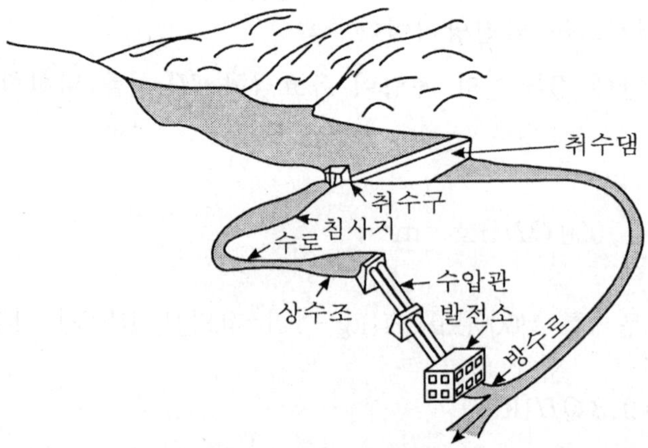

그림 1-1 수로식 발전소

특히 침사지로서 필요한 조건은 수로의 폭을 넓혀 난류 발생을 방지하고 느린 유속이 되도록 흐르는 물의 단면적을 증가하고, 모래침전에 필요한 시간을 주기 위하여 충분한 길이와 퇴적한 토사를 용이하게 배설할 수 있는 구조로 해야 한

다. 그 구조로서는 수심 보다 폭을 크게 하고, 침사지 내의 유속은 0.2~0.4[m/s] 정도까지 감소시킨다.

(2) 댐식 발전소(dam type power plant)

하천을 가로질러 댐을 만들어 상류수위를 높여 낙차를 얻는 방식이며, 이 형식은 댐 축조에 요하는 비용이 최소가 되며 최대의 낙차와 저수량이 얻어지는 것이 요망된다. 구배가 완만하고 유량이 풍부한 하천의 중·하류에 설치되는 경우가 많다.

저수지 조정지 → 댐 → 취수구 → 수압관 → 수 차 → 방수로 → 방수구

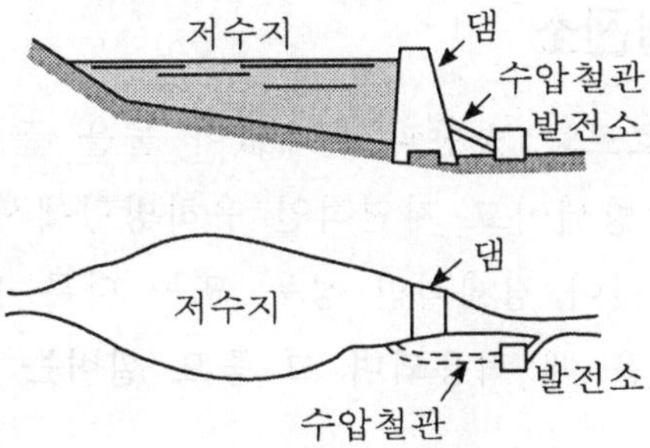

그림 1-2 댐식 발전소

(3) 댐수로식 발전소(dam and conduit type plant)

이 형식은 위의 두 개의 방식을 혼합한 것이고 하천의 구배가 완만한 곳에 댐을 축조, 저수하여 댐 하류의 급류부 또는 굴곡부의 낙차를 수로의 연장으로서 이용하는 것이다. 이것은 발전소에 있어서의 부하 급변으로 인하여 갑자기 물을 차단할 경우 수격작용에 의한 수압상승에 대해 수압관이나, 압력터널을 보호하기 위한 장치이다.

저수지 조정지 → 댐 → 압력수로 무압수로 → 조압수조 또는 수조 → 수 차 → 방수로 → 방수구

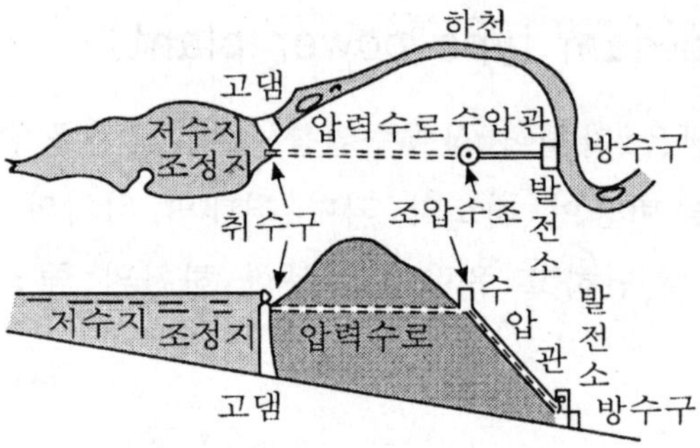

그림 1-3 댐수로식 발전소

(4) 유역변경식 발전소

하천이 자연적으로 흐르는 방향과 관계없이 물을 끌어서 다른 하천의 유역에 방류하여 낙차를 얻는 방식이고 자연적인 유하방향에서 낙차를 얻는 것보다 다른 방향으로 도수하는 것이 경제적인 경우, 또는 다른 유역으로 끌어서 저수하여 유효하게 이용할 수 있을 때 적용되며 그 중요 설비는 수로식에 가까울 때가 많다.

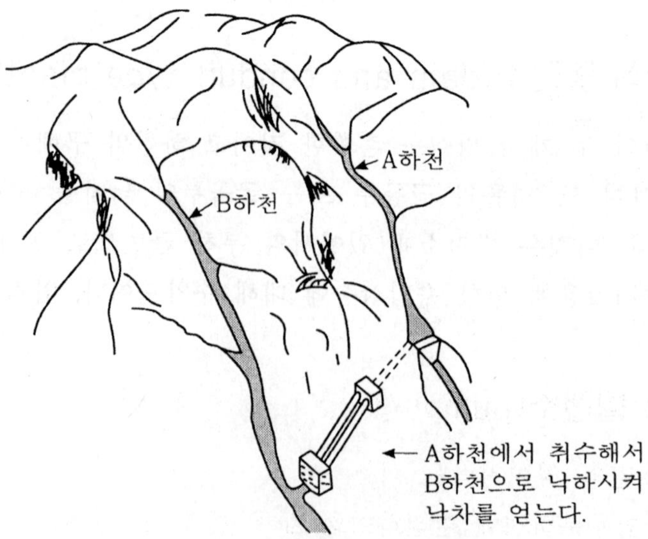

그림 1-4 유역변경식 발전소

1.2.2 운용방법에 따른 분류

(1) 유입식 발전소(run of river type power plant)

하천의 자연 유량을 그대로 이용하는 발전소로서 도중에 저수지 또는 조정지가 없는 수로식 발전소가 이에 해당된다.

이 형식은 하천의 유량에 직접 영향을 받으며, 또 하루 사이의 부하 변동에도 응할 수가 없으므로 사용 유량을 되도록 적게하여 설비의 가동률을 높게 하는 것이 경제적 설계가 된다.

(2) 조정지식 발전소(pondage type power plant)

수시간 또는 수일간의 부하 변동에 대처할 수 있는 조정지 용량을 가진 발전소이다. 즉, 심야의 경부하시에 발전을 정지하여, 물을 저수하고 주간의 중부하시에 하천의 자연 유량에 저수한 물을 합쳐 발전에 사용한다. 이 방식은 첨두부하를 발전하는 경우가 많다.

이 종류의 발전소는 일일의 부하변동에 따라 사용수량이 변화하므로 방수구 하류의 하천 유량이 시간적으로 변동하고 여러 가지 수리사업에 지장을 초래하므로, 이와 같은 경우에는 하류에 조정지를 두고 유량의 시간적 변동이 없도록 방류하여 하류에 지장이 없도록 조정한다. 이 조정지를 역조정지(regulating pondage)라 한다.

(3) 저수지식 발전소(resetvoir type power plant)

계절적인 하천의 유량 변화를 큰 저수지로 조정한 후 발전에 이용하는 발전소이다. 즉, 풍수기의 물을 저수하여 갈수기에 보급하여 사용할 수 있으며, 일일의 부하변동에도 대처 가능한 기능을 가진다. 그리고 천연호를 저수지로써 이용하는 발전소, 또 큰 댐을 이용한 저수 이용의 발전소가 이에 해당한다.

(4) 양수식 발전소(pumping-up power plant)

심야 또는 휴일의 잉여전력을 이용하여 펌프로 상부조정지 또는 저수지에 양수하여 이것을 첨두부하시에 발전하여 peak 부하에 대응하기 위한 것이다.

최근 전력수요의 급격한 증가 경향에 따라서 피크타임(Peak Time) 부하를 분담해 줌으로써 대규모 전원 개발 설비를 효율화시킴으로써 향후 많은 양수력 발전소가 필요하다.

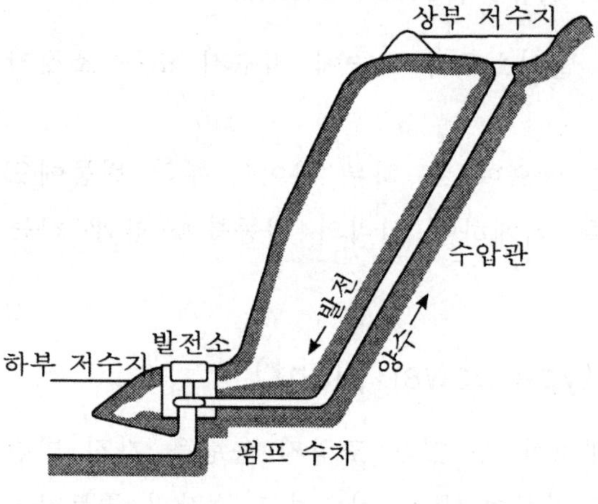

(a)

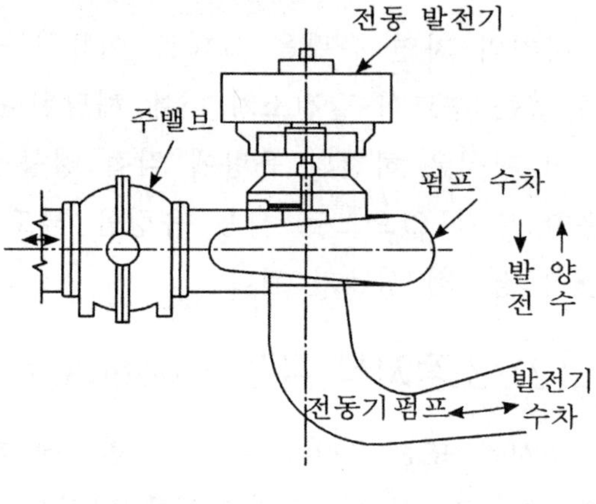

(b)

그림 1-5 양수식 발전소

연 습 문 제

1. 유효낙차 H[m], 유량 Q[m^3/s]로 얻을 수 있는 이론 수력[kW]은?

2. 유효낙차 50[m], 이론 최대 출력 4,900[kW]일 때 유량 Q[m^3/s]는?

3. 첨두 부하용으로 적합한 발전 방식은?

4. 수로식 발전소에 대하여 설명하여라.

5. 댐식 발전소에 대하여 설명하여라.

6. 양수식 발전소에 대하여 설명하여라.

제 2 장

수력학의 기초

2.1 수 두

물이 가지고 있는 에너지에 대하여 살펴보면 3가지 상태로 존재하고 있는 것을 알 수 있다. 즉, 물이 존재하고 있는 위치가 높거나 아니면 압력이 클 경우 또, 물이 흐르는 속도가 있어 최소한 어느 한쪽이라도 크면 그 물이 가지고 있는 에너지는 크게 마련이다. 이와 같이 물이 에너지를 가지는 형태 즉 위치, 압력, 속도를 3수두라 한다.

(1) 위치 수두

높은 곳에 있는 물이 어떤 높이 H[m]에서 낙하시키면 위치에너지 wH에 해당하는 일을 하게 된다.

이 때 수력학에서 H를 위치 수두라 하고, 하천의 유수에너지를 이용할 때는 이 위치 수두의 차를 낙차라 한다.

(2) 압력 수두

그림 2-1과 같이 단면적이 A[m^2]이고 높이 H[m]인 수두를 가상하고 밑바닥에 작용하는 압력 P[kg/m^2]는 단위 체적당의 물의 무게를 w[kg/m^3]라 하면

$$P=\frac{F}{A}=\frac{wAH}{A}=wH[\text{kg/m}^2] \qquad (2\text{-}1)$$

이고

$$H=\frac{P}{w}[\text{m}]$$

압력의 세기를 수주의 높이로 표시되는 경우 이 높이를 압력 수두라 한다.

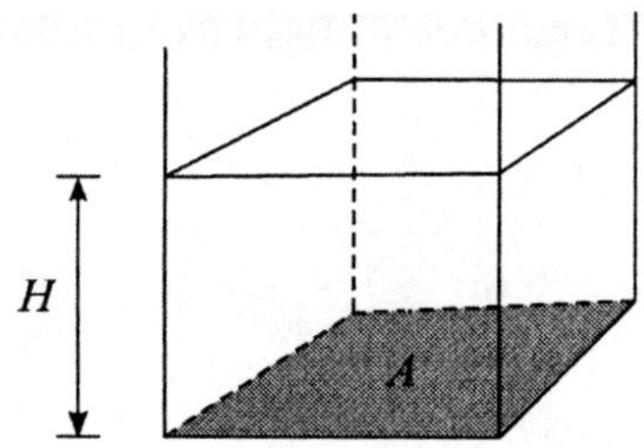

그림 2-1 압력 수두

(3) 속도 수두

그림 2-2와 같이 높이 H[m]의 수조에서 하부의 측벽에 있는 올리피스(orifi-ce)로 물이 분출할 경우 초기속도를 v[m/s]라 하고, 물이 정지하고 있을 때의 위치에너지가 손실없이 전부 운동에너지로 바뀌었다고 하면

$$wH=\frac{1}{2}\left(\frac{w}{g}\right)v^2\ [\text{kg}\cdot\text{m}^2]$$

지금, w를 단위 부피의 물의 무게라 한다면 단위 무게당 물의 운동에너지는 $H=\frac{v^2}{2g}$[m]가 되며,

$$v=\sqrt{2gH}[\text{m/s}] \qquad (2\text{-}2)$$

의 관계식을 얻을 수 있다.

이 때 H는 물이 속도를 가지므로 생긴 수두이므로 속도 수두라 한다.

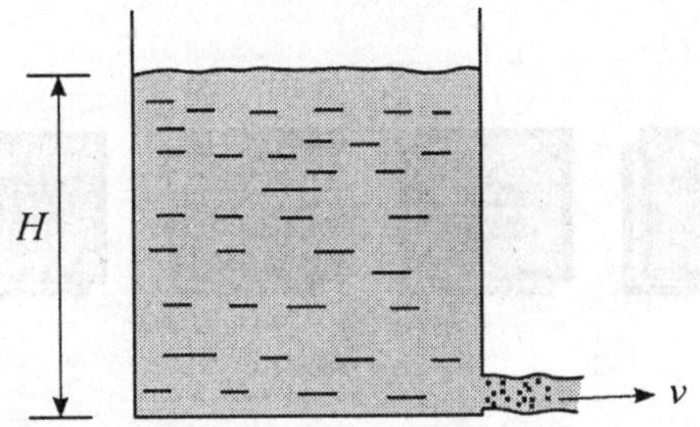

그림 2-2 속도 수두

연 습 문 제

1. 1[kg/cm^2]의 수압의 위치 수두[m]는?

2. 저수지의 어느 점의 수압이 1.25[kg/cm^2]일 때 수심[m]은?

제 3 장

유량과 낙차

3.1 강수량과 유량

강수량이라 함은 공기중의 수증기가 응결하여 지상에 내리는 것으로 비나 눈, 즉 강우량, 강설량이 그 대부분을 차지하며 수력 발전에 필요한 하천 유수의 근원이 된다. 이들 양을 나타내는 단위로는 수심을 사용하며 [mm]로서 표시한다. 강수량은 지역에 따라 많은 차이를 보이고 있으며, 강수량을 1년간 적산한 값을 연 강수량이라고 하는데 우리 나라의 경우 1,000[mm] 이상 1,400[mm] 정도로서 비교적 강수량은 풍부한 편이다.

강수량 중에서 일부분은 증발되어 다시 대기로 돌아가고, 일부는 침투 등으로 지하수가 되지만 대부분은 지표수가 되어 하천으로 흘러 들어가서 하천 유량이 된다. 강수량과 하천 유량 사이에는 그 지방의 지질, 산림 상태 등에 따라 다르나 일정한 관계가 있다. 하천의 유출량과 강수량의 비를 **유출률** 또는 **유출계수**라 한다.

보통 유출계수의 값은 농경지가 많은 지방은 40[%], 산림상태가 좋은 지방은 70[%] 정도로 보면 된다.

지금 어떤 하천의 유역면적은 A[km^2], 강수량은 b[mm], 유출계수를 k라 하면 그 하천의 연 평균 유량 Q[m^3/s]는 다음 식으로 나타내어진다.

$$Q = \frac{kbA \times 10^3}{365 \times 24 \times 60 \times 60} \fallingdotseq 3.17 kbA \times 10^{-5} [\mathrm{m^3/s}] \quad (3\text{-}1)$$

3.2 하천 유량

3.2.1 하천 유량과 수위

하천 유량의 근원인 강수량은 계절에 따라 변하므로 하천의 유량도 항상 변하며, 그 유량과 수위는 다음과 같이 구분하고 있다.

① 갈수량 및 갈수위 : 1년 365일 중 355일은 이 양 이하로 내려가지는 않는 유량 또는 수위로 주로 겨울에 생긴다.
② 저수량 및 저수위 : 1년 365일중 275일은 이 양 이하로 내려가지 않는 유량으로서 9개월 유량이라 한다.
③ 평수량 및 평수위 : 1년 365일중 185일은 이 양 이하로 내려가지 않는 유량으로서 6개월 유량이라 한다.
④ 풍수량 및 풍수위 : 1년 365일중 95일은 이 양 이하로 내려가지 않는 유량으로서 3개월 유량이라 한다.
⑤ 고수량 및 고수위 : 매년 1~2회 정도 일어나는 유량 또는 수위
⑥ 홍수량 및 홍수위 : 3~5년 사이에 1회 정도 일어나는 유량 또는 수위
⑦ 최대 홍수량 및 최대 갈수위 : 과거의 기억에서 현재까지의 최대 또는 최소의 유량을 말한다.

3.2.2 유량도

가로축에 1년 365일을 역일순으로 잡고 세로축에 매일 하천의 유량을 도표위에 기입하여 이점들을 연결한 것을 유량도(hydrograpy)라 한다.

이 유량도는 일정한 양식에 의하여 작성되고 일기, 기온, 강수량, 수위 등을 기록하도록 되어 있어 수력 발전 계획에 기본이 되는 중요한 곡선이다.

3.2.3 유황곡선

앞에서 설명한 유량도를 기초로 하여 가로축에 1년 365일의 일수를 잡고 세로축은 유량의 큰 것부터 차례로 배열하여 이 점들을 연결한 곡선을 유황곡선(duration curve)이라 한다.

이 유황곡선으로부터 풍수량, 평수량, 저수량, 갈수량 등을 쉽게 알 수 있으며, 수년 또는 수십년의 기록을 기초로 평균유황곡선을 작성하여 발전에 이용 될 수 있는 유량을 산출하는 등 수력 발전 계획에 있어서 중요한 자료가 된다.

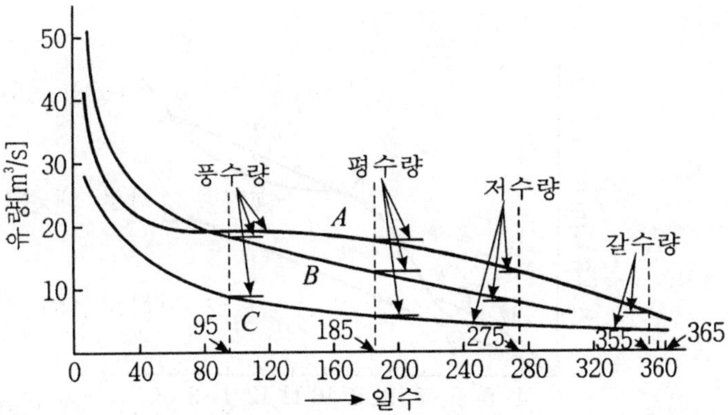

그림 3-1 유황곡선

3.2.4 적산유량곡선

누가유량곡선(mass curve)이라고도 하며, 풍수기가 시작되는 점을 기점으로 하여 횡축에 1년 365일, 종축에 유량[m^3/day]을 취하여 매일매일의 유량을 누가하여 작성한 곡선으로 저수 용량 결정에 사용된다. 단위는 [m^3/s · day]이다.

그림 3-2에서 $0A$를 적산유량곡선, $0B$를 평균사용수량 누가곡선이라 하며, $0A$의 기울기가 $0B$의 기울기보다 크면 하천 유량은 발전소의 사용수량을 충당하고 남는 수량이 생겨서 저수할 수 있으나, $0A$의 기울기가 $0B$의 기울기보다 완만하면 하천 유량만으로는 발전소 사용 수량을 충당하는데 부족하다는 것을 나타낸다.

즉, 그림에서 $0A$에서 $0B$보다 기울기가 완만해 지기 시작하는 두 점 M점과 R점에서 $0B$와 평행선을 긋고 곡선과 만나는 점을 각각 N, S라 하고 MN 및 RS에서 각각 $0A$에 최대 수직거리가 되는 점을 그림과 같이 정하여 PQ, TU라 하고 이 PQ, TU의 길이를 비교해 $TU > PQ$라면 TU를 필요로 하는 저수 용량으로 택한다. 여기서 TU의 단위는 [m^3/s · 일]이므로 저수지 용량 W[m^3]는

$$W = TU[m^3/s \cdot 일] \times 24 \times 60 \times 60 [m^3] \tag{3-2}$$

가 되고 실제는 이 보다 큰 값을 취해야 한다.

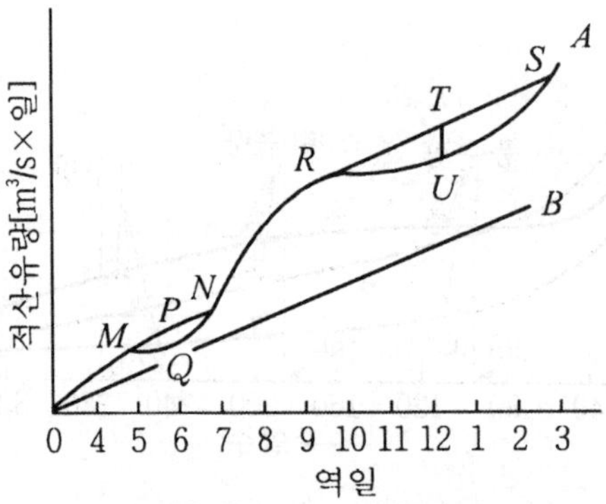

그림 3-2 적산유량곡선

3.3 낙 차

수력 발전에 필요한 요소는 유량과 낙차이다. 유량이 아무리 풍부해도 평지에 있는 하천은 구배가 작아서 낙차를 얻기 어려우나, 산속에 있는 하천일 경우에는 유량은 적어도 낙차를 용이하게 얻을 수 있다.

수력 발전소 건설에 소요되는 공사비는 낙차가 높을수록 비교적 짧은 수로가 필요하므로 적게 든다. 또한 같은 수차라도 낙차의 변동에 따라 효율이 상당히 변하므로 발전력도 변한다. 이와 같이 수력 발전소에서는 낙차라는 것이 특히 중요한 요소가 된다.

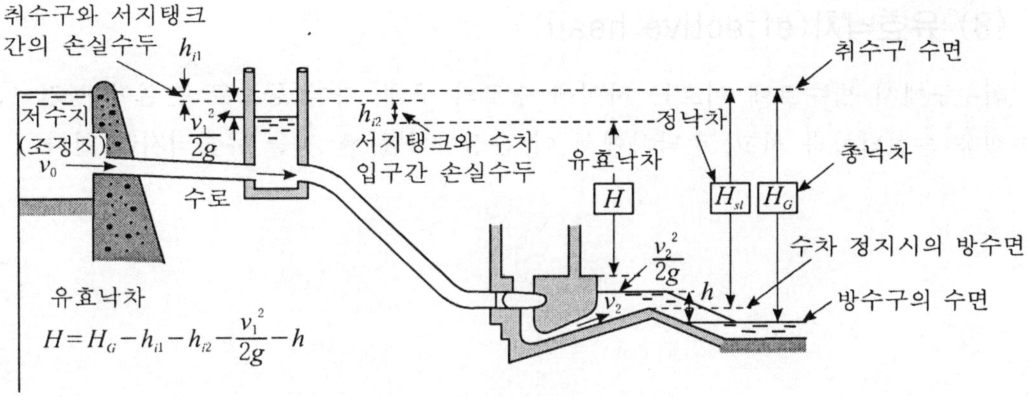

(a) 반동 수차의 경우

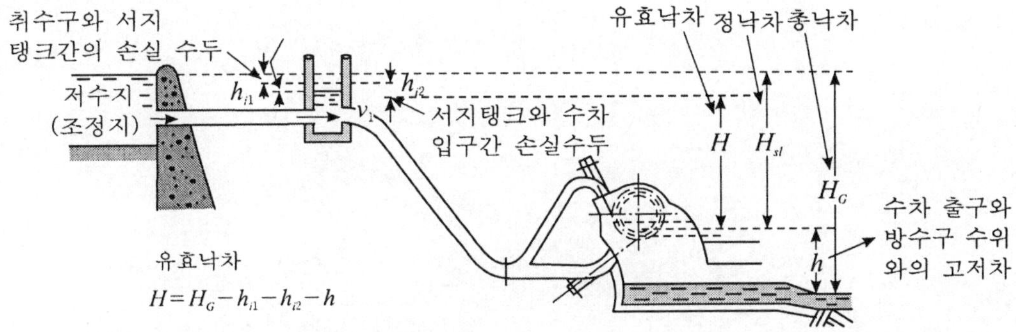

(b) 충동 수차의 경우

그림 3-3 각종 낙차의 설명도

(1) 총낙차(gross head)

취수구의 수위와 방수구 수위와의 위치수두의 차이며, 총낙차가 변화하는 경우 최대인 것을 최대 총낙차라 한다.

(2) 정낙차(static head)

발전소의 시설과 수차 전부가 정지하였을 때의 상수조(조압수조)의 수위와 방수로 시점의 수위에 대한 위치수두 또는 펠톤 수차에서는 런너의 피치 써클과 제트와의 교점에 대한 위치수두를 정낙차라 한다.

(3) 유효낙차(effective head)

취수구에서 방수로에 이르는 사이에 수로의 구배, 마찰 등으로 손실이 생겨 이 손실을 손실낙차라 하고, 총낙차에서 이 손실낙차를 뺀 것을 유효낙차라 한다.

연 습 문 제

1. 유역 면적 550[km^2]인 어떤 하천이 있다. 1년간 강수량이 1,500[mm]로 증발, 침투 등의 손실을 30[%]라고 할 때, 갈수량을 평균 유량의 1/5이라고 가정하면 이 하천의 갈수량은 몇 [m^3/s]가 되겠는가?

2. 유역 면적 365[km^2]의 발전지점에서 년간 강수량이 1,400[mm]일 때 강수량의 60[%]가 이용된다면 년 평균 유량[m^3/sr]은?

3. 1년 365일 중 185일은 유량 이하로 내려가지 않는 유량은?

4. 1년 365일 중 275일은 유량 이하로 내려가지 않는 유량은?

5. 다음 용어를 간단히 설명하여라.

   ① 유황곡선　　② 적산유량곡선

   ③ 유효낙차　　④ 유출계수

제 4 장

수력설비

4.1 수력설비의 개요

수력 발전소에서의 수력설비를 그 기능에 따라 분류하면 취수설비, 도수설비, 발전설비 및 방수설비의 4가지로 나누어지지만 이들의 설비는 지형에 알맞게 설계하고 또 각 설비를 잘 조합시켜서 그 지점에서 수력을 가장 유효하게 활용할 수 있도록 계획하지 않으면 안된다.

각 설비에 사용하는 공작물에는 여러 가지 구조의 것이 있는데 이들을 어떻게 조합하는가에 따라 발전소의 구성을 분류하면 그림 4-1과 같다.

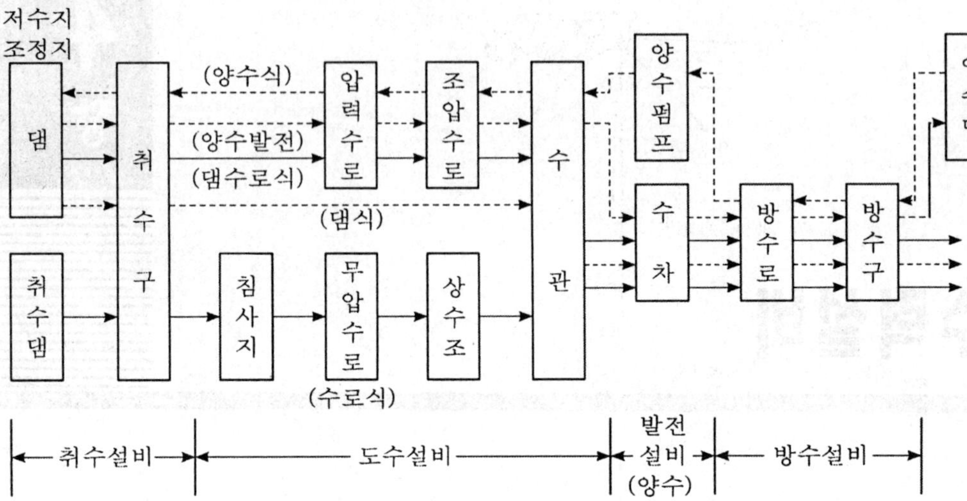

그림 4-1 수력설비의 구성도

4.2 발전용 댐

(1) 중력댐(gravity dam)

발전용 댐 중에서 가장 보편적인 댐이다. 자신의 중량으로 수압 등의 외력에 대하여 안정을 유지할 수 있게 설계된 것으로 다른 형식의 댐에 비해서 설계이론이 간단하고 축조재료도 주로 콘크리트로 축조되지만 이밖에 흙을 사용한 흙댐, 암석을 사용한 암석댐이 있다.

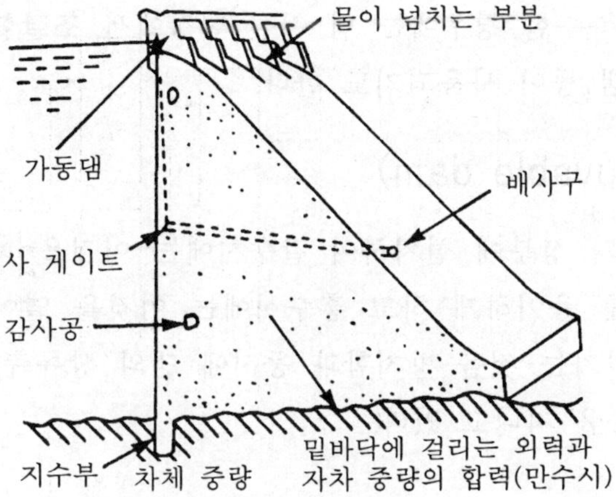

그림 4-2 중력댐

(2) 아치댐(arch dam)

중력댐이 수압 하중을 계곡의 저부에 전하는 것과는 달리 수압을 측벽에 작용하도록 한 것인데, 그 안전도는 댐 본체의 자중보다 재료의 내압 강도에 좌우되므로 축조 적지는 그 기초와 양쪽의 암반이 견고해야 하며, 특징은 중력댐 보다 댐의 두께를 얇게 할 수 있는 점이며 댐 본체의 소요재료는 상당히 적어도 된다는 이점이 있다.

그리고 댐의 길이를 L[m], 기초암반에서의 댐의 높이를 H[m]라 할 때, 다음 조건이 만족되는 경우가 적당하다고 한다.

$$\frac{L}{H} \leq 2.5 \qquad (4\text{-}1)$$

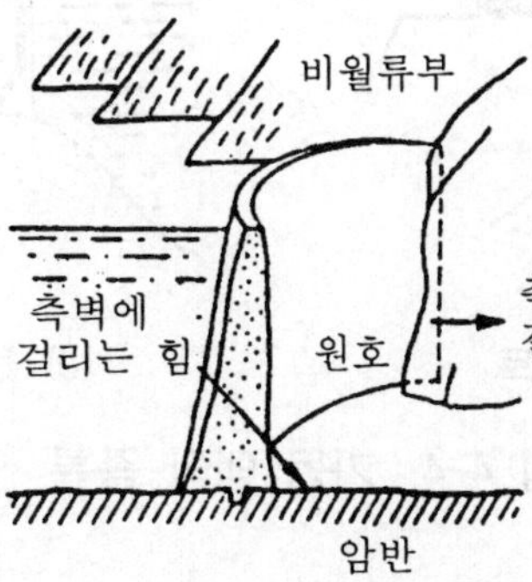

그림 4-3 아치댐

이상의 것 외에 특수한 경우에는 댐 건설 현장에서 조달할 수 있는 암석을 사용하는 암석댐, 흙댐 등이 사용되기도 한다.

(3) 가동댐(movable dam)

가동댐은 고정댐의 상부에 설치하여 갈수시에는 이것을 폐쇄하여 상류층의 수위를 높여서 취수를 용이하게 하고 홍수시에는 이것을 열어 방수시킴으로써 수위가 지나치게 올라가는 것을 방지함과 동시에 댐의 상류측에 퇴적된 토사를 토해내도록 하는 기능을 지니고 있다.

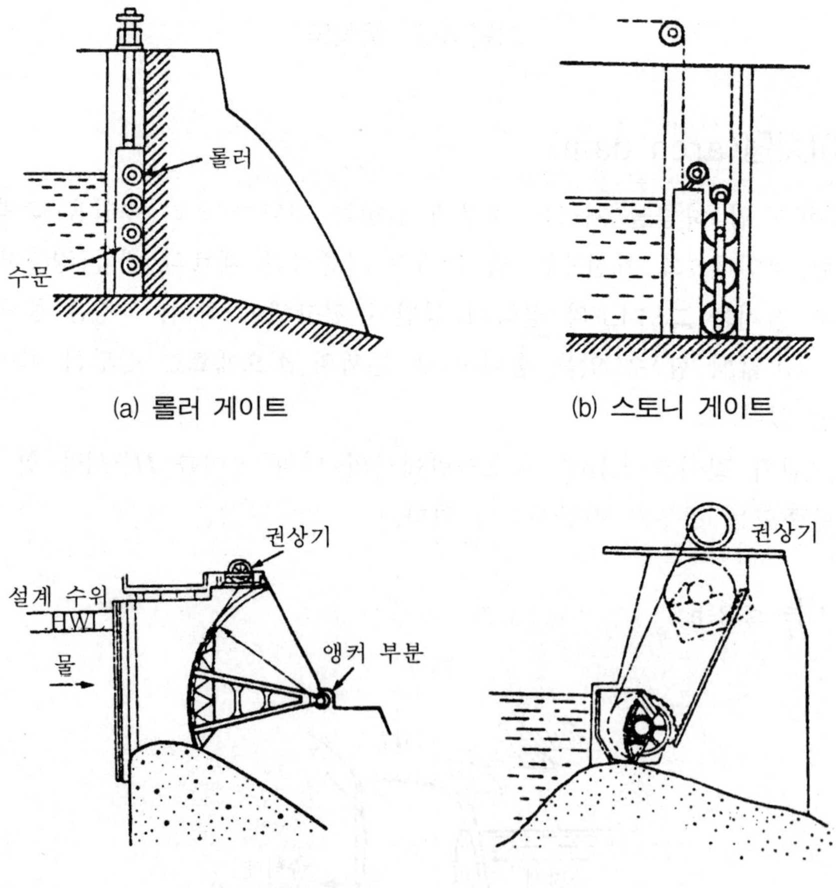

(a) 롤러 게이트 (b) 스토니 게이트

(c) 테인터 게이트 (d) 롤링 게이트

그림 4-4 가동 댐의 종류

이것에 사용되는 수문(gate)에는 다음과 같은 여러 종류가 있다.

① 롤러 게이트 : 물을 가로막는 수문이 대형이 되면 문틀과 문의 부분의 마찰 저항이 커지기 때문에 이 마찰을 줄이기 위하여 여기에 롤러를 사용한 것이다. 수문의 상하 조작은 보통 와이어 로프와 권상기를 사용하고 있다(그림 4-4 (a)).

② 스토니 게이트 : 이것은 롤러를 수문에 고정시키지 않고 문과 문틀과의 사이에 사다리형 롤러를 설치해서 마찰을 줄인 것으로서 큰 수압을 받는 조정지의 취수구 등 대형 수문용으로 쓰인다(그림 4-4 (b)).

③ 테인터 게이트 : 이것은 차수판이 원통면의 일부를 이루고 있어서 이에 가해지는 수압은 게이트의 위치에 관계없이 항상 원호면의 중심에 있는 핀에 집중되므로, 이 핀을 중심으로 회전해서 개폐하는 것이다(그림 4-4 (c)).

④ 롤링 게이트 : 이것은 강철제의 원통형 게이트를 댐의 정상에 설치하고 이 원통을 회전시키면서 수문을 개폐하는 것이다. 이것은 구조가 견고하여 유수 등의 충격에도 견딜 수 있으므로 취수댐 등에 많이 사용되고 있다(그림 4-4 (d)).

4.3 취수구(intake)

취수구는 소요의 유량을 취입하는 설비이며, 댐의 축조에 의하여 높여진 물을 수로로 도입하고 발전소의 요구에 따라 수로로 유입수량을 임의로 조정하는 것이 그 주목적이다. 또한 물이 흐르기 쉬운 형상으로 하는 것인데 이 공작물을 취수구라 한다.

취수구의 설치 장소는 취수댐의 위치가 결정됨에 따라 정해지는 것이며, 홍수 때에 유수의 격돌의 우려가 없는 곳, 토사의 퇴적 및 유입이 적은 곳, 취수댐, 배사문의 바로 상류 또는 완만하게 요만곡하는 곳 등을 선정해야 한다.

또 취수구는 소요 수량을 지장 없이 취수할 수 있으며, 필요에 따라 수로에 유입 수량을 완전히 차단할 수 있고, 배사가 잘 되도록 한다.

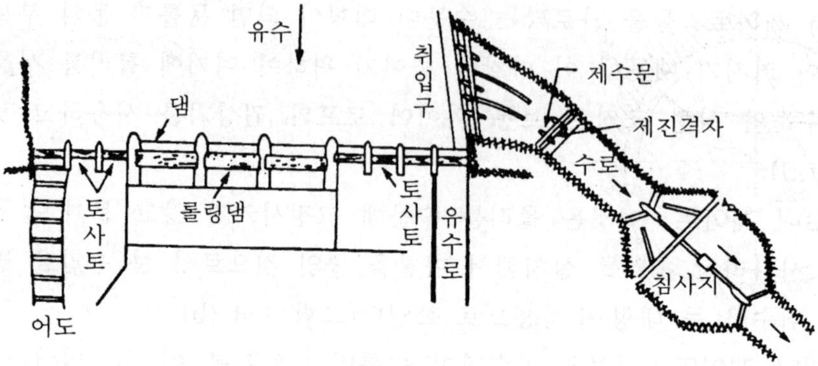

그림 4-5 수로식 발전소의 취수구

4.4 수 로

취수구에서 수조입구까지를 도수로, 취수로 혹은 수로라 하고, 지형에 따라서 개거, 암거, 터널, 수로교, 역사이폰, 수로관 등이 사용된다.

이 수로를 통하여 사용 유량을 수조까지 도입하려면 어느 정도의 물매가 필요하고 이 물매가 통수량을 결정하는 중요한 요소가 된다. 즉, 물매가 급하면 단면이 적어도 통수량이 커지므로 공사비가 적어지나 손실 낙차가 커져 발전력이 감소하며, 유속이 빨라져 수로가 패일 우려가 있다. 그러나 물매가 완만하면 수로의 단면이 커져서 공사비가 증가하고 유속이 느려서 잡초나 이끼가 끼일 염려가 있으므로 경험에 의하여 수로내의 유속은 2[m/s] 내외가 적당하고, 이 때 따라서 물매가 결정되는데 소용량의 수로에서는 1/600, 대용량의 수로에서는 1/1,000 ~ 1/1,500 정도가 되도록 설계 시공한다.

터널에는 그림 4-6 (a)처럼 상부에 공간을 남겨서 물이 자연 유하하는 무압 터널과 그림 4-6 (b)처럼 단면 내에 물이 충만하여 단면의 상부까지 압력이 걸리는 압력 터널의 2가지가 있다.

이 중 압력 터널은 경사 그 자체가 손실 낙차로 되지 않기 때문에 1/300~1/400 정도의 큰 경사를 취할 수 있다는 특징이 있다.

(a) 무압 터널　　(b) 압력 터널 수로

그림 4-6 터널(tunnel)

(1) 침사지(settling basin)

취수댐에서 취수할 때 유입된 토사가 수로와 수조내에 침전하여 통수를 감소시키고 수로와 수압관의 내면을 손상한다. 또, 발전소의 수차와 노즐(nozzle)을 손상하여 수명을 감소시킨다.

이 유수 중의 토사를 침전, 제거하기 위해 수로식 발전소에서는 취수구 부근에 침사지를 설치한다.

침사지를 효과적으로 이용하는데는 다음 사항을 고려한다.

① 유수 단면적을 크게 하여 유속을 감소시킨다(유속은 0.2~0.4[m/s] 정도).
② 침사 시간을 고려하여 침사지를 길게 한다.
③ 침사지 내의 유속은 균일하게 하고 난류를 방지한다.
④ 발전소의 운전을 정지하지 않고 배사하도록 배수로를 설치한다.

4.5 수 조

수조는 도수로와 수압 철관의 접속부에 설치되는 것으로서 상수조(무압수로인 경우)와 조압수조(압력수로인 경우)로 나뉘어진다.

(1) 상수조

이것은 무압수로와 수압관을 연결하는 접속부에 설치되는 못으로서 그 기능은 다음과 같다.

① 유하 토사의 최종적인 침전(유수의 정화)
② 부하가 갑자기 변화하였을 때 유량과 과부족을 조정한다.

이 때문에 어느 정도(보통은 최대 사용 수량의 1~2분 정도)의 조정 용량을 가질 필요가 있다.

그림 4-7이 상수조의 일례를 보인 것이다.

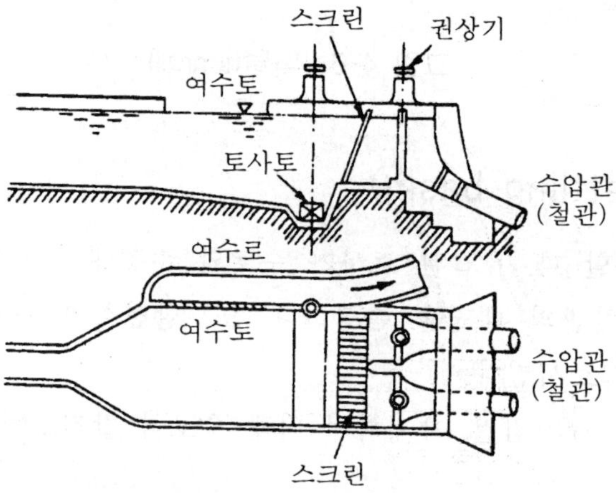

그림 4-7 상수조의 개요도

(2) 조압수조

그림 4-8은 조압수조의 개요도이다. 이것은 압력수로와 수압관을 접속하는 장소에 자유 수면을 가진 수조로서 그 기능은 다음과 같다.

① 수력 발전소의 부하가 급격하게 변화하였을 때 생기는 수격작용을 흡수한다.
② 수차의 사용 유량 변동에 의한 서징작용을 흡수한다.

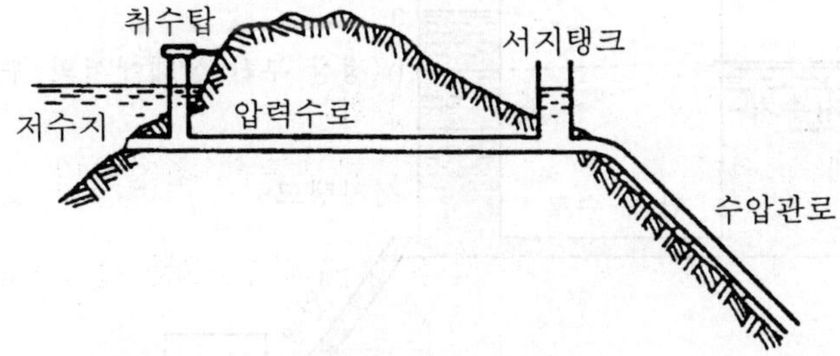

(a) 설치 장소

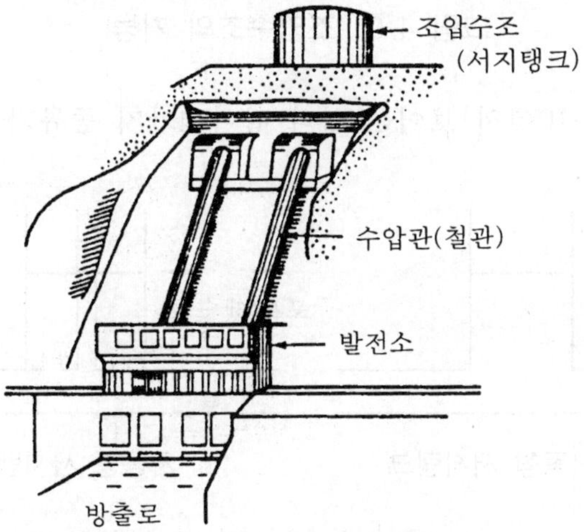

(b) 개요도

그림 4-8 서지탱크의 개요도

그림 4-9에서 갑자기 부하가 차단되면 수차의 유입이 정지되므로 조압수조 내의 수위가 상승해서 a로 된다. 이 결과 저수지 수위보다도 조압수조의 수위가 더 높아지므로 물은 압력수로를 역류해서 수위 c에서 정지한다. 이번에는 저수지 쪽의 수위가 높아지므로 물이 저수지로부터 조압수조로 흐르게 된다. 이하 이러한 과정을 되풀이하면서 수로 내에서의 마찰 손실에 의해 수위는 최종적으로 평형수위인 b에 이르게 된다. 부하가 급증하였을 때에도 같은 현상이 발생한다.

이처럼 급격한 부하 증감에 따라 조압수조 내의 수위가 시간과 더불어 상하로 승강 진동하는 현상을 서징작용(surging)이라 한다.

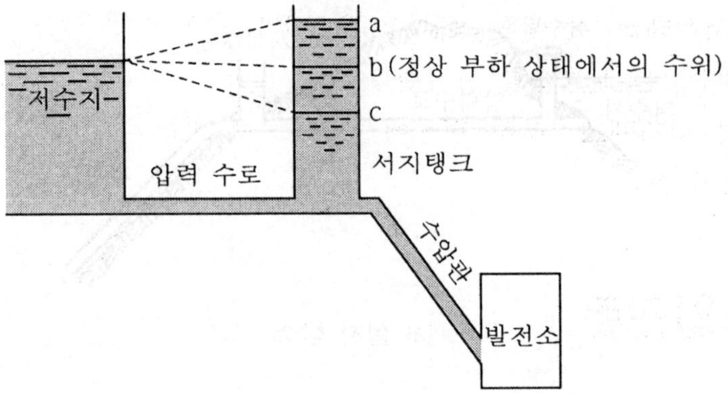

그림 4-9 조압수조의 기능

서지탱크는 그림 4-10에서 보이는 바와 같이 4가지 종류가 사용되고 있다.

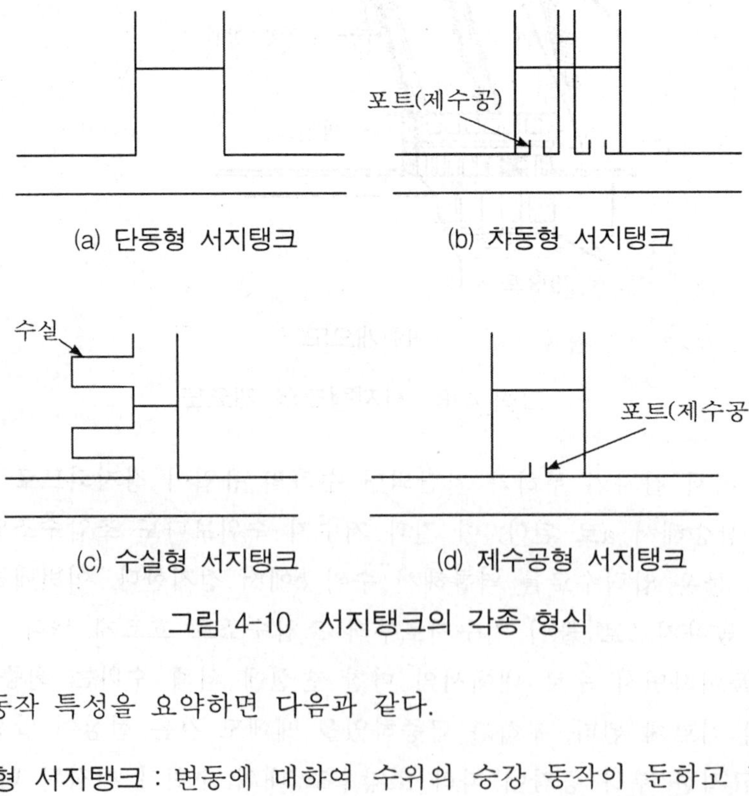

(a) 단동형 서지탱크 (b) 차동형 서지탱크

(c) 수실형 서지탱크 (d) 제수공형 서지탱크

그림 4-10 서지탱크의 각종 형식

이들의 동작 특성을 요약하면 다음과 같다.

① 단동형 서지탱크 : 변동에 대하여 수위의 승강 동작이 둔하고 탱크 용량이 크다.

② 차동형 서지탱크 : 그림 4-10 (a)에 비해 용량은 1/2 이하로 되며 수위의 승강의 감쇠가 빨라서 안정성이 좋다.

③ 수실형 서지탱크 : 동작은 그림 4-10 (b)와 같다. 상단수실은 잉여수를 축적하고 하단수실은 부족수를 보급한다.

④ 제수공형 서지탱크 : 부하 변동에 따른 압력 변동의 흡수가 불충분해서 별로 사용되지 않는다.

4.6 수압관로

낙차를 가진 수조의 물을 발전소 수차 입구까지 도수하기 위한 도수관을 수압관이라 하며, 이 수압관을 지지하는 공작물이나 지반 등을 총칭하여 수압관로라 한다.

수압관에는 보통 연강판제를 사용하지만, 저낙차에서는 철근 콘크리트관을 사용할 때도 있다. 이는 수압관이 정수압 이외에도 수차의 사용 유량의 변동에 따르는 수압 상승에도 충분히 견디어야 되므로 30[m] 이하의 저낙차에 한해서 철근 콘크리트관이 사용된다.

수압관의 계수는 제작이나 운전상 수차마다 한 개의 수압관을 설비하는 것이 좋으나, 250[m] 이상의 고낙차의 경우는 한 조의 수압관을 설치하고 이 한 조의 수압관으로부터 하단에서 2조 이상 분지하여 사용하는데 분지개소는 구조가 복잡하고 강도 계산이 곤란하므로 그 설계 시공에 특별한 주의가 필요하다.

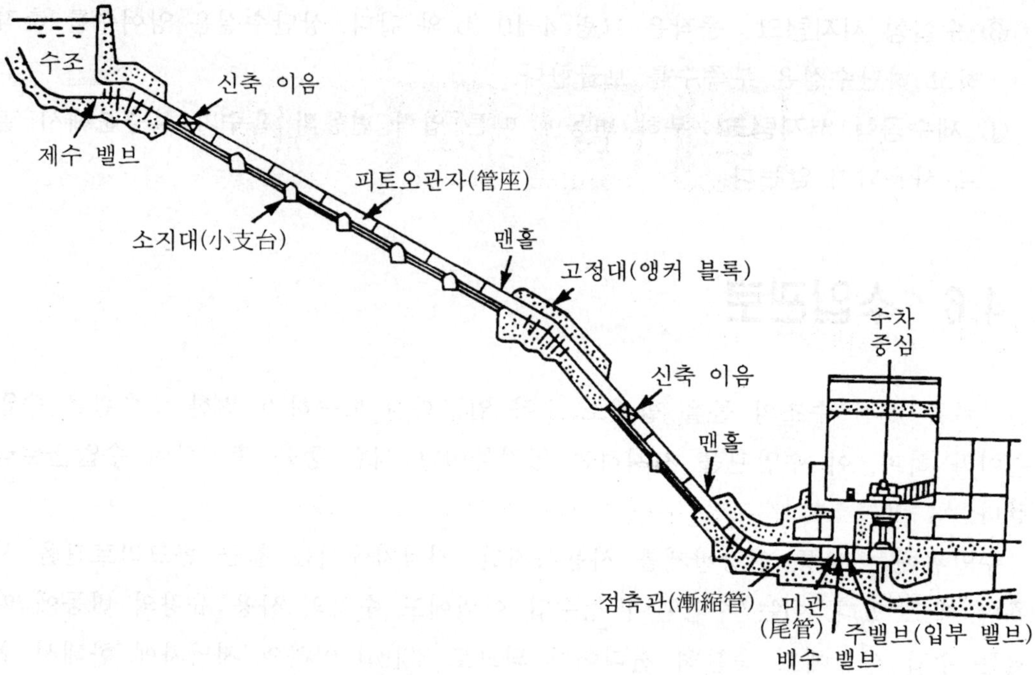

그림 4-11 수압관로 단면도

연 습 문 제

1. 취수구에 대하여 설명하여라.

2. 취수구에 제수문을 설치하는 목적을 설명하여라.

3. 수력 발전소에서 조압 수조의 설치 목적을 설명하여라.

4. 아치댐의 특징을 설명하여라.

5. 가동댐의 기능을 설명하여라.

6. 서징작용이란 무엇인가?

제 5 장

수 차

5.1 수차의 개요

수차는 물이 보유하는 에너지를 기계적으로 바꾸는 회전기계이다. 현재 발전에 사용되고 있는 수차는 물이 가진 에너지를 모두 속도수두로 바꾸어 유수를 런너(runner)에 작용시키는 **충동 수차**(impulse water turbine)와 압력수두를 가진 유수를 런너에 작용시키는 **반동 수차**(reaction water turbine)로 나누어진다(그림 5-1 참조).

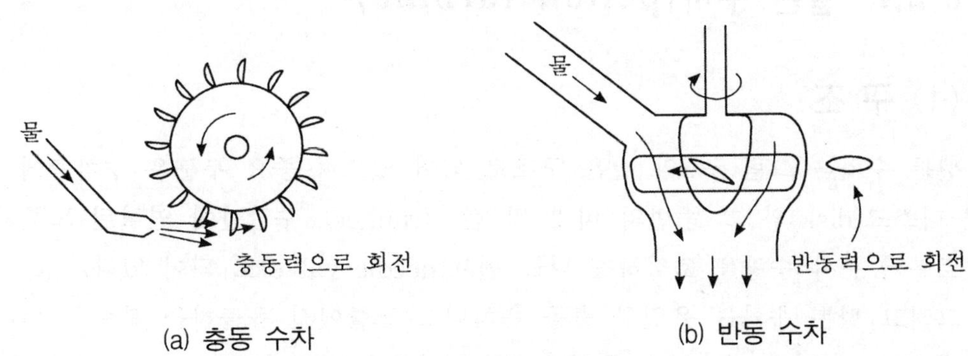

그림 5-1 수차의 개념도

충동 수차에는 펠톤 수차(pelton wheel)가 있으며, 반동 수차에는 프란시스 수차(francis turbine), 사류 수차(diagonal flow water turbine) 및 프로펠러 수차(propeller water turbine)가 있다(표 5-1 참조).

표 5-1 수차의 여러 가지 형식

물의 작용 형태에 의한 분류	수차의 종류	적용 낙차 범위 [m]	비 고
충동형	펠톤 수차	200~1,800	위치에너지→운동에너지
반동형	프란시스 수차	50~530	위치에너지→압력에너지
	프로펠러 수차 : 고정 날개형 가동 날개형(kaplan) 원통형(tubular)	 } 3~90 3~20	위치에너지→압력에너지
	사류 수차	40~200	위치에너지→압력에너지
	펌프 수차 : 프란시스형 사류형 프로펠러형	 30~600 20~180 20 이하	위치에너지→압력에너지

5.2 수차의 종류

5.2.1 펠톤 수차(pelton turbine)

(1) 구 조

펠톤 수차는 그림 5-2와 같은 구조로 되어 있으며 중요 부분은 수차축에 끼워진 디스크(disk)와 그 주변의 버킷 및 런너(runner), 수압관에 연결된 노즐과 노즐로부터 분사 수량을 조절하는 니들 밸브(needle valve)로 되어 있다.

그리고 펠톤 수차는 유일한 충동 수차이고 노즐에서 유출하는 분수를 런너 주변에 있는 버킷에 작용시켜 동력을 얻는다. 주로 고낙차(200[m] 이상)나 중낙차(150[m] 정도)라도 비교적 유량이 적을 때 사용된다.

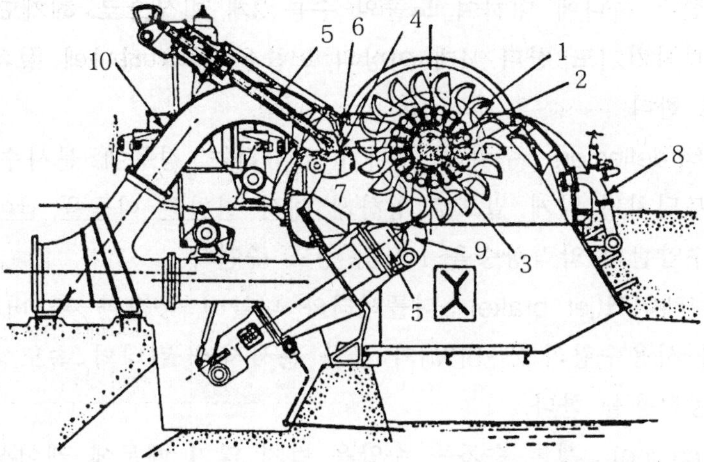

1. 버킷(런너) 2. 디스크(런너) 3. 주축 4. 니들팁 5. 노즐 6. 노즐팁
7. 분기관 8. 제트 브레이크 9. 디플렉터 10. 입구곡관

그림 5-2 펠톤 수차의 단면도

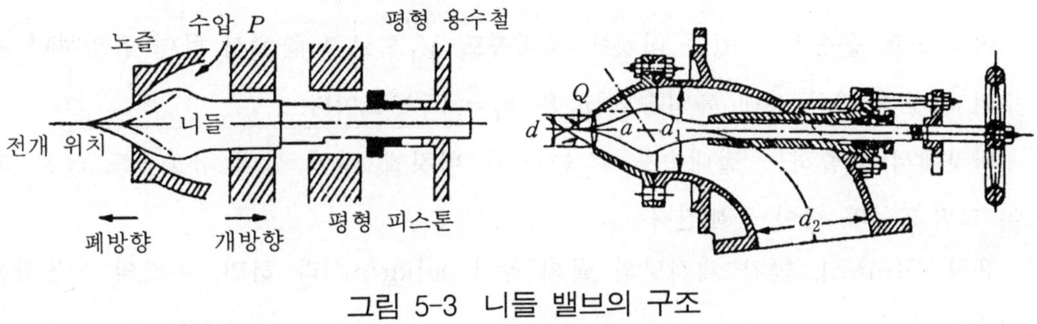

그림 5-3 니들 밸브의 구조

① 런너(runner) : 주축에 가까운 디스크의 바깥 둘레에 버킷(bucket)이 있고, 버킷 중앙에 물갈퀴가 있어서 노즐에서 나오는 분사수는 좌우로 나뉘어 버킷에 작용한다. 보통 버킷과 디스크는 따로 주조하여 버킷 설치 볼트로 설치하지만 버킷을 같이 주조한 것도 있다. 버킷은 보통 주강이며 물에 모래나 산이 많은 경우는 특수강을 사용한다. 버킷의 수 Z는 런너의 직경 D와 분사수(jet)의 직경 d의 비 D/d에 따라 결정되며 보통 16~30 정도가 된다.

② 노즐(nozzle) : 단면이 원형인 관으로서 중앙에 니들(needle)이 있고, 이 니들을 전진 및 후퇴시켜서 버킷(bucket)에 분사되는 유량을 조정한다. 노즐 핏치와 니들은 특수강, 포금, 인청동이 주로 사용되며, 노즐의 수는 보통 런너 하나에 대하여 하나인데, 수량이 많은 경우나 경부하시, 고효율 운전을

위하여 런너 하나에 대하여 노즐의 수를 2개 이상으로 하기도 하고, 런너의 수를 증가시키기도 한다. 4개 이상의 노즐을 런너 하나에 설치할 경우는 입축형으로 한다.

③ 디플렉터(deflector) : 수차의 부하가 급감하는 경우에 분사수를 바로 꺾어 버킷에 부딪치지 않게 밑으로 향하게 해서 천천히 니들을 닫아 수차의 속도 상승과 수압관의 압력상승을 10[%] 정도 줄인다.

④ 제트 브레이크(jet brake) : 디플렉터와 니들이 동작한 후 버킷의 배후에서 전부하시 사용수량의 2~5[%]의 물을 분사시켜 런너의 속도상승을 막고 동시에 제동작용을 한다.

⑤ 케이싱(casing) : 펠톤 수차는 수압을 받지 않기 때문에 케이싱도 수압을 받지 않으나, 하부는 노즐을 설치하기 때문에 케이싱은 상당한 강도와 강성을 필요로 하며 주철 또는 주강이 사용된다.

(2) 출력 및 효율

속도 u로 운동하고 있는 버킷에 절대속도 V_1으로 노즐에서 물이 유입하면 유수의 버킷에 대한 상대 유입속도 v_1은 $v_1 = V_1 - u$이다.

버킷에서 유출하는 절대속도 V_2는 u와 버킷에 대한 상대 유출속도 v_2로 되어 그림 5-4와 같이 구해진다.

유량 Q[m³/s], 단위 체적당의 물의 무게 w[kg/m³]라 하면, 버킷의 운동량은 $\frac{wQv_1}{g}$, 버킷 표면을 떠나는 운동량은 $-u$의 방향에 $-\frac{wQv_2}{g}\cos\beta_2$이므로 버킷을 u방향에 미는 힘 F는

$$F = \frac{wQ}{g}\{v_1 - (-v_2\cos\beta_2)\} = \frac{wQ}{g}(v_1 + v_2\cos\beta_2)\,[\text{kg}]$$

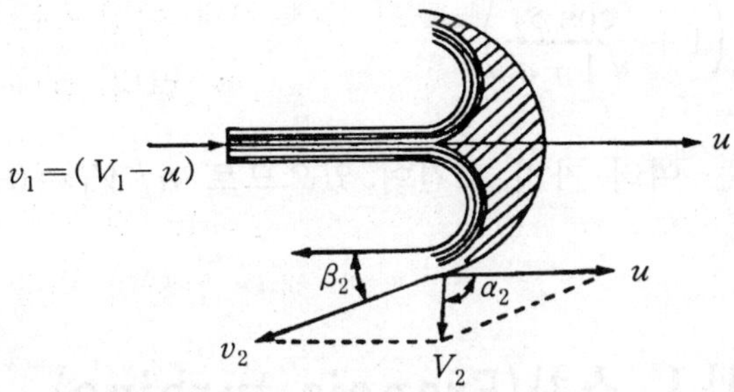

그림 5-4 버 킷

매초 제트가 버킷에 주는 에너지 P는 F에 u를 곱한 것이므로

$$P = \frac{wQu}{g}(v_1 + v_2 \cos\beta_2)\,[\mathrm{kg \cdot m/s}] \qquad (5\text{-}1)$$

그런데

$$\frac{{v_1}^2}{2g} = \frac{{v_2}^2}{2g} + \sigma\frac{{v_2}^2}{2g}$$

$$\therefore\ {v_1}^2 = {v_2}^2(1+\sigma)$$

$$v_2 = \frac{v_1}{\sqrt{1+\sigma}} \qquad (5\text{-}2)$$

이므로

$$P = \frac{wQu}{g}\, v_1\left(1 + \frac{\cos\beta_2}{\sqrt{1+\sigma}}\right)[\mathrm{kg \cdot m/s}] \qquad (5\text{-}3)$$

펠톤 수차의 효율을 η라 하면

$$\eta = \frac{P}{\dfrac{wQ{V_1}^2}{2g}} = 2\frac{u}{V_1}\left(1 - \frac{u}{V_1}\right)\left(1 + \frac{\cos\beta_2}{\sqrt{1+\sigma}}\right) \qquad (5\text{-}4)$$

식 (5-2)의 σ가 u/V_1값에 따라 변하지 않는다고 하면 η의 최대치는 식 (5-4)를 $\dfrac{u}{V_1}$로 미분하여 0이라 두면 $u/V_1 = \dfrac{1}{2}$일 때 생기고

$$\eta_{max} = \frac{1}{2}\left(1 + \frac{\cos\beta_2}{\sqrt{1+\sigma}}\right) \tag{5-5}$$

실제의 수차에서는 여러 가지 조건이 있으므로 $u/V_1 = 0.42 \sim 0.48$일 때 최대의 효율이 된다.

5.2.2 프란시스 수차(Francis turbine)

프란시스 수차는 반동 수차의 일종으로 광범위한 낙차에 이르러 사용되는(10~300[m] 정도) 수차로, 일반적으로 반동 수차에서는 안내날개에서 나온 물의 압력수두 일부를 속도수두로 바꾸고 일부는 압력수두 그대로 런너에 들어간다. 그러므로 런너중에서 물의 통로는 물로서 충만되고 압력은 이 통로를 흘러 지나는 사이에 에너지를 주게 된다.

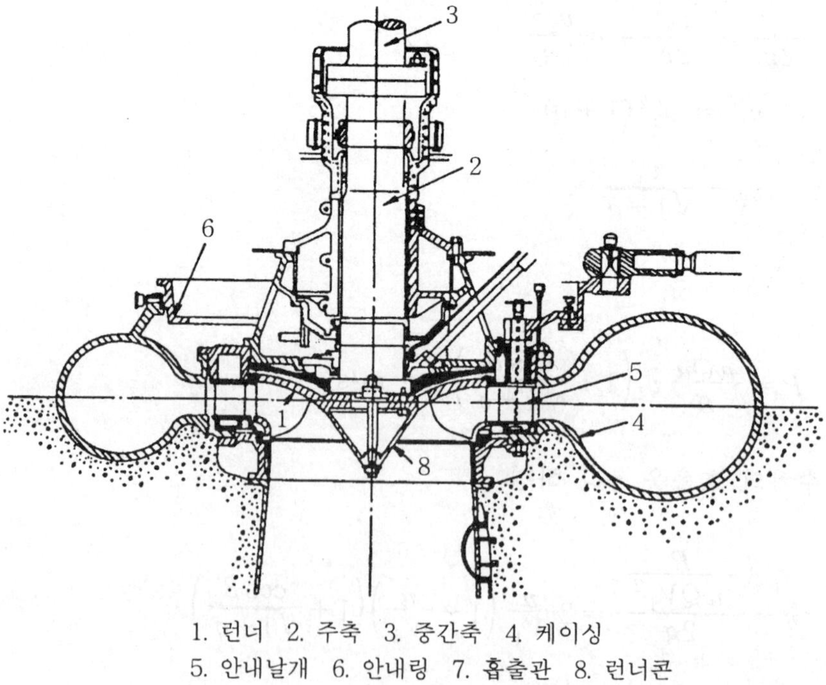

1. 런너 2. 주축 3. 중간축 4. 케이싱
5. 안내날개 6. 안내링 7. 흡출관 8. 런너콘

그림 5-5 직축 프란시스 수차의 구조

① 런너(runner) : 런너는 보통 볼트나 용접에 의하여 주축에 연결되어 있고, 물

이 가진 에너지를 기계적 에너지로 변환하는 것으로 런너날개, 런너밴드, 런너크라운, 런너코운 등으로 이루어져 있다.

재질은 낙차 수질 등으로 결정되지만, 일반적으로 50[m] 이하는 주철 그 이상에는 주강을 사용한다. 수질이 나쁜 경우에는 특수강 동합금을 사용하고 마모되기 쉬운 부분은 용접한 후 손질한다.

프란시스 수차는 사용낙차 및 유량에 따라 여러 종의 형태를 가진 런너가 제작되고 있으며, 형의 적합 여부는 효율에 많은 영향을 미치게 되며, 또 이 수차는 광범위한 낙차에 대하여 사용되기 때문에 수차 한 대에 사용하는 유량, 회전수 등에 따라서 형태를 변형시킬 필요가 있다.

② 케이싱(casing) : 프란시스 수차의 케이싱은 보통 때의 수압과 부하의 차단시 급격한 수압상승에 대하여 견딜 수 있는 구조로 하며, 낙차와 유량에 따라서 주철, 주강, 강판, 혹은 철근 콘크리트를 재료로 쓴다.

③ 스피드 링(speed ring) : 기본 출력에 있어서 안내날개의 개도에 따라 유수가 가장 적절히 통과할 수 있도록 설계하며 수차 부품 가운데 특히, 강도를 요하는 부분이므로 주강을 사용하고 최근에는 용접한 것도 있다.

④ 안내날개(guide vane) : 안내날개는 런너의 바깥 둘레에 배열되어 있으며 유수에 적당한 방향을 주고 필요한 유량을 런너에 공급할 수 있게 각 날개는 항상 같은 각도로 회전할 수가 있으며, 그 개구면적에 따라 런너에 유입되는 유량이 결정되고 부하 변동에 상응하는 유량이 얻어진다.

5.2.3 프로펠러 수차(propeller turbine)

프로펠러 수차는 반동 수차의 일종으로서 유수가 런너를 축방향으로 통과하는 수차이다. 이 수차는 런너날개가 고정된 **고정날개형**과 운전중 부하에 따라서 런너날개의 각도를 바꿀 수 있는 **가동날개형**이 있다. 후자의 것을 카플란 수차(Kaplan turbine)라고 부르는데, 현재 이것이 널리 채용되고 있다. 그림 5-6은 카플란 수차의 일례를 보인 것이다.

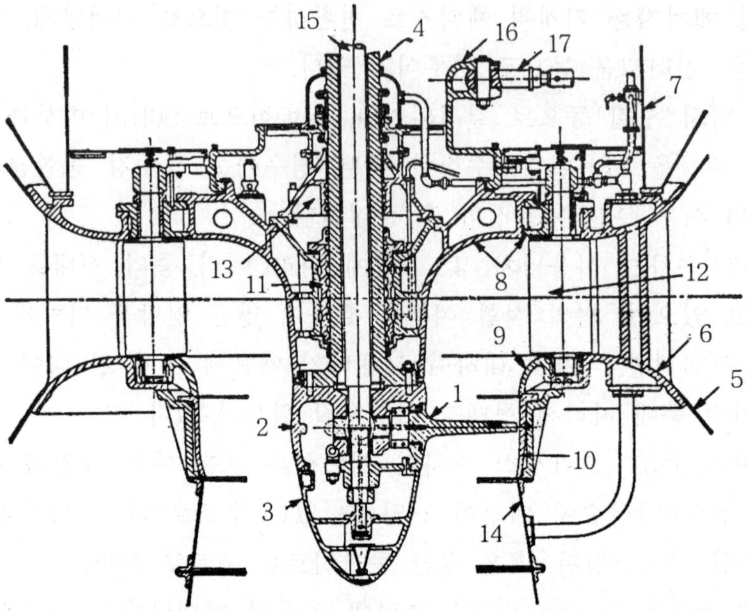

1. 런너 날개 2. 런너 보스 3. 런너 보스 커버 4. 수차축 5. 외피
6. 속도환 7. 피트 라이너 8. 수차상 커버 9. 수차하 커버 10. 웰링
11. 주 베어링 12. 가이드벤 13. 패킹상 14. 흡출관 15. 런너 날개 조작 로드
16. 가이드 링 17. 가이드 밴 조작 본드

그림 5-6 카플란 수차의 구조

프로펠러 수차는 이론적으로는 프란시스 수차의 연장이라고 볼 수 있으므로 그 출력과 효율에 관한 계산식은 프란시스 수차의 계산식과 거의 같다.

다만 프로펠러 수차에서는 유수가 런너 베인(runner vane)을 통과할 때의 유선이 축방향으로 되기 때문에 $r_1 = r_2$ 및 $u_1 = u_2 = u$ 의 관계가 성립하므로

$$P = \frac{wQ}{g} u(v_1 \cos \alpha_1 - v_2 \cos \alpha_2) \tag{5-6}$$

로 된다.

또한 정규 운전 상태에서는 $\alpha_2 = 90°$로 되므로 식 (5-6)은 다음과 같이 간단해진다.

$$P = \frac{wQ}{g} u v_1 \cos \alpha_1 \tag{5-7}$$

같은 이유로 프로펠러 수차의 효율은

$$\eta = \frac{1}{\eta H} u v_1 \cos \alpha_1 \tag{5-8}$$

으로 표시된다.

유효낙차가 아주 낮은 경우에는 물이 입구에서 반지름방향으로 유입되고 런너 날개에서 축방향으로 바뀐 다음 방수로에서 다시 90°로 방향을 바꾸어서 유출되는 프로펠러 수차의 통상적인 유수방법으로는 방향 변환에 따른 손실수두가 무시할 수 없을 정도로 크기 때문에 최근 이러한 저낙차용으로 개발된 것이 원통형 수차(tubular turbine)이다.

이것은 그림 5-7과 같이 횡축 또는 수평보다 약간 기운 사축으로 하고 수차와 발전기를 하나로 묶어서 원통형의 케이싱에 설치한 것이다.

특히 저낙차용으로서의 용도가 넓고 조력 발전소에도 쓰이며, 또한 가역식으로서 양수식 발전소의 펌프 수차에도 사용되고 있다.

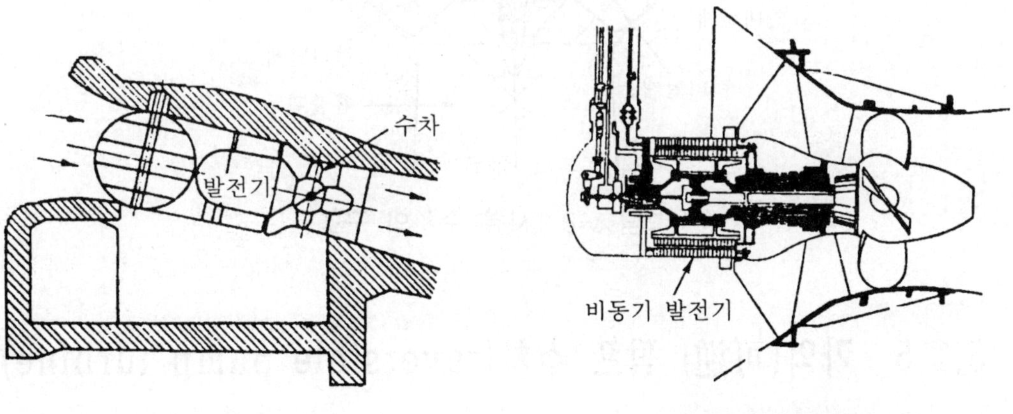

(a) 원동형 수차 (b) 발전소 단면도

그림 5-7 원통형 수차

5.2.4 사류 수차(diagonal flow turbine)

구조는 카프란 수차와 프란시스 수차를 섞어 놓은 형태의 가동날개형 수차이다. 런너에 물을 유도하는 부분과 런너가 물을 방수로에 방류하는 부분은 종래의 수차와 같고 런너날개의 서보 모터에 압유를 보내는 배압기구도 카프란 수차와 같으나, 특이한 점은 비스듬히 배열된 날개를 움직이는 구동기구이며 중요한 장점은 다음과 같다.

① 변낙차, 변부하에 대하여 수차특성이 우수하다.
② 프란시스 수차에 비하여 무구속 속도가 낮다.
③ 고낙차 카프란 수차에 비해서 특성이 좋다.

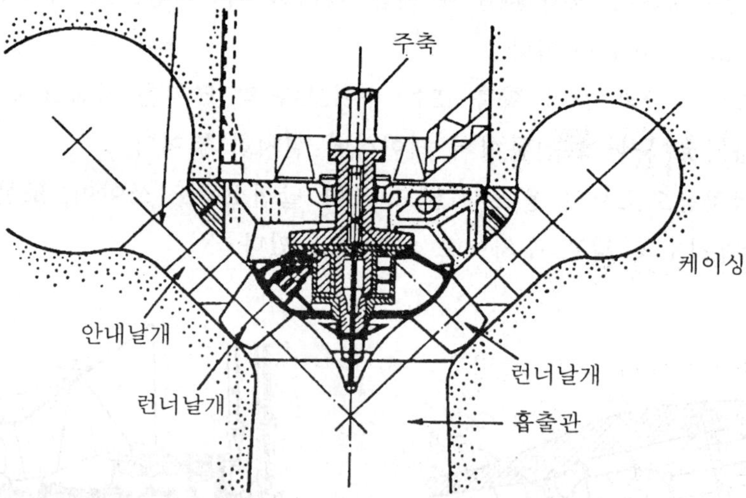

그림 5-8 사류 수차의 구조

5.2.5 가역(可逆) 펌프 수차(reversible pump turbine)

펌프 수차는 수차를 역전하여 펌프작용을 하게 한 것으로 사류형과 프란시스형이 있으며, 둘다 전용기로 설계할 경우 보다 다소 부족한 점이 많다고 해도 몇가지 장점이 있기 때문에 양수 발전소 수차로서 급속히 발달하였다.

① 전용 펌프가 절약되고 하나의 수력기계와 하나의 전기기계로서, 간단한 구조로 할 수 있기 때문에 가격이 싸다.
② 특수한 펌프축 카플링이 필요하지 않다.
③ 기계의 배치 설치가 간단하다.

④ 철관, 입구, 밸브가 각각 하나면 된다.

이 밖에 사류형에서는 다음과 같은 이점이 있다.

① 가동날개이기 때문에 낙차, 부하변동에 대하여 효율이 저하가 적다.

② 일정 양정으로 광범위한 유량조절이 가능하기 때문에 여유있는 양정 계획을 할 수 있다.

③ 펌프와 수차를 별도로 설치하는데 비해서 펌프 수차는 양수, 발전의 절환시간은 다소 길어져도 사류형 펌프 수차는 날개를 완전히 열어서 물의 저항을 이겨 그대로 펌프로써 기동이 가능하므로 절환시간이 단축된다.

5.3 수차의 특성

5.3.1 특유속도

수차의 특유속도라 함은 그림 5-9에서 보인 바와 같이 어떤 런너와 기하학적으로 닮은 런너를 가상하여, 이것을 단위낙차(1[m])에서 단위출력(1[kW])를 발생하도록 하였을 때의 회전수[rpm]를 말한다.

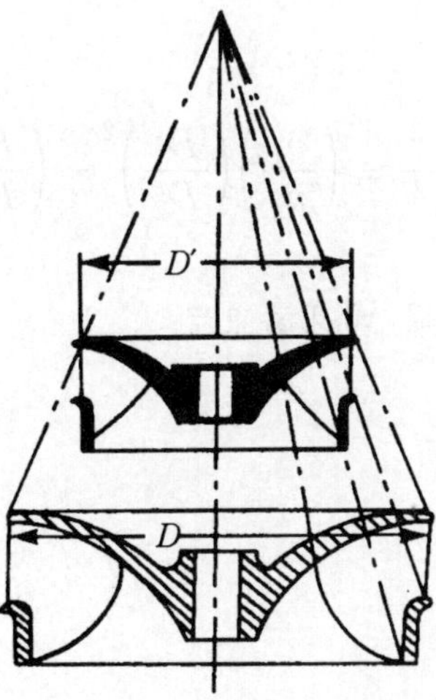

그림 5-9 상사 수차

수차의 런너의 모양은 낙차, 수량, 회전수에 따라서 다르나 기하학적으로 서로 닮은 런너는 그 크기의 대소에 관계없이 대개 동일한 특성을 갖는다고 생각된다.

특유속도를 정의하기 위하여 두 개의 닮은 런너 A, B를 생각하고 각각의 유량을 Q_1, Q_2[m/s], 런너 직경을 D_1, D_2[m], 낙차를 H_1, H_2[m], 출력을 P_1, P_2[kW], 런너의 주변속도를 v_1, v_2이라 하고 $k_1 \sim k_5$를 상수라 할 때 유속에서

$$v_1 = k_1\sqrt{2gH_1} = k_2 H_1^{\frac{1}{2}}$$

$$v_2 = k_1\sqrt{2gH_2} = k_2 H_2^{\frac{1}{2}}$$

이 된다. 그러므로

$$\frac{v_1}{v_2} = \left(\frac{H_1}{H_2}\right)^{\frac{1}{2}} \tag{5-9}$$

유량은 물의 유입속도와 유입면적, 즉 런너 직경의 2승과의 곱에 비례하므로

$$Q_1 = k_3 v_1 {D_1}^2$$

$$Q_2 = k_3 v_2 {D_2}^2$$

이 된다.

$$\therefore\ \frac{Q_1}{Q_2} = \frac{k_3 v_1 {D_1}^2}{k_3 v_2 {D_2}^2} = \left(\frac{v_1}{v_2}\right)\left(\frac{D_1}{D_2}\right)^2 = \left(\frac{H_1}{H_2}\right)^{\frac{1}{2}} \cdot \left(\frac{D_1}{D_2}\right)^2 \tag{5-10}$$

출력은 유량과 낙차의 곱에 비례하므로

$$P_1 = k_4 Q_1 H_1$$

$$P_2 = k_4 Q_2 H_2$$

가 된다.

$$\therefore\ \frac{P_1}{P_2} = \frac{k_4 Q_1 H_1}{k_4 Q_2 H_2} = \left(\frac{Q_1}{Q_2}\right) \cdot \left(\frac{H_1}{H_2}\right) \tag{5-11}$$

식 (5-11)에 식 (5-10)을 대입하면

$$\frac{P_1}{P_2}=\left(\frac{H_1}{H_2}\right)^{\frac{1}{2}}\cdot\left(\frac{D_1}{D_2}\right)^2\cdot\left(\frac{H_1}{H_2}\right)=\left(\frac{H_1}{H_2}\right)^{\frac{3}{2}}\cdot\left(\frac{D_1}{D_2}\right)^2 \qquad (5\text{-}12)$$

각 수차의 회전수 N_1, N_2는 물의 유입속도에 비례하고 런너의 직경에 반비례하므로

$$N_1=k_5\frac{v_1}{D_1}$$

$$N_2=k_5\frac{v_2}{D_2}$$

가 되며

$$\frac{N_1}{N_2}=\frac{k_5\frac{v_1}{D_1}}{k_5\frac{v_2}{D_2}}=\left(\frac{v_2}{v_1}\right)\cdot\left(\frac{D_2}{D_1}\right) \qquad (5\text{-}13)$$

식 (5-12)에서 $\frac{D_1}{D_2}$를 구하면

$$\left(\frac{D_1}{D_2}\right)^2=\left(\frac{P_1}{P_2}\right)\cdot\left(\frac{H_2}{H_1}\right)^{\frac{3}{2}}$$

$$\therefore\ \frac{D_1}{D_2}=\left(\frac{P_1}{P_2}\right)^{\frac{1}{2}}\cdot\left(\frac{H_2}{H_1}\right)^{\frac{3}{4}} \qquad (5\text{-}14)$$

식 (5-13)에 식 (5-9), (5-14)를 대입하면

$$\frac{N_1}{N_2}=\left(\frac{v_1}{v_2}\right)\cdot\left(\frac{D_2}{D_1}\right)=\left(\frac{v_1}{v_2}\right)\cdot\left(\frac{D_1}{D_2}\right)^{-1}$$

$$=\left(\frac{H_1}{H_2}\right)^{\frac{1}{2}}\cdot\left(\frac{P_1}{P_2}\right)^{-\frac{1}{2}}\cdot\left(\frac{H_2}{H_1}\right)^{-\frac{3}{4}}$$

$$=\left(\frac{P_1}{P_2}\right)^{-\frac{1}{2}}\cdot\left(\frac{H_1}{H_2}\right)^{\frac{5}{4}} \tag{5-15}$$

지금 B런너에 대해서 $H_2=1[\mathrm{m}]$, $P_2=1[\mathrm{kW}]$라면 특유속도의 정의에 의하여 $N_2=N_s$(=특유속도)로 되기 때문에 식 (5-15)에 이들 값을 대입하면

$$\frac{N_1}{N_s}=P_1^{-\frac{1}{2}}\cdot H_1^{\frac{5}{4}}$$

$$\therefore\ N_s=N_1\cdot\frac{P^{\frac{1}{2}}}{H^{\frac{5}{4}}}$$

이 되며, 일반적으로

$$N_s=N\frac{P^{\frac{1}{2}}}{H^{\frac{5}{4}}}\,[\mathrm{m}\cdot\mathrm{kW}/\text{단위}] \tag{5-16}$$

특유속도의 계산에 있어서 출력 P는 런너 1개당 또는 노즐 한 개당의 출력을 취한다. 복류형에서는 런너 한 개당 출력의 1/2을 취한다.

5.3.2 특유속도와 효율곡선

특유속도 N_s의 대소에 따라 수차의 효율-출력곡선은 그림 5-10과 같이 크게 다르다. 여기서 N_s가 작은 펠턴 수차를 보면 경부하에서 전부하까지 효율이 좋고 그 변화가 적다.

그러나 N_s가 큰 것, 프로펠러 수차를 보면 부하변동에 대하여 효율의 변화가 심하며 경부하시는 정격에 비하여 효율이 급격히 저하한다. 그러므로 부하변동이 심한 곳에 카프란 수차를 사용하면 고효율 운전을 할 수 있음을 알 수 있다.

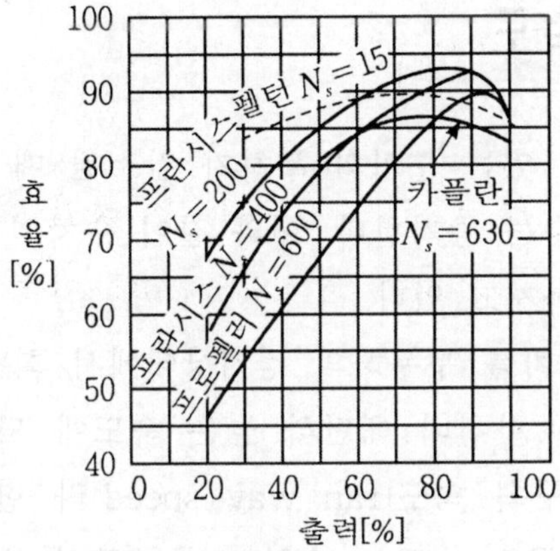

그림 5-10 수차의 효율출력곡선

5.3.3 회전수와 유량 및 출력과의 관계

반동 수차는 동일낙차, 동일수구개도에서 회전수를 증가시키면 출력이 증가한다. 그러나 어느 값에 도달하면 저하해서 다시 "0"으로 된다. 이 때 출력효율의 변화를 보면 그림 5-11과 같다. 이 그림에서 출력곡선이 횡축과 만나는 점의 속도를 무구속 속도라 한다. 펠턴 수차에서는 노즐의 출구 압력이 대기압과 같기 때문에 회전속도가 변해도 유량은 일정하다.

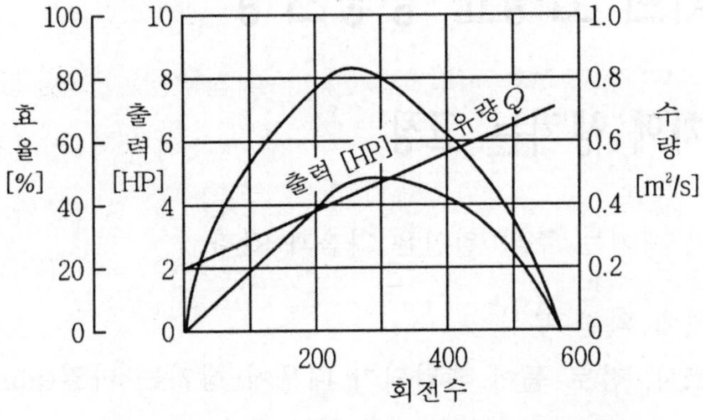

그림 5-11 회전수의 출력효율 유량곡선

5.3.4 무구속 속도

어떤 부하로 운전하고 있는 수차의 부하가 감소될 때 런너에 유입되는 유입개도를 그대로 두면 회전수는 증가한다. 이와 같이 수차의 회전수는 부하의 변동에 따라 변화하는 특성을 가지고 있다.

유입구를 전개하여 수차를 무부하의 정지상태에서 회전시키면 차츰 속도가 상승하여 정격속도를 지나 마침내 대단히 높은 속도에 도달하여 속도상승은 그친다. 이 최대 속도를 **무구속 속도**(ran way speed)라 한다. 이것은 수차가 낼수 있는 최대 속도이다. 무구속 속도는 수차의 종류와 특유 속도에 따라 변하며 표 5-2와 같다.

표 5-2 무구속 속도의 범위

수차의 종류	정격 회전수에 대한 [%]
펠톤 수차	150～200
프란시스 수차	160～220
사류 수차	180～230
프로펠러 수차	200～250
카플란 수차	200～240

5.4 수차의 고장과 공동현상

5.4.1 수차에 생기는 고장

수차에 고장이 생기는 주된 원인은 다음과 같다.

① 캐비테이션에 의한 부식
② 물 속에 토사, 점토 등이 혼입되기 때문에 생기는 마멸(abrasion)
③ 물 속에 산이 포함되기 때문에 생기는 침식(erosion)
④ 기계적, 수력적으로 발생하는 각 부분의 진동(vibration)

이들 모두가 수차효율의 저하, 출력의 감퇴, 구조 재료의 피로 등을 발생시키는 원인이 된다.

5.4.2 공동현상(cavitation)

공동현상(cavitation)은 물과 접촉하는 기계 부분의 표면 및 표면 가까이에 물로서 충만되지 않은 공동이 생기는 현상이다. 수차에 공동현상이 발생하면 효율의 저하, 진동, 소음의 증대, 부식 등 수차의 특성에 큰 해를 끼치는 현상이 생긴다.

(1) 발생 원인

운전중의 수차 내의 각 부는 유속과 압력이 다르다. 어떤 점의 압력이 그때의 수온에서의 증기압 이하가 되면 그 부분의 물은 증발하여 수증기가 되고 물속에 포함되었던 공기는 유리되어 기포가 되고 물과 함께 흐른다. 그러나 압력이 높은 곳에 닿으면 그 상태를 유지하지 못하고 순간적으로 파괴되어 유수와 수적이 런너의 면에 큰 충격압을 주는 것이 주된 원인이다. 충격압이 반복되면 해면상의 부식이 생긴다.

(2) 캐비테이션의 방지책

① 적절한 런너 형상을 모형시험으로 선택하고 가공과 표면의 정도를 높인다.
② 특유속도를 작게 선택한다.
③ 흡출고를 낮게 한다.
④ 침식에 대하여 강한 재료를 사용한다.
⑤ 수차의 경부하 운전을 하지 않는다.
⑥ 저압부에 공기를 도입한다.

등이다. 캐비테이션 발생 조건의 지수에는 Thoma의 캐비테이션 계수가 사용된다.

$$\sigma = \frac{H_a - H_r - H_s}{H} \qquad (5\text{-}17)$$

(단, σ : 캐비테이션 계수, H_a : 대기압 [m], H_r : 포화증기압 [m 수주],

H_s : 흡출고[m 수주], H : 유효낙차)

5.5 수차의 선정

수차의 종류는 출력과 낙차로 대략 결정할 수 있다. 즉, 펠턴 수차는 고낙차로 유량이 비교적 적을 때, 프란시스 수차는 중낙차로 유량이 비교적 많을 때, 또 프로펠러 수차는 저낙차로서 특히 유량이 많을 때에 적합하다. 발전소에서 사용할 수차의 선정은 먼저 유효 낙차를 생각한다. 발전 지점의 출력과 유효 낙차가 정해지면 특유속도를 구할 수가 있으므로 회전수도 구할 수 있다.

수차의 회전수를 높게 정하면 발전기의 형태가 작아지고 효율이 높아져 소형 기기를 채용할 수가 있으므로 시설비가 적어져 경제적이다. 이와 같은 의미에서 특유속도가 될 수 있는데로 큰 것을 사용하는 것이 경제적으로 유리하지만 N_s가 큰 수차를 사용하면 수차내에 공동현상이 생긴다. 또, 그림 5-12에서와 같이 N_s가 큰 것은 효율의 저하의 원인이 된다. 그러므로 유효 낙차와 유량에서 수차 출력과 대수를 정하고 유효 낙차에 대한 N_s의 한도에서 대략 기종이 선정되지만 건설비의 저하와 출력 저하의 양면에서의 비교 검토와 보수 문제를 고려하여 적합한 종류를 선정할 필요가 있다.

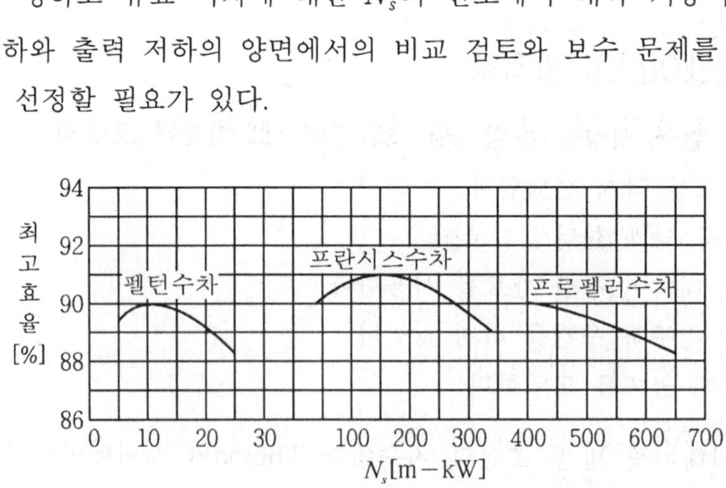

그림 5-12 $N_s-\eta$ 곡선

5.6 조속기

5.6.1 조속기의 개요

발전기의 부하는 항상 일정하지 않고 수시로 변한다. 부하 변동에 따라 회전수가 변화하면 수차에 직결된 발전기는 전압변동 및 주파수 변화를 일으킨다. 그러나 수차는 어떠한 부하의 변동에도 정속도 운전이 요구되므로 부하의 증감에 따라 유입구의 개도를 조정해서 수차에 유입되는 수량을 증감시켜 수차 속도를 정속도로 유지시키는데, 이와 같이 수차 속도를 일정하게 유지시키는 장치를 조속기(governer)라 한다.

조속기는 크게 기계식과 전기식이 있으며, 기계식은 수차 발전기의 속도 변화 검출을 스피이더(speeder)에 의해서 행하는 것으로 종래의 조속기는 이것이 그의 전부였다.

전기식은 수차 발전기의 회전수에 비례하는 보조 발전기의 주파수를 공진 회로로 검출하고 전자관 증폭기나 자기 증폭기로 증폭해서 변환기에 의해서 기계적으로 변환하여 배압 밸브를 조작한다.

5.6.2 조속기의 부동 시간과 폐쇄 시간

(1) 부동 시간(dead time)

부하에 변동이 생겨서 서보 모터의 피스톤이 움직이기 시작할 때까지의 시간[sec]를 부동 시간이라 하며, 보통 0.2~0.5[초] 정도로 이 시간은 짧을수록 좋다.

(2) 폐쇄 시간(closing time)

안내 날개나 니들 밸브가 동작하기 시작해서 전폐할 때 까지 요하는 시간을 폐쇄 시간이라 하며 보통 2~5[초] 정도이다. 펠턴 수차의 경우 디플렉터의 폐쇄 시간은 20~40[초] 정도로 조정된다.

5.6.3 조속기의 종류

(1) 기계식 조속기

부하 증가에 따라 회전수가 감소하여 습동환 S가 P_2로 하강했다면 floating lever는 R_0를 기점으로 C_0에서 C_2에 이동한다. 이 때 배압밸브는 위쪽으로 이동하고 압유는 A에서 B를 통해서 서보 모터에 들어가 피스톤을 우측으로 움직여 조정축이 동작하여 안내날개를 연다.

서보 모터의 우측의 기름은 C로 통하여 D에서 배유된다. 서보 모터의 피스톤이 적당한 위치까지 동작하면 R_0는 R_2로 이동하고 C_2는 C_0로 돌아오고 배압밸브는 정위치로 되돌아 다시 안내날개의 개구가 필요 이상으로 되는 것을 막는다.

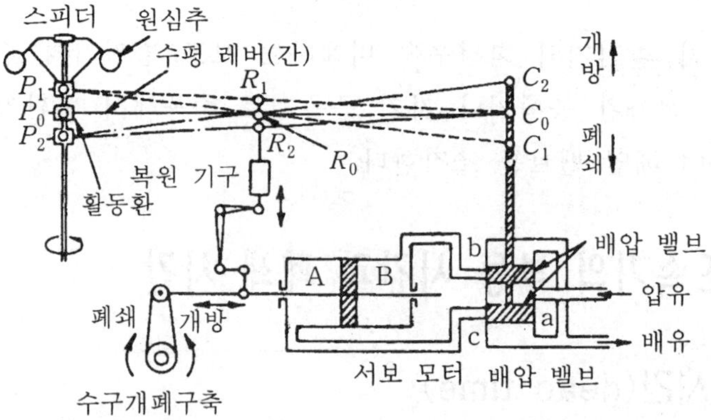

그림 5-13 기계식 조속기의 원리도

(2) 전기식 조속기

전기식 조속기는 수차 또는 발전기에 직결된 검출용 발전기로 속도 변화를 주파수 변화로서 검출하고 이것을 증폭한 후 전기기계 변환에 의해 기계력으로 바꾸어 배압밸브를 동작시키는 방식으로서 기계식 조속기의 결점인 감도와 속응성을 크게 개선한 것이다.

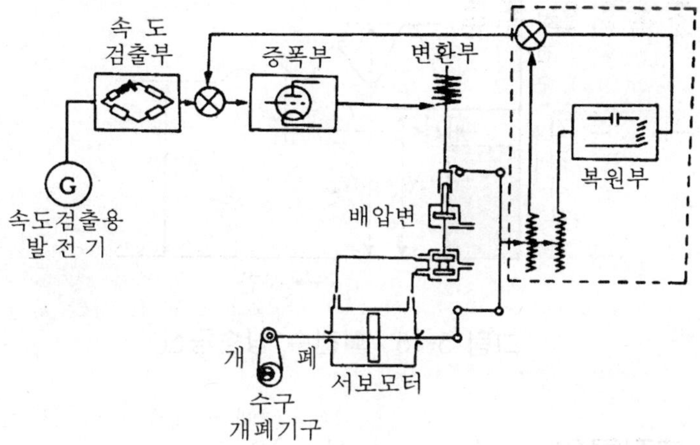

그림 5-14 전기식 조속기의 원리도

5.6.4 조속기의 성능

(1) 속도 변동률

정격 회전수 일정 출력으로 운전되고 있는 수차가 순간적으로 무부하로 되었을 때 상승한 회전수를 정격 회전수로 나누어 [%]로 표시한 것을 속도 변동률이라 한다.

그림 5-15에서 속도 변동률 δ_n를 구해 보면

$$\delta_n = \frac{N_m - N}{N} \times 100[\%] \qquad (5\text{-}18)$$

(단, N_m : 상승된 최대 회전수[rpm], N : 정격 회전수[rpm])

이며, δ_n은 전부하에서 30[%] 정도 되도록 설계되나, 부분 부하에서는 이보다 적고 회전체의 플라이휠 효과가 클수록 속도 변동률이 작다.

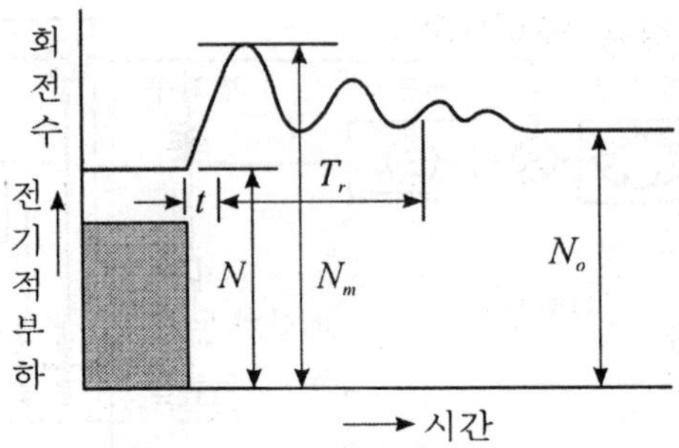

그림 5-15 회전수 상승곡선

(2) 속도 조정률(speed regulation)

속도 조정률 α는 조정기의 각 조정부분을 일정하게 설정해 두고, 안내날개 개도를 규정낙차와 정격출력을 내는 개도에서 무부하 개도까지 감소시켰을 때 속도 변화를 정격속도에 대한 [%]로 표시한 것이다.

즉,

$$\alpha = \frac{N_o - N_n}{N} \times 100[\%] \tag{5-19}$$

(단, N_o : 무부하의 회전수[rpm], N_n : 정격 출력시의 회전수[rpm],

N : 정격 회전수[rpm])

이며, 보통 N_n과 N은 같다.

속도 조정률은 다른 수차 발전기와 병렬 운전을 하는 경우에 부하 분담을 정하는 중요한 요소로 보통 3~5[%]이며, 속도 조정률에는 분부하 조정률, 부하간 조정률 등도 그 사용 목적에 따라 사용되고 있다.

① 분부하 조정률

$$\alpha_1 = \frac{\dfrac{N_o - N_p}{N}}{\dfrac{P_p}{P}} \times 100[\%] \tag{5-20}$$

(단, P_p : 발전기의 임의의 출력[kW], N_p : 임의의 출력시의 회전수[rpm],

P : 발전기의 정격 출력[kW])

② 부하간 조정률

$$\alpha_2 = \frac{\dfrac{N_2 - N_1}{N}}{\dfrac{P_1 - P_2}{P}} \times 100\,[\%] \tag{5-21}$$

(단, N_1 : 발전기 출력이 P_1일 때 회전수[rev/min],

N_2 : 발전기 출력이 P_2일 때 회전수[rev/min])

이상 세 식에서 회전수는 그대로 사이클이라 취급해도 된다.

5.7 양수 발전소

5.7.1 양수 발전소의 개요

최근 전력 수용의 급격한 증가 경향에 대처해서 대규모 전원 개발이 실행되어 각 설비의 근대화가 이룩되었다. 그러나 원래 양수 발전설비는 한 밤중의 잉여 전력을 이용하여 상부 저수지에 양수했다가 피크(peak)때에 발전하여 부하의 변화에 대응하기 위한 것이다(그림 5-16 참조).

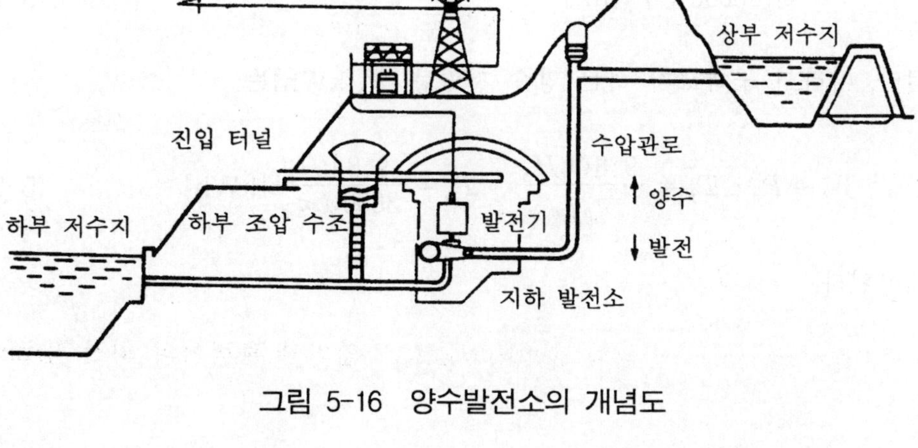

그림 5-16 양수발전소의 개념도

5.7.2 양수 발전소의 효율

저수지의 수위, 변동을 무시할 때 양수 발전소 단독으로의 효율은 다음과 같이 구한다.

$$\eta = \frac{H_g}{H_p} \eta_t \eta_g \eta_p \eta_m \tag{5-22}$$

(여기서, η_t : 수차 효율, η_g : 발전기 효율, η_p : 펌프 효율, η_m : 전동기 효율, $H_g = H_0 - H_{lg}$: 유효 낙차[m], H_0 : 총낙차[m], H_{lg} : 발전시 손실 낙차[m], $H_p = H_0 + H_{lp}$: 유효 양정[m](전양정이라고도 함), H_{lp} : 양수시 손실 낙차[m])

양수 발전소의 저수지 용량에 관한 운용 계산은 다음과 같다.

먼저 정해진 저수지 용량 V[m³]를 양수하는데 필요한 양수 전력량 W_p[kWh]는 양수 전력 P_p[kW]와 양수 계속 시간 T_p[h]의 곱으로 표현되므로 $W_p = P_p \cdot T_p$이다.

여기서

$$P_p = \frac{9.8 Q_p H_p}{\eta_p \eta_m} \text{[kW]} \tag{5-23}$$

로 계산되므로 양수량을 Q_p[m³/s]라고 하면

$$V = Q_p \times 3600 \cdot T_p \text{[m}^3\text{]} \tag{5-24}$$

로 된다. 따라서 구하고자 하는 양수 전력량 W_p[kWh]는

$$W_p = P_p \cdot T_p = \frac{9.8 Q_p H_p}{\eta_p \eta_m} \cdot T_p = \frac{9.8 V H_p}{3600 \eta_p \eta_m} \text{[kWh]} \tag{5-25}$$

로 계산된다.

연 습 문 제

1. 유효 낙차 125[m], 출력 15,000[kW], 회전수 375[rpm]인 수차의 특유속도를 구하라.

2. 정격 회전수 375[rpm]의 프란시스 수차가 전부하로 운전하고 있다. 이 때 갑자기 부하가 차단되었을 때 속도 변동률이 25[%]였다. 속도 상승시 회전수는 얼마인가?

3. 유효 저수량 200,000[m^3], 평균 유효 낙차 100[m], 발전기 출력 7,500[kW] 1대를 운전할 경우 몇 시간 발전할 수 있는가? 단, 발전기 및 수차의 합성 효율은 85[%]이다.

4. 낙차 290[m], 회전수 500[rpm]인 수차를 225[m]의 낙차에서 사용할 때의 회전수[rpm]는 얼마로 하면 적당한가?

5. 사류 수차에 대하여 간단히 설명하여라.

6. 프로펠러 수차에 대하여 간단히 설명하여라.

7. 프란시스 수차에 대하여 간단히 설명하여라.

8. 수차의 특유속도란 무엇인가?

9. 무구속 속도란 무엇인가?

10. 조속기의 부동시간과 폐쇄 시간에 대하여 설명하여라.

11. 수차에 고장이 생기는 주된 원인은 무엇인가?

12. 캐비테이션의 방지책에 대하여 설명하여라.

제 6 장

화력 발전의 개요

6.1 화력 발전소의 종류

화력 발전소는 화석연료가 가지고 있는 열에너지를 전기에너지로 얻는 방식의 총칭이다. 화석연료의 주성분인 탄소가 연소 되면서 발생한 열에너지로 물을 증기로 바꾸고 증기가 갖는 에너지로 터빈 발전기를 회전시켜 전기를 발생하고 있다.

6.1.1 열원에 의한 분류

- 화력 발전소
  - 기력 발전소
  - 내연력 발전소
  - 특수 발전소
    - 열공급 발전소
    - 발열 발전소
    - 2유체식 발전소
    - 지열 발전소
    - 가스 터빈 발전소
    - 원자력 발전소

(1) 기력 발전소(steam power plant)

석탄, 가스, 중유 등의 연료를 연소시켜 증기를 발생시켜 터빈 발전기를 운전하는 발전소로서 간접적으로 기계적 에너지를 전기적 에너지로 변환시키는 방식이다. 오늘날 화력 발전소는 이 방식이 대부분이다.

(2) 내연력 발전소(internal combustion power plant)

연료를 기관 내에서 연소시켜 동력을 얻어 발전기를 회전시켜 발전하는 발전소로서 설비가 간단하고 운전이 용이하다.

(3) 폐열 이용 발전소

이것은 제철소의 용광로가스(650～850[kcal/Nm^3]) 혹은 코크스가스(4,000～4,500[kcal/Nm^3]), 정유공장의 분해가스(10,000[kcal/Nm^3]) 등의 잉여가스, 시멘트 공장의 rotary kiln 가스 등의 공장 내에서 가열용 연료로서 사용되나, 남은 여열을 이용하여 발전하는 방식으로서 발생가스가 시간적으로 변동할 때는 안정된 전력을 얻을 수 없으므로 중유를 보조 연료로 사용하며, 연료비가 싸므로 발전 원가가 저렴하다.

(4) 열병합 발전소

열과 전력을 공동의 보일러에서 발생시키는 시설이고 보통 복수식 발전소의 냉각수가 가져가는 증기의 증발열을 공장의 작업용 증기로 사용하는 발전소로서 배압 터빈, 추기 터빈을 사용한다. 증발열을 전부 회수할 수 있으므로, 종합 열효율을 대단히 높아진다.

(5) 2유체식 발전소

수은과 증기의 2유체를 써서 수은을 고온도 동작유체로 하고 증기를 저온도 동작유체로서 작용시켜 열기관에서 작동유체로서 사용되는 증기의 결점을 없앤 것인데, 수은의 액체를 제1의 유체로 하고 제1의 터빈으로 초온도에서 중간 온도까지 일을 시켜 이것을 적당한 장치로 응축시키는 동시에 방출된 증발열로서 제2유체의 물을 가열시켜 이 증기를 사용하여 다음의 터빈에서 발전하는 방식을 2유체식 발전이라 한다. 이것을 채용하면 열효율을 높일 수가 있다.

(6) 지열 발전소

지중에서 분출하는 고온의 증기를 이용하여 증기 터빈을 운전하는 것인데, 분출증기를 직접 또는 열교환기를 사용하여 생수를 증발시켜서 얻은 증기를 터빈에 보내어 발전하는 방식으로서 화산국인 이탈리아, 뉴질랜드에서는 수 10만[kW]의 발전을 하고 있으나, 이것은 화산국에 한정된 방식이다.

(7) 가스 터빈 발전소

고압, 고온의 연소가스 또는 공기가 사용되면 밀폐 사이클가스 터빈(closed cycle gas turbine), 개방 사이클가스 터빈(open cycle gas tur-bine) 등이 있고 기동, 정지가 간단한 장점이 있기 때문에 최근 첨두 부하용으로 많이 사용된다.

6.1.2 용도에 의한 분류

(1) 기저부하 발전소 및 상시 발전소

연간을 통하여 기저부하로서 운전하는 발전소로서 대개 대용량 고효율에 중점을 두고 건설된 발전소이며, 연료량 유지비를 감소하기 위해 많은 노력을 기울인다.

(2) 첨두(peak) 부하 발전소

단시간의 피크(peak) 부하를 담당하는 발전소로서 단시간 출력이 증가되도록 설계하는 동시에 부하율이 극히 낮기 때문에 발전소 건설비를 저렴하게 하며, 연료비나 운전비가 적게 들게 함과 아울러 특히 부하 변동에 대한 융통성을 우수하게 한다.

(3) 보급 발전소

보급용 발전소에는 피크(peak) 부하용과 갈수기 보급용이 있는데, 모두 년부하율이 대단히 적기 때문에 발전소를 설치할 때는 운전의 융통성과 건설비 및 운전비에 대한 경제성을 모두 만족시켜야 한다. 다시 말하면 효율 융통성 및 신뢰도에 약간의 결점이 있을 수 있다 해도 싸고 간단한 것이 필요하며 위치는 수용의 중심이 좋을 것이다.

연습문제

1. 첨두부하 발전소에 대하여 설명하여라.

2. 기저부하 발전소에 대하여 설명하여라.

3. 기력 발전소에 대하여 설명하여라.

4. 내연력 발전소에 대하여 설명하여라.

5. 폐열 이용 발전소에 대하여 설명하여라.

6. 열병합 발전소에 대하여 설명하여라.

7. 가스 터빈 발전소에 대하여 설명하여라.

제 7 장

열역학

7.1 열의 특성 및 압력

7.1.1 열 량

물질은 각각의 상태에 따라서 분자, 원자 또는 이온으로 구성되어 있으며 이들 입자는 끊임없이 운동하고 있다. 이것을 열운동이라 하며 일반적으로 열(heat)이라 한다. 열운동이 심할수록 이들 입자는 피스톤을 밀어내거나 터빈을 돌리거나 하는 일을 할 수 있는 에너지원이 되므로 열에너지(heat energy)라 한다.

1[cal]란, 대기압에서 순수한 물 1[g]을 1[℃] 높이는데 필요한 열량을 말하며, 공업상으로는 1[cal]을 1,000[배]한 킬로 칼로리(Kilo calorie[kcal])을 열량의 단위로 사용한다. 그리고 1[BTU]는 1파운드(1b)의 순수한 물을 61.5[°F]로부터 62.5[°F]까지 1[°F] 더 높이는데 필요한 열량이다. [BTU]와 [kcal]와의 사이에는 다음과 같은 관계가 있다.

1[BTU]=0.252[kcal]

7.1.2 온 도

현재 보통 사용되고 있는 온도의 단위는 섭씨[℃]와 화씨[°F]이다.

760[mmHg]의 표준 기압에서 순수한 물이 어는 온도는 0[℃] 및 32[°F]이고, 끓는 온도는 100[℃] 및 212[°F]이다. 이 외에 열역학 이론을 근거로 한 절대온도가 있다.

분자운동이 정지한다고 생각되는 −273.16[℃], 즉 이론상의 최저 온도를 절대영도(absolute zero point)라고 하며, 이를 기준으로 한 온도를 절대온도라 하고 [°K]의 기호로 나타낸다.

이상 세 온도의 관계를 나타내면 식 (7-1)과 같다.

$$\left.\begin{aligned} t[℃] &= \frac{5}{9}(t[°F]-32) \\ t[°F] &= \frac{9}{5}t[℃]+32 \\ T[°K] &= t[℃]+273 \end{aligned}\right\} \quad (7\text{-}1)$$

7.1.3 비 열

물체의 온도를 올리려면 외부로부터 에너지를 주어야 한다. 이러한 종류의 에너지를 열이라 한다.

어떤 물체의 단위 질량을 1[℃]만큼 상승시키는데 필요한 열을 비열이라 한다. 비열 C로 질량 M[kg]의 물체의 온도를 1[℃] 상승시키는데 필요한 열량을 열용량 q라 하고 $q=CM$으로 표시된다.

압력을 일정하게 하였을 경우의 비열을 정압비열(specific heat constant pre-ssure), 체적을 일정하게 하였을 경우의 비열을 정적비열(specific heat of cons-tant volume)이라 하고 정압비열이 정적비열보다 값이 더 크다.

7.1.4 압 력

물체의 단위 면적당 작용하는 힘을 압력이라 하며, 물질 분자의 열운동의 운동량에 기인한 것으로 압력의 단위는 [kg/cm²]이다. 그 밖에 계량법으로서는 [bar], [mmHg], [lb/in² ; psig] 등이 있다.

압력 측정용 계기는 보통 대기압에서 눈금의 영위(zero point)를 지시하도록 되어 있다. 따라서 압력의 지시, 즉 게이지압(gauge pressure : 표시 atg)은 진압력과 대기압과의 차에 상당한다.

이 때 진압력을 절대압(absolute pressure : 표시 atg)이라 하며, 표준기압은 표준중력의 장소에서 0[℃]의 수은주 760[mmHg]와 같고 [atm]으로 나타낸다.

$$\left.\begin{array}{l} \text{절대압} = (\text{gauge압}) + (\text{대기압}) = (\text{atg}) + 1.033 \fallingdotseq (\text{atg}) + 1\,[\text{kg/cm}^2] \\ 1\text{표준기압(atm)} = 1.033\,[\text{kg/cm}^2] = 760[\text{mmHg}] = 14.7[\text{psig}] \\ 1[\text{psig}] = 0.0703\,[\text{kg/cm}^2],\ 1\,[\text{kg/cm}^2] = 14.22[\text{psig}] \end{array}\right\} \quad (7\text{-}2)$$

대기압보다 낮은 압력을 표시하는데도 진공도(degree of vacuum)가 사용된다. 진공도를 P_0[mmHg], 대기압을 P_a[mmHg], 절대압을 P[kg/cm²a]라 하면 다음과 같이 표시된다.

$$P = 1.033 \times \frac{P_a - P_0}{760}\,[\text{kg/cm}^2\text{a}] \quad (7\text{-}3)$$

7.1.5 엔트로피

열역학에 있어서 여러 변화를 취급할 때 압력, 용적, 온도, 내부에너지, 엔탈피(enthalpy)외에 엔트로피(entropy)라는 특성을 하나 더 추가하면, 모든 현상을 설명하는데 편리하다. 엔트로피(entropy)는 측정할 수도 없고 정확한 정의도 내릴 수 없으나, 물체에 열을 가하거나 또는 물체로부터 열을 빼앗을 때 증감하는 특성을 가지고 있다. 그러므로 단열변화(adiabatic change)에서 엔트로피는 불변하고, 등온변화(isothermal change)에서 엔트로피는 변화한다.

엔트로피는 가상적인 특성이고, 보통 기호 S로 표시하며, 그 변화는 절대온도

T[°K]에 반비례하고 일정 압력에서 엔탈피(enthalpy)의 변화에 비례한다.

$$\therefore\ ds = \frac{di}{T} \quad \text{또는} \quad dQ = Tds$$

ds는 엔탈피의 미소증가이며, 이 때 하나의 상태량 S를 엔트로피(entropy)라 하며

$$S = \int \frac{di}{T} \tag{7-4}$$

이다.

이 엔트로피의 값을 이용하면, 가스가 상태변화할 때에 출입하는 열량을 계산할 수 있고, 또 하나의 좌표축에 엔트로피 S를 취하여 선도로 표시하면 선도의 형상에 따라 상태변화의 내용을 간단하게 알아볼 수 있으므로 열역학상으로 중요한 상태량이다.

7.2 증기의 특성 및 선도

7.2.1 수증기의 특성

물을 가열하면 수온은 올라가 비등점에 달한다. 이 때 소비된 열량을 액체열(heat of liquid) 또는 현열이라 한다.

비등점에 달한 물을 더욱 가열하여도 수온은 상승하지 않고 가한 열량은 물을 증발시키는데 소비된다. 이 열량을 내부증발열(heat of inner vaporization) 또는 잠열이라 한다.

비등점은 압력에 따라서 변하고 압력이 증가하면 비등점도 높아지고 그 사이에는 일정한 관계가 있다. 이 온도를 이 압력에 대한 포화온도(saturation temperature)라고 하고, 포화온도에 대한 압력을 포화압력(saturated pressure)이라 한다. 어떤 압력에 대한 포화온도에 있는 증기를 포화증기(saturated steam)라 한다.

증발중에 발생한 증기에는 극히 미세한 물방울이 포함되어 있다. 이와 같은 증

기를 습증기(wet steam)라 한다. 이것에 대하여 함유 수분이 없는 증기를 건조포화증기(dry saturated)라 한다.

습증기 1[kg] 중에 x[kg]의 포화증기가 포함되고 $(1-x)$[kg]의 수분일 때 그 증기의 건조도(dryness)를 x, 습도(wetness)를 $(1-x)$라 한다.

습증기는 가열되면 건조포화증기가 된다. 이것을 다시 가열하면 일정 압력의 상태에서 가한 열량에 비례하여 온도가 상승한다. 이와 같은 증기를 과열증기(super heated steam)라 하고, 과열증기의 온도와 압력에 상당하는 포화온도와의 차를 과열도(degree of superheat)라 한다. 증기 및 물이 가진 전 열량이 엔탈피이다. 건조포화증기의 엔탈피는 액체열과 내부 증발과의 합과 같으나, 과열증기에서는 그 위에 과열도 상당하는 열량이 가산된다. 또, 습증기에서는 액체열에 증발열과 건조도와의 곱을 가산한 것이 엔탈피가 된다. 이 관계는 다음과 같이 표시된다.

$$\left.\begin{array}{ll} \text{건조포화증기} & i'' = i' + r \\ \text{습증기} & i''' = i' + xr \\ \text{과열증기} & i = i' + r + c_p t_s \end{array}\right\} \quad (7\text{-}5)$$

(단, i'', i''', i : 각각 건조포화증기, 습증기, 과열증기의 엔탈피,

i' : 0[℃]부터 비등점까지에 공급된 액체열, x : 증기의 건조도,

r : 내부 증발열, c_q : 평균 정압 비열, t_s : 과열도[deg])

엔탈피는 보통 온도 0[℃], 압력 1[kg/cm^2]을 기준점으로 하여 측정하고 [kcal/kg]으로 표시된다.

그림 7-1은 증기의 성질을 나타낸 증기선도의 한 예이다.

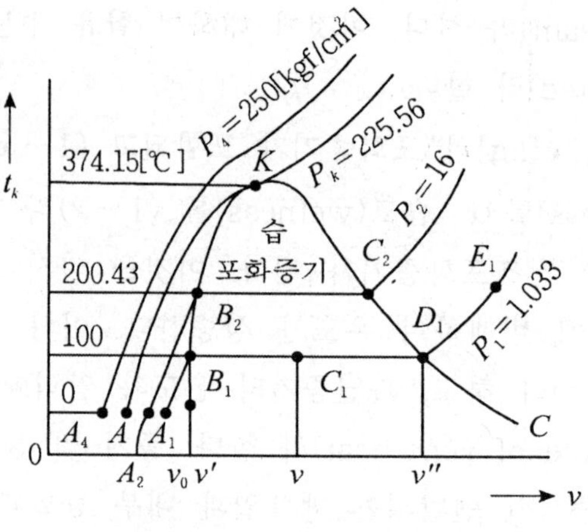

그림 7-1 증기선도

압력을 점점 증가시켜 225.56[kg/cm²]으로 하면 온도가 374.15[℃]인 K점(그림 7-1)에서는 액체 상태의 물에서 직접 건조포화증기가 되는데, 이 때 이 K점을 임계점(critical point)이라고 하고, 이 때의 압력 P_k(=225.56[kg/cm²])를 임계압력(critical pressure), 온도 t_k(=374.15[℃])를 임계온도(critical tempera-ture)라 한다.

7.2.2 증기선도

(1) $p-v$ 선도

압력 p[kg/cm²]를 세로축으로, 가로축에 비용적 v[m³/kg]를 취해 준 $p-v$ 선도로 나타내면 그림 7-2처럼 된다.

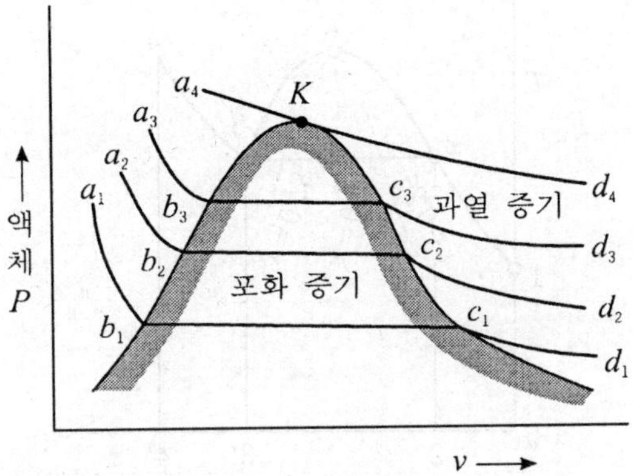

그림 7-2 증발과정의 $p-v$선도

$b_1 \sim b_3$를 포화수선, $c_1 \sim c_3$를 포화증기선이라 하고 양자를 합쳐서 포화한계선 또는 포화선이라고 한다. $b_1 \sim b_3$의 선과 그 왼편이 물, $c_1 \sim c_3$선이 건조 포화증기, $c_1 \sim c_3$의 오른편이 과열증기, $b_1 \sim b_3$와 $c_1 \sim c_3$와의 사이가 포화증기이다.

이 때 2개의 포화선 $b_1 \sim b_3$와 $c_1 \sim c_3$는 압력이 높아짐에 따라 점점 접근해서 드디어는 임계점에 도달하게 된다.

(2) $T-s$선도

온도를 종축에 엔트로피 s를 횡축에 잡은 선도를 $T-s$선도라 하며, 특징은 면적이 열량을 표시하게 되는데 단열변화인 경우는 엔트로피가 일정하므로 수직인 직선이 된다.

그림 7-3은 상태 1인 물을 일정한 압력으로 가열하면 포화수는 2가 되고 이어서 수평인 습증기의 선 2-3의 상태에서 증발하여 전부 증기가 되면 상태 3이 되고, 일정한 압력으로 계속 가열하면 상태 4인 과열증기가 된다.

보일러에서 상태 1인 물을 상태 4인 과열증기까지 가열시키는데 필요한 열량은 면적 012344′로 표시되며, 그 중에서 면적 2′233′는 증발열을 나타낸다. 그리고 포화선의 횡간격 2·3을 등분한 점(그림 7-3에서 K점에서 내려온 점선)을 연결하면 건조도가 일정한 곡선을 얻을 수 있는데 이것을 등건조도선이라 한다.

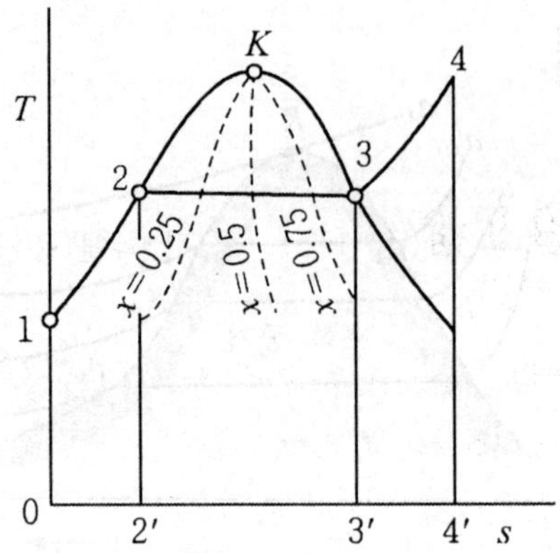

그림 7-3 $T-s$ 선도

(3) $i-s$ 선도

$i-s$ 선도는 엔탈피 i를 세로축으로 하고 엔트로피 s를 가로축으로 하는 선도로서, 창안자의 이름을 따서 몰리에선도라고 한다.

이 선도의 편리한 점은 단열변화가 수직으로 표시된다는 것이며, 증기터빈의 효율 계산에 널리 사용된다.

이 $i-s$ 선도의 특징은

① 단열변화가 수직으로 표시된다는 것(등엔트로피 변화)

② 노즐의 등온 팽창은 수평으로 표시된다는 것(등엔탈피 변화) 등이다.

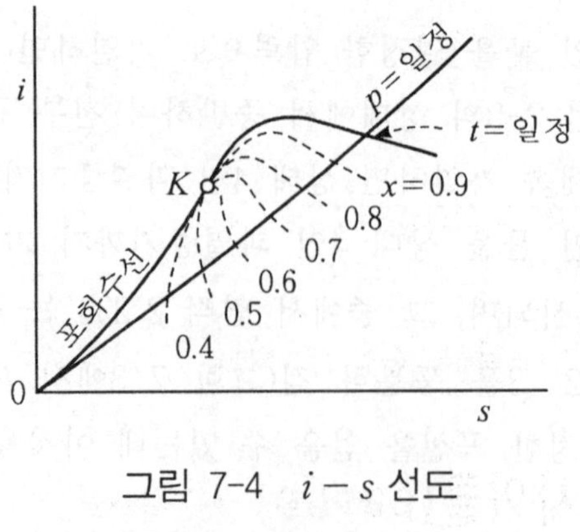

그림 7-4 $i-s$ 선도

7.3 열 사이클

7.3.1 사이클과 열효율

유체가 여러 가지 변화를 연속적으로 하고 다른 경로를 거쳐서 다시 처음의 상태로 되돌아올 때 $p-v$ 선도는 그림 7-5와 같은 폐곡선이 되는데 이와 같은 변화의 반복을 사이클(cycle)이라 한다.

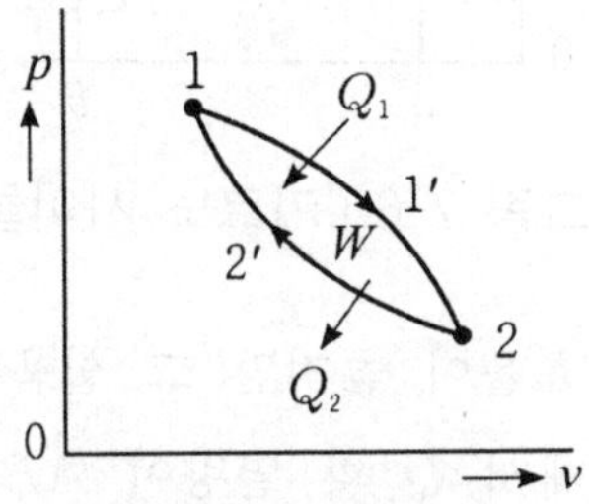

그림 7-5 사이클

열기관에서는 동작물질이 열량 Q_1를 공급하여 일을 하고 열량 Q_2를 방출하며, 즉 $Q_1 - Q_2$에 상당하는 열에너지가 일로 변환된 것이 된다. 그러므로 일정한 공급열량 Q_1에 대하여 발생한 일, $AW = Q_1 - Q_2$가 클수록 열기관의 성능은 향상된다.

그러면 공급열량 Q_1과 사이클의 일 AW와의 비를 열효율(thetmal efficien-cy)이라 하며

$$\text{열효율 } \eta = \frac{AW}{Q_1} = \frac{Q_1 - Q_2}{Q_1} = 1 - \frac{Q_2}{Q_1} \qquad (7\text{-}6)$$

(단, η : 열효율, Q_1 : 수열량, Q_2 : 방열량)

7.3.2 카르노 사이클(carnot cycle)

프랑스의 물리학자 카르노(N. L. Sadia Carnot, 1769～1832)가 1824년에 제창

한 열기관의 이상적인 사이클로서 그림 7-6과 같이 등온팽창 → 단열팽창 →등온 압축 → 단열압축의 행정을 가역적으로 하고 외부에 대하여 일을 하는 사이클이다.

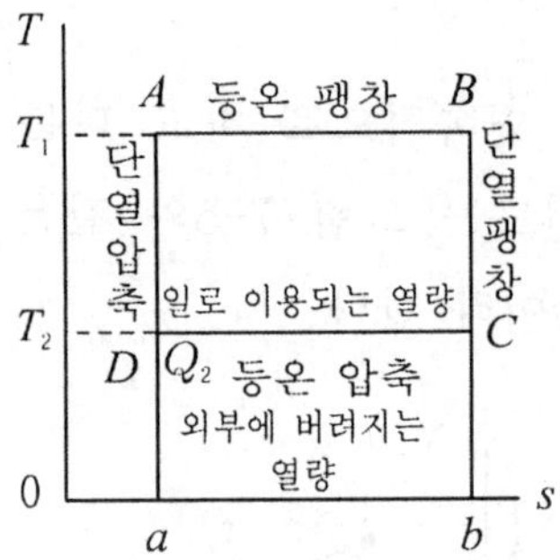

그림 7-6 카르노 사이클

열기관의 사이클 중 가장 효율이 좋지만 그 실용화는 대단히 곤란하고 실현은 거의 불가능하다. 이 사이클에서 Q_1의 열량이 AB의 등온 변화 중에 공급되고 Q_2의 열량이 CD의 등온 변화중에 버려진다. 면적 $ABba$는 수열량 Q_1을 나타내며 면적 $ABCD$는 외부에 대하여 한 기계적인 일에 상당하는 열량 식 (7-6)에서 $Q_1 - Q_2 = AW$를 표시한다. 이 때 효율 η는

$$\eta = \frac{\text{면적 } ABCD}{\text{면적 } ABba} = \frac{Q_1 - Q_2}{Q_1} = 1 - \frac{Q_2}{Q_1}$$

$$= \frac{T_1 - T_2}{T_1} = 1 - \frac{T_2}{T_1} \qquad (7\text{-}7)$$

7.3.3 랭킨 사이클(rankine cycle)

랭킨 사이클은 증기를 작동유체로서 사용하는 가장 기본적인 사이클이다.

이 랭킨 사이클(rankine cycle)은 증기를 동작 물질로 사용해서 카르노 사이클의 등온 과정을 등압과정으로 바꾼 것이다. 랭킨 사이클을 사용하는 발전소의 장치선도는 그림 7-7 (a)와 같으며, 그림 (b)는 그 $T-s$ 선도를 나타낸 것이다.

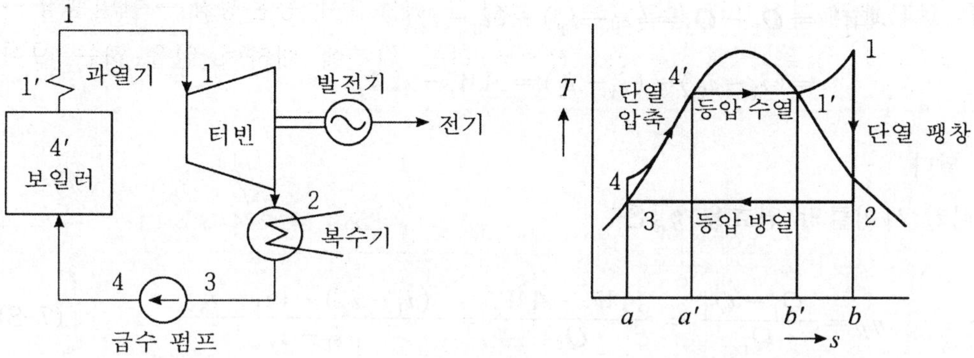

(a) 장치 선도 (b) $T-s$ 선도

그림 7-7 랭킨 사이클의 설명도

그림 7-7의 보일러에서 발생한 고온, 고압상태의 과열증기 1은 터빈 T 내에서 팽창하여 저온, 저압상태의 배기 2가 되어 복수기 C에 들어가 등온, 등압하에서 복수하여 포화수 3이 된다. 이 포화수는 급수펌프에 의해서 다시 가압되어, 고압의 상태 4에서 보일러 내에서 수열하여 포화수 4′로 되고, 다시 가열되어 포화증기 1′로 된다. 이 포화증기 1′가 과열기에 보내져서 과열증기 1로 되어 증기 터빈에 들어간다. 이 사이클을 반복한다. 그림 7-7 (b)의 $T-s$선도에 이것과 대응하게 표시하였다. 이 사이클 중 면적 $a44'1'1b$가 외부(보일러)로부터 공급하는 열량 Q_1, 면적 $12344'1'$가 발생하는 일에 상당하는 열량 AW 면적 $a32b$가 복수기에서 버리는 열량(Q_2)을 나타낸다.

1, 2, 3, 4에서 엔탈피를 각각 i_1, i_2, i_3, i_4라 하면

보일러에서 공급된 증기 1[kg]당 열량 : $Q_1 = i_1 - i_4$

복수기에서 냉각수에 버리는 증기 1[kg]당 열량 : $Q_2 = i_2 - i_3$

터빈에서 발생한 일 : $AW_t = i_1 - i_2$

급수 펌프의 소비일 : $AW_p = i_4 - i_3$

가 된다. 이 랭킨 사이클을 이행하는 증기발전소 1사이클 동안에 발생하는 일 AW은

$$AW = Q_1 - Q_2 = (i_1 - i_4) - (i_2 - i_3)$$
$$= (i_1 - i_2) - (i_4 - i_3) = AW_t - AW_p$$

가 된다.

랭킨 사이클의 열효율 η_R은

$$\eta_R = \frac{Q_1 - Q_2}{Q_1} = \frac{AW_t - AW_p}{Q_1} = \frac{(i_1 - i_2) - (i_4 - i_3)}{i_1 - i_4} \tag{7-8}$$

여기서 Q_1을 변형하면

$$Q_1 = i_1 - i_4 = i_1 - i_3 - (i_4 - i_3)$$
$$= i_1 - i_3 - AW_p$$

이것을 식 (7-5)에 대입하면

$$\eta_R = \frac{AW_t - AW_p}{Q_1} = \frac{AW_t - AW_p}{i_1 - i_3 - AW_p} = \frac{i_1 - i_2 - AW_p}{i_1 - i_3 - AW_p}$$

여기서 AW_p는 급수펌프에서 하는 일이며, AW_t는 $i_1 - i_2$에 비해서 미소하므로 생략된다.

그러므로

$$\eta_R \fallingdotseq \frac{i_1 - i_2}{i_1 - i_3} \tag{7-9}$$

이 식에서 복수 엔탈피 i_3가 일정할 때 보일러에서 발생한 증기의 엔탈피 i_1을 크게 하고, 터빈의 배기 엔탈피 i_2를 작게 하면 열효율이 높아짐을 알 수 있다. i_1을 크게 하기 위해서는 보일러에서 고온, 고압의 증기를 발생시켜야 하고 i_2를 작게 하기 위해서는 배기압을 낮게 하면 된다.

7.3.4 재생 사이클(regenerative cycle)

랭킨 사이클에서 복수기의 냉각수에서 버리는 열량을 얼마간 회수하여 열효율은 증가시키는 목적으로 고안된 방법이며, 터빈에서 팽창 도중의 증기의 일부를 추출시켜서 이 추출열을 급수가열기에 보내서 급수를 가열하므로 복수량도 적어지고 복수기에 버리는 열량도 적어지므로 열효율이 상승하게 된다. 이와 같이 팽창 도중의 증기를 터빈에서 추출하여 급수의 가열에 사용하는 사이클을 재생 사이클이라 한다.

그림 7-8 (a)는 2단 추기의 재생 사이클을 사용한 발전소의 장치선도이며, 그림 7-8 (b)는 그 $T-s$ 선도이다.

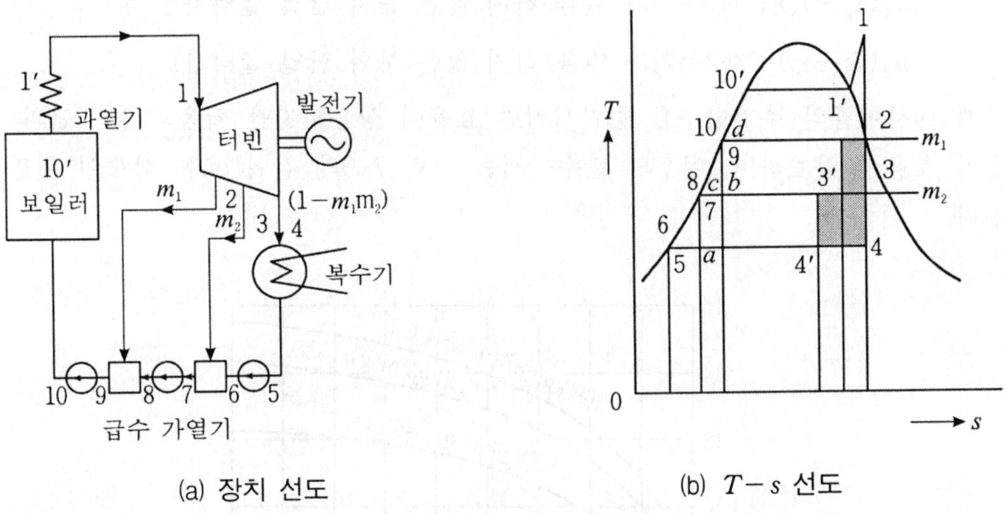

(a) 장치 선도 (b) $T-s$ 선도

그림 7-8 재생 사이클

터빈에서 하는 일은 그림 7-8의 면적 123′4′681010′1′로 표시되고 터빈에서 팽창할 때 1~2 사이에 증기 1[kg]이 흐르고, 2~3 사이에서는 2에서 m_1[kg]이 추기되므로 $(1-m_1)$[kg], 3~4 사이에서는 3에서 m_2[kg]이 추기되므로 $(1-m_1-m_2)$[kg]이 최종 복수기에 들어간다.

실제의 사이클은 5 6 7 8 9 10의 경로인데 추기할 때마다 증기유량이 감소하므로 이것을 고려하여 실제 일하는 면적을 표시하면 $a\,b\,c\,d$와 같이 된다.

2단 재생 사이클의 이론 열효율 η_{th}는 추기 때문에 생기는 터빈 일의 감소를 ΔAW라 할 때

$$\Delta AW = m_1(i_2 - i_4) + m_2(i_3 - i_4)$$

이므로

$$\eta_{th} = \frac{(i_1 - i_4) - \Delta AW}{i_1 - i_0} \quad (7\text{-}10)$$

(단, $i_1 - i_0$: 보일러에서 가해진 열량,

$i_1 - i_4$: 추기되지 않고 남은 증기의 단열 열낙차,

$m_1(i_2 - i_4)$: 제1추기가 일을 하지 않은 분의 단열 열낙차,

$m_2(i_3 - i_4)$: 제2추기가 일을 하지 않은 분의 단열 열낙차)

재생 사이클의 추기단수를 증가시키면 효율이 상승하지만 처음의 1~2단의 경우가 효율이 양호하며, 이후의 단수에서는 그림 7-9와 같이 효율 상승이 완만해 진다.

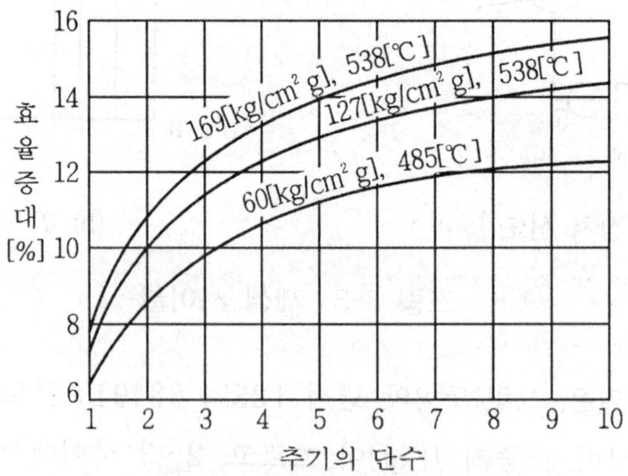

그림 7-9 재생 사이클의 이론 열효율 증대

7.3.5 재열 사이클(reheating cycle)

랭킨 사이클(rankine cycle)의 열효율은 증기의 압력이나 온도를 높이고, 또 증기 압력을 올려 주면 터빈 출구에서의 배기의 습도가 증가되어 터빈 날개를 부식시키거나 증기 마찰 손실이 커져서 터빈의 효율을 저하시키게 된다.

그러므로 증기의 기압을 높이면서 팽창 후의 증기의 건조도가 높아지도록 고안된 방법을 재열 사이클(reheating cycle)이라 한다.

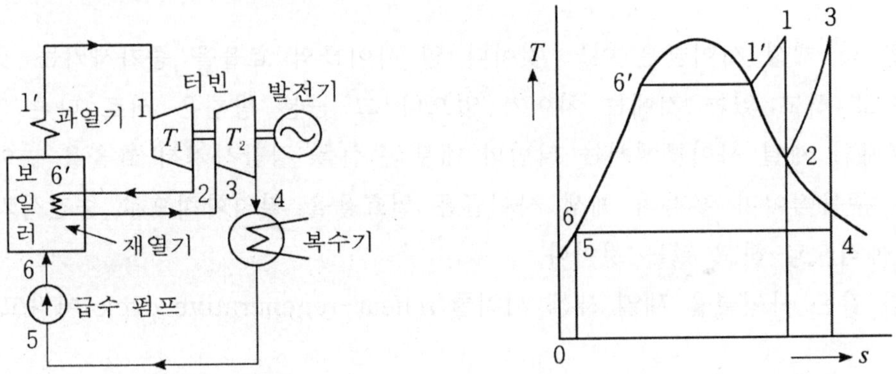

(a) 장치 선도 (b) $T-s$ 선도

그림 7-10 재열 사이클

그림 7-10에서 보는 바와 같이 T_1 터빈에서 증기를 압력 P_a(a 점)까지 팽창시킬 때 터빈 밖의 재열기(reheater) R에 유도하여 다시 압력 P_b(b 점)까지 재열하고 재차 터빈 T_2에 가하여 배기압 P_2(2점)까지 팽창시킨다. 이렇게 함으로써 재열하지 않은 상태 그에 비해서 재열한 2의 상태에서는 건조도 x가 커진다.

1단 더 재열한 경우의 열량 Q_1은

$$Q_1 = (i_1 - i_3) + (i_b - i_a) \tag{7-11}$$

(단, $i_1 - i_3$: 보일러에 의해서 공급된 열량,

$i_b - i_a$: 재열기에 의해서 공급된 열량)

이 때 발생한 일 AW는

$$AW = (i_1 - i_a) + (i_b - i_2) \tag{7-12}$$

1단 더 재열한 1단 재열 사이클의 이론 효율 η_{th}은

$$\eta_{th} = \frac{AW}{Q_1} = \frac{(i_1 - i_a) + (i_b - i_2)}{(i_1 - i_3) + (i_b - i_a)} \tag{7-13}$$

7.3.6 재열, 재생 사이클

재열 및 재생 사이클은 어느 것이나 열 사이클의 효율을 증가시키는 것을 그 목적으로 하고 있는 것에는 차이가 없으나 그 근본 방침은 서로 다른 것이다. 즉, 전자의 재열 사이클에서는 터빈의 내부 손실을 경감시켜서 효율을 높이는 것이 그 주목적이며 후자의 재생 사이클은 열효율을 열역학적으로 증진시키는 것을 주목적으로 하고 있는 것이다.

이와 같은 사이클을 재열 재생 사이클(reheat-regenerative cycle)이라고 한다.

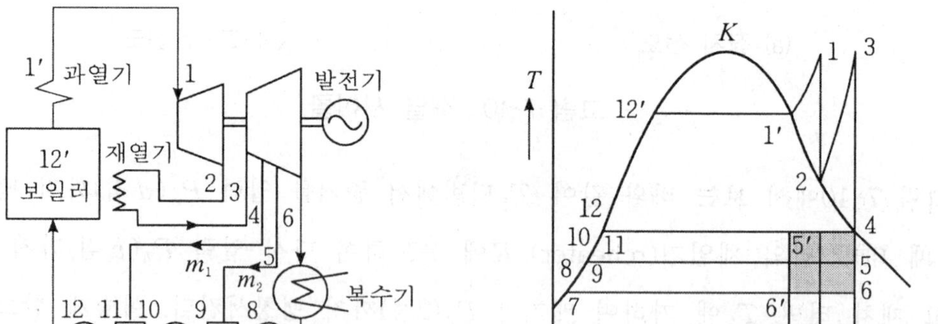

(a) 장치 선도 (b) $T-s$ 선도

그림 7-11 재열, 재생 사이클

그림 7-11 (a)는 1단 재열, 2단 추기 급수가열의 재열 재생 사이클 장치 선도를, 그림 (b)는 이의 $T-s$ 선도를 나타낸 것이다. 이 경우 열효율 η_{rhg}는 그림의 $T-s$ 선도를 참조해서 다음과 같이 나타낼 수 있다.

$$\eta_{rhg} = \frac{(i_1 - i_2) + (i_3 - i_4) + (1 - m_1)(i_4 - i_5) + (1 - m_1 - m_2)(i_5 - i_6)}{(i_1 - i_{12}) + (i_3 - i_2)} \qquad (7\text{-}14)$$

7.4 화력 발전소의 효율 계산

그림 7-12는 기력 발전의 기본적인 블록도이다.

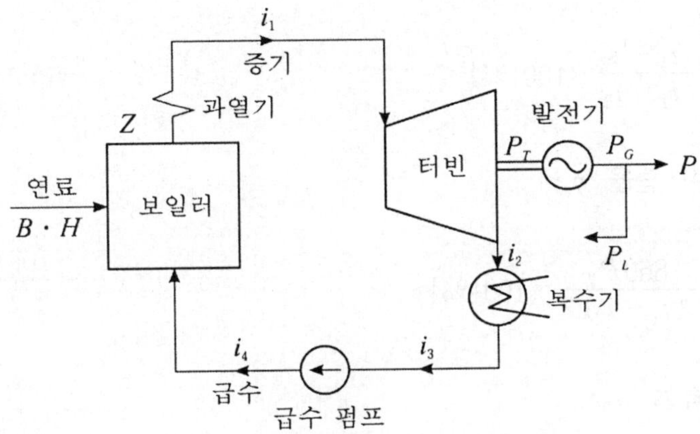

그림 7-12 기력 발전의 기본장치선도

이 그림에서와 같이 기호를 정하면 열효율, 보일러 효율 등은 식 (7-15)~식 (7-25)처럼 표현된다.

B : 연료의 소비량[kg/h]

Z : 발생 증기량[kg/h]

H : 연료의 발열량[kcal/kg]

P_T : 증기 터빈 출력[kW]

$i_1 \sim i_4$: 각 부분을 흐르는 급수 또는 증기의 엔탈피[kcal/kg]

P_G : 발전기 출력[kW]

P : 발전기 출력으로부터 소내용 전력을 뺀 정미 공급전력[kW]

P_L : 소내용 전력[kW]

① 열효율 η

$$\eta = \frac{860P_G}{BH} \times 100[\%] \tag{7-15}$$

② 보일러 효율 η_b

$$\eta_b = \frac{(i_1 - i_4)Z}{BH} \times 100[\%] \tag{7-16}$$

③ 열사이클 효율 η_c

$$\eta_c = \frac{i_1 - i_2}{i_1 - i_3} \times 100[\%] \tag{7-17}$$

④ 증기 터빈 효율 η_t

$$\eta_t = \frac{860P_T}{(i_1 - i_2)Z} \times 100[\%] \tag{7-18}$$

⑤ 터빈실 효율 η_{tr}

$$\eta_{tr} = \frac{860P_T}{(i_1 - i_3)Z} \times 100[\%] \tag{7-19}$$

⑥ 연료 소비율 f

$$f = \frac{B}{P_G} = \frac{860}{H_\eta} [\text{kg/kWh}] \tag{7-20}$$

⑦ 열 소비율 j

$$j = \frac{BH}{P_G} = \frac{860}{H_\eta} [\text{kg/kWh}] \tag{7-21}$$

⑧ 증기 소비율 z

$$z = \frac{Z}{P_G} = \frac{Z}{P_T \eta_g} [\text{kg/kWh}] \tag{7-22}$$

⑨ 발전기 효율 η_g

$$\eta_g = \frac{P_G}{P_T} \times 100[\%] \tag{7-23}$$

⑩ 소내율 l

$$l = \frac{P_L}{P_G} \times 100[\%] \tag{7-24}$$

⑪ 송전단 효율 η_l

$$\eta_l = \frac{860 P_G}{BH} \left(1 - \frac{P_L}{P_G}\right) \times 100 = \eta(1 - l)[\%] \tag{7-25}$$

연 습 문 제

1. 과열도란 무엇인가?

2. 기력 발전소의 기본 사이클의 순서는?

3. 터빈 입구의 증기의 압력이 42[kg/cm²], 증기의 온도가 450[℃], 복수기의 압력이 34[mmHg]일 때, 랭킨 사이클의 효율은 얼마인가?

4. 100[℃]의 물이 100[℃]의 증기로 변할 때 일어나는 엔트로피의 증기는 몇 [kcal/kg · °K]인가?

5. 열 사이클 효율을 올리는 방법에는 어떤 것이 있는가?

6. 1[cal]이란 무엇인가?

7. 비열이란 무엇인가?

8. 압력에 대하여 설명하여라.

9. 카르노 사이클에 대하여 간단히 설명하여라.

10. 랭킨 사이클에 대하여 간단히 설명하여라.

11. 재생 사이클에 대하여 간단히 설명하여라.

12. 재열 사이클에 대하여 간단히 설명하여라.

제 8 장

연료 및 연소장치

8.1 발전용 연료

연료란 공기의 존재하에서 쉽게 연소하고 그 연소열을 경제적으로 이용할 수 있는 물질을 말한다. 따라서 그 공급이 쉽고 저장, 운반 및 취급이 편리한 것이라야만 한다.

화력 발전용의 연료를 선택함에 있어서는

① 연료의 용적 또는 중량당의 발열량이 클 것.

② 수송 및 취급이 간단할 것.

③ 유황분의 함유량이 적을 것.

④ 회(灰), 매연 기타의 폐기물이 적으며 그 처리도 용이할 것.

⑤ 발생 열량당의 가격이 저렴할 것.

⑥ 축적, 보존 등이 용이할 것.

등의 조건을 고려할 필요가 있다.

화력 발전에서 사용되는 연료의 종류에는 고체, 액체 및 가스체 연료가 있다. 고체 연료로는 석탄, 액체 연료로는 중유, 원유, 나프타 등이 있고 가스체 연료로서는 액화 천연 가스(LNG), 프로판 가스(LPG) 등이 있다. 이중 많이 사용되고 있는 연료는 저유황 중유, 원유 등의 액체 연료와 LNG 및 석탄이다.

8.1.1 중유, 원유

지하의 유정으로부터 캐낸 것을 원유라고 한다. 이 원유를 가열, 정제, 가공해 나가면 휘발유, 등유, 경유 등의 비중의 순으로 분류되고 최후에 300[℃] 이상으로 유출되어서 흑갈색의 중유로 된다.

중유의 발열량은 약 10,000[kcal/kg]로서 약간의 회분(0.03～0.04[%])을 포함하고 있다.

종래는 주로 벙커 C 중유가 많이 사용되었으나 최근에는 공해 문제와 관련해서 발생 열량당의 유황분을 줄이기 위하여 원유를 직접 사용하는 경우가 있으며 또 나프타도 사용하고 있다.

표 8-1 액체 연료(석유)의 성분과 발열량

구분 / 종류	주성분[%]				발열량[kcal/kg]	
	탄소	수소	산소	유황	고	저
중유	86	12	-	2	10,500	9,900
경유	85	13	0.3	0.9	10,900	9,700
원유	85	13	0.4	1.4	10,700	10,000
나프타	84	16	-	-	11,700	10,000

8.1.2 가스체 연료

가스체 또는 기체 연료로서 가장 많이 사용되는 것은 가연성 천연가스이다. 천연가스의 발열량은 9,000～12,000[kcal/Nm³]로서 그 수송은 보통 냉매를 이용해서 상압, －162[℃]로 냉각하여 이른바 LNG(liquefied natural gas)로 바꾸어 해상 수송하는 경우가 많다. 현재 LNG는 다른 공업용 연료에 비하여 수송비가 비싸서 연료비가 고가인 반면에 유황분이 거의 없기 때문에 공해 방지 대책상 선진국에서는 발전용 또는 도시 가스용 연료로서 수요가 급증하고 있다. 우리 나라에서도 석유, 석탄과 함께 에너지 발전용의 다원화라는 관점에서 이 LNG를 발전용 연료로 사용할 계획이 추진중에 있으며 일부 화력 발전소(평택 화력 등)에서는 종래의 석유 화력을 이 LNG 화력으로 개조해서 운전중에 있다.

8.2 연소장치

연소장치로서는 석탄 연소장치, 액체(중유) 연소장치 및 가스체(LNG) 연소장치로 대별된다. 석탄 연소장치는 다시 스토우커 연소장치와 미분탄 연소장치로 나누어지는데 현재 발전용 보일러로서는 미분탄 연소장치만이 사용되고 있다.

8.2.1 미분탄 연소장치

석탄을 미분기로 미분하여 버너에서 연소실내로 취입시켜 연소시키는 방식으로 스토우커 연소방식에 비해 다음과 같은 장점이 있으므로 널리 사용하고 현재 40[t/h] 정도 이상의 것은 거의 이 방식이다.

① 대용량 제작이 가능하고 중유와 혼소도 용이하다.
② 부하변동에 대하여 속응성이 크고 제어가 용이하다.
③ 공기와 접촉면적이 크며 연소성이 좋다. 따라서 과잉공기가 적어도 되며 보일러 효율이 높다.
④ 탄의 사용 범위가 넓다. 즉 재분이 많은 저질탄도 유효하게 사용할 수 있다.
⑤ 바닥 면적이 절약되며 용적을 크게 하는데는 높이를 증가하면 된다.
⑥ 기동 정지가 간단하고 매화손실이 적다.
⑦ 재 처리가 용이하여 화상에 재가 고착하는 예가 적다.

스토우커 연소방식에 비하여 단점은 다음과 같다.

① 장치의 복잡, 건설비 고가, 소비전력(보통 1[t]당 15[kWh]), 수선비가 많다.
② 연돌로부터 다량의 미세한 재가 비산하므로 집진장치가 필요하다.
③ 수관에 슬랙(slag)이 고착하는 경향이 있다.
④ 저부하인 경우에 연소가 불안정해진다(보통 30[%]를 하한으로 함).

미분탄은 미세할수록 연소 상태가 좋아지며, 경제적인 크기는 50매시(mesh)의 체를 100[%] 통과하고 100매시의 체를 90[%], 200매시의 체를 66~75[%] 통과하는 정도가 좋다. 미분탄 연소방식은 미분탄을 버너에 분배하는 방법에 따라 직접식과 저장식으로 나누어진다.

8.2.2 중유 연소장치

보일러에서 중유를 사용할 경우에는 석탄 등 다른 연료를 전혀 사용하지 않는 중유전소의 것, 중유와 석탄의 어느 쪽이라도 사용할 수 있게 한 혼소 방식의 것, 중유의 연소량을 보일러 용량의 30~50[%] 정도로 해서 석탄의 보조적인 역할을 맡게 하는 것의 3가지가 있다.

우리 나라에서는 발전소의 입지 조건, 연료 공급 상황 등에 따라 혼소방식 및 전소방식이 채택되고 있는데, 여기서는 중유 전소방식을 설명하기로 한다.

중유를 연료로 사용할 경우에는 석탄을 사용할 경우에 비하여 다음과 같은 특징이 있다.

① 연소효율이 좋으며 노내를 고온으로 유지할 수 있으므로 전열효율이 좋다.
② 질이 비교적 균일하며 자동 연소장치의 사용이 용이하다.
③ 연소의 조절이 용이하고 부하에 대응하는 능력이 미분탄의 경우보다 좋다.
④ 발열량은 석탄이 4,000~7,000[kcal/kg]인데 비하여 중유는 10,000~11,000[kcal/kg] 정도로 크며, 또 이것이 액체연소이므로 대용량의 연소장치에도 적당하다.
⑤ 연소할 때 매연을 발생하지 않으며, 또 회분이 거의 없으므로 회처리 설비가 필요없다. 단, 중유의 종류에 따라 아황산가스를 배출하는 등 공해를 일으키는 경우가 있다.
⑥ 건설비가 저렴하다.

중유 버너는 중유를 분무상태로 하고 또한 공기와 잘 혼합해서 분사할 수 있는 성능을 지니고 있어야 한다. 버너의 분사기구는 압축 공기를 사용하는 공기 분사버너, 증기를 사용하는 증기 분사버너, 중유 자체를 높은 압력으로 분사하는 압력 분사버너 3가지로 나누어지는데 일반적으로 발전용으로는 증기 분사버너, 압력 분사버너의 것이 많이 사용되고 있다.

연 습 문 제

1. 화력 발전용의 연료를 선택함에 있어서 고려할 점을 설명하여라.

2. 화력 발전에 사용되는 연료의 종류를 설명하여라.

3. 가스체 연료에 대하여 설명하여라.

4. 미분탄 연소장치에 대하여 설명하여라.

5. 중유 연소장치에 대하여 설명하여라.

제 9 장

보일러

9.1 보일러의 개요

보일러는 액체를 채운 관에 열을 흡수시켜 고온, 고압의 증기를 발생시키는 장치를 말하며, 관내에 넣는 액체로서는 보통 물이 사용되며, 수은 등이 사용되는 경우도 있다.

보일러의 구조는 열의 흡수방법과 이에 관련한 관수의 순환방법에 따라 크게 달라진다. 열의 흡수율을 높이기 위해서는 다음의 조건에 따라서 열의 전도, 대류 및 복사를 양호하게 한다.

① 가열 면적을 크게 할 것.
② 연소가스의 온도를 높일 것.
③ 연소속도와 연소가스의 유속을 높일 것.
④ 가열면의 전열저항을 감소시킬 것.
⑤ 관수의 순환을 좋게 할 것.

관수의 흡열작용을 높이기 위해서는 관수의 순환을 좋게 하고, 가열면에 접촉하는 관수의 대류를 확실하게 함과 아울러, 가열면에 부착되는 가스를 제거함으로써 열의 전도가 잘 되도록 하여야 한다.

9.1.1 보일러 급수(feed water)

보일러 급수는 지하수, 하천수 또는 상수도 물을 원수(原水)로 해서 사용하고 있다. 이 원수에는 여러 가지 불순물이 함유되어 있기 때문에 직접 급수로 사용하면 운전 시간이 경과함에 따라서 이들 불순물이 농축되어 보일러에 여러 가지 장해를 일으키게 된다. 특히 최근의 대형 보일러는 고온 고압의 증기를 필요로 하기 때문에 한층 더 순도가 높은 급수가 요구되고 있다.

원수에는 탄산염, 황산염, 실리카, 중탄산염 등, 그밖에 공기, 아황산 가스, 탄산가스 등의 용존(溶存)가스, 유기물, 유지 등이 포함되어 있다.

이와 같은 불순물의 양은 보통 물 1[kg] 또는 1[l] 중에 함유되는 양[mg]으로 표시되며, 보통 이것을 [ppm](parts per million, 곧 100만분의 1의 양을 의미함) 또는 [mg/l] 단위로 나타내고 있다.

불순물을 포함한 원수를 그대로 보일러 내에서 증발시키면 다음과 같은 여러 가지 장해를 일으키게 된다.

(1) 스케일(scale)의 생성 및 슬러지(sludge)의 발생

스케일은 고형 물질이 석출되어 보일러 내면에 부착된 것을 말한다. 이것은 주로 보일러 용수 중에 함유된 칼슘(Ca)이나 마그네슘(Mg)의 중탄산염류, 유지류, 기타 부식 생성물 등이 농축되거나 또는 가열되어서 용해도가 적은 것부터 침전 내지 석출되어 보일러 내의 관벽 등에 생성된 것이다. 이에 대하여 슬러지는 위의 석출물 등이 생성되지 않고 내부에 퇴적하는 침전물을 말한다.

이러한 스케일이 생성됨으로써 일어나는 장해는 다음과 같다.

① 열효율의 저하
② 전열면의 열전도 저해
③ 수관내 물의 순환 방해
④ 과열에 의한 관벽(tube) 파열

(2) 관벽의 부식

가스, 특히 산소, 탄산가스, 그밖에 보일러수의 수소 이온 농도가 적당치 않을 경우에는 관벽 철의 부식을 촉진하게 된다. 일반적으로 보일러 부식의 대부분은 산소에 의한 부식이라고 할 수 있다.

(3) 증기에의 불순물 혼입

보일러 용수 중의 불순물은 자연히 증기 중에도 혼입되어 과열기나 터빈 날개에 부착해서 터빈의 효율을 저하시키거나 사고를 일으키는 수가 있다. 불순물이 증기 속으로 이행하는 것은 첫째 이것이 증기에 녹기 때문이며, 둘째는 드럼 내에서 물과 증기가 분리될 때에 물이 그 불순물을 가진 채로 증기에 혼입되기 때문이다. 이처럼 물 속에 있던 불순물이 고온 고압 하에서 증기에 약간량 용해되어 증기와 함께 관벽 밖으로 운반되는 현상을 캐리 오버(carry over)라고 부른다. 캐리 오버가 생기면 과열기에서의 열효율 저하, 관벽 파열, 그리고 터빈에서의 효율 저하 및 진동 초래 등 여러 가지 부작용을 일으키게 된다.

(4) 가성 취(脆)화(caustic embrittlement)

보일러수를 산성으로 하면 보일러의 부식을 일으키므로 보일러 용수는 언제나 알칼리성(가성)으로 유지해 주어야 한다. 한편 알카리성이 너무 과도해도 보일러재의 응력이 집중되는 각종 접합부에 농축된 가성 소다가 침투해서 관벽을 부식시키거나 결정 조직에 균열을 일으키는 수가 있다.

이것은 급수 처리에 사용하는 나트륨(Na)이 주원인이 되므로 과처리되지 않도록 하지 않으면 안된다. 또한 이러한 장해를 피하기 위해서는 보일러 용수 중에 불순물의 농도가 현저하게 증가하지 않도록 보일러 저부로부터 이따금씩 추출(blow out)하여 농축도를 저하시키도록 하여야 한다.

9.1.2 급수 처리(feed water treatment)

보일러 급수의 불순물에 의한 부식, 기타의 장해를 방지하기 위해서는 보일러의 설계나 사용 재료, 그리고 평소의 운전에 대해서 주의할 필요가 있다. 특히 그 중에서도 중요한 것은 급수 중의 불순물을 제거하는 것으로서 이의 양부(良否)는 보일러의 수명과 고장 발생에 중대한 영향을 미치게 된다.

급수는 보일러에 보내지기 전에 물리적 또는 화학적 처리를 하고, 또한 보일러 내에서도 수질을 적당히 유지하기 위해서 화학적 처리를 실시해야 한다.

일반적으로 보일러 용수 중의 불순물에 의한 장해는 보일러의 기압, 온도가 높아질수록 심해지므로 특히 고압 고온 보일러에서는 이러한 불순물이나 유해 가스의 함유율을 일정한 값 이하로 저하시키는데 최선을 다하여야 할 것이다. 보통 이와 같은 조작을 **급수 처리**(feed water treatment)라고 한다.

9.2 보일러의 종류

보일러를 크게 나누면 가열 유체로 관로(tube) 속을 통과하는 연관식과 물이 관로 속을 통과하는 수관식의 2가지로 나누게 되는데, 오늘날 화력 발전용으로서 많이 사용되고 있는 것은 수관식 보일러(water-tube boiler)이다.

이 수관식 보일러는 급수의 순환 방법, 사용 연료, 압력 등에 따라 다음과 같이 분류된다.

(1) 자연 순환식 보일러

보일러수가 가열되면 부분적으로 비중차가 생기고, 그 비중차에 의하여 순환력을 일으키는 보일러를 말한다. 이 때 증기압력이 커지게 되면 포화수와 포화증기의 비중차가 적어지므로 순환력이 감소하게 된다. 순환력의 감소를 보충하기 위하여 보일러의 높이를 높게 한다. 그리고 이 방식의 보일러는 수관의 배치 상황에 따라서 횡형과 종형으로 나누어진다.

(2) 강제 순환식 보일러

증기압력이 높아짐에 따라 물의 순환력은 감소하게 되고 고압력이 되면 보일러의 높이를 높이는 것만으로는 물의 순환을 원활하게 할 수 없고 여러 가지 문제가 생긴다. 그러므로 보일러수의 순환계통 중간에 순환펌프를 두고 강제적으로 보일러수를 순환시키는 것이다.

(3) 관류식 보일러

이 형식의 보일러는 긴 관을 사용하며 이 긴 관의 한쪽 끝에서 펌프를 사용하여 급수(boiler water)를 압입시켜 화로에 배치된 관내를 압입된 급수가 흐르는 동안 열을 흡수하여 순차로 증발 가열되어서 관의 다른 한쪽 끝에서 과열증기로서 터빈에 보내지는 것이다.

초임계 압력에서는 필연적으로 이러한 형식의 보일러를 사용해야 하며, 이 보일러의 특징은 기동이 필요없고, 지름이 작은 관을 사용할 수 있으므로 압력부의 구조가 비교적 간단하게 되고 전체의 중량이 가벼워지며, 관의 배치가 비교적 자유롭다. 그리고 보유 수량이 적고, 보일러의 열용량이 적기 때문에 기동시간이 짧으며, 또 급수를 급수펌프로서 강제적으로 수관에 공급하므로 순환 불량에 기인하는 수관의 소손사고를 방지할 수 있다.

관류형 보일러는 벤손 보일러(benson boiler), 슐쳐 보일러(sulzer boiler), 컴바인드 서큘레이션 보일러(combined circulation boiler) 등이 있으며 슐쳐 보일러를 단관 보일러(mono tube boiler)라고도 한다.

9.3 보일러의 부속설비

(1) 과열기

과열기는 드럼에서 발생한 포화증기를 다시 가열하여 과열증기로 만드는 장치로 대류형, 복사형, 반복사형이 있다.

대류형은 연소가스 통로에 설치하여 대류에 의해 열을 흡수하고, 복사형은 노벽에 설치하여 복사열을 흡수한다. 반복사형은 대류열과 복사열을 함께 흡수하도록 한 형식이다.

과열기는 U자 코일 혹은 와권형의 관을 상자에 감입시킨 구조로 대부분 수관 사이에 설치한다. 대류형은 부하 증가시 연소가스의 온도가 높아지면 과열온도가 상승하나, 복사형은 노벽 온도가 일정하므로 과열도가 일정하게 유지된다. 온도 조정방법은 다음과 같다.

① 드럼에서 과열기에 들어가는 증기의 일부분을 표면하게 복수기로 냉각하여 증기에 습도를 주어, 이 비율을 조정함으로써 일정 온도로 유지하는 방식이다.

② 연도가스를 절탄기 출구에서 뽑아내어 송풍기로 노내에 불어넣어서 재순환시켜, 이 가스가 열의 일부를 흡수하여 노벽의 열흡수량을 감소시키고, 과열기의 열흡수량을 변화시켜서 온도를 일정히 유지하는 방식이며 이 방식을 가스 재순환방식이라 한다.

③ 과열기의 1차와 2차와의 연락관내에 과열체감기(desuperheater)를 두고 보일러 급수를 분기하여 증기중에 혼입시켜 온도를 일정하게 유지하는 방식이다.

(2) 재열기(reheater)

재열기는 재열 사이클의 경우 터빈 도중에서 증기를 추출 재열에 이용하는 것이다. 가열용의 열원은 연도가스나 보일러 증기를 이용하는 것이 있으며, 연도가스를 이용하는 것은 대류형과 복사형이 있으며, 재열기와 같은 구조와 성질을 가지고 있다. 연도가스 이용 재열기는 충분한 재열 온도가 얻어지므로 효율이 높고, 증기를 이용하는 것은 재열 온도가 낮아 효율이 낮다. 그러나 연도가스 이용형은 건설비가 비싸고 고장을 일으키기 쉬운 단점을 가지고 있다. 재열기의 온도조절도 과열기와 같이 단점이 많으며, 여러 가지 장치가 이용되고 있다. 설치 위치는 과열기의 바로 뒤에 두는 경우가 많다.

(3) 급수 가열기(feed water heater)

터빈에서 팽창한 증기 일부를 복수기에 보내기 직전에 추출하여 보일러수를 가열하는 것을 말하며 재생 사이클을 행할 때 사용된다.

급수 가열기에는 개방형과 밀폐형의 2종류가 있으며, 개방형에는 급수와 추출증기를 혼합하는 방식으로 분사기를 통하여 분사하거나 삿갓형의 분사기를 통하여 낙하시켜 증기와 혼합한다. 밀폐형은 복수기와 비슷한 형태의 열교환기를 통하여 급수를 가열하는 방식이다.

(4) 절탄기

연도에서 나오는 연소가스를 이용하여 급수를 가열하는 부분으로 폐열의 일부를 회수하기 위한 것이다. 보일러의 압력이 높아지면 그에 대한 포화온도가 높아지고 절탄기 출구의 온도도 높아지며, 또 재생 사이클의 진보로 터빈의 추기로서 급수를 가열하게 되므로 절탄기 입구의 급수의 온도가 전보다 더욱 높아지게 되었다.

추기가열과 절탄기를 병용할 경우 배출가스의 온도가 높아지면 절탄기 내부에서 국부적인 증발이 일어나는데 이 형식의 절탄기를 **증발절탄기**(steaming econ-mizer)라 한다. 절탄기에는 여러 가지 형식이 있으나 대부분 과열기와 마찬가지로 관과 히터로서 이루어진 구조를 가지며 보통 정지형이지만 회전형 절탄기(rotary type economizer)도 고안되어 있다. 여기서 물은 좌단으로부터 유입되어 회전체의 가열면을 통하여 우단으로 유출되며, 열가스는 이와 반대 방향으로 회전체를 통과한다. 이 형식의 절탄기는 통풍을 한층 더 좋게 하며 통풍 손실이 적다. 또한 가스의 유속을 빠르게 하여 전열률을 높일 수 있다. 절탄기의 가열 면적은 보일러의 총 가열 면적의 50~80[%] 정도지만 간혹 드물게 200[%]를 초과하는 경우도 있고 절탄기에 다량의 온수를 저장하면 부하의 급변에 대해서 응답이 좋아진다.

절탄기의 열흡수율은 조건에 따라 다르지만 보통 2,000~6,000[kcal/m^{2}h], 절탄기 입구 급수온도는 100~225[℃], 추출온도는 140~310[℃] 정도이다.

(5) 공기 예열기(air preheater)

연도에서 나오는 연소가스를 이용하여 로에 공급하는 공기를 가열하는 부분이며, 따라서 폐열의 일부를 회수하여 로의 온도를 올리고 미분탄 연소의 경우는 연료의 건조에 이용할 수 있을 뿐 아니라 다음과 같은 이점이 있다.

① 연소용 공기의 온도가 높아지므로 로내의 연소 효율이 증가한다.
② 연소속도가 증가하여 단염연소가 가능함과 동시에 연소실의 이용률이 높으며 다량의 연료를 연소시킬 수 있다.
③ 과잉 공기량이 적어지므로 불완전 연소로 인한 생성물이 감소하며 매연의 발생이 적다.
④ 연소가 잘되고 연소실 형태도 간단해도 된다.
⑤ 로내의 온도가 높아지므로 복사 전열면을 통하여 흡수되는 열량이 증가함과 동시에 물의 순환이 좋아진다.
⑥ 저질연료의 연소에 특히 효과가 높다. 공기 예열기의 가열 면적은 보일러 총 가열 면적의 50~100[%]가 보통이며, 200[%] 정도되는 것도 많고 600[%]에 달하는 것도 있다.

공기 예열온도는 스토우크를 사용하는 경우 150~200[℃], 미분탄 연소의 경우는 보통 200[℃], 최고 300[℃]이고 초고압 보일러에서는 400[℃]에 달한다. 이때 공기 예열기에서 얻어지는 연료 절약은 5~10[%] 정도가 된다.

9.4 통풍 및 집진장치

9.4.1 보일러의 통풍

연료를 연소시키기 위해서는 연료와 같이 노에 신선한 공기를 보내고, 연돌로 연소가스를 내보내야 하는데 이와 같은 조작을 **통풍**이라 하며 통풍을 시키는 힘을 **통풍력**이라 하고 통풍력은 노의 입구와 연도의 종단관의 압력차를 말하며 보통 수은주[mmHg]로서 표시한다.

보일러의 통풍되는 경로는 스토우커, 석탄층 혹은 미분탄 연소장치, 보일러 본체, 연소가스를 연돌에 인도하는 연도와 그 중에 설치된 여러 기기를 통해서 연소가스가 배출되는데, 이러한 장치나 기기는 통풍에 저항으로 작용한다. 그러므로 통풍력은 이러한 통풍저항을 이겨서 소요량의 공기나 연소가스를 통과시키는데 충분한 크기라야 한다. 소요 가스량은 연료가 완전 연소하였을 때 경우의 이론 연소가스량과 공기과잉률로부터 결정되며 그 용적은 연돌로부터 배출되는 가스의 온도에 따라 다르다.

소용량의 보일러에서는 연돌에 의한 자연통풍만으로 충분하지만 대용량 보일러에서는 큰 통풍력을 필요로 하고 연돌만으로는 매우 부족하므로 현재의 기력발전소에서는 예외없이 인공통풍을 하고 있다. 인공통풍에는 유도통풍기로서 공기를 노에 밀어넣고, 압입송풍기로써 연돌에 가스를 흡출하여, 압입의 정압력과 흡출의 부압력이 노내에서 평형하여 노의 압력이 대기압과 거의 같거나 약간 낮도록 유지시키는 방식을 **평형통풍**(balanced draft)이라 한다.

최근 발전소에서는 유도통풍기를 생략하고 노내의 압력을 정으로 유지하는 통풍방식을 사용하고 있는데 이 방식을 **압력통풍**이라 한다. 이 방식의 이점은 유도통풍기가 없으므로 그만큼 소내동력이 적어도 된다. 그리고 노의 압력을 높여서 연소율을 높게 하는 방식을 특히 가압연소라 하며 중유발전소 보일러에서는 냉공기가 새어들어옴을 방지하고 공기 과잉률을 적게 하여 중유 불순물에 대한 부식을 적게 하는 점에서 가압 연소가 좋으나 가압 연소에서는 가스 누설을 방지하기 위하여 노벽을 기밀로 하여야 한다.

(1) 자연통풍

연돌의 흡인작용은 연돌 내의 열가스밀도와 외기밀도와의 차로서 생기며 통풍력은 연돌의 높이에 비례하고 가스 온도를 높일수록 커진다.

지금 연돌의 높이를 H[m], 연돌 내의 가스의 온도를 t_1[℃], 외기의 온도를 t_2[℃]라 하면 통풍력 h[mmHg]는

$$h = H\left(\frac{353}{273+t_2} - \frac{367}{273+t_1}\right)[\text{mmHg}] \qquad (9\text{-}1)$$

가 된다.

가스온도는 보일러의 효율을 높이는 점에서는 낮은 것이 좋고, 보통 자연통풍에서는 250~350[℃]로 하며, 인공통풍에서는 연도가스의 열회수를 충분히 하여 가스온도를 150~200[℃] 정도로 한다.

연돌의 이론상의 지름 D[m]는 매시의 석탄연소량을 B[kg/hr], 석탄 1[kg]에서 발생하는 가스량을 V[m^3], 연돌출구에서 가스속도를 v[m/s], 연돌 내의 가스온도를 t_1[℃], 외기 온도를 t_2[℃]라 하면

$$D = \sqrt{\frac{\Delta}{\pi} \cdot \frac{BV}{3600v} \cdot \frac{273+t_1}{273+t_2}}[\text{m}] \qquad (9\text{-}2)$$

이 된다.

연돌 내의 가스 평균 속도는 보통 3~4[m/s]이고 자연통풍의 경우 통풍력의 조절은 연도 내에 설치한 댐퍼(damper)의 개폐에 의한다. 그리고 연돌의 구조는 보통 강판제나 철근 콘크리트제이고 대개 26[m] 까지는 안벽을 내화 벽돌로 한다.

(2) 인공통풍장치

인공통풍장치에는 신입 송풍기로서 공기 예열기 등을 통하여 노에 공기를 밀어넣고 유도통풍기와 연돌의 자연순환에 의하여 연소가스를 배출한다. 이들 송풍기는 부하에 따라 속도를 조정하여 통풍력을 알맞게 유지시켜야 하므로 가감속도 전동기를 사용할 때도 있다.

그리고 필요한 통풍력을 산출하여 통풍기에 가해야 할 통풍력을 정하고 연소

가스의 양, 온도 등으로 통풍기의 성능을 결정하며 통풍기에는 원심형, 축류형 등이 있다.

9.4.2 집진장치

스토크 연소 보일러에서는 석탄이 스토크 위에 움직이지 않고, 또 입자가 크므로 재의 입자도 크고 연소가스와 더불어 연도로 나가는 재의 양도 수[%] 이하로 적으므로 큰 문제가 되지 않는다.

그러나 미분탄 연소 보일러에서는 극히 작은 입자를 부유상태에서 연소시키기 때문에 연도로 나가는 재의 양이 많으며, 그 양은 연소방식 재의 함유율 미분도 등에 따라 다르나 호퍼 보텀(hopper bottom)노에서는 전회분의 수십[%]에서 많은 경우는 60[%] 이상된다. 따라서 여기에 집진장치를 설치하여 재를 채집하지 않으면 연돌로부터 비산하는 재의 양이 많아서 공중 위상 또는 다른 주변에 미치는 해가 크다.

집진기에서는 기계적인 것과 전기적인 것이 있는데 기계적인 집진기로서는 원심력으로 재를 제거하는 사이크론(cyclone)식이 많이 사용되고 있으며 습식으로서 물의 분무를 사용하는 것도 있다.

전기적 집진기로는 코트렐 집진기(cottrell precipitator)가 있고 집진 효율이 좋으므로 많이 사용된다. 플라이 애쉬(fly ash)가 시멘트의 혼합 재료로 이용할 수 있기 때문에 될 수 있는대로 많은 플라이 애쉬(fly ash)를 채집하기 위하여 기계식과 전기식을 병용하여 집진 효율을 95[%] 이상 높이고 있다.

사이크론 집진기는 연소가스를 소용돌이 모양으로 선회시켜 원심력으로 입자를 침착하는 것이고, 굵은 것을 채취하기 위하여 전기 집진기 앞에 주로 설치하며, 단통 사이크론과 직경이 작은 사이크론을 다수 사용한 다통 사이크론이 있다.

전기 집진기는 금속강, 강판 등을 (+)극으로 하여 접지하고 중앙에 절연한 피아노선을 설치하고 이것을 (−)극으로 하여 직류고압(30,000~60,000[V])을 가하고, 연소가스를 통하면 재(灰)입자는 부로 대전하여 집진극에 흡착하며, 이 장치로 매우 작은 입자도 흡수된다. 그러나 가스의 유속을 3[m/s] 이하로 하여야 하므로 큰 설치 면적을 필요로 하는 결점이 있다.

연 습 문 제

1. 관류식 보일러에 대하여 설명하여라.

2. 보일러 열의 흡수율을 높이기 위한 조건은?

3. 캐리 오버란 무엇인가?

4. 자연 순환식 보일러에 대하여 설명하여라.

5. 강제 순환식 보일러에 대하여 설명하여라.

6. 과열기에 대하여 설명하여라.

7. 재열기에 대하여 설명하여라.

8. 절탄기에 대하여 설명하여라.

9. 공기 예열기에 대하여 설명하여라.

10. 플라이 애쉬에 대하여 설명하여라.

제 10 장

증기 터빈

10.1 증기 터빈의 개요

증기 터빈은 보일러에서 보내온 고압, 고온의 증기가 팽창하여 얻어지는 운동에너지의 일부가 회전날개에 주어져 회전력을 발생시키게 된다.

역학적으로 터빈을 대별할 때 충동 터빈(impulse turbine)과 반동 터빈(reac-tion turbine)으로 분류할 수 있다. 충동 터빈은 노즐이 고정되어 있으며, 여기서 증기가 운동에너지를 얻어 운동날개(moving blade)에 부딪쳐 회전력을 얻는 것이고, 반동 터빈은 증기가 갖는 에너지를 운동날개 속에서 운동에너지로 변화시켜, 증기가 고속도로 운동날개를 나올 때의 반동으로 날개가 회전하는 것이다.

10.2 증기 터빈의 구조

충동 터빈은 그림 10-1에서 보는 바와 같이 증기가 갖는 열에너지를 운동에너지로 변환시키는 노즐로부터 분출하는 증기를 받아들이는 회전날개(속도단이 2개 이상인 경우는 안내날개, 회전날개), 주축으로 지지하는 차단, 각 단을 구획하는 격판으로 구성되며 회전날개와 주축 등으로 구성되는 회전 부분을 런너라 한다.

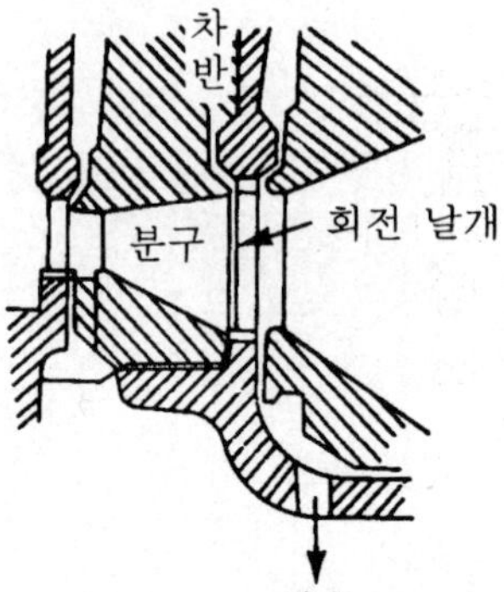

그림 10-1 배수장치와 구비된 격판

반동 터빈은 그 성질상 노즐 대신에 고정 날개가 이용되며, 증기의 방향을 적당히 바꾸어서 회전날개에 유입하는 외에 대체로 충동 터빈과 같고, 또 반동 터빈에서는 충동, 반동의 양작용으로 이루어진다. 고정날개에서의 압력 강하에 의한 단열 열낙차와 고정, 회전의 양날개를 통한 압력 강하에 의한 단열 열낙차와의 비를 반동도(reaction degree)라 하며, 보통은 충동에 의한 일과 반동에 의한 일이 반반이므로 반동도는 $\frac{1}{2}$이 된다.

그리고 증기의 비체적은 대체로 압력에 반비례하므로 압력이 강하면 체적이 증가한다. 그러므로 저압부에서는 유통면적을 증가시켜야 하므로 압력이 저하하는 정도에 따라서 날개의 길이를 증가시켜 단면적을 크게 한다.

터빈 내의 유속과 기압이 변화하는 양상은 충동식과 반동식이 서로 다르며, 또한 같은 충동식에서도 단식, 속도복식, 압력복식 등의 형식에 따라 달라진다.

그림 10-2는 압력 복식 충동 터빈의 기압과 유속의 변화 상황을 나타낸 것이고, 그림 10-3은 축류 다단 반동 터빈의 기압과 유속의 변화 상황을 나타낸 것이다.

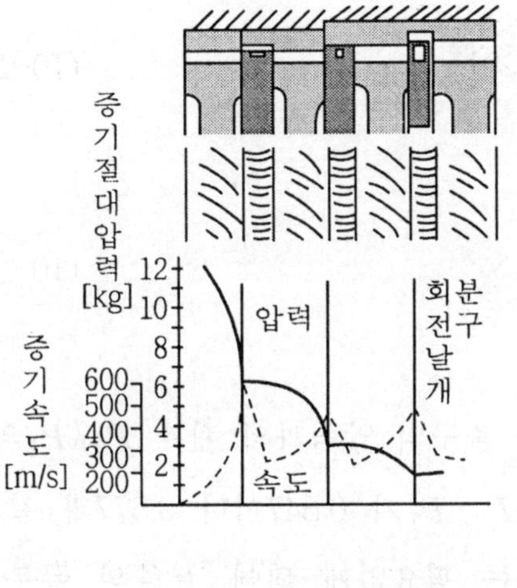

그림 10-2 압력 복식 충동 터빈

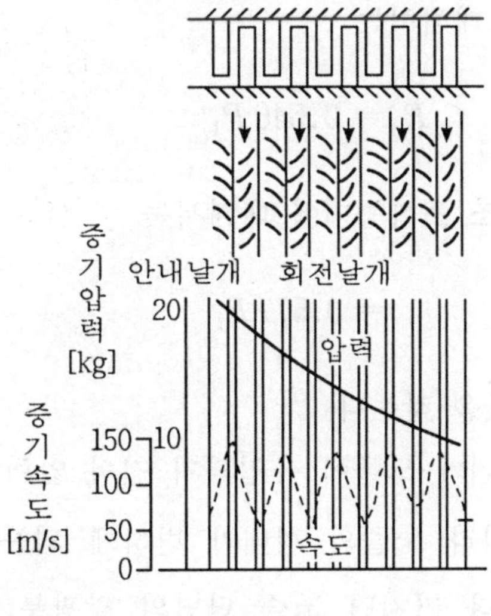

그림 10-3 축류 다단 반동 터빈

10.2.1 노즐(nozzle)

증기를 노즐중에서 압력 P_1으로부터 P_2까지 팽창시킬 때는 그림 10-4와 같은 특성을 갖는다. 즉, 노즐의 소요 단면적은 처음은 압력의 저하에 따라 점차 감소하나 어떤 압력에서는 최소가 되고 그 이후에는 압력이 내려가면 단면적이 오히려 커지게 되는데, 이 최소 단면적이 되는 곳을 목(throat)이라 하고, 이 곳에서의 P_c를 임계압력(critical pressure)이라 한다.

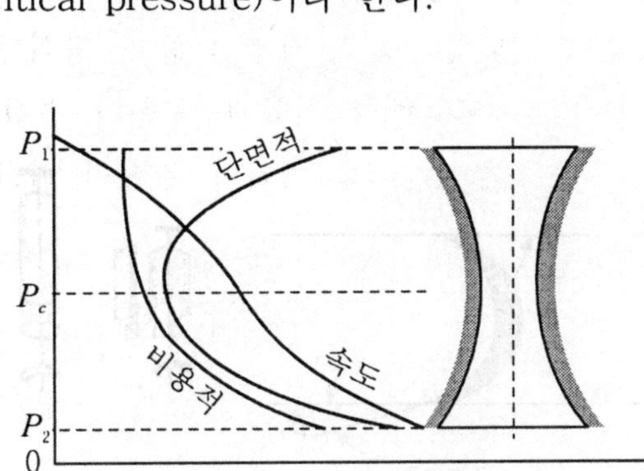

그림 10-4 노즐중의 압력 변화

그리고 P_c의 P_1에 대한 비율은 증기의 질에 따라 변하고 대체적으로 과열증

기에 대해서는

$$P_c = 0.546\,P_1 \tag{10-1}$$

건조 포화증기에 대해서는

$$= 0.577\,P_1 \tag{10-2}$$

의 값을 갖는다.

증기가 노즐에 유입되기 전의 압력과 노즐 출구의 압력과의 관계 P_2/P_1의 값에 따라 노즐의 형태가 변하게 되는데, 즉 P_2/P_1가 0.547이나 0.577과 같거나 이보다 커지면 노즐 단면의 말광부(末廣部)는 필요없게 되어, 노즐의 끝부분이 축소(convergent)노즐 또는 병구노즐이 되며, P_2/P_1이 0.547이나 0.577보다 작게 되면 끝부분이 넓게 퍼지는 말광(divergent)노즐을 사용해야 한다.

10.2.2 날 개

회전날개의 형상은 충동 터빈에서는 대칭적이나 반동 터빈에서는 고정날개와 회전날개의 양쪽에서 증기를 팽창시켜야 하므로 대칭적이 아니다. 그림 10-5에서 보는 바와 같이 입구각을 β_1, 출구각을 β_2라 할 때 반동 터빈의 경우는 β_1을 β_2에 비해서 크게 하는 것이 보통이다.

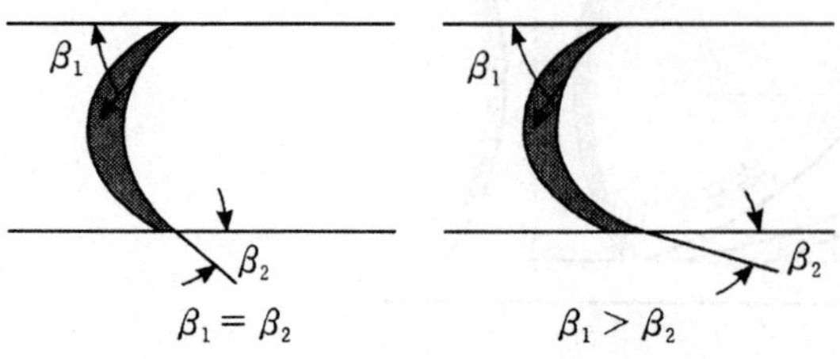

(a) 가동 터빈 (b) 반동 터빈

그림 10-5 터빈날개 각도

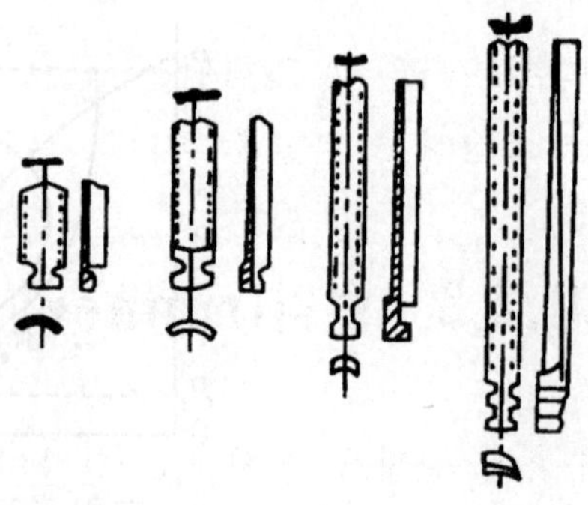

(a) (b) (c) (d)

그림 10-6 회전날개 모양의 예

회전날개는 주변 속도가 대단히 크고 470[m/s]에 달하는 것도 있으므로 원심력, 분사중의 증기에 의한 충격 등 여러 힘을 받기 때문에 날개의 설치한 부분이 뿌리에서부터 파손될 염려가 있다. 따라서 날개는 그림 10-6과 같이 저압단에 가까워질수록 길이를 길게 하고 뿌리를 두껍게 하며 끝으로 갈수록 두께는 얇게 한 형상으로 한다.

날개를 런너에 고정하는데는 견고하게 설치해야 하며 날개의 고정 방법에는 여러 가지가 있으며 그림 10-7에 표시한 방법이 실제 많이 사용되고 있다.

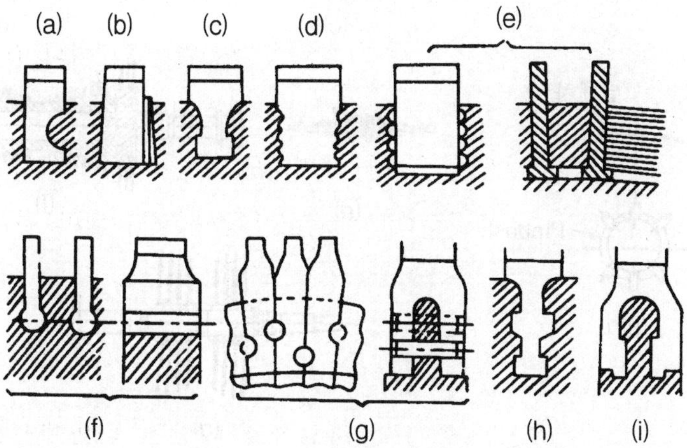

그림 10-7 날개의 고정방법

회전날개에 정부는 무리테(shrounding ring : 대금)로 연결하여 날개의 간격을 정확히 유지함과 동시에 증기가 원심력으로 인해서 튀어나오는 것을 방지하도록 한다.

고정날개는 각 압력단을 구분한 다이어프램 주변에 설치한 것으로 증기의 흐름을 조정하는 역할을 한다.

10.2.3 런너(runner)

주축에 원판을 설치하고 원판의 원주에 다시 회전날개를 붙여 일체가 된 회전체를 런너(runner)라 한다. 보통 런너는 고속으로 운전되어 강한 원심력이 작용하므로 여러 가지 구조가 고안되어 있다. 그림 10-8과 그림 10-9는 원판에 회전날개를 설치하는 방법과 런너의 모형을 모았다.

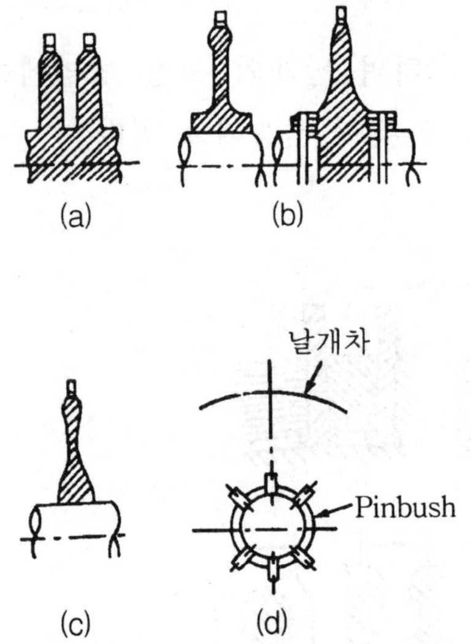

그림 10-8 각종 원판

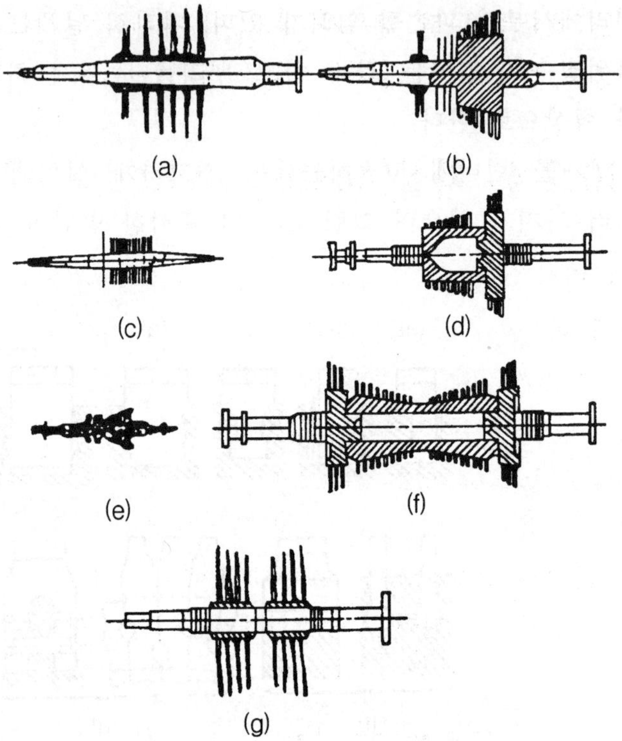

그림 10-9 각종 런너

런너는 소형으로 하고 효율을 높이기 위해서 될 수 있는 대로 회전수를 높게 하며 50[Hz]용일 때 정격속도는 3,000[rpm], 60[Hz]용일 때 정격속도는 3,600[rpm]이 되므로, 대형기일 때는 기계적 강도에 문제가 생길 수 있으며, 이 때 50[Hz]에서는 1,500[rpm], 60[Hz]에서는 1,800[rpm]이 사용된다.

이와 같이 런너의 회전도가 높고 강한 원심력을 받는 것 외에, 또 압력이나 온도가 높은 증기를 사용하기 때문에 런너 각 부의 재료는 고온에서 큰 압력에 견디어야 한다. 따라서 그 재료에는 강도가 높은 특수강이 사용되고 설계 및 제작에도 많은 고심을 하게 된다.

터빈의 런너와 같은 고속의 회전체는 그 구조나 치수로서 정해지는 일정 속도에서 심한 진동이 생겨 이 진동에 의한 피로에 의해서 파괴사고 등을 일으킬 때가 있다. 이것은 축의 고유 횡진동수나 회전수가 일치했을 때이며 이 속도를 임계속도(critical speed)라 한다. 임계속도가 정격속도보다 낮을 경우 가요축(flexi-ble shaft), 높을 경우에는 강성축(rigid shaft)이라 한다. 대용량 고속도 터빈에서는 가요축이 될 경우가 많고 이 임계속도가 정격속도로부터 20[%] 이상 떨어지도록 설계하는데 많은 고생을 하게 된다.

10.2.4 차실(casing cylinder : 기통)

터빈의 차실은 조립분해의 편의상 보통 축을 지나는 평면으로 상하로 2등분되어 튼튼한 볼트로서 조립되고 다이어프램, 노즐 고정날개 등은 차실에 고정된다. 차실은 고온, 고압에 견디어야 할 뿐 아니라 열에 의한 팽창수축을 자유롭게 할 수 있도록 하여야 하므로 축에 직각인 평면부분은 피하도록 한다.

그림 10-10 (a)의 화살표와 같은 축에 직각인 평면부분은 피하고 (b)와 같은 형으로 하는 것이 좋다. 그리고 열팽창이 균일하지 않으면 런너가 차실에 접하거나 균열을 발생하거나 하므로 열에 의하여 무리가 일어나지 않도록 보통 저압단은 고정하고 고압단은 축방향에 자유로히 골동하도록 하는 것이 많다.

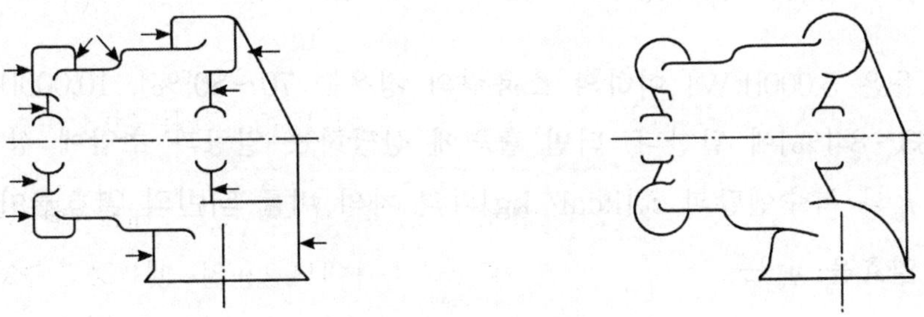

(a) (b)

그림 10-10 차실의 형상

기온, 기압이 높은 터빈에 있어서는 열에 대한 팽창수축의 정도가 높아지므로 구조상 어려운 점이 많아진다. 그 해결책으로 발달한 형식이 차실을 이중으로 한 이중차실이다. 그 구조는 먼저 내부각으로 런너를 쌓고 이것을 볼트로 조인 후, 그 외부에 다시 제2외각을 덮어 볼트로 조인 것이다. 내외각 사이의 공간에는 내부각이 받는 압력과 외부각이 받는 대기압과의 중간압력이 되게끔 그 압력에 상당하는 증기를 추출하여 가한다.

이러한 이중차실의 좋은 점은 외각이 한 개만 존재하는 단각의 경우보다 내외양각이 존재하므로 1/2 압력에만 견디면 충분하고 내각의 경우는 내외양면으로부터 가열되므로 변형을 일으킬 염려가 없고 가열되는 것은 각 부에서 대칭적이며 터빈 가동시간이 짧아서 좋다.

10.3 증기 터빈의 효율

증기 터빈의 효율은 터빈의 출력에 상당하는 열량과 사용 증기가 주지밸브(main stop valve)만의 초압으로부터 배기압까지 단열적으로 팽창하였을 경우의 열낙차와의 비로서 표시된다.

초압의 증기엔탈피를 i_0[kcal/kg], 배기의 증기엔탈피를 i_1[kcal/kg], 터빈 출력을 P[kW], 증기량을 W[t/h]라 하면 열 낙차는 $(i_0 - i_1)$[kcal/kg]이므로 터빈의 효율 η_T[%]는

$$\eta_t = \frac{860P}{W(i_0 - i_1)\times 10^3} \times 100[\%] \tag{10-3}$$

터빈 효율은 5,000[kW] 이하의 소용량의 경우는 70~80[%], 10,000[kW] 이상의 것은 83~84[%]에 달한다. 터빈 출력에 상당하는 열량과 초압에 상당하는 증기엔탈피 i_0와 복수엔탈피 i_2[kcal/ kg]와의 차의 비를 **터빈의 열효율**이라 한다.

터빈의 열효율 η_q는

$$\eta_q = \frac{860P}{W(i_0 - i_2)\times 10^3} \times 100[\%] \tag{10-4}$$

라 한다.

단위발전 전력량에 소비되는 증기량을 **증기소비율**(specific steam consum-ption)이라 하며 다음 식으로 주어진다.

$$\text{증기소비율} = \frac{W\times 10^3}{P}[\text{kg/kWh}] \tag{10-5}$$

증기가 가진 엔탈피는 기압, 기온, 열 사이클에 따라 다르므로 증기소비율의

대소에 의해서 곧 증기 터빈의 효율의 양부를 비교해서는 안된다.

10.4 복수설비

복수설비는 증기 터빈의 배기실에 직결된 복수기로 터빈의 배기를 받아 이것을 응축시켜 물로 환원하는 동시에 남은 불응축가스를 공기펌프로 흡출하여 터빈의 배압을 진공에 가까운 값에 유지하여 열낙차를 될 수 있는데 까지 크게 하는 장치이다.

증기 동력장치가 운전중일 때는 증기 발열량을 빼앗아 이것을 응축시키기 위한 냉각수를 순환펌프를 사용하여 순환시키는 동시에 끊임없이 복수펌프로써 복수를 복수기 외부로 배출해야 한다.

10.4.1 복수기의 종류

터빈과 같이 사용되는 복수기(condenser)는 보통 표면복수기(surface conden-ser)로 그림 10-11과 같이 다수의 냉각관을 배치한 복수기내에 배기를 인도하여 관벽을 통해서 열교환을 하게 된다. 이 외에도 냉각수를 배기중에 분출하여 혼합 응축시키는 분출 복수기(jet condenser)가 있으나 발전용으로는 거의 사용하지 않고 작업용 증기를 같이 공급하는 특수한 경우에 사용한다.

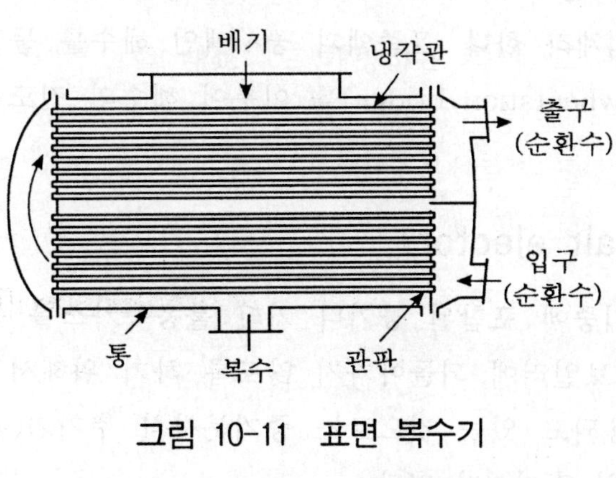

그림 10-11 표면 복수기

표면 복수기는 열전도가 좋고 부식에 강한 동합금의 직경 16~25[mm] 정도의 관을 관판에 설치하고 동판을 용접하여 제작된 동에 넣어 만든 것이 대부분이고,

증기의 응축이 유효하게 이루어지고 정부와 저부와의 압력차가 적으며 복수를 과냉하지 않도록 관군의 배치나 증기를 적당히 인도하기 위한 전향판(baffle plate)의 배치에 대해서 여러 가지로 고안되고 있다.

10.4.2 복수기의 부속장치

(1) 냉각수펌프

표면 복수기에 이용되는 냉각수펌프를 순환펌프(circulation pump)라 하며, 그 용량 P는 소요 냉각수량으로부터 다음과 같이 결정된다.

$$P = \frac{G_w h}{100\eta}\,[\mathrm{kW}] \tag{10-6}$$

(단, h : 양정[m], η : 펌프의 효율, G_w : 냉각수량[m^3/sec])

이 펌프에는 보통 전동기 직결의 스파이럴펌프가 사용되나 프로펠러형 축류펌프가 효율이 좋으므로 근래에는 많이 사용된다.

(2) 염분지시계

냉각수로 해수를 이용할 경우는 수관이 부식하여 누수가 생길 염려가 있다. 수관이 부식되어 해수가 배기중에 누출되면 복수는 보일러 급수로 사용되므로 보일러의 고장 원인이 된다. 그러므로 복수의 염분을 때때로 검사할 필요가 있으며 이 장치를 염분지시계라 한다. 표준액과 공시액인 해수를 동일한 온도로 유지하여 훼스톤 브리지(wheatstion bridge)를 이루어 해수의 전도율을 측정하여 염수를 검출한다.

(3) 추기장치(air ejector)

증기 터빈의 배기중에 포함된 공기나 기타 불응축가스를 복수기 외부로 추출하여 이것이 다시 보일러에 되돌아가지 않도록 하기 위해서 추기장치가 설치된다. 현재 널리 사용되고 있는 것으로는 증기분사식 추기기(steam jet air eject-or)와 증기수분사식 추기기가 있다.

증기분사식 추기기는 압력 7~8[kg/cm²]의 증기를 분사시켜 복수기로부터 추기를 행하고 이 혼합기체를 표면 복수기에 통과시켜 증기를 응축시킨다. 이와 같이 하여 이 장치 중에 남아 있는 공기를 재차 동일한 방법으로 추출하여 최후에 공기와 가스를 대기중에 방출한다. 이 장치에 사용되는 증기의 열량은 복수에 주어지므로 열손실이 되지 않는다. 증기수분사식 추기기는 압력 약 3[kg/cm^2]에서 분출하는 물로 증기만을 응축시킴과 동시에 추출 공기에 압력을 가하여 대기중에 방출하는 장치이다.

(4) 복수펌프(condensate pump)

배기가 복수기 내에서 응축된 물을 복수라 하고 이것을 복수기 외부로 추출하는 펌프를 복수펌프라 한다. 이 펌프의 양정은 진공도에 상당하는 수두와 마찰에 의한 손실수두의 합이지만 흡입측에서는 진공을 이루기 어려우므로 펌프의 위치를 복수기 내의 수면으로부터 1.5[m] 이상 낮게 설치하여 다시 토출측으로부터 복수기로 밸런스 파이프를 연결한다. 복수기 내면의 수면이 높으면 복수가 냉각관에 침투하여 그만큼 배기를 냉각하는 면적이 감소하므로 플로트 밸브로 수면을 조절한다. 또 수면이 과대하게 낮아지면 복수펌프가 공전하여 진공을 해하게 되므로 측로관을 설치하여 복수기로 반환되는 물을 조절해야 한다.

(5) 진공해소기(vacuum breaker)와 안전밸브(automatic relief valve)

복수펌프가 고장인 경우에도 분사 복수기 내에서 진공이 잔존하므로 냉각수를 흡입하며, 기내가 물로 충만될 뿐 아니라 결국 터빈의 저압부에 도달하여 장해를 일으킨다. 그러므로 진공해소기를 설치하여 물이 어느 정도 남아 있을 때 부표작용으로 진공을 없애고 냉각수가 침입하지 않도록 한다.

대개 터빈의 운전중에 순환펌프가 정지하면 진공도가 저하하여 대기압 이상으로 상승될 수가 있으므로 안전밸브를 설치하여 자동적으로 대기중에 배기하도록 한다.

연 습 문 제

1. 증기 터빈에 있어서 충동형과 반동형은 원리에 있어서 어떤 차이가 있는가를 설명하여라.

2. 증기 터빈의 구조에 대하여 간단히 설명하여라.

3. 염분지시계에 대하여 설명하여라.

4. 추기는 무엇이며 이것을 행하는 이유는 무엇인가 설명하여라.

5. 복수펌프에 대하여 설명하여라.

제 11 장

원자력 발전

11.1 원자력 발전의 특징

원자력 발전과 화력 발전은 열에너지로 증기를 발생시켜 터빈 발전기의 구동에 의해 전력을 얻는 것은 같지만 열에너지의 발생과정은 전혀 다르다.

화력 발전에서와 같이 연소에 의한 화학에너지는 원자나 분자간의 결합에너지가 방출되어 물질핵자들의 배열만 변화시킬 뿐 그 원자핵 자체는 아무런 변화가 없다. 그러나 원자력 발전은 원자의 핵반응에 의한 우라늄 235를 2~5[%] 포함하고 있는 농축한 것을 사용한다. 하나의 중성자가 우라늄 235에 충돌하면 원자핵이 2개로 쪼개짐과 동시에 평균 2.5개의 중성자가 나온다.

이와 같이 원자력 발전은 핵분열을 이용한다는 점에서 다음의 몇 가지 특징이 있다.

① U^{235}는 석탄보다 약 300만배의 에너지가 얻어지므로 발전소 출력에 대한 소비연료량이 적다.

② 증식로에서는 U^{238}은 Pu^{239}로 또 Th^{232}는 U^{233} 등으로 연료를 소비하는 동시에 새로운 연료를 생성시킨다.

③ 원자로의 폭주(run away)로 인해 출력이 과대해지면 노파손뿐만 아니라

주위에 심한 위해를 초래하므로 원자로 및 냉각계의 수용에 충분한 고려가 있어야 한다.

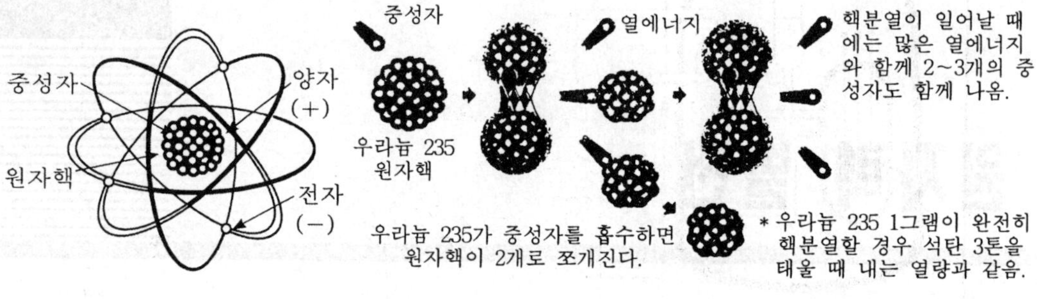

그림 11-1

④ 운전중인 원자로는 물론 사용된 연료나 냉각재 등에도 방사능(radioactivity)을 띠게 되므로 방사능 오염이 없도록 차폐, 밀봉, 원격조정 및 방사능 감시체제를 엄격히 확립해 두어야 한다.

⑤ 사용된 연료의 방사능을 감소시키거나 재처리하는 시설이 필요하다.

⑥ 핵물질 유출사고는 그 파급효과가 크므로 건설 당시의 철저한 입지조건 조사 및 시스템 운전제어 등에 고도의 기술이 요구된다.

11.2 원자력 발전소의 구성

발전소를 구성하는 기기는 크게 나누어 증기를 발생시키는 원자로 계통의 기기와 이 증기에 의해 터빈, 발전기를 회전시켜 전력을 발생시키는 기기로 구분한다. 후자의 기기에 대해서는 종래의 화력 발전소에 사용되는 것과 본질적으로 차이는 없다.

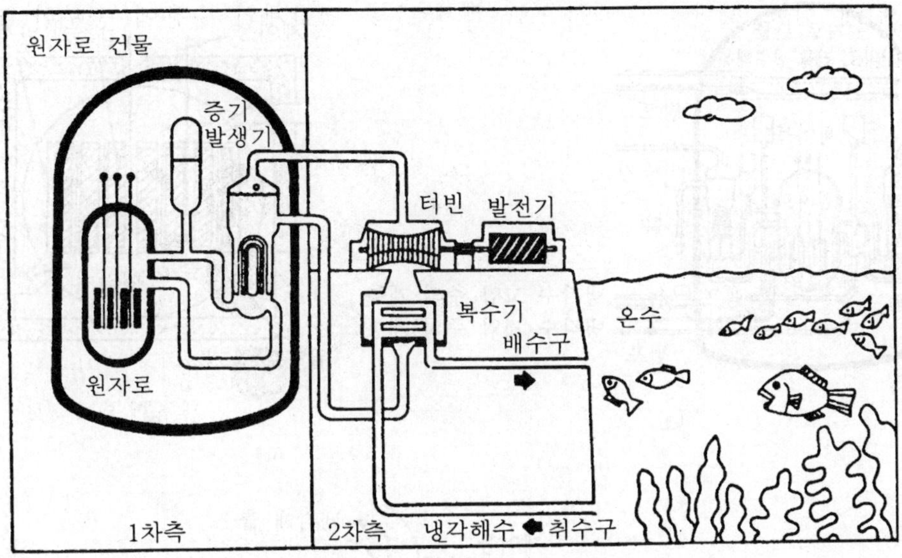

그림 11-2 원자력 발전소

11.2.1 원자로의 구성

핵분열의 연쇄 반응을 이용해서 그 에너지를 제어된 상태에서 얻어낼 수 있게 한 장치를 원자로라고 한다. 노에서 발생한 에너지를 외부에 열의 형태로 끄집어 내고 이 열에너지로 증기를 발생하여 터빈을 구동해서 이것에 직결된 발전기로 전력을 얻는 플랜트가 곧 원자력 발전소인 것이다.

원자로에는 여러 가지 형식이 있으나 여기서는 가장 기본적인 형식인 열중성자를 사용한 노에 대해서 설명하고, 이어서 발전용 원자로에 대해 설명한다.

열중성자로는 연료로서 천연 우라늄($_{92}U^{238}$ 약 99.3[%], $_{92}U^{235}$ 약 0.7[%])과 저농축 우라늄($_{92}U^{235}$ 2~3[%])을 사용해서 핵분열을 일으키고 있다.

그림 11-3 (c)는 이러한 열중성자로의 개념도이다. 이 그림에서도 알 수 있듯이 원자로는 핵연료, 감속재, 냉각재, 반사체, 제어봉, 차폐재로 구성되고 있다.

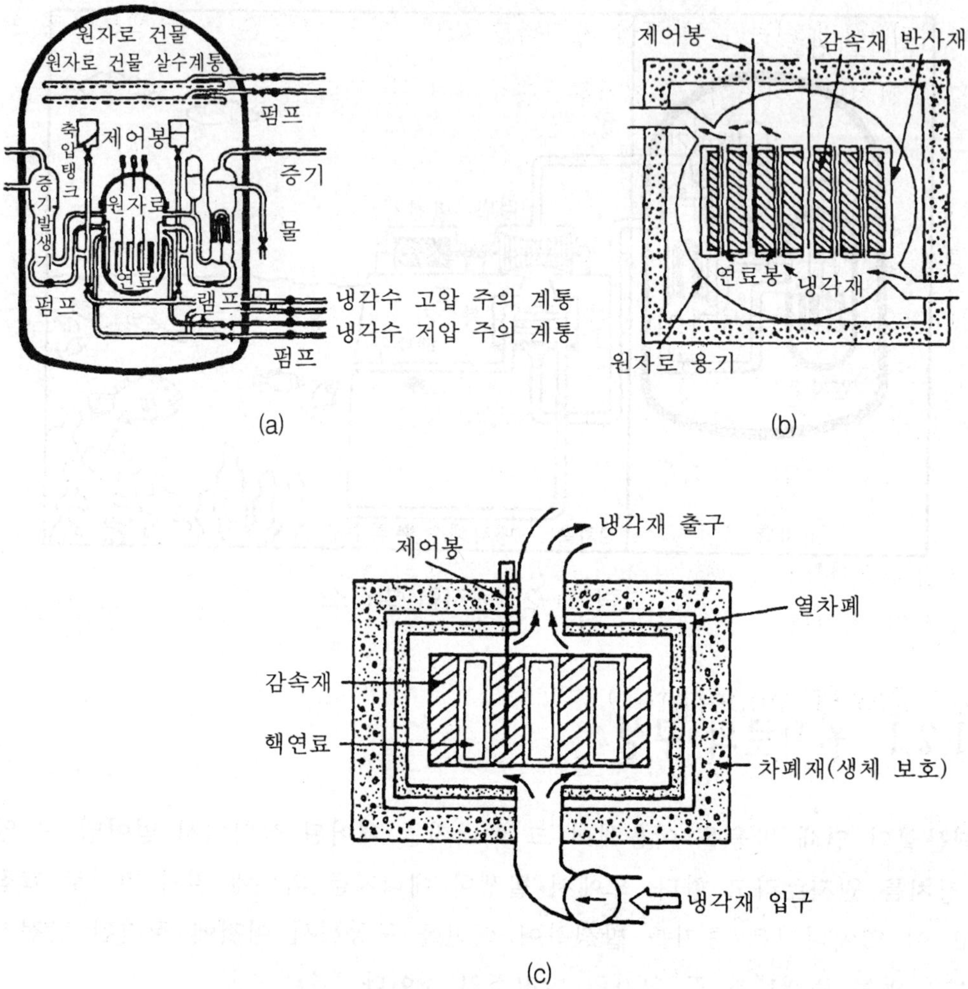

그림 11-3

(1) 핵연료(nuclear fuel)

원자로에서 직접 핵분열을 일으키고 있는 부분을 노심(reactor core)이라고 하는데, 이 속에 임계량 이상의 핵연료를 넣어서 연소, 즉 핵분열을 일으키도록 하고 있다.

핵연료로서는 천연 우라늄과 $_{92}U^{235}$의 함유율을 수[%]~90[%]까지 되도록 천연 우라늄을 농축한 농축 우라늄(enriched uranium)이 있다. 그런데 천연 우라늄 중에는 실제로 핵분열을 일으킬 수 있는 $_{92}U^{235}$는 0.7[%]밖에 함유되어 있지 않고 나머지 99.3[%]는 $_{92}U^{238}$이 차지하고 있다. 이 $_{92}U^{238}$은 직접 핵분열을 일으키지 못하지만 이것이 중성자를 흡수하면 플루토늄 $_{94}Pu^{239}$로 바뀌고, 이 $_{94}Pu^{239}$가 핵분열을 일으키게 되어 핵연료로서 사용된다. 이와 같이 그 자체는 핵연료가 아니지만 그 어떤 형태로 변환하면 핵연료로 될 수 있는 것을 연료 생산 물질(fertile material)이라고 한다.

일반적으로 핵연료로서는 천연 우라늄을 농축시켜서 $_{92}U^{235}$의 함유율을 높여준 농축 우라늄을 많이 사용하고 있다.

한편 우라늄 등의 핵연료는 원자로에 사용되는 냉각재인 물, 액체 금속, 가스 등에 의해서 부식되기 쉬우므로 그것을 보호하기 위해서 다른 재료로 피복하고 있다. 이것을 연료봉이라고 하며 동력용 원자로에서는 이것을 수십 개 묶어서 연료 집합체로서 사용한다. 원자로 내에서 이러한 연료를 설치하고 있는 부분이 바로 노심인 것이다.

(2) 감속재(moderator)

핵분열로 발생되는 중성자는 고에너지이다. 이러한 고에너지의 중성자(즉, 고속 중성자)는 그 속도가 너무 고속이어서 새로이 다음 핵분열을 일으키게 하는 데에는 부적당하다.

따라서 원자로 내에서 핵분열을 일으키기 쉽게끔 어느 정도 이 중성자의 속도를 떨어뜨려 줄 필요가 있다.

감속재는 이처럼 핵분열로 발생한 고속 중성자의 에너지(=속도)를 낮추어서 열중성자로 바꾸는 작용을 하는 것이다. 중성자의 감속에는 중성자의 원자핵에 의한 산란으로 중성자가 에너지를 잃게 되는 것을 이용한다.

따라서 감속재로서는 감속 효과가 크고 중성자 흡수가 적은 물질이 적당한데 일반적으로는 경수, 중수, 흑연, 산화 베릴륨 등이 사용되고 있다.

이 때 연료와 감속재가 균일하게 혼합되어 있는 노를 균질로라 하고 연료와 감속재가 따로따로 일정한 규칙에 따라 배치된 노를 불균질로라고 하는데 현재 사용되고 있는 동력로의 대부분은 비균질의 열중성자로이다(고속 중성자로에서는 원칙적으로 감속재는 사용하지 않는다).

(3) 냉각재(coolant)

냉각재는 원자로 내에서 발생한 열에너지를 외부로 배출시키기 위한 열매체이다. 냉각재는 노심을 통과해서 열에너지를 배출시킴과 동시에 노 내의 온도를 적당한 값으로 유지할 필요가 있기 때문에 그 구비 조건으로서는 열전달 특성이 좋고 중성자 흡수가 적으며 열용량이 큰 것이 요구된다.

보통 냉각재로서 사용되고 있는 것은 물(경수 및 중수), 액체 금속(Na, NaK, Bi 등), 가스(He, CO_2 등) 및 용해염 등이다.

(4) 제어봉(control rod)

원자로를 연속적으로 안전하게 운전하기 위해서는 핵분열의 연쇄반응으로 발생하는 중성자수를 적당히 조절할 필요가 있다.

제어봉은 원자로 내의 중성자를 흡수해서 열중성자가 연료에 흡수되는 비율을 제어하기 위한 것이다. 즉, 이것은 노 내에서의 핵분열 연쇄 반응을 제어하고 또한 중성자의 배율을 변화시키는 작용을 하는 것으로서 통상 이것은 막대기 모양으로 가공해서 노심에 삽입하고 필요에 따라 넣고 뺄 수 있도록 설계하고 있다. 제어재로서는 중성자 흡수가 큰 물질, 즉 카드뮴, 붕소, 하프늄 또는 이들의 합금 등이 사용되고 있다.

(5) 반사체(reflector)

반사체는 핵분열로 발생한 고속 중성자 또는 열중성자가 원자로의 외부에 누출되는 것을 방지하기 위한 것으로서 통상 노심의 주위에 설치하여 중성자를 산란에 의해서 반사시키도록 하고 있다.

반사체에 요구되는 성질은 감속재와 같아서 통상 반사재로서는 경수, 중수, 흑연, 베릴륨(Be) 같은 것을 사용하고 있다.

(6) 차폐재

차폐재는 원자로 내부의 방사선이 외부에 누출되는 것을 방지하기 위한 벽의 역할을 하는 것이다. 차폐에는 중성자라든가 γ선이 차폐재 내에 침입해서 차폐재가 열적으로 파괴되는 것을 방지하기 위한 열차폐와 노심으로부터 γ선이나 고속 중성자가 누출해서 인체에 영향을 미치지 않도록 하는 생체차폐의 2가지가 있다. 전자는 노심의 바로 바깥쪽에 설치되어서 생체차폐가 방사선의 흡수에 의한 발열 때문에 파괴되는 것을 막는 것으로서 보통 철판과 같이 열전도가 좋은 것이 사용된다.

후자의 생체차폐는 노의 맨바깥쪽에 설치되어서 운전원을 γ선이나 방사선으로부터 보호하는 역할을 하는 것으로서 보통 콘크리트, 물, 돌 등이 사용되고 있다.

11.2.2 격납용기

원자로 및 1차 계통에서 누설된 방사능이 부지 외에 방산되는 것을 방지하기 위하여 이들을 둘러싼 강철제인 기밀 내압용기를 설치하며, 이 격납용기는 내부 압력이 외부보다 낮게 유지되어 있다. 또한 폭발사고 때의 파편 등 충격 압력에도 충분히 견디어야 한다.

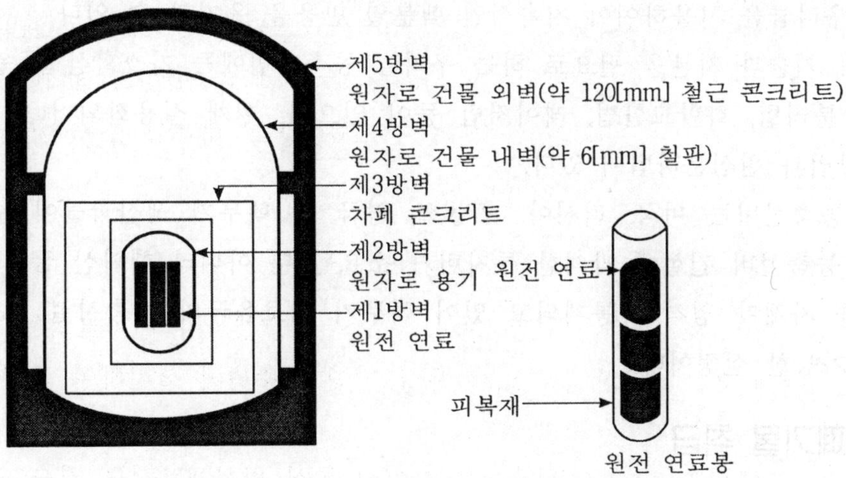

그림 11-4 다중방호설비

11.2.3 터빈 및 복수 설비

원자력 발전용 증기 터빈에는 원자로에서 직접 또는 증기발생기를 거쳐 구동증기가 공급되며, 화력 발전용 터빈에 비해 터빈 입구의 증기조건이 나빠서 포화증기(습도는 약 0.25~0.4[%])가 많으며, 따라서 고압 터빈에서 나온 증기는 습기

분리장치로 습기를 분리하여 저압 터빈으로 보내는 동시에 고압 터빈 중에서 추기하여 재열증기로 이용하면 터빈 효율은 1.5~2.5[%] 상승하기도 한다. 복수설비는 비등수형에서는 탈염장치가 필요하며, 급수설비와 같이 2차계로 누설되는 방사능에 대한 감시가 중요하다.

11.2.4 연료 및 폐기물 취급 설비

(1) 농축 우라늄

천연 우라늄에는 세 가지 동위원소가 존재하며 그 구성비는 U^{234} 0.0054[%], U^{235} 0.72[%], U^{238} 99.2746[%]이다. 이들 중 U^{235}만이 열중성자로서 핵분열 반응을 일으킬 수 있어 현재의 열중성자로에 원전연료로 이용되고 있다. 현재 원자력 발전의 주종을 이루고 있는 경수로에서는 U^{235}의 농축도가 2~5[%]정도인 저농축 우라늄을 사용하여야 지속적인 핵분열 반응을 유지할 수 있다.

고도의 기술과 자본을 필요로 하는 우라늄 농축방법에는 가스확산법, 원심분리법, 노즐분리법, 화학교환법, 레이저법 등이 있으나, 현재 실용화되어 있는 것은 가스확산법과 원심분리법이 있다.

또한 농축설비는 미국, 러시아, 프랑스, 영국 등 핵무기 생산국들이 보유하고 있으며, 농축설비 건설에 막대한 투자비가 소요될 뿐 아니라 핵확산 금지를 위해 농축기술 자체가 엄격히 통제되고 있어 핵무기 비보유국의 농축시설 보유는 사실상 불가능한 실정이다.

(2) 폐기물 취급

방사성 폐기물의 안전관리는 적절한 기술뿐만 아니라 행정, 법제 및 재정적인 조치, 그것도 장기적인 조치를 필요로 한다.

폐기물 관리의 기초가 되는 기본적인 방사선 관리의 원칙은 국제방사선방호위원회(ICRP)의 권고를 기준으로 하고 있다. 또한 그것을 근거로 폐기물 관리를 실시함에 있어서, 일반적으로 고체 폐기물을 적절한 저장, 처분으로 방사성 핵종을 인간 환경으로부터 격리하고, 기체, 액체와 같은 유체 폐기물은 방사성핵종을 분산, 희석하여 환경으로 방출하는 2가지의 상호보완적인 방식 사용을 기본으로 하고 있다. 이러한 폐기물 관리의 기본 개념하에서 구체적 시행은 각국의 사정에 따라 여러 가지 방법이 사용되고 있으며, 그 최종방식은 방사성핵종이 인간생활권으로 되돌아오지 않도록 방사성 핵종의 이동이나 이행을 지연, 억제, 방지하는 시스템, 즉 방벽을 설치하여 방사성 폐기물을 인간생활권에서 격리하는 것이다.

중저준위 방사성 폐기물의 경우 천층처분, 동굴처분, 지층처분 등의 방법으로 다수 국가에서 처분을 시행하고 있으나 현 시점에서 고준위 방사성 폐기물(사용 후 연료)을 처분하는 국가는 없으며, 대다수 국가에서 사용 후 연료의 재처리에서 발생한 고준위 폐액을 유리고화하여 저장하거나 사용 후 연료를 재처리하지 않고 저장하여 30~50년 후 심지층 처분을 계획하고 있다.

11.3 발전용 원자로

11.3.1 경수 감속 냉각형 원자로

경수 감속 냉각로는 주로 미국에서 개발된 것으로서 가압수형 원자로(pressuri-zed water reactor : PWR) 및 비등수형 원자로(boiling water reactor : BWR)의 2가지가 현재 실용화되어 세계 각국에서 많이 운전중에 있다.

(1) 가압수형 원자로(PWR)

이 PWR은 미국의 웨스팅하우스사(WH사)에 의해 개발된 것으로서 현재 세계적으로 가장 많이 보급되어 있으며, 우리 나라에서도 고리 원자력을 비롯하여 영광, 울진 등 여러 곳에서 운전중에 있는 노형이다.

PWR은 연료로서 저농축 우라늄을, 감속재와 냉각재로는 물(경수)을 사용하고 냉각재의 물이 비등하지 않게끔 노 전체를 압력 용기에 수용해서 노 내를 160 [kg/cm²] 정도로 가압하고 있다.

이 때문에 냉각수의 노 출입구 온도는 각각 약 320[℃], 290[℃]로 되고 있다. 이 고온 가압수를 열교환기의 1차측에 유도해서 2차측에 온도 269~274[℃], 압력 약 55~66[kg/cm²]의 증기를 만들고 이것으로 증기 터빈을 구동해서 발전하고 있다.

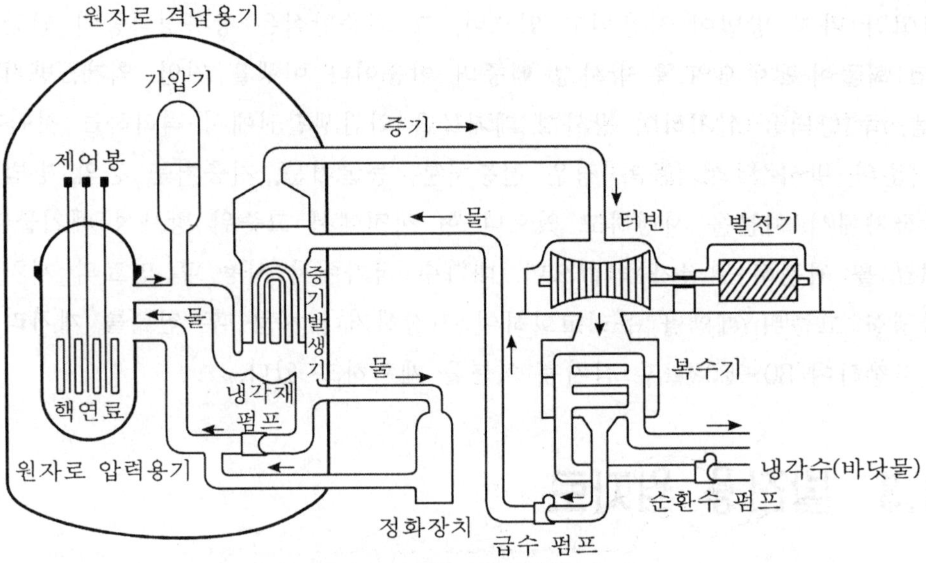

그림 11-5 PWR의 개념도

이 PWR 발전소는 열 사이클적으로는 증기 발생기(열 교환기)를 경유해서 1차와 2차로 나뉘어져 있기 때문에 다음과 같은 특징을 지니고 있다.

① 열사이클이 직접적이기 때문에 방사능을 띤 증기가 터빈측에 유입하지 않는다. 이 때문에 보수 점검이 용이하다.

② 가압수를 사용하고 있기 때문에 출력 밀도가 높고 노심으로부터 끄집어내는 열출력이 크다.

③ 증기 발생기를 포함하는 간접 사이클이기 때문에 계통이 복잡하다. 또 가압수를 사용하기 때문에 압력 용기 및 배관의 두께가 두꺼워져서 가격이 비싸진다.

④ 노의 반응은 큰 부의 온도 계수를 지니기 때문에 안전성은 좋은 편이다.

⑤ 기타 연료로서는 저농축 우라늄(농축도 3~4[%])을 필요로 한다.

(2) 비등수형 원자로(BWR)

이 BWR은 미국의 제네럴 일렉트릭사(GE사)에서 개발된 것이다. 이 형식의 원자로는 PWR과 마찬가지로 저농축 우라늄의 원료를 사용하고 감속재 및 냉각재로서는 물을 사용하는 것으로서 노 내에서 물을 비등시켜 증기로서 뽑아내도록 하고 있다.

이 BWR의 냉각재의 원자로 입구 온도는 180~200[℃], 발생 증기는 압력 약 70[kg/cm²](약 6.86[MPa]), 온도는 285[℃] 정도이다.

이 형은 원자로에서 발생하는 증기를 직접 터빈으로 유도하므로 원자로 용기의 압력이 비교적 낮아 제작상 또는 가격면에서 약간 유리하다는 특징이 있다.

비등수형 원자력 발전(BWR)은 가압수형과 함께 세계에서도 가장 많이 쓰이고 있는 경수로인데 우리 나라에서는 전술한 바와 같이 PWR만 운전중이지만 일본에서는 이 BWR와 PWR가 거의 비슷한 비율로 설치되어 운전중에 있다.

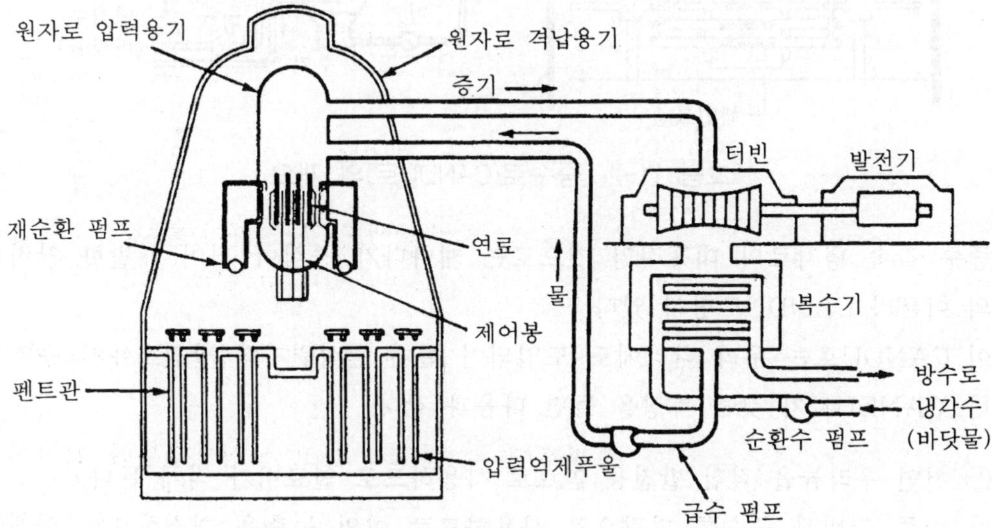

그림 11-6 BWR의 개념도

(3) 중수 감속 냉각형 원자로(CANDU로)

이 노는 감속재에 중수를, 냉각재에 중수 또는 경수를 사용하는 것이다. 중수는 중성자의 크기 때문에 천연 우라늄을 연료로 사용할 수 있다는 장점이 있다.

중수는 감속재로서 가장 우수한 성질을 지니고 있다. 즉, 중수는 중성자의 흡수가 적으면서 감속비가 아주 크다. 또 공명 흡수 탈출 확률이나 열중성자 이용률이 높기 때문에 비균질로에서 천연 우라늄을 연료로 사용할 경우 흑연 감속의 경우보다 노가 작아진다. 그 밖에 천연 우라늄을 사용하더라도 균질로에서 임계에 도달할 수 있다는 장점이 있다. 다만 결점으로는 중수가 아주 고가라는 것,

따라서 중수의 누출이 중요해진다. 또 중수 중에 포함된 3중 수소에 의한 방사능 문제도 있다.

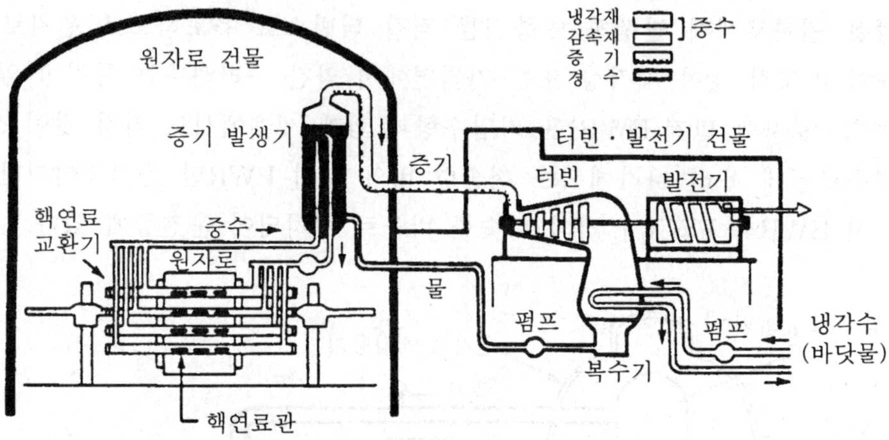

그림 11-7 중수로(CANDU로)의 개요

중수 감속 냉각로의 대표적인 것으로는 캐나다가 중심이 되어 개발한 압력관형의 이른바 CANDU로형이 있다.

이 CANDU로는 우리 나라에도 도입되어 현재 월성원자력 발전소에서 운전중이다. CANDU로가 갖는 특징을 들면 다음과 같다.

① 천연 우라늄을 직접 발전용 연료로 사용하므로 연료비가 적게 든다.

② 아주 값비싼 중수를 다량으로 사용하므로 이의 누출을 최소한으로 억제할 필요가 있다.

③ 중수에서 생기는 토륨(Th)의 장해를 방지할 수 있는 연구가 필요하다.

(4) 고속 증식로(FBR)

현재 실용화되고 있는 열중성자로는 천연 우라늄 ${}_{92}U^{235}$(농축 포함)를 연료로 하는 원자로이다.

앞서 설명한 바와 같이 중성자가 ${}_{92}U^{235}$에 충돌하면 핵분열을 일으켜 연료로서 소비되지만 중성자가 ${}_{92}U^{238}$이나 토륨 232 (${}_{90}Th^{232}$)에 충돌하면 ${}_{92}U^{238}$은 ${}_{94}Pu^{239}$로, ${}_{90}Th^{232}$는 ${}_{92}U^{233}$으로 바뀐다. 이들은 어느 것이나 핵분열을 일으키

는 연료로 사용할 수 있기 때문에 원래는 핵분열하지 않는 것으로부터 연료로 전환된 셈이 된다.

여기서 소비된 양과 그 결과 새로 만들어진 연료의 양과의 비를 전환비라 부르며 이것을 원자로의 연료에 대한 경제적인 성질을 나타내는 수치로서 사용하고 있다.

전환비는 다음과 같이 정의된다.

$$\text{전환비 } R = \frac{\text{생산된 새로운 연료의 수(양)}}{\text{소비된 연료}({}_{92}\mathrm{U}^{235})\text{의 수(양)}} \tag{11-1}$$

일반적으로 전환비 R이 1보다 커지는 것을 증식이라 하고 R를 증식비라고 부르기도 한다. 노의 호칭도 $R \leq 1$일 경우에는 전환로, $R > 1$의 것은 증식로라 부르고 있다.

고속 증식로(Fast Breeder Reactor : FBR)는 감속재를 사용하지 않고 고속 중성자로 연쇄 반응을 일으켜서 핵분열로 방출되는 중성자를 유효하게 이용해서 열의 발생 이용과 함께 ${}_{92}\mathrm{U}^{238}$(천연 우라늄의 99.3[%]나 차지함)에 중성자를 흡수시켜 ${}_{92}\mathrm{U}^{239}$를 거쳐 ${}_{94}\mathrm{Pu}^{239}$를 만들어낸다. 즉, 고속 증식로는 핵분열로 발전하면서 새로운 연료를 만들어나가는 방식의 원자로로서 ${}_{92}\mathrm{U}^{235}$나 ${}_{94}\mathrm{Pu}^{239}$의 원자 1개가 핵분열하였을 때 1개 이상의 ${}_{92}\mathrm{U}^{238}$이 ${}_{94}\mathrm{Pu}^{239}$로 바뀌어 상술한 전환비 R이 1보다 큰 원자로이다.

꿈의 원자로라고 불리는 고속 증식로는 이처럼 타지 않는 우라늄 238을 새로운 연료인 플루토늄으로 바꾸고 다시 원자로 내에서 소비된 것 이상의 플루토늄을 만들어내기 때문에 고속 증식로가 실용화되면 현재의 우라늄량이 70배로 증가되는 결과가 될 것이다.

연습문제

1. 원자로는 무엇으로 구성되어 있는가?

2. 핵연료에 대하여 간단히 설명하여라.

3. 감속재에 대하여 간단히 설명하여라.

4. 냉각재에 대하여 간단히 설명하여라.

5. 제어봉에 대하여 간단히 설명하여라.

6. 반사체에 대하여 간단히 설명하여라.

7. 차폐재에 대하여 간단히 설명하여라.

8. 농축 우라늄에 대하여 간단히 설명하여라.

9. 가압수형 원자로에 대하여 간단히 설명하여라.

10. 비등수형 원자로에 대하여 간단히 설명하여라.

11. 중수 감속 냉각형 원자로에 대하여 간단히 설명하여라.

12. 고속 증식로에 대하여 간단히 설명하여라.

제 12 장

송배전 계통

12.1 송전(送電)과 배전(配電)

송전과 배전이란 전력전송(電力傳送)의 목적에서 말한다면 본질적으로는 전혀 구별이 없다. 그러나 전송거리와 전력의 대소에 의한 전압의 고저, 지지물 규모의 대소와 분기회선수의 다소 등 내용과 외관상 상당한 차이가 있고 또한 목적과 운용면에서 보더라도 자연 별개의 사명이 있기 때문에 전기사업법에서는 다음과 같이 구별하고 있다. 즉, 수용지에서 멀리 떨어진 발전소에서 발생한 전력을 높은 전압으로 수용지 부근 또는 수용중심지의 변전소까지 보내는 것을 송전이라고 하며, 이 전기를 이들 변전소에서 낮은 전압으로 바꾸어 각 수용가에 배분하는 것을 배전이라고 한다. 따라서 송전을 위해 사용되는 전선과 이것을 지지하는 철탑, 철주 등의 공작물 또는 지중관로와 같이 전선을 설치하는 공작물을 송전선로(送電線路 ; transmission line(T/L))라 하고 또한 배전을 위해 사용되는 이들 전기공작물을 배전선로(配電線路 ; distribution line(D/L))라고 한다.

12.2 송배전계통(送配電系統)의 구성

각 발전소(power plant ; P/P)에서 발생되는 전력은 발전기가 회전기이기 때문에 전압이 3상교류 3.3~22[kV] 정도로 낮고, 장거리·대전력 송전에 부적당하기 때문에 변압기에 의해 154[kV], 345[kV] 또는 765[kV]의 전압으로 승압(step up)하고 송전선로(1차 송전선로(1次 送電線路)라고도 함)에 의해 수용가 부근의 변전소(1차 변전소(1次 變電所)라고도 함)에 송전한다. 이곳에서 22~154[kV]의 중급 정도의 전압으로 강압(step down)하고 다시 2차 송전선로(2次 送電線路)에 의해 수용가에 가까운 2차 변전소(2次 變電所)에 보내지며 이곳에서 11~66[kV] 정도로 강압된다. 이곳에서 다시 수용지역에 있는 배전용 3차 변전소(3次 變電所)로 송전되어 6.6[kV] 또는 22.9[kV]로 강압한 다음 배전선로와 배전변압기에 의해 수용가에게 공급된다. 또한 발전소와 1차·2차 변전소에서 직접 수용가에 배전하는 경우도 있다.

그림 12-1은 송배전 계통의 간단한 예이다. 그림에 있어서 A, B, C의 각 발전소의 발생전력은 각각 154[kV] 또는 345[kV]로 승압된 다음 1차 송전선에 의해 A, B의 각 수용지구의 1차 변전소 또는 C의 대수용가에 직접 전송된다. 이곳에서 전압을 154[kV]로 강압하고 2차 송전선에 의해 각 지구의 2차 변전소에 송전된다. 이 이후의 계통구성으로서 A지구를 예로 들어 설명하면 그 근처에 b_1, b_2의 2개 2차 변전소가 설치되고 이곳에서 154[kV]를 66[kV]로 강압하여 3차 송전선에 의해 c_1, c_2……, c_6의 3차 변전소에 송전되고 있다. 또한 b_2 변전소에서는 D발전소로부터 도달하는 154[kV] 송전선이 1차측에 접속되어 있다. 또한 c_1, c_2, c_3 등의 각 변전소(substation ; S/S) 사이는 22[kV] 송전선에 의해 연결되며 또한 이들 송전선 중에서 시가지 부분은 지중선으로 되어 있다.

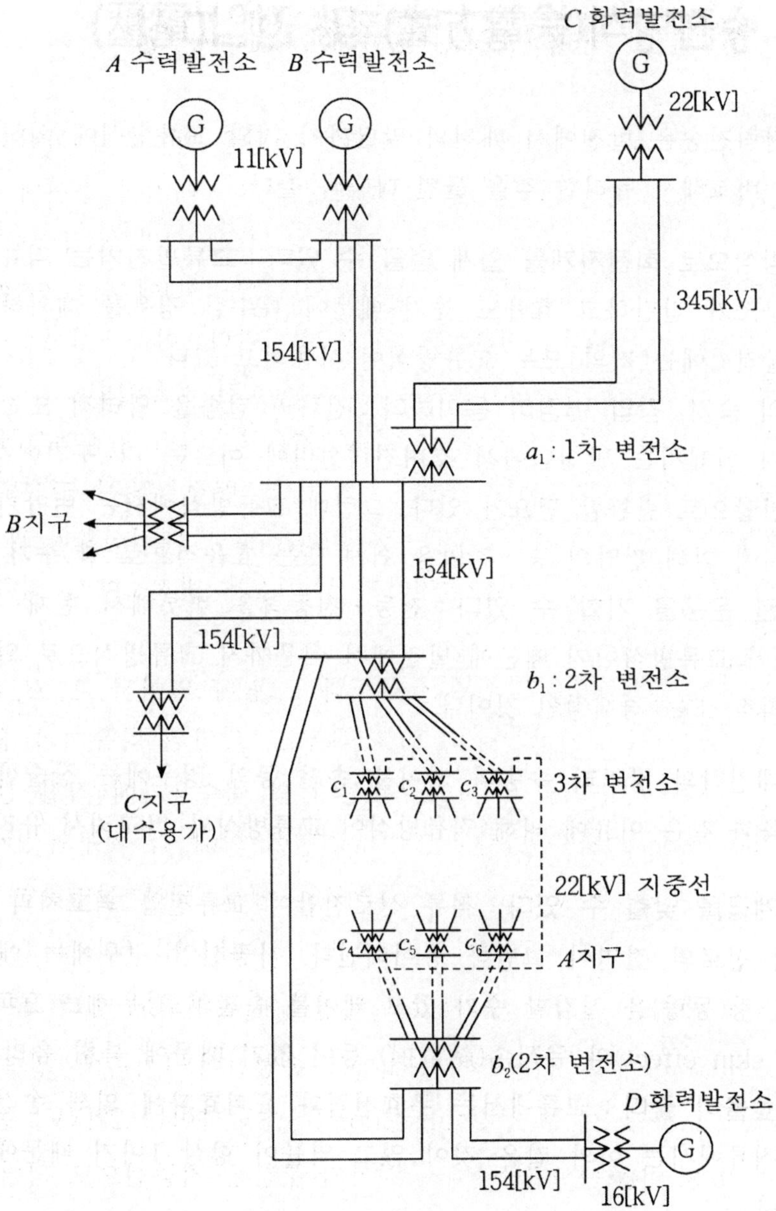
C 화력발전소
A 수력발전소
B 수력발전소
G
22[kV]
11[kV]
345[kV]
154[kV]
a_1: 1차 변전소
B지구
154[kV]
154[kV]
b_1: 2차 변전소
C지구
(대수용가)
c_1
c_2
c_3
3차 변전소
22[kV] 지중선
c_4
c_5
c_6
A지구
b_2(2차 변전소)
D 화력발전소
154[kV]
16[kV]

그림 12-1

12.3 송전방식(送電方式) 및 전압(電壓)

현재의 전력전송은 발전에서 배전의 말단까지 거의 교류방식에 의하고 있는데 직류방식과 비교해서 유리한 점을 들면 다음과 같다.

① **교류방식으로 회전자계를 쉽게 얻을 수 있다** : 교류발전기는 직류 발전기보다도 구조가 간단하고 효율도 높기 때문에 특수한 경우를 제외하고는 발전소의 발전기에는 거의 모두 교류방식이 사용되고 있다.

② **전압의 승압, 강압 변경이 용이하다** : 전력의 전송을 합리적 또는 경제적으로 하기 위해서는 발전단에서 소비전력설비에 이르는 각 구간에서 가장 적당한 전압으로 변환할 필요가 있다. 그런데 교류방식에서는 변압기라는 간단한 장치에 의해 전압의 승・강압을 쉽게 또는 효율적으로 할 수가 있다.

③ **일관된 운용을 기할 수 있다** : 전등・전동력을 비롯해서 현재 전기이용의 대부분이 교류방식이기 때문에 발전에서 이용까지 교류방식으로 일관하는 것이 합리적 또는 경제적인 것이다.

그러나 대전력의 장거리 수송과 케이블 송전 등의 경우에는 상술한 결론과는 다르며 다음과 같은 이유에 의해 직류방식이 교류방식과 비교해서 유리해진다.

① **절연계급을 낮출 수 있다** : 직류 선로전압이 교류전압 최고치의 $1/\sqrt{2}$이기 때문에 선로의 절연이 그만큼 용이해진다. 가공선인 경우에는 애자의 수와 전선의 량(동량)을 절감할 수가 있고 케이블 송전의 경우에는 **표피효과**(表皮效果 ; skin effect)와 **유전손**(誘電損) 등이 없기 때문에 특히 유리하다.

② **송전효율이 좋다** : 교류에서는 무효전력과 표피효과에 의해 송전손실이 커지나 직류에서는 이와 같은 것이 없고 역률이 항상 1이기 때문에 송전효율이 높다.

③ **안정도가 좋다** : 직류방식에서는 리액턴스와 위상각을 생각할 필요가 없기 때문에 교류방식에서 고려해야 할 **안정도**(安定度)의 문제가 없으며 따라서 본질적으로 송전용량이 증대된다.

직류송전(直流送電)은 1932년경부터 각국에서 연구조사가 진행되어 1954년 3월 스웨덴 본토와 고트랜드섬 사이 100[km], 100[kV], 20[MW]의 직류송전이 개시되었고 이어서 영불해협의 직류송전이 1961년 12월에 운전개시됨으로써 실시 단계에 접어들었다.

직류송전방식에서는 직류발전기에 의해 발생한 교류대전력을 변압기에 의해 고전압으로 하고 이것을 **순변환장치**(順變換裝置)에 의해 직류로 변성하여 그 전력을 고전압의 직류송전선로에 의해 원거리에 전송하는 것이지만 수전단에서는 **역변환장치**(逆變換裝置)를 사용하여 이것을 다시 교류로 바꾸고 변압기를 통해서 전압을 적당히 강압하여 배전선에 넣는 방법이 취해지고 있다.

직류송전의 적용분야로서 장거리 대전력수송, 해저케이블수송, 계통간의 비동기 연계, 주파수 변환 등으로 나누어지는데 현재 우리나라에서 육지의 전력계통과 완전히 분리되어 있는 제주지역 전력계통의 발전원가가 내륙보다 높아 경영수지 개선을 위하여 제주와 해남(전압 180[kV], 300[MW], 101[km]×2회선)간을 연계하는 HVDC(high voltage DC) 해저케이블이 변환소간 공사가 1997년에 준공하여 운영중에 있다.

전압은 표 12-1과 같이 **저압**(低壓), **고압**(高壓), **특별고압**(特別高壓)의 3종으로 구분되는데 이들의 전압값은 위험의 정도와 실용상의 필요성에 의해 정해져 있다.

표 12-1 전압의 구분

전압의 구분	전압의 한도
저 압	직류 750[V] 이하, 교류 600[V] 이하
고 압	직류 750[V] 초과, 7000[V] 이하 교류 600[V] 초과, 7000[V] 이하
특별고압	7000[V] 초과

전송전압의 종류를 표준화해서 정한 것이 **표준전압**(標準電壓 ; standard voltage)이며, 이 표준전압일 경우 기계와 애자 등의 규격을 통일할 수가 있다.

우리나라에서 사용하고 있는 표준전압에는 **공칭전압**(公稱電壓 ; nominal voltage)과 **최고전압**(最高電壓 ; maximum voltage)이 있다. 공칭전압은 전선로를 대표하는 선간전압(line voltage)을 말하는데 이 전압으로써 그 계통의 송전전압을 나타낸다.

한편 최고전압은 정상 운전시에 선로에 발생하는 최고의 선간전압으로 염해대책, 1선지락고장시 등 내부이상전압, 코로나 장해, 정전유도 등을 고려할 때의 표준이 되는 최고전압이다.

우리나라의 표준전압은 표 12-2와 같다.

표 12-2 우리 나라의 표준전압

공칭전압[kV]	최고전압[kV]
3.3/5.7 Y	3.4/5.9
6.6/11.4 Y	6.9/11.9
13.2/22.9 Y	13.7/23.8
22/38 Y	23/40
66	69
154	161
220	230
345	360

12.4 경제적전압(經濟的電壓)

전선로를 건설하는 경우에는 경제적인 설계와 공사를 하여야 한다. 경제적전압은 다음의 ①, ②의 연간합계액이 최소가 되는 경우를 말한다. 단, 실제의 전압선정에는 송전전력과 거리 외에도 표준전압과 기설계통(旣設系統)과의 연계 등을 고려한다.

① 건설비에 대한 이자, 감가상각비 및 전선로의 유지비 합계액

② 전력전송에 의해 전선로에서 손실되는 손실전력량에 해당하는 가격

일반적으로 일정한 전력을 일정한 거리의 수용지점으로 보내기 위해 전압을 높이면 다음과 같이 경제적으로 된다.

(1) 건설비

① 고전압일수록 전선의 량을 줄일 수 있다.

지금 P : 1상당의 수전전력, E : 수전단의 상전압, l : 송전거리, $\cos\theta$: 수전단역률, R : 1상당의 저항, ρ : 전선의 고유 저항률, A : 전선의 단면적, Pe' : 전력 손실률[%]로 하면 일정한 전력손실률에 있어서의 전선단면적과

전압과의 관계는 다음과 같이 된다.

전력 $P=EI\cos\theta$에서 전류 $I=\dfrac{P}{E\cos\theta}$이고, $R=\rho\dfrac{l}{A}$이므로 전력손실은

$$I^2R=\frac{P^2}{E^2\cos^2\theta}\times\rho\frac{l}{A}$$

$$Pe'=\frac{I^2R}{P}\times 100=\frac{100P\rho l}{AE^2\cos^2\theta}$$

$$\therefore A=\frac{100P\rho l}{Pe'E^2\cos^2\theta}\propto\frac{1}{E^2\cos^2\theta} \qquad (12\text{-}1)$$

따라서 전선의 굵기 즉, 소요전선량은 전력, 거리 및 손실률이 일정하다고 하면 전압 및 역률의 자승에 반비례한다. 따라서 전선의 가격은 감소된다. 또한 전력손실률 Pe'와 전선의 굵기 및 거리가 일정한 경우 전압과 수전 가능한 전력(공급전력) P는 식 (12-1)로 부터

$$P=\frac{APe'E^2\cos^2\theta}{100\rho l}\propto E^2\cos^2\theta \qquad (12\text{-}2)$$

따라서 공급전력 P는 전압 및 역률의 제곱에 비례한다.

② 고전압일수록 애자는 절연내력이 보다 높은 것을 필요로 하기 때문에 애자의 수량이 많아져 가격은 증가한다.

③ 지지물은 전압이 높아지면 전선상호간의 거리가 증가하기 때문에 그 높이가 높아지며 따라서 공사비를 포함한 가격은 증가한다.

④ 고전압일수록 변전소와 개폐소에 설치되는 변압기, 개폐기 등의 가격은 증가한다.

각종 전압별로 상기 항목을 계산하고 건설비를 최소로 하는 전압을 정한다(그림 12-2 (a)).

(2) 연경비(전선로 및 부속기기의 운전유지를 위한 연간지출)

최소의 연경비를 간단하게 산출하기 위해 다음 ①, ②처럼 가정을 하여도 실제면과 비교해서 큰 오차는 없다.

① 건설비에 대한 이자, 상각비와 전선로 유지비는 전압에 대해 일정치와 비례

치로 구분되지만 그 총합은 그래프상에 직선으로 나타낼 수 있다.

② 전선로의 손실전력량에 해당하는 가격은 전압의 자승에 반비례해서 감소된다.

손실전력 P_l은 식 (12-1)에서

$$P_l = I^2R = \frac{P^2}{E^2\cos^2\theta} \times R$$

의 관계가 있으므로 수전전력 P와 저항 R이 일정한 경우 식 (12-3)과 같다.

$$P_l \propto \frac{1}{E^2\cos^2\theta} \qquad (12\text{-}3)$$

따라서 손실 전력량은 전압 및 역률의 자승에 비례한다.

산정방법에 있어서는 수종의 전선단면적을 상정하고 이들에 의해 ①, ②에 의한 일련의 계산을 하면 그래프상에서 각 전선별로 연간경비가 최소가 되는 전압을 결정할 수가 있다.

(a) 전압과 건설비와의 관계 (b) 전압과 연경비와의 관계

그림 12-2

위와 같이 각 사안에 의한 최소 연경비 중 최소치를 나타내는 것이 또한 그래프상에서 해당하는 전압이 경제적 전압이 된다(그림 12-2 (b)).

Alfred Still은 경제적전압의 산정에 관해 다음과 같은 실험식을 제시하고 있다.

Still 식 :

$$\text{사용전압[kV]} = 5.5\sqrt{0.6 \times \text{송전거리[km]} + \frac{\text{송전전력[kW]}}{100}} \quad (12\text{-}4)$$

여기서, 송전전압 : [kV], 송전거리 : [km], 송전용량 : [kW]

이 식은 중거리의 송전선로에 대해 대체적인 기준을 얻는 데는 편리하지만 장거리 송전선로에는 부적당한 것으로 알려져 있다.

연 습 문 제

1. 우리나라에서는 1960년대 초 154[kV] 송전선로를 1970년대에 들어서 345[kV]로 1990년대 말부터 765[kV]의 초고압 송전선로가 건설이 되어 운영중에 있다. 이러한 송전계통의 전압을 승압할 때 무엇을 고려하여 결정하게 되는가?

2. 송전전압을 154[kV]에서 345[kV]로 승압하였을 경우 동일한 역률, 전선굵기 및 거리에서 송전할 수 있는 전력은 몇 배가 되는가?

3. 배전전압을 110[V]에서 220[V]로 승압한 경우 전력, 거리, 역률 및 손실률이 일정한 경우 소요 전선량은 몇 배가 되는가?

4. 전압을 6.6[kV]에 22.9[kV]로 승압하고 역률을 80[%]에서 90[%]로 개선한 경우 동일한 수전전력, 전선굵기 및 거리에서 손실 전력량은 몇 배로 되겠는가?

5. 30,000[kW]의 전력을 50[km] 떨어진 지점에 송전하려면 전압 [kV]은 어느 정도로 하면 좋은가?

6. 현재의 전력전송은 발전에서 배전의 말단까지 거의 교류방식에 의하고 있는데 직류방식과 비교해서 유리한 점을 설명하여라.

제 13 장

가공전선로

13.1 애 자(碍子)

13.1.1 개 요

전선을 지지물에 고정시키는 경우의 절연체가 애자(insulator)이다. 애자는 그 역할에 따라 다음과 같은 성질을 필요로 한다.

① 선로 전압과 이상 전압에 대해서 충분한 절연 내력이 있을 것.
② 비, 눈, 안개 등에 대해서도 필요한 표면저항을 가지며 누설전류가 미소할 것.
③ 전선의 자중 외에도 바람, 눈 등에 의한 외력이 가해지는 경우에도 충분한 기계적 강도를 가질 것.
④ 내구력이 있고 가격이 저렴할 것.
⑤ 온도의 급변에 견디고 습기를 흡수하지 않을 것.

이 조건들을 만족하는 애자로는 경질자기로 된 애자가 널리 사용되고 있다.

13.1.2 애자의 종류

전선로용 애자는 구조와 용도에 따라 핀 애자, 현수애자, 장간애자 및 지지애자로 구분된다.

일반적으로 핀 애자(pin type insulator)는 66[kV] 이하인 전선로에 사용되며, 현수애자(suspension insulator)는 송전선에서 널리 사용되고 있다. 장간애자(long rod insulator)는 특수장소에 사용되며, 지지애자 중 라인 포스트 애자(line post, LP insulator)는 낮은 전압의 송전선 탑에서 핀 애자 대신 사용하는 경우가 있다.

(1) 핀 애자

핀 애자는 현수애자와는 달리 1개로써 전선을 지지하기 때문에 각급 전압에 따라 자기의 크기, 층수, 두께 등이 달라지게 마련인데, 66[kV]를 초과하면 형도 커지고 제작하기가 곤란한데다, 기계적 강도에도 한도가 있고, 경년열화 때문에 최근에는 33[kV] 이하인 전선로에서 주로 사용하고 있다.

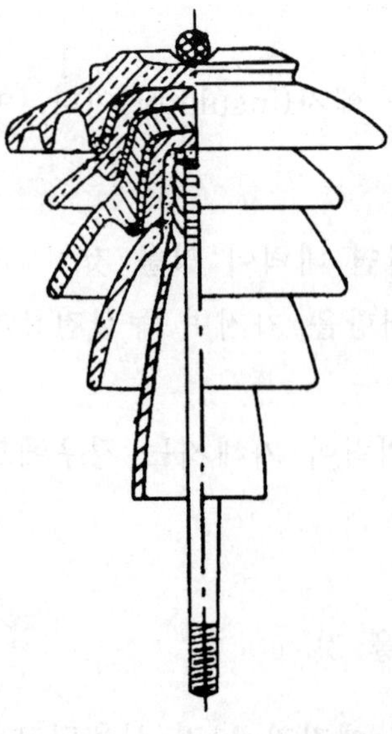

그림 13-1 핀 애자

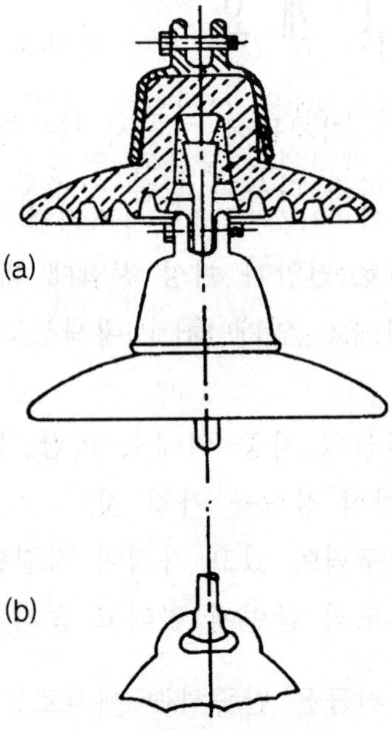

그림 13-2 현수애자

(2) 현수(懸垂)애자

현수애자에는 내진(耐塵), 내무(耐霧), 내염(耐鹽) 등을 위해 다양한 특수형 구조를 가진 것도 있으나, 일반적으로 사용되는 것은 그림 13-2의 표준형이다.

표준형에는 대형과 소형의 2종이 있는데, 소형은 직경 180[mm], 대형은 직경 254[mm](이것은 250[mm] 애자라고도 한다)가 표준인 것이다. 일반적으로 대형인 것이 사용되며, 소형은 66[kV] 이하인 선로에서 사용되는 경우가 있다. 또한 현수애자에는 클레비스형(clevis type)과 볼·소켓형(ball and socket type)이 있는데, 종전에는 클레비스형을 주로 사용하였으나, 활선작업에는 불가하므로 최근에는 모두 볼·소켓형만을 사용하고 있다. 그림 13-2 (a)는 클레비스형을 보여주고 있다. 볼·소켓형은 그림 (b)와 같이 캡의 상단이 오목형을 이루고, 또한 핀의 선단이 편평한 구상을 이루고 있다. 연결시에는 핀의 구상단을 다음 애자의 오목한 속에 삽입, 핀으로 이것을 고정시킨다. 연결, 제거의 조작은 클레비스형에 비해 훨씬 용이하며, 애자연의 가요성도 클레비스형과는 달리 그 방향에 의해 거의 변화하지 않고, 또한 높이도 약간 낮아지는 등의 이점이 있다.

(3) 장간(長幹)애자

그림 13-3과 같이 속이 튼튼하고 두꺼운 길다란 자기봉의 양단에다 연결용 금속으로서의 캡을 시멘트로 붙인 봉형현수애자의 일종이다. 사용전압과 필요강도에 따라 자기체의 구조와 연결개수를 바꿀 수 있다. 장간애자는 경년열화와 전기적 관통이 적고, 표면누설거리가 비교적 길며 염진에 의해 애자의 오손이 적은데다 우세효과도 크고 또한 내무성이 풍부하며, 또한 보수점검이 쉽기 때문에 내염, 내무애자로서 널리 사용되는 경향이 있다.

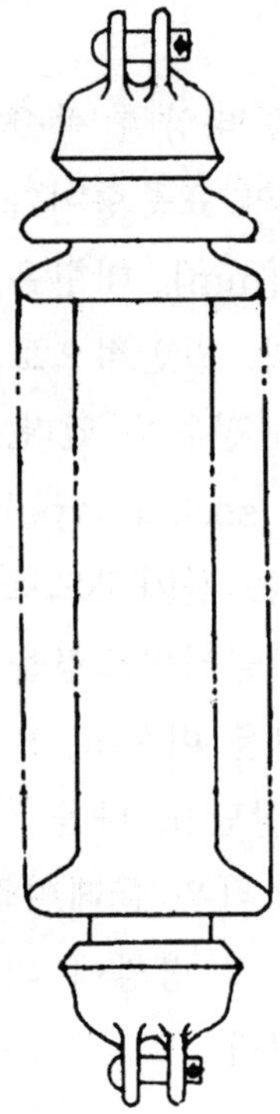

그림 13-3 장간애자

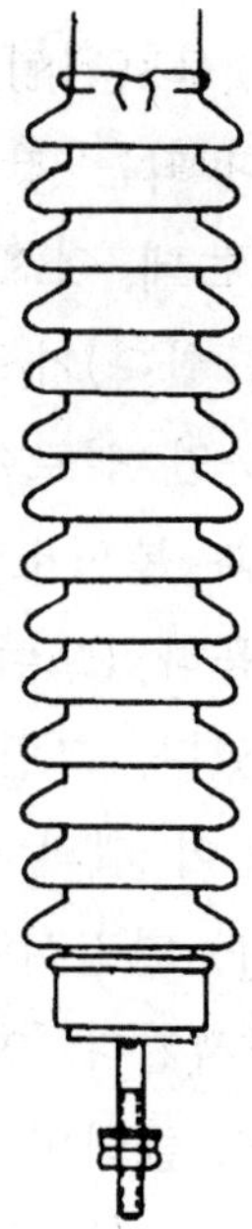

그림 13-4 line post 애자

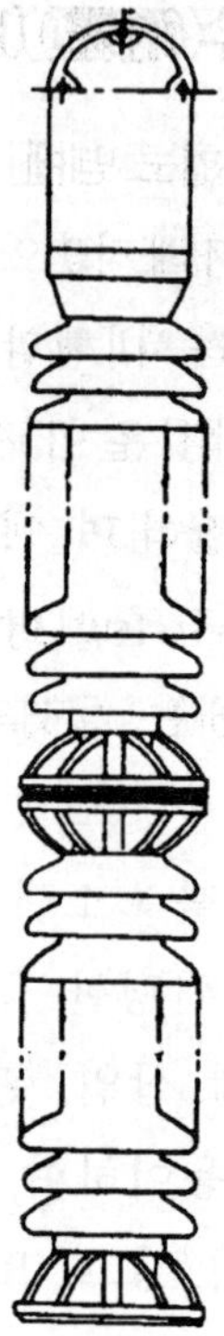

그림 13-5 station post 애자

(4) 지지(支持)애자

발・변전소와 개폐소의 모선, 단로기 기타의 기기를 지지하기도 하고, 연가철탑 등으로 점퍼(jumper)선을 지지하기 위해 사용되는 지지애자 중에서, 주로 전선로에서 사용되는 것에 대해 설명하기로 한다.

① 라인 포스트(line post ; LP)애자 : 완금 및 지지주 등에 이것을 수직으로 장착해서 사용하고 있다. 주로 많은 갓을 가지고 있는 원통형의 애자인데 염분에 의한 애자오손이 적고, 비에 잘 씻기기 쉽고하여 염해지역과 분진, 먼지가 많은 공장 등 배전선로에 사용된다.

② 스테이션 포스트(station post ; SP)애자 : 튼튼한 원통형 지지애자를 볼트로 서로 연결해서 소정의 길이로 하고, 자기의 정부에다 도선 캡과 바인드선 캡을 설치한 것인데, LP애자와 마찬가지로 사용된다.

(5) 내무(耐霧)애자

애자의 자기표면에 염분과 진분 등이 부착되어 있을 때, 안개나 세우(細雨) 등의 습기가 가해지면 애자의 절연이 저하되고 때로는 섬락 사고를 일으키는 경우가 있다. 따라서 해안부근 공장지대와 진분, 매연 또는 안개가 많은 지역의 송전선에서는 이와 같이 애자오손 사고를 일으키기 쉽다. 이와 같은 장소에서는 애자의 청소를 잘하고 애자의 연결 개수를 증설하여 대처하는 외에도 염해, 진해에 강한 내무애자(fog type insulator)를 사용한다.

그림 13-6은 이것의 일종으로서 스모그 애자(smog type insulator)를 나타낸 것이다.

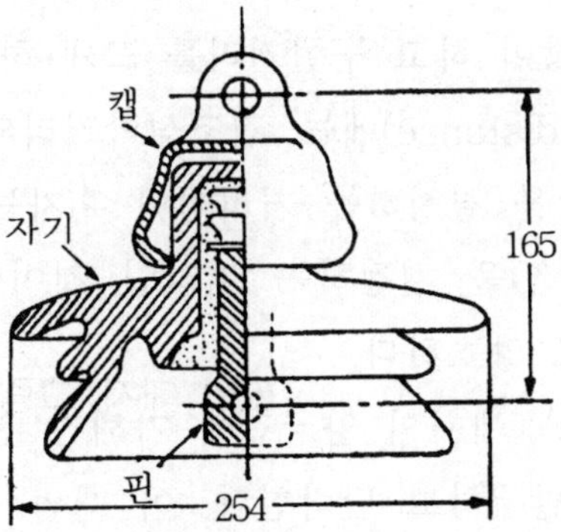

그림 13-6 smog 애자

13.1.3 애자의 특성

(1) 기계적 성질

애자는 기계적 특성이 현저하게 다른 자기, 시멘트 및 금속으로 조립되어 있기 때문에 그들의 기계적 성능은 상당히 복잡한 것이다. 자기는 내압력이 4,000~5,000[kg/cm^2]로서 매우 강하나, 항장력은 450~550[kg/cm^2] 밖에 없다. 이에 반해서 금속은 장력에 대해서는 큰 강도를 가지고 있으나, 압축력과 굴곡 모멘트에 대해서는 비교적 약하다.

핀 애자의 경우에는 전선에 가해지는 풍압 등에 의해 핀에 굴곡 모멘트가 가해지는데, 이것이 가장 문제가 된다. 굴곡내 하중값은 애자의 두부에서 그 축에 직각방향으로 하중을 가하더라도 이상이 발생하지 않는 강도인 것이다.

현수애자에서는 전선을 매달기 때문에 인장하중이 문제가 된다. 인장하중은 상하금속을 사이에 그 중심방향에 대해 하중을 가하고 그 값을 일정비율로 증가하는 경우, 애자가 파괴되는 극한의 하중값인 것이다. 보통 안정률은 약 3으로 하며, 이 하중값의 1/3을 가지고 실제로 사용하는 경우의 허용강도로 하고 있다.

(2) 전기적 성질

① 누설거리와 섬락거리 : 애자의 누설거리(leakage distance)란, 애자의 상부금속과 하부금속 사이에 있어서 자기의 표면에 따른 길이인데 애자의 표면저항은 누설거리가 클수록 크며, 애자의 전기적 특성은 양호한 것이다. 그래서 애자에도 요철을 많이 하고 누설거리를 크게 하고 있다.

섬락거리(flash-over distance)에는 건조섬락거리와 주수섬락거리가 있으나, 전자는 건조시의 섬락을 결정하는 거리이며 후자는 우천시 애자표면에 젖고 있는 경우의 섬락(閃絡)을 결정하는 거리인 것이다. 길이가 길수록 섬락이 어렵고, 애자의 성능도 양호하다.

② 섬락전압과 파괴전압 : 애자의 양극간에 가해진 전압을 높여가면 결국 양전극간에 지속 아크가 발생하고 단락한다. 이 때의 전압을 섬락전압이라고 하는데, 다음과 같은 3종류가 있다.

㉠ 건조섬락전압 : 20[℃], 760[mmHg], 습도 11[g/m³]의 공기 중에서의 상용주파 섬락전압값(실효값)

㉡ 주수섬락전압 : 고유저항 10[kΩ · cm]의 물을 강우상태로 상방에서 45° 각도로 애자전면에 매분 2.2[mm](수평분)의 비율로 주수했을 때의 값.

이들의 전압값은 선로가 그 내부적 이상전압에 대해 어느 정도의 절연내력이 있는가를 알기 위한 판정자료가 된다.

㉢ 충격섬락전압 : 표준충격전압(1×40[μs])을 가하고, 50[%] 섬락시(섬락하는 횟수와 불섬락으로 끝나는 횟수가 같은 비율인 경우)의 전압파고값

이 전압값은 낙뢰에 의한 이상전압에 대한 선로의 절연특성을 아는 재료가 된다.

유중파괴전압(油中破壞電壓)은 유중에서 애자의 상하 금속물 사이에 상용주

파의 전압을 가하고, 그 값을 점차 상승시킨 경우, 자기가 파괴될 때의 전압 값인데, 다른 섬락전압보다 훨씬 크다. 이 전압값에 의해 애자의 전기적 강도를 알 수 있다.

13.1.4 현수애자연의 성질과 일련의 개수

현수애자는 몇 개를 연결해서 사용하는 것이 일반적인데, 애자연결의 주된 성질에 대해 설명하기로 한다.

(1) 전압분포

애자연(碍子連)의 각 애자는 자신의 정전용량 C[pF] 외에도, 애자금구와 철탑, 금구와 전선간에 각각 C_e[pF] 및 C_L[pF]를 가지고 있기 때문에 그 등가회로는 그림 13-7 (a)와 같이 된다. 따라서 각 애자의 전압분담은 일률적인 것이 아니고, 그림 (b)와 같은 곡선이 되며, 전선에 가장 가까운 애자가 가장 분담비가 크고, 중간인 것은 낮으며, 지지물에 가까운 것은 약간 크다.

이와 같이 전압분포가 불평등한 경우에는 분담비가 작은 애자가 완전하더라도 분담비가 큰 애자가 그만큼 많이 열화되기 때문에 애자이용률이 낮아진다.

초호환을 장착하면 전압분포가 개선된다. 또한 인가전압을 증대해 나가면 전압분담비가 큰 전선측의 애자에서 코로나가 발생하고, 애자 자신의 외견상 정전용량이 증가하기 때문에 전압분포가 개선되며, 섬락 직전에서는 전압분포가 거의 평등해진다.

애자연의 섬락전압은 1연의 애자개수를 증가시킴에 따라서 그 1개당의 평균섬락전압이 저하된다. 애자 1개의 섬락전압을 V_1이라 하고 n개로 된 1연의 섬락전압을 V_n이라 하면

$$\eta = V_n / nV_1 \qquad (13\text{-}1)$$

인값을 애자 연효율(string effieiency)이라 한다. 또 n의 값이 증가함에 따라서 η의 값은 점점 저하된다.

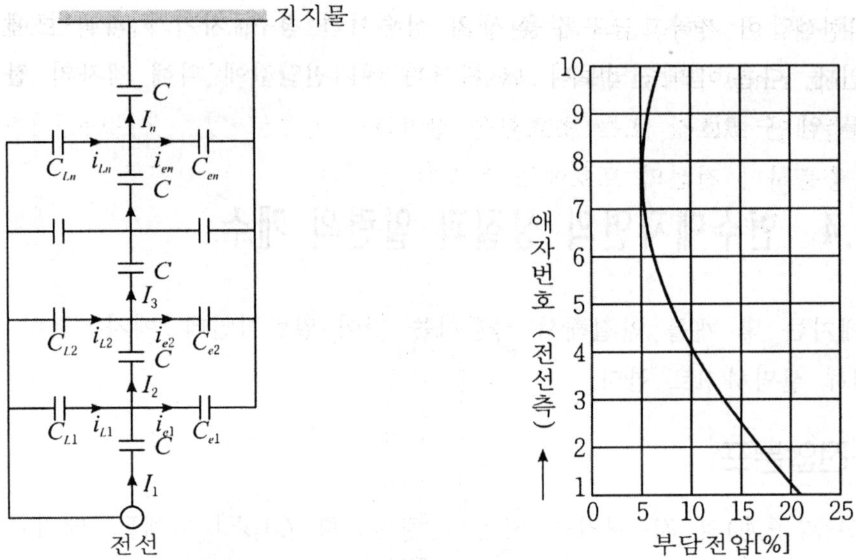

(a) 애자연의 등가회로 (b) 애자연의 전압분포

그림 13-7

(2) 현수애자 일련의 개수

현수애자 일련의 개수는 보통, 내부적 원인에 의한 이상전압에 대해 섬락을 일으키지 않도록 정한다. 내부적 원인에 의한 이상전압은 상규대지 최대전압의 4배 정도이기 때문에 강우시에도 이에 견딜 수 있는 개수로 한다. 즉 상용주파주수 섬락전압이 선로의 상규대지 최대전압의 4배 이상이 되는 개수를 토대로 해서, 불량애자를 예상하여 1~2개를 추가하고, 다시 염해, 진해 대책이 필요한 경우에는 필요개수를 가하여 일련의 개수를 정한다.

13.1.5 초(소)호각 및 초(소)호환

애자연에 이상전압이 가해지고, 섬락을 일으키는 경우에는 아크에 의해 애자가 파괴되는 경우가 많다. 이를 방지하기 위해, 현수애자연에는 그림 13-8과 같이 초호각(招弧角 : arcing horn)을 애자연의 상하단에서 전극을 돌출시켜 장착하여, 전선에 대한 정전용량을 증대시키고 섬락이 일어났을 때 애자표면의 아크를 신속히 금구의 방전갭으로 옮기고, 전선측의 전압분포를 개선하여 애자의 열적파괴를 방지한다. 이 경우, 금구가 환상을 이루고 있을 때에는 이것을 초호환(招弧環 : arcing ring)이라고 한다. 그림에서는 애자연의 상하단에 금구가 붙어 있으나 전선측에만 초호각 또는 초호환을 장착하는 경우도 있다. 이것은 애자의 보호에는 불충분하나 전선의 보호에는 유효한 것이다.

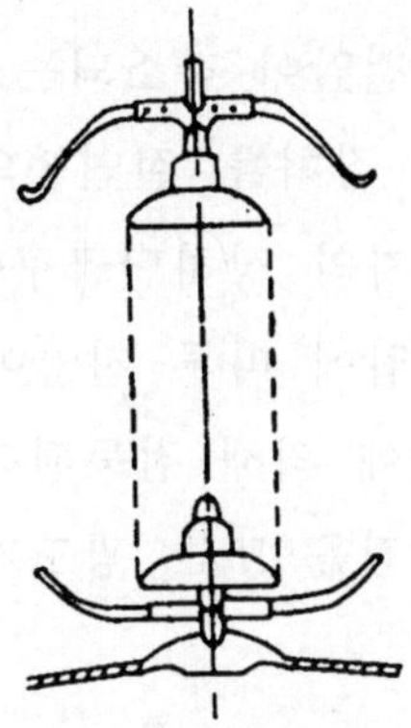

그림 13-8

13.1.6 애자의 열화와 불량애자의 검출

(1) 애자의 열화

애자는 장기간에 걸쳐 사용하고 있는 동안에 절연기능이 저하하고, 때로는 자기에 균열이 발생, 사용할 수 없게 되는 경우가 있다. 이것을 애자의 열화라고 한다. 애자의 열화원인으로는 다음과 같은 것이 있다.

① 급격한 온도변화에 의해 열팽창계수가 다른 자기, 시멘트 및 철 등의 각부에 응력(stress)이 가해지고, 균열이 발생한다.

② 시멘트의 경화와 팽창에 의한 응력

③ 상시전압과 이상전압에 의한 전기적 응력

④ 염해, 진해에 의한 누설전류, 코로나 방전, 섬락 등에 의한 국부과열에 의한 편열 파괴

⑤ 기계적 응력

⑥ 제조상의 결함

(2) 불량애자의 검출

① 정전중, 상하금구 사이의 절연저항은 1,000[V] 메거(megger)로 측정하여, 대략 1,000[MΩ] 이하인 것은 불량으로 판정한다. 그러나 절연저항은 날씨에 따라 변화하기 때문에 그때마다 건전한 것과 비교하는 것이 바람직하다.

② 불꽃갭법 및 네온(neon)관법 : 다음의 ③과 함께 활선작업이 가능한 방법으로서, 모두 불량애자의 부담전압이 감소되는 것을 이용하고 있다.
그림 (a) 또는 (b)와 같은 장치를 절연봉의 선단에다 장착하고, 접촉단자 A, B를 애자연의 개개 애자의 상하단금구에다 접촉시키면, 애자가 건전한 경우에는 그 애자의 부담전압에 따른 전압이 되고, 불꽃갭은 방전음을 발하며, 또한 네온관은 글로방전에 의해 점등된다. 만일 불량애자에 닿으면 부담전압이 감소되기 때문에 방전음 또는 광도가 갑자기 저하하던가 또는 완전히 소멸한다.

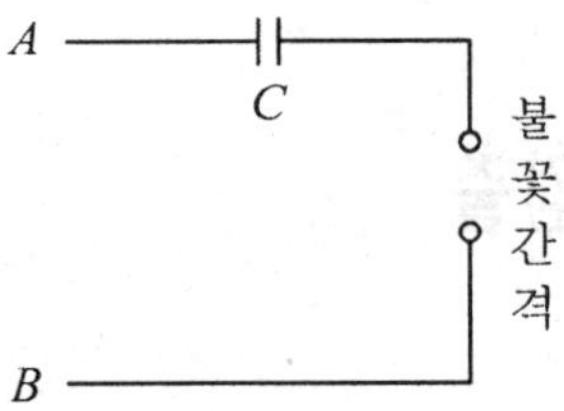

(a) 불꽃갭법

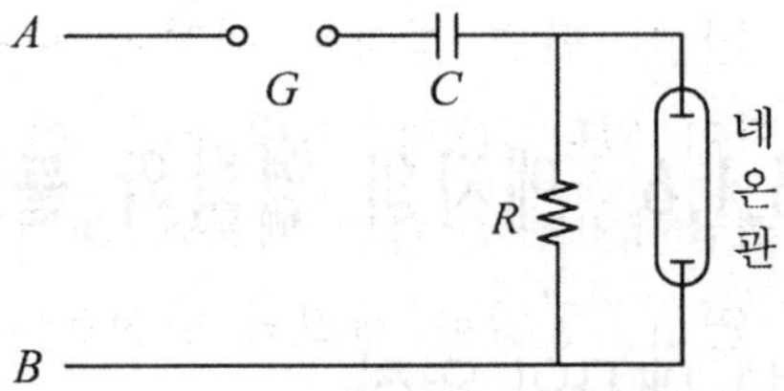

(b) 네온관법

그림 13-9

③ KD법 : 미소전류계와 고저항을 직렬로 한 전압계로 각 부분의 전위를 측정하고, 그 부담전압을 판정한다.

13.2 전 선(電線)

가공전선로용 전선은 나전선과 절연전선으로 구분된다. 나전선은 일반적으로 특별고압가공 전선로에 사용되고, 절연전선은 일반적으로 고저압가공 전선로에 사용된다. 이것은 고저압가공 전선로가 일반가옥 등에 접근해서 시설되는 경우가 많으며, 감전 및 누전사고를 방지하기 위해서인 것이다. 양자의 규격은 전기설비 기술기준에서 규정하고 있고 전선의 구비조건은 다음과 같다.

① 도전율이 높을 것
② 기계적 강도가 클 것
③ 가공성(유연성)이 좋을 것
④ 내구성이 있을 것
⑤ 비중이 작을 것
⑥ 가격이 저렴할 것
⑦ 공사, 보수시 취급이 쉬울 것

13.2.1 전선의 종류

(1) 구조에 의한 분류

① 단선 : 단면 형상은 원형이 보통인데, 이 형으로는 각형, 평각형, 홈이 붙은 형이 있다. 대략 19.6[mm^2] 이상인 전선은 단면적이 커지고, 가요성이 적어 취급하기가 어렵기 때문에 대개는 연선이 사용되고 있다.

② 연선 : 동일한 재질의 단선을 수 초~수십 초 꼬아 합친 것으로, 전선을 구성하고 있는 각각의 단선을 소선이라 한다.

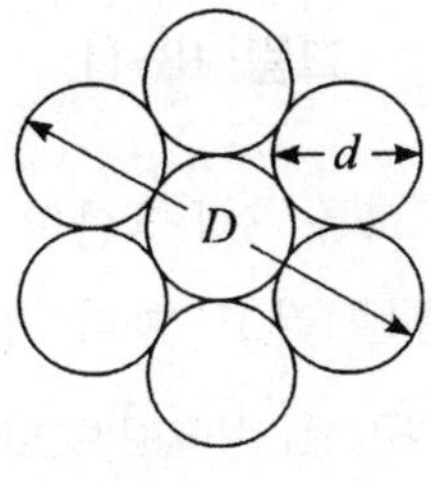

그림 13-10

보통의 연선은 그림 13-10과 같이 1개의 소선을 중심으로 그 주위에다 소선을 몇층인가 꼬아 모은 것, 즉 동심연선이다. 동심연선인 경우에는 그 구조에서 연선을 형성하는 총 소선수에 있어서 일정한 기준이 만들어 진다. 7개 꼬은 것, 19개 꼬은 것, 37개 꼬은 것, 61개 꼬은 것 등이 이것이다. 소선의 직경이 모두 동일한 동심연선에 있어서는 다음과 같은 관계가 있다.

$$\left.\begin{array}{l} N=3n(n+1)+1 \\ D=(2n+1)d \end{array}\right\} \quad (13\text{-}2)$$

단, 소선의 직경 d, 연선의 외경 D, 소선의 층수 n(심선은 층수에 포함 안 됨), 소선의 총수를 N으로 한다.

연선은 가요성이 좋아서 송전선용 전선으로서 일반적으로 널리 사용되고 있다.

③ **중공**(中空)**연선** : 220[kV] 이상인 초고압 송전선에서는 코로나의 발생을 방지하기 위해 송전용량과는 관계없이 적어도 직경 25[mm] 이상인 전선이 필요한 것이다. 이 경우, 보통의 연선을 사용하면 매우 다량의 재료가 필요하기 때문에 중공연선을 사용하는 경우가 있다.

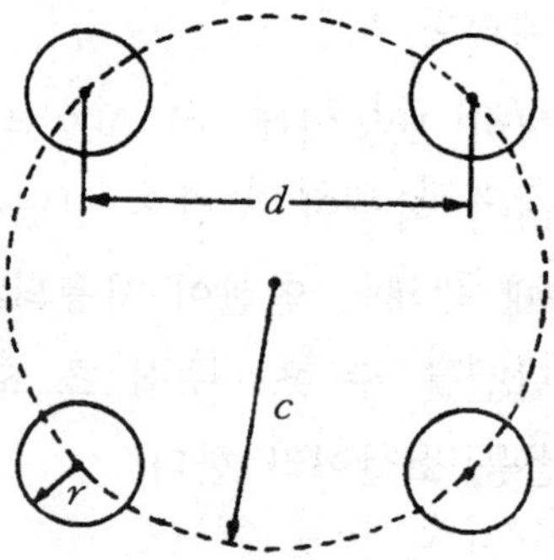

그림 13-11

④ **복도체**(複導體) : 일반적인 교류 3상 3선식 송전선로에서는 1상당의 전선은 1조인데, 이것은 **단도체**(單導體)라고 한다. 1상당 2조 이상의 전선을 사용하는 방식을 **복도체방식**(system of bundle conductors)이라 하고, **2도체**(double conductors), **3도체**(triple C.), **4도체**(quadruple C.)(그림 13-11 참조) 등 각 방식이 있는데, 최근 특히 초고압송전선로에서 사용하는 경우가 많다.

이 복도체방식을 사용하면 코로나 개시전압 (E_0)이 상승하기 때문에, 코로나 발생에 의한 라디오와 통신기에 대한 전파장해와 잡음장해를 방지할 수가 있다. 또한 복도체로 하면, 동일단면적인 단도체와 비교해서 인덕턴스가 감소되고, 정전용량이 증가한다는 이점이 있다.

복도체는 2조 이상의 전선을 사용하기 때문에 전선이 서로 충돌하는 것을 방지하기 위하여 스페이서(spacer)를 전선사이에 적당한 간격을 두어 설치하게 된다.

(2) 재질에 의한 분류

① **경동선** : 동선에는 경동선(硬銅線)과 연동선(軟銅線)이 있으나, 가공전선로용으로서는 기계적 강도면에서 모두 경동선이 사용되고 있다. 경동선의 도전율은 96~98[%]인데, 인장강도는 35~48[kg/mm^2] 정도이다.

② **경 알루미늄선** : 경 알루미늄선은 도전율 61[%] 정도로서, 전선으로서는 동에 버금가는 양도체이지만 인장강도가 16~18[kg/mm^2] 정도에 불과하기 때문에 주로 동심 알루미늄선의 구성재료로 사용되어 왔으나, 최근에는 염해지역 이외의 지역에서 경동선 대신 사용하는 경우가 많다.

③ **합금선**(合金線) : 이것은 전선의 인장강도를 증대시키기 위해 동 또는 알루미늄에다 다른 금속을 배합한 합금을 사용한 전선으로서 규동선, 카드뮴 동선, C합금선 등이 있다. 모두 장경간 등의 특수장소에 사용된다.

규동선은 약 0.8[%]의 주석과 미량의 규소를 동에다 가한 합금선인데, 도전율은 40~50[%], 인장강도는 54~58[kg/mm^2]이다.

카드뮴 동선은 약 1[%]의 카드뮴을 가한 합금선으로서, 도전율은 85[%] 전후, 인장강도는 52~62[kg/mm^2]이다.

C합금선은 동에다 니켈, 규소 등을 배합한 것인데 도전율은 35~45[%], 인장강도는 75~90[kg/mm^2]이다. 특히 장경간 등의 특수장소와 초고압송전선의 가공지선으로서 사용되고 있다.

④ **쌍금속선**(雙金屬線) : 2종류의 금속을 융착해서 만든 전선으로서 동복강선(銅覆鋼線 ; copper welded steel wire)이 있다. 이것은 강선을 중심으로 하고 외부를 동으로 피복한 전선인데, 도전율로서 30[%]와 40[%]라는 2종류의 것이 만들어져 있으며, 인장강도는 75~115[kg/mm^2]이다. 강의 고인장강도와 동의 고도전율을 이용해서 장경간 등의 특수장소에 사용된다.

⑤ **합성연선** : 2종류 이상의 금속선을 꼬은 전선으로서 강심 알루미늄 연선(aluminum cable steel reinforced ; ACSR)이 대표적인 것이다(그림 13-12 참조). 강심알루미늄연선은 도전율 약 61[%]의 경알루미늄선을 인장강도 125[kg/mm^2] 이상의 강선, 또는 강연선의 주위에다 꼬은 것이다.

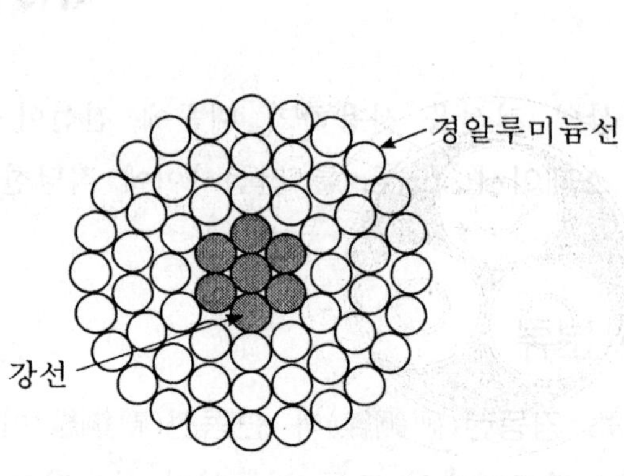

그림 13-12 강심 aluminum 연선의 단면

이 전선은 경동선에 비해 도전율은 낮으나 기계적 강도가 크고 중량도 비교적 작기 때문에 장경간에 적합하다. 또한 동일저항인 경동연선에 비해 전선의 외경이 커지기 때문에 코로나 방지면에서도 고전압전선에 사용하면 유리한 것이다. 단, 알루미늄은 동보다 부드럽고 손상하기 쉽기 때문에 취급시 그만큼 주의하지 않으면 안 된다.

(3) CV 케이블

이것은 가교 폴리에틸렌 절연 전력 케이블이라고 부른다(그림 13-13 참조). 폴리에틸렌은 플라스틱의 일종으로서 전기적, 기계적 성질이 우수하며 가요성(可撓性), 내마모성, 내오존성, 내코로나성, 내수성 등도 우수한 특성을 지니고 있다. 그러나 이것은 내열성에 결점이 있어 105～115[℃]에서 연화(軟化)해 버린다. 이와 같은 결함을 개선한 것이 가교 폴리에틸렌이다.

폴리에틸렌 분자간을 가교시킴으로써 열특성이 향상되어 250[℃]에서도 변형하지 않고, 연속 사용온도도 전자가 75[℃]인데 비하여 90[℃]까지 상승되고 있다.

이러한 특성 때문에 전력 케이블로서는 최근 눈부신 발전을 이루어 현재 275[kV] 송전용 케이블로서 사용되고 있고, 500[kV]용도 개발중에 있다.

종래까지는 초고압 케이블로서 OF 케이블이 많이 사용되었으나 앞으로는 이 OF 케이블에 비해 보수·운용이 간단한 가교 폴리에틸렌 케이블이 더욱더 많이 쓰일 전망이다.

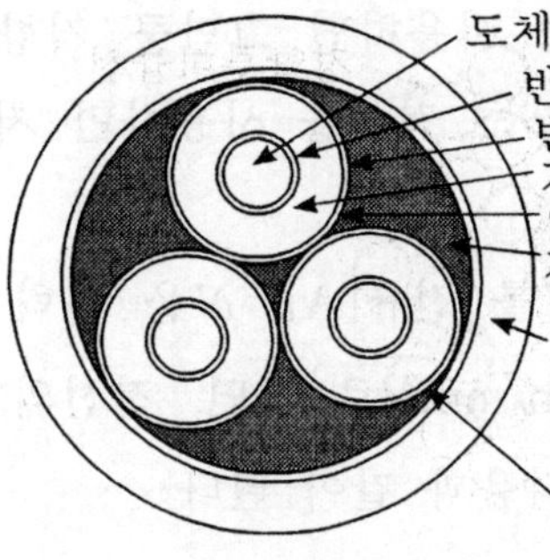

그림 13-13 CV 케이블

13.2.2 전선의 굵기와 선정

송전전압과 송전전력이 결정되면 그에 대해 어떤 굵기의 전선을 사용할 것인지가 문제가 된다. 전선의 굵기는 코로나, 전압강하, 기계적 강도, 허용전류 및 경제적 단면적 등의 관점에서 따로따로 검토한다.

(1) 허용전류

전선에 전류가 흐르면 저항에 의해 발열하여 전선의 온도가 높아진다. 전선의 인장강도 등의 여러 가지 성능은 온도가 어느 한도 이상으로 높아지면 저하한다. 이 온도의 한도를 **최고허용온도**(最高許容溫度)라 하고, 그에 해당하는 전류를 그 전선의 **안전전류**(安全電流) 또는 **허용전류**(許容電流)라고 한다. 이 최고허용온도는 대략 90[℃]로 한다.

그런데 어느 전선에 몇 암페어의 전류를 통하게 하면 전선의 온도가 90[℃]에 달하는가를 생각해 보면, 이것은 물론 주위온도, 통전시간, 전선의 표면상태, 그 주위조건 및 일사량 등에 의해 변화한다.

허용전류는 표준상태(연속통전, 주위온도 40[℃], 풍속 0.5[m/sec], 일사량 0.1 [W/cm^2], 전선의 표면방사계수가 완전 흑체일 때 90[%]로 하는 경우)로 해서 구한 나전선(裸電線)의 안전전류 계수값을 나타내는 것이다.

(2) 경제적 전선의 굵기

전선의 굵기가 경제적인 면에 어떤 영향을 주는가에 대해 고찰해 보기로 한다.

① 전력손실(電力損失) : 굵은 전선을 사용하면 그만큼 저항이 감소되기 때문에 전력손실은 감소된다. 반대로 가는 전선을 사용하면 저항이 증가하기 때문에 전력손실은 증가한다.

지금 A를 전선의 단면적[mm²], I를 전류[A], N을 전력 1[kW], 1년의 가격[원], 또한 전선의 도전율을 k[m/mm²]로 하면, 전선의 길이 1[m]당 1년간에 상실되는 손실전력비 K_x는 다음과 같이 된다.

$$K_x = I^2 RN \times 10^{-3} = I^2 \frac{1}{kA} N \times 10^{-3} [\text{원}]$$

즉, 손실전력비 K_x는 전선의 단면적에 역비례해서 증감한다.

② 건설비(建設費) : 일반적으로 굵은 전선을 사용하면 이에 수반해서 전선로의 건설비가 증가하며, 가는 전선을 사용하면 건설비는 당연히 감소된다.

건설비는 전선의 굵기와 비례하여 증감하는 것과, 이와 관계가 없는 것으로 구분할 수 있다. 전자는 전선비, 후자는 애자비 등이 적당한 예인 것이다.

지지물의 건설비도 당연히 전선의 굵기에 관계하지만 그 관계는 전선비만큼 현저하지 않기 때문에 일정한 것으로서 다루기로 한다.

지금 K_0를 건설비 중 전선의 굵기와 관계가 없는 부분(즉, 전선비 이외의 건설비)의 전선 1조 1[m]당의 값[원/m], M을 전선 1[kg]당 가격[원], p를 금리상각비의 연률(소수)로 하고, 전선의 가격은 전선의 중량에 정비례하는 것으로 하며, 또한 전선의 밀도를 d[kg/cm³]로 하면 전선 1조 1[m]당의 전선로의 건설비는 다음과 같이 된다.

$$K_0 + dAM$$

따라서 이에 대한 연지출 K_y[원]는 다음과 같다.

$$K_y = (K_0 + dAM)p [\text{원}]$$

이것은 전선의 굵기에 비례해서 증감한다.

③ 경제적인 굵기 : 전선의 단면적 A가 가장 경제적일 수 있는 전선의 굵기는 전선로의 내부에서 상실되는 1년간의 전력손실비와 전선에 대한 금리상각비

등의 연간지출이 같아지는 단면적을 나타내는 켈빈법칙(Kelvin's law)으로서 알려져 있다.

즉, 경제적 단면적 A_e는

$$A_e = \sqrt{\frac{\frac{I^2}{k} N \times 10^{-3}}{dMp}} = I\sqrt{\frac{N \times 10^{-3}}{kdMp}} \tag{13-3}$$

따라서 경제적 전류밀도 σ_e는

$$\sigma_e = \frac{I}{A_e} = \sqrt{\frac{kMpd}{N \times 10^{-3}}} \tag{13-4}$$

즉, 경제적 전류밀도 σ_e는 전류의 크기, 전압 등과는 관계가 없는 것이다.

13.2.3 이도(弛度)와 장력(張力)

가공전선의 이도(dip, sag)는 전선로에 대해 다음과 같은 영향을 준다. 즉,

① 이도의 대소는 지지물의 높이를 좌우한다.

② 이도가 크면 전선은 그만큼 좌우로 크게 흔들리고, 타상의 전선에 접촉하던가, 수목과 접촉하던가 하는 위험을 증가한다.

③ 이도가 작으면 그에 반비례해서 전선의 장력이 증가하고, 심한 경우에는 절단된다.

따라서 가선할 때 이도를 어느 정도로 할 것인가는 중요한 문제가 된다.

(1) 지지점의 높이가 동일한 경우

그림 13-14에 있어서 S[m]를 경간, D[m]를 이도, T_0를 전선의 수평장력, w를 전선의 단위길이당의 중량으로 하면, 최저점 M에서 x거리에 있는 점 P에 가해지는 힘은 T_0와 M과 P간의 전선중량을 합성한 것이 된다. 전선의 중량은 전선의 실제길이에 w를 곱한 것이지만, 전선의 실제길이 $l \fallingdotseq x$로 하면 wx로 기록할 수 있다. 따라서 그 상황은 그림 13-14와 같이 된다. 즉, 점 P에 있어서

전선의 경사각은 θ, 그 점의 장력은 T_x가 된다.

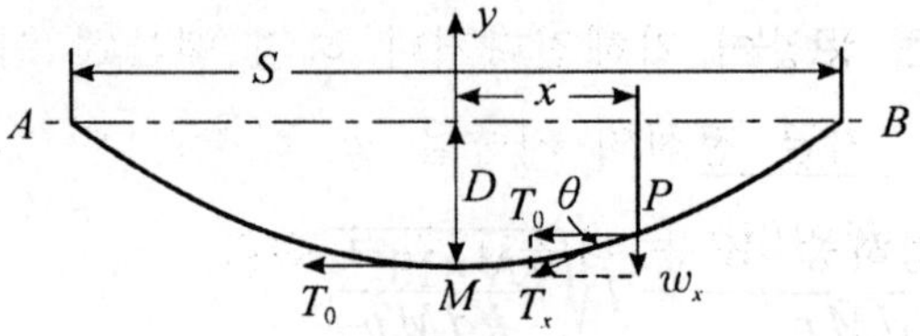

그림 13-14

따라서 점 M을 원점으로 한 직각좌표에 대해

$$\tan\theta = \frac{dy}{dx} = \frac{wx}{T_0}$$

$$dy = \frac{w}{T_0}x\,dx$$

$$\therefore\ y = \int_0^x \frac{w}{T_0}x\,dx = \frac{1}{2}\cdot\frac{w}{T_0}x^2 \qquad (13\text{-}5)$$

식 (13-5)는 전선의 곡선이 포물선인 것을 보여 주고 있다. 그런데 $x = S/2$인 경우 $y = D$(이도)가 되기 때문에

$$D = \frac{wS^2}{8T_0}\ \text{또는}\ T_0 = \frac{wS^2}{8D} \qquad (13\text{-}6)$$

그런데 전선의 총장력은 지지점에 접근할수록 자중이 증대하기 때문에 커지며, 지지점에서 최대가 된다.

지금 전선의 실제길이를 L로 하면, 지지점에 있어서 총장력 T_m은 다음과 같이 된다.

$$T_m = T_0 + wD \qquad (13\text{-}7)$$

다음에 전선의 실제길이 L[m]는 이도와 경간으로부터

$$L = S + \frac{8D^2}{3S} \qquad (13\text{-}8)$$

의 식이 된다.

앞의 여러 식에 있어서 w로서는 전선의 자중만을 생각해 왔으나 실제는 빙설이 부착된다던가 또는 풍압이 가해진다거나 하기 때문에 이들 하중도 함께 고려하지 않으면 안 된다. 지금 전선의 자중을 w, 부착한 빙설의 중량을 w_i, 수평풍압을 w_w로 하면 합성하중 W는 다음과 같이 된다.

$$W = \sqrt{(w + w_i)^2 + {w_w}^2} \tag{13-9}$$

지지점 A, B에서 장력을 T_A, T_B라고 하면 이 경우 $T_A = T_B =$ 최대장력으로서 최저점에서의 수평장력 T_0에 전선중량과 이도의 곱을 더한 것과 같다. $T_A = T_B = T_0 + WD$[kg], WD는 보통 T_0의 0.1[%] 정도로 $T_A = T_B \fallingdotseq T_0$이다.

(2) 지지점의 높이가 다른 경우

그림 13-15처럼 양 지지점 A, B에 고저차 h[m]가 있을 경우에는 전선이 만드는 곡선은 포물선을 그리게 되고 이것으로부터 경간 길이, 이도 및 전선의 길이를 다음과 같이 구할 수 있다.

$$S_1 = \frac{S}{2} - \frac{T_0 h}{wS} \text{[m]} \tag{13-10}$$

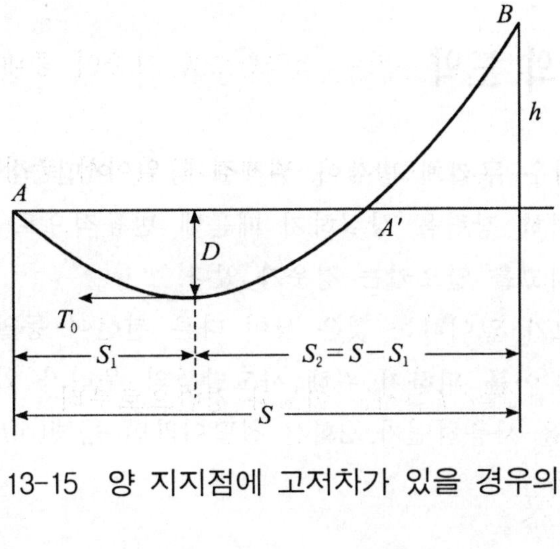

그림 13-15 양 지지점에 고저차가 있을 경우의 이도

$$D = \frac{w}{8T_0}\left(S - \frac{2T_0}{wS}h\right)^2 [\text{m}] \tag{13-11}$$

$$L = S + \frac{w^2 S^2}{24T_0} + \frac{h^2}{2S} [\text{m}] \tag{13-12}$$

13.2.4 전선의 진동

매초 수 [m] 정도의 미풍이 전선과 직각에 가까운 방향에서 불어 올 때에는 전선의 풍하측에 진공이 되는 부분이 발생하고, 대기가 이 진공부분에 불어들려고 이동함으로써 소용돌이가 발생하며 이에 의해 전선의 연직방향으로 교체력이 작용, 전선은 미세한 상하진동을 하는 경우가 있다. 그 진동수가 전선로의 경간, 장력 및 전선의 단위길이중량 등에 의해 정해지는 고유진동수와 같아지면 공진을 일으키고 진동을 지속하는 것으로 되어 있다.

이 현상은 비교적 가벼운 전선인 경우 또는 장경간인 경우에 일어나기 쉽고 이 진동이 장기간 계속되면 전선은 지지점에서 반복하여 응력을 받아 피로현상을 나타내며 끝내 단선된다.

진동방지장치로서는 지지점에서 가까운 곳에서 1개소, 또는 2개소에 스토크브릿지 댐퍼, 토셔날 댐퍼 등을 장치하여 감쇠시키는 방법과, 지지점 가까이의 전선을 아머로드 등에 의해 보강하는 방법 등이 있다.

13.2.5 전선의 도약

전선의 주위에 매우 두껍게 빙설이 부착한 경우, 어떤 원인에 의해 이것이 탈락하면 전선이 급격히 장력을 상실하기 때문에 반동적으로 높이 뛰어올라 상부 전선과 접촉, 단락사고를 일으키는 경우가 있다.

도약에 의해 사고가 일어나는 것은 상이 다른 전선이 동일한 수직면에 가까이 존재하기 때문인데, 이를 피하기 위해 사고발생의 우려가 있는 장소에서는 수평배치인 1회선 철탑을 사용하던가, 2회선 철탑이라면 옵셋(off-set)을 충분히 취하도록 한다.

13.3 지지물(支持物)

13.3.1 개 요

전선과 애자를 지지하고, 가공전선로를 형성하는 지지물에는 **철근콘크리트주**(reinforced concrete pole), **철주**(steel pole), **철탑**(steel tower) 외에도 **펜저마스트**(panzer mast : 강판조립주), **MC철탑**(motor columbus tower, concrete 충전 강관철탑) 및 **알루미늄탑**(aluminum tower) 등의 종류가 있다. 지지물은 폭풍우, 지진, 강설, 낙뢰 등의 자연적인 장애에 대해 언제나 송전의 안전을 확보하기 위해 충분한 강도를 가지고 있지 않으면 안 된다. 또한 부식에 의한 강도의 저하를 막기 위해 철강구조물인 경우에는 아연도금을 할 필요가 있다.

지지물의 선정에는 송전전력, 길이, 송전전압, 회선수, 전선로의 중요도, 경과지의 상황, 기상상황 및 사용전선 등이 고려되지만, 일반적으로는 66[kV] 이상의 송전전압으로서 2회선 이상의 회선수와, 약 100[mm²] 이상의 전선을 사용하며, 비교적 장거리인데다 또한 산악지대를 통과하는 계통상 중요한 전선로에는 철탑을 사용한다. 66[kV] 미만의 비교적 중요도가 낮은 전선로 또는 일시적인 전선로에는 철근 콘크리트주를 사용한다. 또한 철주는 철근 콘크리트주와 철탑의 거의 중간적 성능을 가진 것으로서 지지물의 선정상 고려되고 있다.

13.3.2 철근콘크리트주

목주는 과거에 경량에 의한 작업의 간이성 · 경제성 · 절연성에 의한 사고의 방지 등을 위해 소규모(1회선 · 소경간 등)의 전선로에서 많이 사용되어 왔으나, 우리나라의 실정상 목재가 부족하여 목주는 거의 사용하지 않고 철근콘크리트주를 주로 사용하고 있다.

철근 콘크리트주(reinforced concrete pole)는 항구적인 구조물로, 철탑에 비하여 강제가 적게 들어 값이 싸며 용도에 따라서 철탑에서와 같이 표준형과 특수형으로 나누며, 각각 직선형, 각도형, 인류형, 내장형, 보강형으로 분류된다.

(1) 전주의 기초

지반이 약한 경우 콘크리트주를 세우려면 그림 13-16과 같이 근가를 붙인다. 근가는 전주의 경사와 부상을 방지하기 위해 전주에 대해 직각 또한 수평으로 부착하게 되는데, 논밭의 경작과 습기 등의 관계로 지하 0.5[m] 이상이 되도록 붙이고 있다.

전주는 깊이 매설하여야 하나 그에 의해 작업량이 증대하고, 또한 목주의 길이도 길어지기 때문에 경제적 및 강도면에서 철근 콘크리트주로서 그 길이가 16[m]이하이고 또한 설계하중이 700[kg] 이하인 것 또는 목주를 시설하는 경우 일반적으로 다음과 같이 정해져 있다. 즉,

① 길이 15[m] 이하의 전주근가는 길이의 1/6 이상

② 15[m] 이상의 전주근가 깊이는 2.5[m] 이상

특히 지반이 연약하다던가 전선의 수가 많은 경우에는 상기 이상의 값을 취한다.

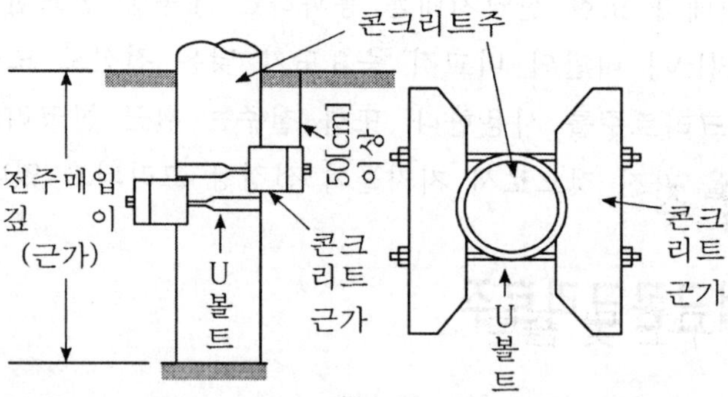

그림 13-16

(2) 지 선

전선로의 인류점, 즉 전선이 한쪽으로만 시설된 전주에서는 전주(인류지선)의 정부는 전선의 장력에 의해 넘어지려고 한다. 이에 대해 반대측에다 지선을 시설하여 전선장력의 대부분을 지지하게 하는 것이 보통의 방법인 것이다. 그림 13-17에 있어서 전선에 가해진 수평 장력을 T, 지선의 허용인장하중을 T_0라 하고, 지선이 전장력에 대항하는 것으로 하면

$$T = T_0 \cos\theta = T_0 \frac{a}{\sqrt{H^2 + a^2}}$$

$$\therefore\ T_0 = T \frac{\sqrt{H^2 + a^2}}{a} \tag{13-13}$$

T_0을 알면 지선의 굵기를 정할 수 있다. 한편 지선에는 보통 직경 2.6[mm] 이상의 소선을 3조 이상 꼬은 아연도금 철선이 사용된다. 또한 지선의 각도 θ는 일반의 배전선에서는 60° 정도 취하는 경우가 많다.

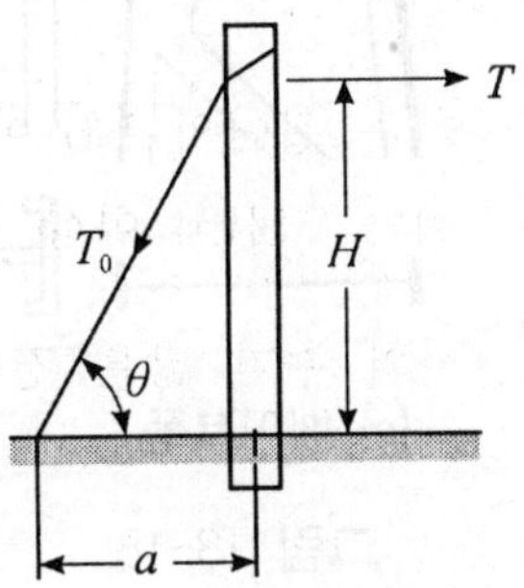

그림 13-17

13.3.3 철 주

(1) 철주의 구조 및 종류

철주는 철탑과 마찬가지로 강관 등으로 구성되고, 공장에서 가공한 자재는 현장으로 운반되며, 기초 위에다 볼트 고정으로 조립하는 것이 보통이지만 용접 3각주와 같이 직접 용접해서 자재의 강도를 최대한으로 활용하는 것이 있다. 어느 것이나 아연도금 · 페인트 도장 등 부식되는 것을 방지하는 조치가 취해진다.

철주를 용도에 따라 분류하면 철탑의 경우와 같이 표준철주와 특수철주로 분류되고, 각각은 직선형 · 각도형 · 인류형 · 내장형의 4종류로 구분된다.

철주의 설계는 기술기준의 규정 및 송전용 철주표준에 준해서 이루어지고 있다.

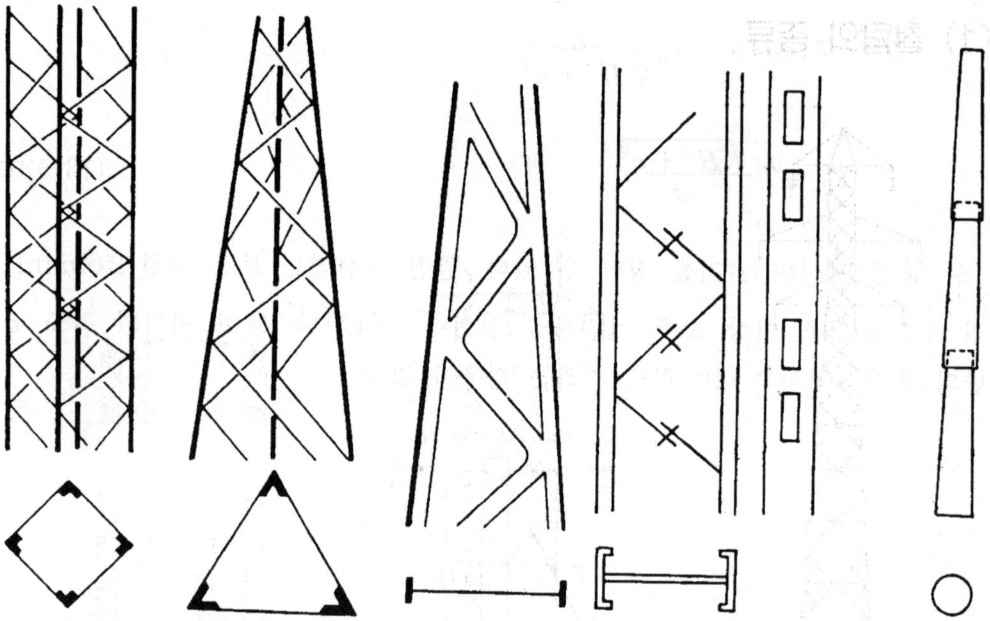

(a) 4각주 (b) 3각주 (c) 베이트폴 (d) 찬넬폴 (e) 펜저마스트각주

그림 13-18

13.3.4 철 탑(鐵塔)

일반적으로 66[kV] 이상인 송전전압에 의해 대량의 전력을 원거리 수송하는 전선로, 다회선 또는 복도체를 사용하는 전선로, 전력계통내의 중요선로 및 지리적 · 기상적 조건에 의해 장애를 받기 쉬운 전선로 등에서는 더욱 튼튼한 지지물이 필요하기 때문에, 자재를 조합해서 각종의 하중에 적응한 강도를 갖는 철탑이 사용된다.

(1) 철탑의 종류

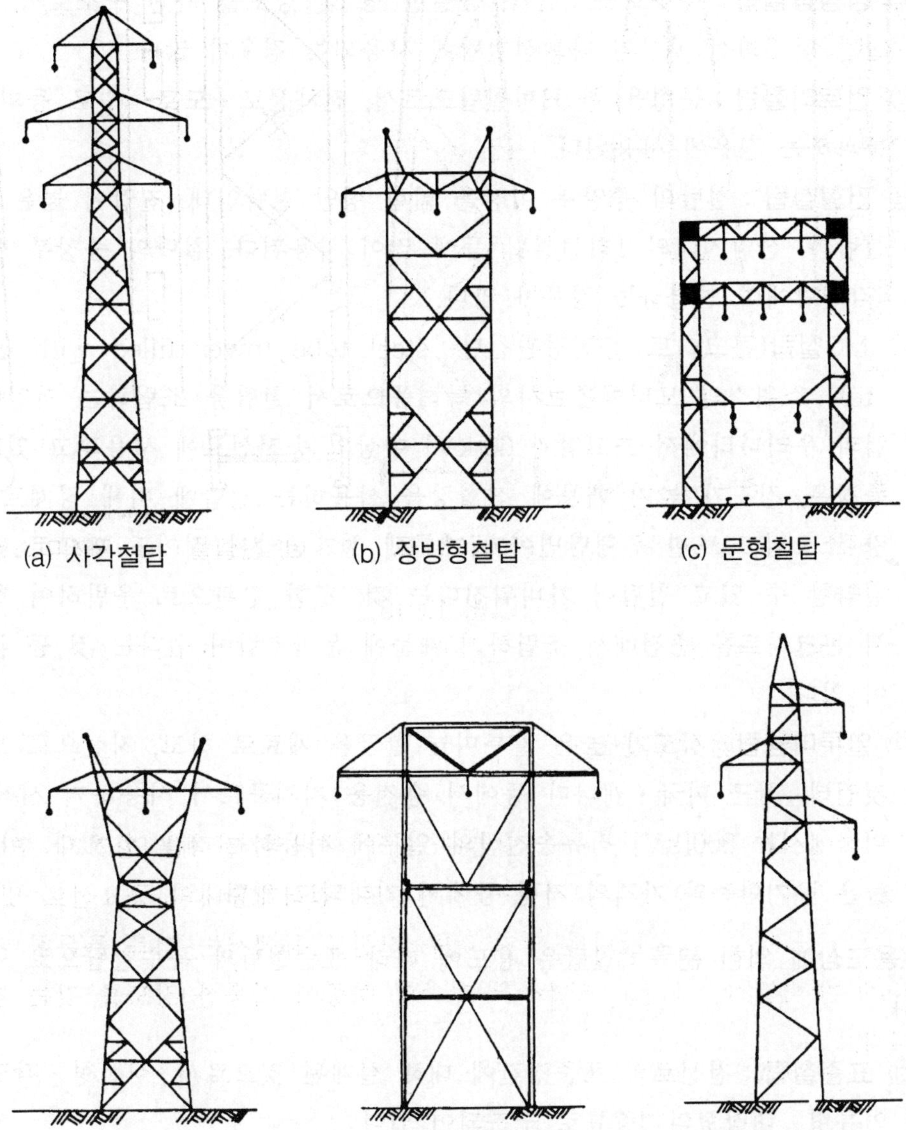

(a) 사각철탑 (b) 장방형철탑 (c) 문형철탑

(d) 우두형철탑 (e) MC철탑 (f) 특수철탑

그림 13-19

① 형태상에 의한 분류 : 형태상으로 분류하면 그림 3-19와 같이 4각철탑 · 장방형철탑 · 컨트리철탑 · 우두형철탑 · MC철탑 등이 있다.

㉠ 4각철탑 : 전선로방향의 강도와, 여기에다 직각방향의 강도가 같도록 설계

한, 4면이 같은 형인 구조를 한 것인데, 가장 일반적이다. 2회선용에는 주로 이형의 철탑을 사용한다.

㉡ **장방형철탑** : 마주보는 2면씩, 동일한 형 및 강도를 가진 구조로서, 1회선 철탑 및 3회선 이상의 다회선철탑에 사용되는 경우가 많다.

㉢ **컨트리철탑** : 문형을 한 H형철탑으로서, 전차선로 · 도로 · 수로 등의 위를 통과하는 경우에 사용된다.

㉣ **건형철탑** : 철탑의 중앙부 이상을 넓힌 형인 철탑인데, 전압이 높은 1회선 철탑과, 산악지대의 1회선철탑 등에 많이 사용된다. 철탑의 중앙부 이하는 4각철탑에다 연결하는 경우가 많다.

㉤ **MC철탑**(콘크리트 충전강관철탑 : steel tube tower filled with concre-te) : 스위스의 모터콜롬브사의 특허품으로서 철탑을 조립하는 것인데, 유럽과 우리나라에서 초고압과 66[kV] 이상의 송전선로에 사용되고 있다. 그 특징은, 강도가 높기 때문에 산형강을 사용하는 철탑에 비해 강재료가 소량 소요되고 또한 원형단면이기 때문에 설계풍압이 적어도 되므로 자재를 절약할 수 있고 철탑이 가벼워진다는 것, 또한 강관으로 운반하여 현지에서 콘크리트를 충전해서 조립하기 때문에 운반조립이 쉽다는 것 등의 이점이 있다.

㉥ **알루미늄탑** : 강도가 높은 알루미늄 합금을 재료로 하고, 지선으로 보강한 것인데, 최근 미국 · 캐나다 등에서 송전용 지지물로서 사용하기 시작했다. 미국에서는 800[kV] 직류송전선의 일부에 사용하는 계획이 있다. 이 지지물은 공기단축과 가격의 저렴 등에서 기대되고 있다.

② **용도상에 의한 분류** : 철탑은 용도에 따라 표준철탑과 특수철탑으로 구분된다.

㉠ **표준철탑** : 전선로의 표준경간에 대해 설계된 것으로서, 직선형 · 각도형 · 인류형 · 내장형의 4종류로 구분되어 있다.

- 직선형(直線形) : 전선로의 직선장소 및 3도 이하의 수평각도를 이룬 장소에 사용하는 것(내장형은 제외)
- 각도형(角度形) : 전선로 중 3도를 넘는 수평각도를 이룬 장소에 사용되는 것
- 인류형(引類形) : 가공선을 인류하는 장소에 사용하는 것

· 내장형(耐張形) : 전선로의 직선부분에 있어서 그 보강을 위해(가령, 직선형 10기 마다 1기의 비율로 시설한다) 사용하고, 또는 지지물 양측의 경간차가 크고 현저한 불평균장력이 발생할 우려가 있는 장소 등에 사용하는 것

㉡ **특수철탑** : 강을 넘거나 골짜기 등을 넘는 장경간인 장소, 분기·연가 등을 실시하는 장소, 기타 특수한 장소에 사용하는 것

연습문제

1. 경간이 200[m]인 가공전선로가 있다. 사용전선의 길이[m]는 경간보다 얼마나 크면 되는가? 단, 전선의 1[m]당 하중은 2.0[kg], 인장하중은 4,000[kg]이며 풍압하중은 무시하고 전선의 안전율을 2라 한다.

2. 공칭단면적 200[mm^3], 전선 무게 1.838[kg/m], 전선의 바깥지름 18.5[mm]인 경동 연선을 경간 200[m]로 가설하는 경우 이도[m]는?
단, 경동연선의 인장하중은 7,800[kg], 빙설하중은 0.416[kg/m], 풍압하중은 1.525[kg/m]이고, 안전율은 2.2라 한다.

3. 우리나라에서 가장 많이 사용하는 현수애자의 표준은 몇 [mm]인가?

4. 소호각에 대하여 설명하여라.

5. 현수애자에 대하여 간단히 설명하여라.

6. 장간애자에 대하여 간단히 설명하여라.

7. 지지애자에 대하여 간단히 설명하여라.

8. 애자의 열화란 무엇인가?

9. 애자의 열화원인은 무엇인가?

10. 전선의 구비조건을 설명하여라.

11. 복도체는 2조 이상의 전선을 사용하기 때문에 전선이 서로 충돌하는 것을 방지하기 위하여 무엇을 설치하는가?

12. 가공전선의 이도는 전선로에 어떤 영향을 주는가?

13. 3상 수직배치인 선로에서 옵셋을 주는 이유는?

제 14 장

지중전선로

14.1 개 요

지중전선로(地中電線路 ; underground line)는 지하에다 전력 케이블(power cable)을 매설하여 송전 또는 배전을 하기 위해 사용하는 것인데, 가공전선로와 비교해 보면 건설비가 비싸고, 사고가 났을 경우 고장 발생지점의 발견이나 복구가 까다롭다는 이유 등이고, 최근에는 케이블 제작기술의 진보와 가공선 건설상의 보상문제라든가 유도장해 등의 문제 때문에 인식이 새로워져서 이용이 많이 늘어나고 있다.

지중전선로가 사용되는 경우는 다음과 같다.

① 도시 미관을 중요시하고 또는 수용밀도가 많은 구역에 공급하는 경우

② 폭풍우, 낙뢰, 화재 기타 보안상의 위험에 대해 높은 신뢰도가 요구되는 경우

③ 보안법규에 의해 가공전선로를 건설할 수 없는 경우

최근 지중전선로에 의해 장거리 · 대전력의 수송이 현저한 증가 경향을 보여주고 있으며, 케이블 제조기술의 발달과 함께 지중송전의 대용량화와 고전압화의 방향에 박차를 가하고 있다. 또한, 500~750[kV]급인 초고압 가공송전선로의 실

현에 따라 지중의 발·변전소에서 지상의 가공전선로에 접속하기 위해 500~750 [kV]급의 지중 케이블이 사용하게 되었다.

14.2 전기방식(電氣方式)

14.2.1 송전계통의 구성

지중송전계통의 구성방식에는 유니트 방식, 방사상 방식, 환상식 및 스폿트네트워크(spot network)식 등이 있다(그림 14-1 참조). 지중송전 계통 구성시 공급 신뢰도를 높이고 유지보수 및 관리가 용이하고 경제적이어야 한다.

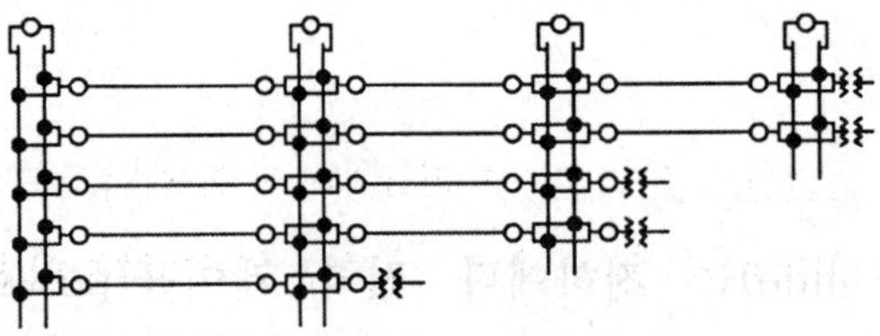

(a) 유니트방식

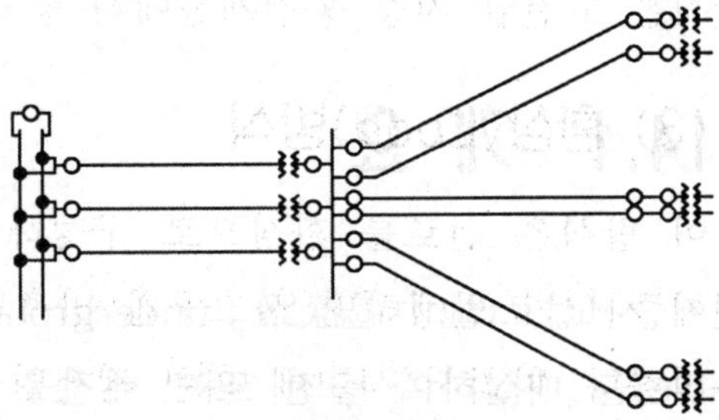

(b) 방사상식

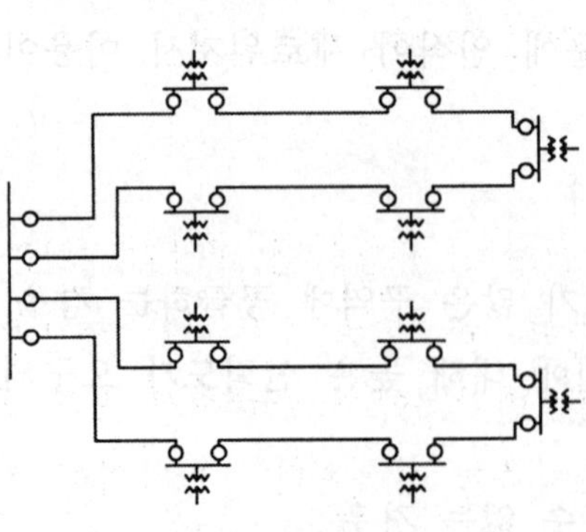

(c) 환 상 식

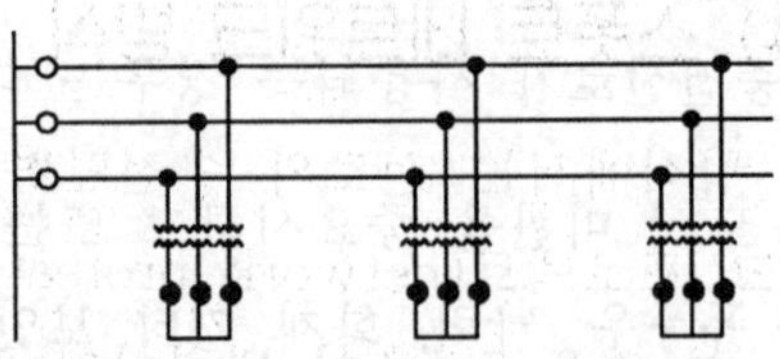

(d) 스폿트 네트워크

그림 14-1 송전계통의 여러 가지 방식

(1) 유니트 방식

선로와 변압기를 직접 또는 개폐기를 통하여 접속하는 다단자식이라 부르기도 한다. 이 방식은 변전소의 소요면적을 대폭 줄일 수 있어 건설비가 저감되고 용지확보가 비교적 용이하다. 이 방식에서는 송전선 또는 부하측 변압기에 사고가 발생할 경우 전원측과 변압기 2차측 차단기가 동작해서 사고부분을 분리한다.

(2) 방사상 방식

이 방식은 1차 변전소로부터 복수장소의 2차 변전소 내지 특고수용가의 각각에 방사상으로 선로를 연결해서 전력을 공급하는 방식이다.

이 경우는 변전소 내의 설비는 간단하지만 지중선로의 경과지가 별도로 되기 때문에 공사비가 비싸게 될뿐 아니라 운용과 보수면에서도 어려운 점이 많다. 이 방식은 고전압 지중 송전계통에서 중요한 기본형식이다.

(3) 환상(Loop)방식

이 방식은 선로를 환상으로 구성하는 것으로 유니트 방식보다 복잡하나 송전선에 사고가 발생하면 사고구간 양측의 차단기가 동작하여 사고장소를 자동으로 분리한다. 따라서 사고에 의한 정전범위를 사고 구간만의 좁은 범위로 억제할 수 있는 효과가 있어 설비의 합리화를 기할 수 있어서 경제적으로도 매우 유리한 방식으로 된다. 이 방식은 우리나라에서도 1970년대부터 시내 중심부에 22.9[kV-Y] 배전선로를 환상계통으로 구성해서 운영하고 있다.

(4) 스폿트 네트워크 방식

이 방식에서는 선로와 수전단변압기에서 고장이 발생하면 변압기 2차측의 네트워크 프로텍트(network protect)가 작용하며, 고장선과 변압기를 차단하게 되는데, 이 경우 2차측이 병렬이기 때문에 다른 변압기에서 공급하게 된다. 사고가 복구되면 프로텍트가 자동적으로 작용하여 2차측에 접속된다. 이 방식은 빌딩 공급용으로서 많이 사용되고 있다.

14.3 전력 케이블(電力 Cable)

14.3.1 케이블의 구성과 분류

전력 케이블은 도전부, 절연부 및 보호피복(외상)부 등 3개의 주요부분으로 구성되어 있다.

(1) 분류

전력 케이블의 종류는 매우 많으나 주된 것에 대해 절연체 및 구조면에서 분류하면 표 14-1이 하나의 예로서 표시된다.

종이 절연 케이블은 전부터 사용되어 왔으나, 최근에는 고무, 플라스틱 계통인 것이 대신해서 사용하게 되었다.

표 14-1 전력 케이블의 분류

<table>
<tr><th>절연체</th><th colspan="3">케이블형식</th><th>명칭(예)</th><th>기호</th><th>사용전압[kV]</th><th>특징 · 용도</th></tr>
<tr><td rowspan="4">종이</td><td rowspan="3">소릿트형</td><td colspan="2">belt 형</td><td>belt지절연연피 케이블</td><td>PL</td><td>15 이하</td><td></td></tr>
<tr><td rowspan="2">차폐형</td><td>H 형</td><td>H형지절연연피 케이블</td><td>HPL</td><td>11~33</td><td></td></tr>
<tr><td>SL 형</td><td>SL형지절연 크로로 프렌시스케이블</td><td>SLN</td><td>11~33</td><td></td></tr>
<tr><td>압력형</td><td colspan="2">기름용</td><td>OF지절연연피크로 로프렌 방식 케이블</td><td>OFZN</td><td>66~500</td><td>초고압용에 적합</td></tr>
<tr><td rowspan="3">종이</td><td rowspan="3">압력형</td><td colspan="2">gas 용</td><td>저 gas압 지절연연 피크로로프렌 방식 케이블</td><td>GFZN</td><td>11~33</td><td>경사지포섭에 적합</td></tr>
<tr><td rowspan="2">파이프형</td><td>유압</td><td>pipe형 고유압지절연 케이블</td><td>POF</td><td>16~500</td><td>초고압용</td></tr>
<tr><td>gas압</td><td>pipe형 gas fild 지 절연 케이블</td><td>PGF</td><td>66~154</td><td>초고압용, 경사지 포설용</td></tr>
</table>

절연체	케이블형식	명칭(예)	기호	사용전압[kV]	특징 · 용도
고무	소릿트 형	부틸 고무 절연 클로로프렌시스 케이블	BN	0.6~77	내수성, 수저용
플래스틱	소릿트 형	가교폴리에칠렌 절연 비닐시스 케이블	CV	0.6~154	내수성, 수저용
		폴리에칠렌 절연 비닐시스 케이블	EV	0.6~33	열연화성
	pipe 형	CD 케이블	CD	7 이하	직매용
무기물	pipe 형	MI 케이블	MI	7 이하	내열성, 고온 장소용

(2) 도체재료

고순도인 연동선, 경알루미늄선이 종래부터 사용되었는데, 고순도인 나트륨 선이 미국에서 일부 사용하게 되었다.

도체는 단선 또는 연선으로서 사용되며, 선심의 수에 의해 단심, 2심, 3심케이블로 구분되어 있다. 그 단면은 원형이 가장 많으나 외경을 축소하기 때문에 부채꼴 등으로 성형되는 경우(성형도체)가 있다. 압축 도체는 소선간에서 발생하는 틈새를 없애기 위해 소선을 꼬아서 만들 때 압축한 것이다. 도체 크기가 커지면 표피효과에 의한 도체저항의 증대를 억제하기 때문에 압축성형한 것을 절연지로 상호절연하면서 복수개를 조합한 분할압축원형보다 선이 넓게 사용할 수 있다. 중공도체는 OF케이블의 도체로서 사용되며 중공부는 기름의 통로가 된다.

(3) 절연재료

종이계통, 고무 · 플라스틱계 및 이들과 조합해서 사용되는 기름, 가스가 주요 절연재료를 구성한다. 유침절연지(油浸絶緣紙)는 절연지와 절연유의 복합유전체인데 적층절연체로서 사용된다.

일반적으로 클로로프렌 고무, 에틸프로필렌 고무, 부틸 고무 등은 고무계에 속하고, 폴리에칠렌, 가교 폴리에칠렌, 폴리 염화비닐 등은 플라스틱계에 속한다. 현재 플라스틱계 재료는 전기적으로 여러 특성이 양호한 것과 가격의 저렴 등으로 각종 케이블의 절연재료 중에서 주류를 형성하고 있다.

절연유는 장기 안정성이라는 면에서 우수한 전기특성이 있으며, 또한 케이블

품종(OF, POF, 소릿트형 등)에 의해 적당한 점도를 가지는 것이 요구되고 있다.

절연성 가스에는 절연내력이 높고 불연성이며, 또한 화학적으로 안정된 것이 적합하다. 가스에는 N_2, SF_6, CCl_2F_2 등이 생각되고 있으나, 여기에서 N_2는 현재 널리 사용되고 있으며, SF_6는 N_2에 대신할 고절연내력을 가진 불활성 가스로서 전부터 주목되었고, 최근에는 초고압용 케이블의 절연재료로서 활용되고 있다.

(4) 보호피복재료

① 차폐층 : 케이블의 전기특성의 안정을 목적으로 하고 전계 또는 자계의 영향을 차폐하기 위해 도체상 및 절연체상에 차폐층을 시설한다. 정전차폐층에는 카본지, 금속 테이프, 연피 등의 도전성재료가 사용되고, 전자차폐층에는 철 등의 자성재료와 도전성재료를 조합해서 사용한다.

② 금속 시이스(sheath) : 이것은 절연피복이 내외의 기계적·화학적 요인으로 손상되지 않도록 또한 대기중의 습기가 절연층에 침입하지 않도록 보호하는 외에도 내부의 절연유에 의한 압력에 견디고 또한 고장전류시 귀로가 되며, 또한 3심 케이블 등 특별한 경우를 제외하고 전기적 차폐기능을 가지는 것이다. 종래에는 연 시이스가 많이 사용되었으나, 최근에는 연합금, 알루미늄 시이스, 철 시이스 등이 사용되고 있다.

③ 방식재(防食材) 및 시이스 : 이것은 케이블의 금속 시이스 및 플라스틱 절연체의 부식 또는 침수를 막기 위해 시설한 보호용 외장인 것이다. 이 외장재료에는 합성고무계로서 클로로프렌, 합성수지계로서 일반적으로 염화비닐, 폴리에칠렌 등이 사용되고 있다.

④ 보강재(補强材) : 케이블을 외력으로부터 보호하기 위해 다양한 보강 재료가 사용되고 있다. 주된 것은 ① 강대 ② 철선 ③ 섬유재료(쥬트, 황마포, 크라프트지, 면 테이프 등) ④ 도포재료(아스팔트, 중유 등) ⑤ 방의제 등의 약품 ⑥ 플라스틱 필름, 플라스틱 파이프 등이다.

14.4 케이블의 전기적 특성(電氣的 特性)

14.4.1 손 실

(1) 저항손

케이블의 도체로서는 연동이 사용되고 있는데, 케이블에서의 전력손실은 흐르는 전류 I, 저항을 R이라고 할 때 전력손실 (I^2R)로 표현된다는 것은 가공전선로의 경우와 마찬가지이다.

$$R = \frac{1}{58} \times \frac{100}{C} \times \frac{l}{A} [\Omega]$$

여기서, C : 도전율[%]로서 일반적으로 연동은 100,

알루미늄 선은 61이다. l : 길이[m], A : 단면적[mm²]

(2) 유전체손

절연물(유전체)을 전극간에 끼우고 교류전압을 인가하였을 때 발생하는 손실이다.

케이블에 전압을 인가하였을 때 흐르는 전류는 유전체의 정전용량에 의한 통상의 충전전류 I_C와 누설저항에 의해서 극히 적지만 전압과 동상분의 손실 전류 I_R로 이루어진다.

즉, EI_R의 손실이 유전체 손실로 되는 것이다. 그림 14-2와 같이 등가적으로 정전용량 C와 누설저항 R과의 병렬 회로라고 생각할 수 있다. 따라서 유전체손 W_d는

단심 케이블

$$W_{d1} = EI_R = EI_C \tan\delta$$
$$= 2\pi f C E^2 \tan\delta [\text{W/m}] \quad (14\text{-}1)$$

3심 케이블

$$W_{d3} = 3 \times 2\pi f C E^2 \tan\delta$$
$$= 2\pi f C V^2 \tan\delta \,[\mathrm{W/m}] \qquad (14\text{-}2)$$

단, V는 선간 전압 $(=\sqrt{3}\,E)$

유전체손은 전압 및 온도에 따라서 다르며 이 특성에 의해서 절연물의 양부(良否)라든가 열화의 유무를 판정할 수 있다고 한다.

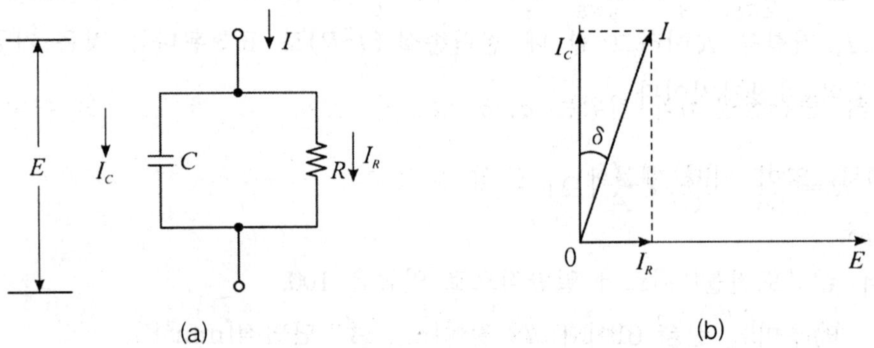

그림 14-2 유전체손

(3) 연피손(鉛被損)

이것은 연피라든가 알루미늄피 등 도전성의 외피를 갖는 케이블의 경우에 발생하는 손실이다.

가령 단심 케이블에 교류를 흘리면 도체 회로로부터의 전자 유도 작용으로 연피에 전압이 유기되고, 또 와전류가 흐르게 되어 손실이 생긴다. 일반적으로 연피손은 연피의 저항률이 작을수록, 전류의 크기나 주파수가 클수록, 또 1회선을 형성하는 각상의 단심 케이블의 이격 거리가 클수록 큰 값을 나타낸다.

따라서 각 단심 케이블은 가능한 한 근접해서 시공하는 것이 좋다. 또 이러한 손실을 줄이기 위한 수단으로서 케이블을 적당히 연가하는 방법도 취해지고 있다.

14.4.2 전위경도(電位傾度)

반지름 r[m]의 무한히 긴 직선상 2도선 a, b가 D간격을 두고 가설된 경우 단위 길이당 $+q, -q$[c/m]의 전하를 주었을 때 양 도선으로부터 각각 S_1, S_2 [m]의 거리에 있는 점 P의 전계 E의 세기는

$$E = \frac{q}{2\pi\varepsilon_0 \cdot s} = \frac{2q}{4\pi\varepsilon_0 \cdot s} = 9\times10^9 \frac{2q}{s} \text{[V/m]} \tag{14-3}$$

a, b의 중간점인 0의 전위는 a, b 양도선으로부터 $S_1 = S_2 = \frac{D}{2}$ 위치에 있는 관계로, 영이 되기 때문에 a, b 양 도선상의 전하에 의해서 점 P에 생기는 전위 V_P는

$$\begin{aligned} V_P &= \int_{S_1}^{D/2} \frac{2q}{S_1} \times 9\times10^9 dS_1 + \int_{S_2}^{D/2} \frac{-2q}{S_2} \times 9\times10^9 dS_2 \text{[V]} \\ &= 2q\times9\times10^9 \log_e \frac{S_2}{S_1} \text{[V]} \\ &= 2q\times9\times10^9 \log_e \frac{D}{r} \text{[V]} \end{aligned} \tag{14-4}$$

로 된다.

즉, 케이블의 절연내력은 절연지의 보통 $30/\sqrt{2} \fallingdotseq 21.1$[kV/cm]이다.

14.4.3 허용전류

케이블의 허용전류란 이상의 최고허용온도를 초과하지 않는 한도의 전류값을 말하는 것인데, 이에 의해 송전용량이 결정된다.

허용전류에 영향을 미치는 항목을 열거하면 다음과 같다.

① 케이블의 종류 · 심선수 · 절연물의 두께 및 최고 허용온도

② 여러 가지 손실

③ 매설의 깊이 · 토양의 온도 및 건습상태

④ 포설방법

⑤ 동일관내 또는 동일통내의 케이블의 가닥수 및 그 상대적 위치

지금, 직매 케이블에 대하여 최고 온도를 T_c[℃], 대지 기저 온도를 T_g[℃], 도체에서 대지 기저 온도대 사이의 1[cm]당 저항을 R_{th}[℃/W/cm]라 하고, 케이블 도체에서 발생하는 1[cm] 당의 열량을 W[W/cm]라 하면

$$W = \frac{T_c - T_g}{R_{th}} \tag{14-5}$$

이 때 도체에서 흐르는 전류를 I[A], 도체 저항을 R[Ω], 심선수를 n이라 하면

$$W = nI^2R \tag{14-6}$$

그러므로 식 (14-5)와 식 (14-6)에서

$$\frac{T_c - T_g}{R_{th}} = nI^2R$$

$$\therefore\ I = \sqrt{\frac{T_c - T_g}{nRR_{th}}} \tag{14-7}$$

그러나 실제는 발열량 W 이외의 유전체 손실 W_d가 가해지게 되므로 케이블의 허용 전류 I는

$$I = \sqrt{\frac{1}{nR}\left(\frac{T_c - T_g}{R_{th}} - W_d\right)} \tag{14-8}$$

가 된다.

14.5 케이블의 포설(布設)

지중 케이블의 포설방법에는 직접매설식(직매식), 관로인입식(관로식) 및 암거식이 있다. 하천을 횡단하는 경우에는 경과지 부근의 다리에 첨가하는 교량첨가식, 케이블 전용으로 다리를 만들어 이를 포설하는 전용교식, 수저를 횡단하는 수저식 등이 있다.

(1) 직매식(直埋式)

이 방식은 외장 케이블에 간단한 보호시설을 하여, 직접 지하에 매설하는 것인데, 그림 14-3과 같이, 포설 장소를 소정의 깊이로 파고 토관 또는 철근 콘크리트제 트로프(trough) 등의 방호물을 깔아 그 속에다 케이블을 넣고 그 주위에다 모래를 충전하고, 철평석 등의 뚜껑을 닫은 다음, 다시 매설하는 것이다. 또한 토관(土冠)은 중량물의 압력을 받는 장소에서는 1.2[m] 이상, 그 이외의 장소는 0.6[m] 이상으로 규정되어 있다.

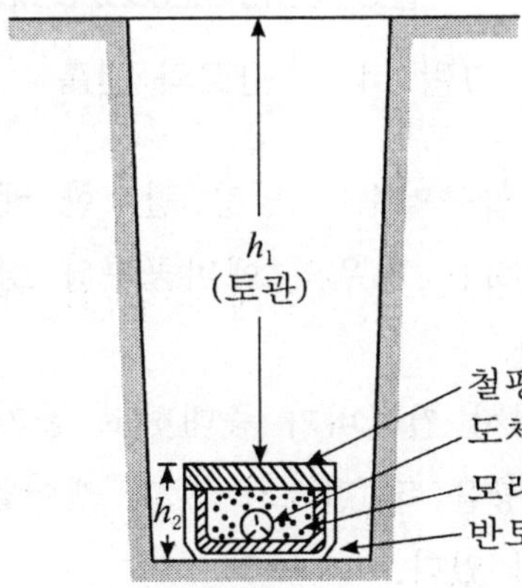

그림 14-3

직매식은 관로식에 비해 건설비가 저렴하고 공기가 짧은 이점은 있으나, 케이블의 전환, 증설과 사고의 복구가 곤란하다는 결점이 있다.

이 방식은 다음의 경우에 사용한다.

① 통로의 폭이 좁기 때문에 관로의 구축이 허용되지 않는 경우

② 자갈길과 간이포장도로에 매설하는 경우로서, 케이블 가닥수가 적고 장래에

도 증설 가능성이 없는 경우

③ 보도내와 구내 등으로 경질포장이 아닌 경우

(2) 관로식(管路式)

이 방식은 지중에다 **관로**(管路 ; duct)와 **맨홀**(manhole)을 미리 만들어 두고, 그속에다 케이블을 인입하는 것이다. 관로의 관으로서는 일반적으로 철관·철근 콘크리트관·도관 등이 사용되며, 관로는 이들 관을 병렬로 하고, 그 길이 또는 어느 간격을 두고 콘크리트로 견고하게 구축한다. 맨홀은 케이블의 인입과 발거에 이용하기도 하고, 그 곳에서 케이블의 접속을 시행하기 위해 설치하는 것인데, 맨홀의 간격은 일반적으로 100～200[m]이다(그림 14-4 참조).

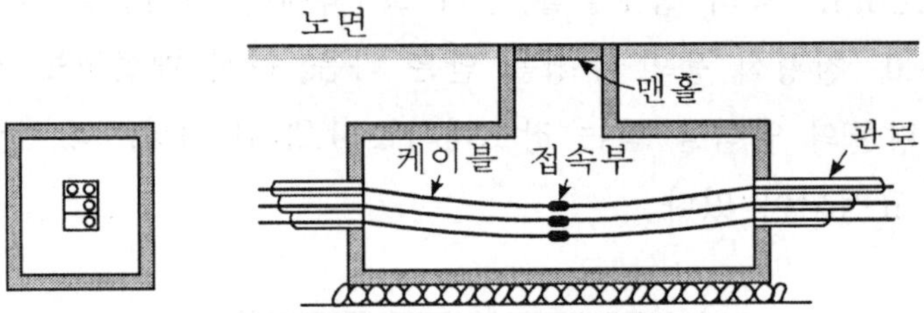

그림 14-4 관로와 맨홀

관로에 있어서 케이블 인입구멍수는 당장 필요한 케이블 가닥수 외에도 고장 기타에 의해 케이블을 변환하는 경우의 예비공수와 장래의 증설에 대비하는 예비공수를 고려해서 결정한다.

관로식은 직매식과 비교해서 건설비가 증대하고 공기가 길어지나, 사고가 적고 또한 사고가 발생하더라도 땅을 팔 필요가 없고, 케이블을 관로에서 추출하여 쉽게 복구할 수 있다는 장점이 있다.

이 방식은 다음의 경우에 사용한다.

① 지중간선 100[t]에서 케이블 가닥수가 많은 경우 또는 장래 증설이 예상되는 경우

② 도로가 경질포장인 경우, 또는 장래 경질포장이 예상되는 경우

③ 교통이 빈번하고 굴착작업이 곤란한 장소에 포설하는 경우

(3) 암거식(暗渠式)

이 방식은 터널 내에 케이블을 포설하는 방법인데, 일반적으로 수가닥(가령 20조 이상)의 케이블을 수용하는 경우에 사용되며, 관로식과 마찬가지로 맨홀을 설치한다. 발·변전소 등의 구내에서 케이블 피트에 포설하는 경우도 이 방식의 일종인 것이다. 또한 빈번히 사용되고 있는 **공동구식**(共同構式)도 암거식의 일종인데, 이것은 같은 도로에 상하수도·가스·통신·전력 등의 지중공작물을 시설하는 경우, 공동지하구를 만들어 여기에 포설하고 건설비의 절감과 보수상의 편의를 도모하는 방식인 것이다.

연 습 문 제

1. 전력 케이블에서 발생하는 손실의 종류는 무엇인가?

2. 지중 케이블을 포설하는 방법 3종을 들고 비교 설명하여라.

3. 다음은 지중 송전계통의 구성방식이다. 간단히 설명하여라.
   ① 유니트 방식　　　② 방사상 방식
   ③ 환상 방식　　　④ 스폿트 네트워크 방식

4. 케이블의 허용전류란 이상의 최고허용온도를 초과하지 않는 한도의 전류값을 말하는데 허용전류에 영향을 미치는 항목을 열거하여라.

제 15 장

선로정수 및 코로나

15.1 개 요

송전선로는 저항, 인덕턴스, 정전용량, 누설 콘덕턴스 등 4개의 정수를 가진 하나의 연속된 전기회로인데 송전선의 전기적 특성을 알기 위해서는 먼저 정수를 아는 것이 필요하다.

선로정수(line constant)는 전선의 종류, 굵기 및 그 배치에 따라서 정해지는 것으로서 전압전류 또는 역률 등과는 원칙적으로 관계가 없다.

이 장에서는 선로정수와 관련성이 있는 사항에 대해 설명하기로 한다.

15.1.1 표피작용(表皮作用)

전선에 교류가 흐르는 경우 전선의 절단면에 있어서 전류분포의 밀도는 이론적으로 말하면 결코 균일한 것이 아니고 중심부에 근접함에 따라 불균일해진다.

이것은 전선의 중앙부를 흐르는 전류는 전류가 만드는 전자속과 쇄교하기 때문에 전선 단면내의 중심부일수록 자력선 쇄교수가 커져서 인덕턴스가 커지기 때문이다. 그 결과 전선의 중심부일수록 리액턴스가 커져서 전류가 흐르기 어렵고 전선표면으로 갈수록 전류가 많이 흐르게 되는 경향이 있다. 이것을 표피작용

(표피효과 ; skin effect)이라고 한다.

표피작용은 전선이 굵을수록 도전율 및 투자율이 클수록 주파수가 높을수록 현저해지는 것이 분명하지만 보통 사용하는 전선에 있어서는 상업용 주파수 정도의 주파수에서는 이 작용은 무시할 수 있다. 즉, 전류는 전선단면적에 대해 균일하게 흐르는 것으로서 취급해도 지장이 없다.

15.1.2 연 가(撚架)

3상선로에 있어서는 각 상 전선의 지표상 높이가 같고 또한 상호간의 거리도 같게 배열되지 않는 한 각 선의 인덕턴스, 정전용량 등은 불평형으로 되는데 실제로 전선을 이와 같이 배열하는 것은 불가능한 것이다. 따라서 그대로는 송전단에서 대칭전압을 가하더라도 수전단에서는 전압이 비대칭으로 된다. 이것을 막기 위해 송전선에서는 전선의 배치를 도중의 개폐소, 연가용 철탑 등에서 교차시켜 선로정수가 평형이 되도록 하고 있다. 이것을 연가(transposition)라고 한다. 그림 15-1은 이에 대한 설명도이다.

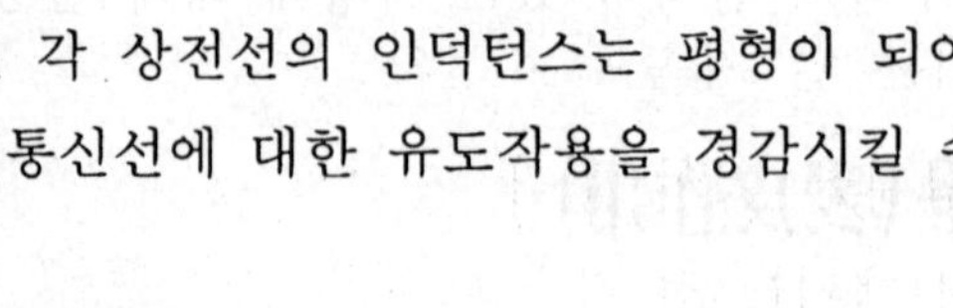

그림 15-1 연가

완전히 연가가 되면 각 상전선의 인덕턴스는 평형이 되어 같아질 뿐아니라 허수부는 0이 되어 근접통신선에 대한 유도작용을 경감시킬 수가 있다.

15.2 저 항(抵抗)

온도 20[℃]에 있어서 전선의 저항(resistance)을 일반적으로 표시하면 다음과 같다. 즉 경동선에 있어서는 도전율 97[%], 저항률 1/55[Ω/m · mm²], 강심 알루미늄선에 있어서는 강심은 고려하지 않기로 하고 알루미늄만을 고려하면 도전율은 61[%], 저항률은 1/35[Ω/m · mm²]로 된다.

저항은 온도가 변화하면 당연히 변화하는 것이지만 그 값은 다음 식으로 나타낼 수 있다.

$$R_t = R_{t0}\{1 + \alpha(t - t_0)\}[\Omega] \qquad (15\text{-}1)$$

단, R_t : t[℃]에 있어서의 저항, R_{t0} : 기준온도 t_0[℃]에서의 저항[Ω], t : 임의의 온도[℃], t_0 : 기준온도[℃], α : 온도계수로서 기준온도에 의해 변화한다.

대략적으로 도전율 97[%]의 경동선에 있어서 온도계수 $\alpha_0 = 0.0043$, $\alpha_{20} = 0.00381$, $\alpha_{30} = 0.0037$ 정도이다.

15.3 인덕턴스

15.3.1 단상선로의 인덕턴스

그림 15-2와 같은 단상선로의 인덕턴스에 대해 생각해 보자. 점 P를 임의의 점으로 하고 각 전선의 중심에서 각각 R_1, R_2의 거리에 있는 것으로 한다. 각각 $+I$[A]와 $-I$[A]인 전류가 흐르고 있다고 하자. A선의 전류와의 전 자속쇄교수는 먼저 B선을 무시하고 A선중의 $+I$[A]에 의해서 생기는 전 자속과 A선의 전류 $+I$[A]와의 쇄교수 $(n\phi)_{aa}$를 구한 다음 A선을 무시하고 B선 중의 $-I$[A]에 의해서 생기는 전 자속과 A선의 전류 $+I$[A]와의 쇄교수 $(n\phi)_{ab}$를 구하여 이 두 개를 합계한 것이 된다. A선의 전류만으로 A선의 중심선에서 R_1[m]의 수직거리까지 생기는 전 자속에 의한 길이 1[m]당의 쇄교수는

$$(n\phi)_{aa} = I^2 \times 10^{-7}\left(\frac{\mu_s}{2} + 2\log_e \frac{R}{r}\right)[\text{A} \cdot \text{Wb}]$$

이다.

다음 B선의 전류에 의해서 생기는 자속은 B속을 중심으로 하여 동심 원통상으로 분포되므로 이것이 A선과 쇄교되는 것은 B선의 중심에서 반경 D[m]보다

바깥쪽에 있는 것뿐이다. 따라서 B선의 전류 $-I$[A]에 의해서 수직거리 $x=D$로부터 $x=R_2$까지 사이에서 생기는 길이 1[m]당의 자속은 다음과 같다.

$$\phi_{DR_2}=2(-I)\times10^{-7}\int_0^{R_2}\frac{dx}{x}=-2I\times10^{-7}\log_e\frac{R_2}{D}\,[\mathrm{Wb}]$$

이것과 A선의 전류 $+I$[A]와의 쇄교수는 길이 1[m]당

$$(n\phi)_{ab}=I\times\phi_{DR_2}=-2I^2\times10^{-7}\log_e\frac{R_2}{D}\,[\mathrm{A\cdot Wb}]$$

이다. $R_1=R_2=R$이라 하면 A선의 전류와의 총자속쇄교수 $(n\phi)_a$는 길이 1[m]당 다음과 같다.

$$(n\phi)_a=(n\phi)_{aa}+(n\phi)_{ab}=\left(\frac{\mu_s}{2}+2\log_e\frac{R}{r}-2\log_e\frac{R}{D}\right)\times I^2\times10^{-7}$$

$$=\left(\frac{\mu_s}{2}+2\log_e\frac{D}{r}\right)\times I^2\times10^{-7}\,[\mathrm{A\cdot Wb}]$$

$i=1$[A]로 하였을 때 $L=\phi$가 되므로 $I=1$[A]도 A도선의 길이 1[m]당의 인덕턴스 L_a는 경동선이나 ACSR에서는 $\mu_s=1$이라고 볼 수 있기 때문에 다음 식과 같이 표현할 수 있다.

$$L_a=\left(\frac{1}{2}+2\log_e\frac{D}{r}\right)\times10^{-7}\,[\mathrm{H/m}] \tag{15-2}$$

B선에 대해서도 똑같은 결과가 된다. 실용상 i은 단위를 환산하고 자연대수를 상용대수 $\left(\log_e\frac{R}{r}=2.3026\log_{10}\frac{D}{r}\right)$로 바꾸면 다음과 같다.

$$L=0.05+0.4605\log_{10}\frac{D}{r}\,[\mathrm{mH/km}] \tag{15-3}$$

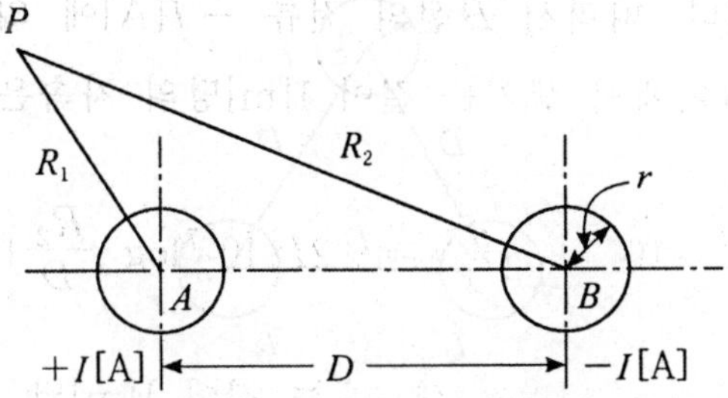

그림 15-2 자속 쇄교수

15.3.2 3상선로의 인덕턴스

(1) 정3각형으로 배치된 3상선로의 인덕턴스

그림 15-3과 같이 정3각형으로 배치된 3상선로의 자기 인덕턴스를 구한다. 그림에 있어서 3개의 전선은 3상회로를 형성하고 있기 때문에 어떠한 순간에 있어서도 항상 다음의 관계가 성립된다.

$$\dot{I}_1+\dot{I}_2+\dot{I}_3=0 \text{ 또는 } \dot{I}_2+\dot{I}_3=-\dot{I}_1$$

또한 전선 2와 전선 3과는 모두 전선 1에서 D의 같은 거리에 있기 때문에 $\dot{I}_2$에 의해 발생하는 자속과 $\dot{I}_1$와의 쇄교수와 $\dot{I}_3$에 의해 발생하는 자속과 $\dot{I}_1$과의 쇄교수 합은 $(\dot{I}_2+\dot{I}_3)$인 전류가 전선 2 또는 전선 3, 1에 모였을 때 이에 의해 발생하는 자속과 $\dot{I}_1$과의 쇄교수는 같아진다. 바꾸어 말하면 전류가 전선 2와 전선 3으로 갈라져 있어도 어느 것이 1선에 집중되었다고 하더라도 $\dot{I}_1$에 대한 작용에 대해서는 동일한 것이 된다.

이 경우 $\dot{I}_2+\dot{I}_3=-\dot{I}_1$이기 때문에 결국 전선 1의 인덕턴스는 단상선로의 경우와 동일한 식에 의해 계산된다.

$$L=L_1=L_2=L_3=0.05+0.4605\log_{10}\frac{D}{r}\text{ [mH/km]} \qquad (15\text{-}4)$$

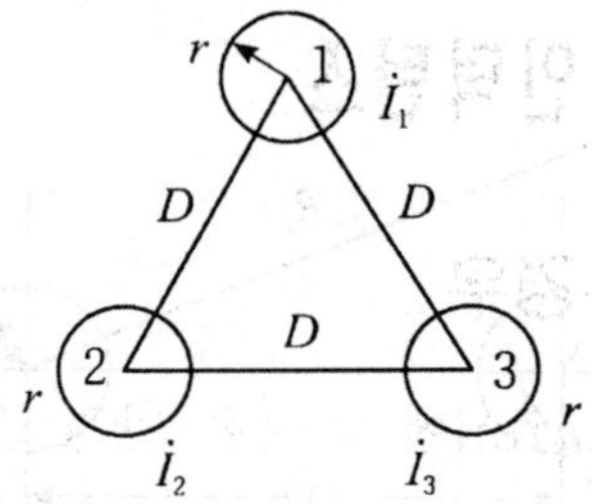

그림 15-3 정3각형의 배치

(2) 비정3각형 배치인 3상선로의 인덕턴스

일반적인 3상 3선식선로에 있어서는 그림 15-4와 같이 각 전선의 선간거리가 같지 않으면 또한 지표상의 높이도 같지 않다.

이와 같은 경우에는 각 전선의 인덕턴스, 정전용량도 당연히 다르게 마련이다. 그러나 이와 같은 경우에 있어서도 연가를 충분히 하면 선로전체에서 이들 정수는 각 전선에 대해 같아진다.

그 값은 배치 치수가 다른 각 전선의 정수를 평균한 값을 취한다고 하면 되지만 그 평균치는 각 전선간의 거리 및 지표상의 높이가 같은 등가적 선로로 생각해서 계산하는 것이 편리한 것이다. 이 경우의 거리 및 높이는 산술적인 평균치가 아니며 기하 평균거리를 사용하지 않으면 안 된다.

$$D = \sqrt[3]{D_{12} D_{23} D_{31}} \tag{15-5}$$

로 하면 식 (15-4)에 의해 계산할 수 있다.

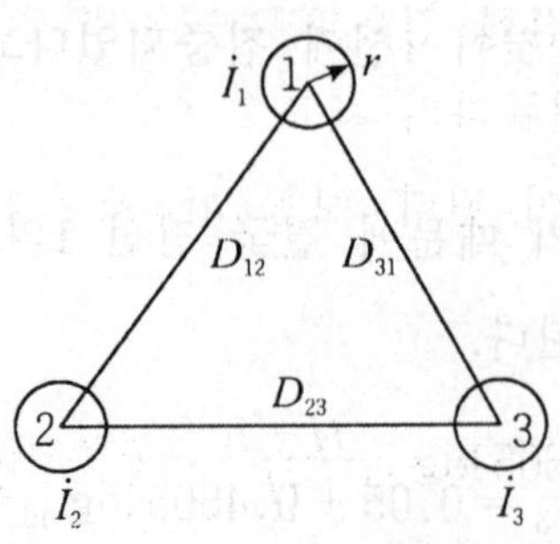

그림 15-4 비정3각형의 배치

15.3.3 대지귀로의 인덕턴스

(1) 1선과 대지귀로의 경우

그림 15-5와 같이 지표상 h[m]에 가선한 반경 r[m]의 전선을 왕복로로 하여 대지를 귀로로 해서 전류를 흐르게 하면 대지 내의 전류는 토질 또는 전류의 주파수 등에 의해 전선로에 따라 상당히 큰폭과 깊이를 가지고 흐르게 된다. 이제 편의상 대지 내의 전류를 그림과 같이 등가적으로 지표면밑 H의 깊이에 있는 점 a'를 중심으로 하여 반경 H[m]의 원주를 흐르는 것을 생각하면 왕복 두 전류간의 거리는 $(h+H)$[m]이 되기 때문에 전선의 인덕턴스는 다음과 같이 된다.

$$L_a = 0.05 + 0.4605 \log_{10} \frac{h+H}{r} \text{ [mH/km]} \qquad (15\text{-}6)$$

H의 값은 h에 비해 매우 크며

$$H_e = \frac{H+h}{2} \text{ [m]} \qquad (15\text{-}7)$$

으로 나타낼 수 있다. H_e를 등가대지면의 깊이라 하는데 토질에 따라 다르나 상용주파수에 대한 개략치는 산악지대 900[m], 야산 600[m], 평지 300[m] 정도인 것이다.

식 (15-6)은 왕복귀로로서 전선의 인덕턴스이지만 왕복회로의 전 인덕턴스에서는 귀로인 대지통로의 인덕턴스도 포함해서 고려하지 않으면 안 된다.

귀로의 인덕턴스로서는 전선 전류의 자속과 대지전류와의 쇄교수 및 대지전류 자체에 의한 자속과 대지전류와의 쇄교수 이 두가지를 고려하지 않으면 안 되기 때문에 그 값은 다음과 같이 된다. 보통 $h+H \fallingdotseq H$이기 때문에 그 값은 식 (15-8)과 같다.

$$L_a' = 0.05 + 0.4605 \log_{10} \frac{H+h}{H} \fallingdotseq 0.05 \text{[mH/km]} \qquad (15\text{-}8)$$

따라서 왕복귀로를 가산한 총 인덕턴스 L_e는 식 (15-9)와 같다.

$$L_e = L_a + L_a' = 0.1 + 0.4605 \log_{10} \frac{2H_e}{r} \text{[mH/km]} \qquad (15\text{-}9)$$

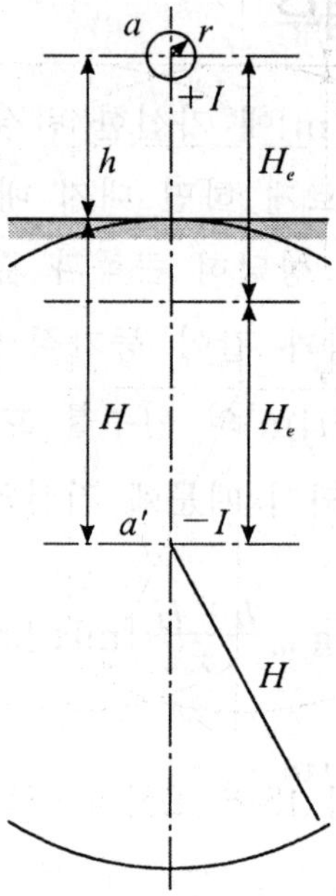

그림 15-5 1선과 대지귀로

(2) 2선과 대지귀로의 경우

그림 15-6과 같이 반경 r[m]의 두 전선 a, b가 같은 지표상 h[m]의 높이에 선간거리 D[m]로서 평행으로 가선되고 있는 경우를 고려해 보자.

이 경우 a, b 각 전선에 각각 $+I$[A], $-I$[A]인 전류가 대지를 귀로로 해서 흐르는 것으로 한다. 먼저 a의 인덕턴스를 생각해 보자. 이 경우 a'와 a의 거리 b'와 a의 거리는 $2H_e$에 비해 D가 매우 작다고 생각할 수 있으므로 거리는 서로가 같다고 생각할 수 있다.

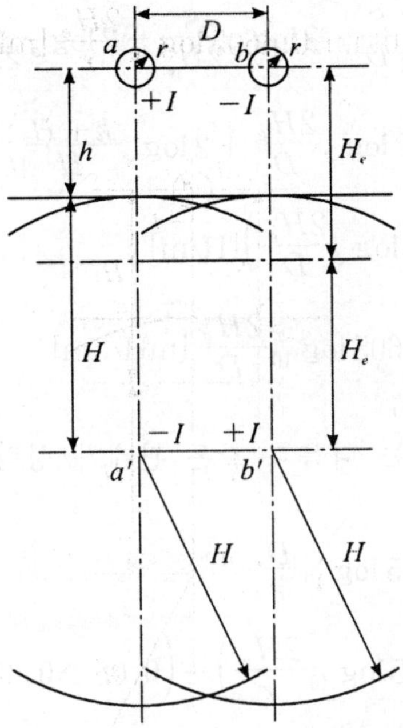

그림 15-6 2선과 대지귀로

따라서 a에 대해 a'의 전류 $-I$가 만드는 자속과 b'의 전류 $+I$가 만드는 자속과는 서로 소거할 수가 있다. 따라서 인덕턴스는 다음과 같이 되며 단상선로의 자기 인덕턴스와 일치하고 대지의 영향은 나타나지 않는다. 따라서

$$L = L_a = L_b = 0.05 + 0.4605 \log_{10} \frac{D}{r} \text{[mH/km]} \tag{15-10}$$

다음에는 a, b 각 대지를 귀로로 하는 회로간의 상호 인덕턴스를 생각해 보자. a의 전류 $+1$[A]에 대하여 b의 전류를 -1[A]로 생각하면 쇄교수는 먼거리 S[m]에 있는 점까지를 고려할 때 1[m]당 다음과 같이 된다. 즉 b에 의한 a에 대한 것 $2\times10^{-7}\log_e(S/D)$이며 b에 의한 a'에 대한 것은 $-2\times10^{-7}\log_e(S/2H_e)$이고, b'에 의한 a에 대한 것은 $-2\times10^{-7}\log_e(S/2H_e)$이다. 다음에 b'에 의한 a에 대한 것은 D가 H에 비해 매우 작기 때문에 a', b' 두 원은 일치한 것으로 생각해도 좋기 때문에 $10^{-7}\left(\frac{1}{2} + 2\log_e \frac{S}{H}\right)$로 된다.

따라서 상호 인덕턴스 L_e'는 다음과 같이 된다.

$$L_e' = 10^{-7}\left\{2\log_e\frac{S}{D} - 2\log_e\frac{S}{2H_e} - 2\log_e\frac{S}{2H_e} + \left(\frac{1}{2} + 2\log_e\frac{S}{H}\right)\right\}$$

$$= 10^{-7}\left(\frac{1}{2} + 2\log_e\frac{2H_e}{D} + 2\log_e\frac{h+H}{H}\right)$$

$$\doteqdot 10^{-7}\left(\frac{1}{2} + 2\log_e\frac{2H_e}{D}\right)[\text{H/m}]$$

$$= 0.05 + 0.4605\log_{10}\frac{2H_e}{D}\,[\text{mH/km}] \qquad (15\text{-}11)$$

따라서 L, L_e, L_e' 간에는 다음과 같은 관계가 성립된다.

$$L = 0.05 + 0.4605\log_{10}\frac{D}{r}$$

$$= \left(0.1 + 0.4605\log_{10}\frac{2H_e}{r}\right) - \left(0.05 + 0.4605\log_{10}\frac{2H_e}{D}\right)$$

$$= L_e - L_e' \qquad (15\text{-}12)$$

다음에는 두선을 병렬로 하고 대지를 귀로로 하여 단상전류를 흘릴 경우의 1선상의 인덕턴스는 다음과 같이 된다.

$$L_{e2} = L_e + L_e' = \left(0.1 + 0.4605\log_e\frac{2H_e}{r}\right) + \left(0.05 + 0.4605\log_e\frac{2H_e}{D}\right)$$

$$= 0.15 + 0.4605\log_{10}\frac{(2H_e)^2}{rD}\,[\text{mH/km}] \qquad (15\text{-}13)$$

(3) 3선과 대지귀로의 경우

3선을 일괄하고 대지를 귀로로 해서 단상전류를 흘리는 경우 1선당 인덕턴스는 다음과 같이 된다.

$$L_{e3} = L_e + 2L_e' = 0.2 + 0.4605\log_{10}\frac{(2H_e)^3}{rD^2}\,[\text{mH/km}] \qquad (15\text{-}14)$$

(4) 6선과 대지귀로의 경우

6선을 일괄하여 대지를 귀로로 하고 단상전류를 흘리는 경우 1선당의 인덕턴스는 다음과 같이 된다.

$$L_{e6} = L_e + 2L_e' + 3L_e'' \fallingdotseq L_e + 5L_e'$$

$$\fallingdotseq 0.35 + 0.4605 \log_{10} \frac{(2H_e)^6}{rD^5} [\text{mH/km}] \qquad (15\text{-}15)$$

단, 위식에 있어서 L_e''는 대지를 귀로로 하는 다른 회선과의 사이의 상호 인덕턴스로서 동일회선 내의 상호 인덕턴스 L_e'와 거의 같다.

(5) 인덕턴스의 개략값

대지를 귀로로 하는 인덕턴스는 전선로가 경과하는 땅의 지질, 전선의 직경, 주파수 등에 의해 다르게 나타나지만 실측결과를 보면 큰 차이는 없고 대략 다음과 같은 정도이다.

$$L_e = 2.4[\text{mH/km}], \ L_e' = L_e'' = 1.1[\text{mH/km}]$$

(단, L_e : 각 1선의 인덕턴스, L_e', L_e'' : 상호 2선간의 인덕턴스)

따라서

$$L = L_e - L_e' = 1.3[\text{mH/km}]$$

15.3.4 복도체선로(復導體線路)의 인덕턴스

최근 초고압송전선에 있어서는 복도체 송전방식이 널리 사용되고 있다. 그 이유는 총단면적과 동일단면적인 단선을 사용하는 경우에 비해 인덕턴스는 감소하고 정전용량은 증가하여 송전용량이 증가한다는 것과, 코로나 임계전압이 높아지므로 코로나손실을 줄일 수 있으며, 안정도가 증대한다는 것 등이다.

인덕턴스에 관해서는 소도체의 반지름을 r[m], 소도체수를 n, 소도체 간격을 S[m]라고 할 때 도선 내부의 자속쇄교수에 의한 것은 단도체의 $1/n$로 되고 등가 반지름은

$$r_e = \sqrt[n]{rS^{n-1}} \qquad (15\text{-}16)$$

과 같이 증대된다.

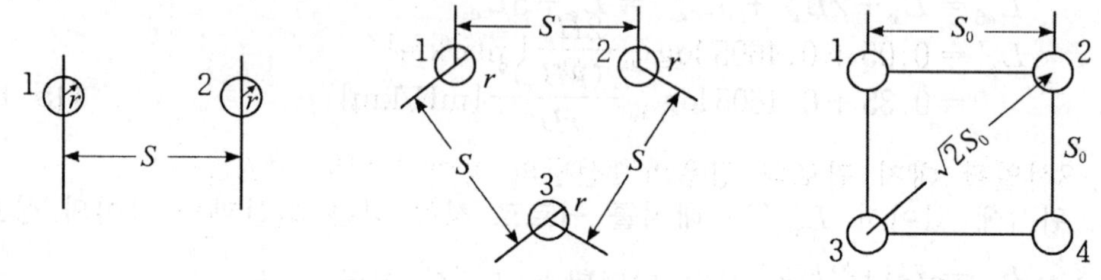

(a) 2도체 (b) 3도체 (c) 4도체

그림 15-7

복도체의 도체소선 배치가 그림 15-7과 같다고 할 때 일반적으로 n도체식의 작용 인덕턴스는 $\mu_s = 1$일 때

$$L_n = \frac{0.05}{n} + 0.4605 \log_{10} \frac{D}{\sqrt[n]{rS^{n-1}}} \text{ [mH/km]} \tag{15-17}$$

로 계산된다. 즉,

$$\left.\begin{aligned} &\text{2도체에서는 } L_2 = 0.025 + 0.4605 \log_{10} \frac{D}{\sqrt{rS}} \text{ [mH/km]} \\ &\text{3도체에서는 } L_3 = 0.0167 + 0.4605 \log_{10} \frac{D}{\sqrt[3]{rS^2}} \text{ [mH/km]} \\ &\text{4도체에서는 } L_4 = 0.0125 + 0.4605 \log_{10} \frac{D}{\sqrt[4]{rS^3}} \text{ [mH/km]} \end{aligned}\right\} \tag{15-18}$$

단, 4도체의 경우 소도체 상호간의 기하학적 평균 거리 S는

$$S = \sqrt[3]{S_0 \times \sqrt{2} S_0 \times S_0} = \sqrt[6]{2} \times S_0 \tag{15-19}$$

이다.

마찬가지로 1선과 대지 귀로의 자기 인덕턴스 L_e및 대지를 귀로로 하는 2선간의 상호 인덕턴스 L_e'는 다음과 같이 계산할 수 있다.

$$\left.\begin{aligned} L_e &= \frac{0.05(n+1)}{n} + 0.4605 \log_{10} \frac{2H_e}{\sqrt[n]{rS^{n-1}}} \text{ [mH/km]} \\ L_e' &= 0.05 + 0.4605 \log_{10} \frac{2H_e}{D} \text{ [mH/km]} \end{aligned}\right\} \quad (15\text{-}20)$$

또, 3선일괄 대지 귀로의 경우의 1선당의 자기 인덕턴스 L_{e3}은

$$L_{e3} = L_e + 2L_e'$$

로 계산하게 된다.

15.4 정전용량(靜電容量)

15.4.1 정전용량의 정의

다수의 도체가 존재하는 경우 어느 1개 도체의 정전용량(capacitance)이란 다른 모든 도체를 접지하여 영전위로 유지하고 그 도체에 전하 Q를 주었을 때의 전위를 V로 하면 $C = Q/V$에 의해 나타낼 수 있는 값인 것이다.

또한 그 속에 있는 특정의 2개 도체 1, 2 사이의 정전용량이란 그 2개의 도체간 구속전하를 $Q_{(1 \cdot 2)}$로 하고 그 사이의 전위차를 $V_{(1 \cdot 2)}$로 하면 $C_{(1 \cdot 2)} = Q_{(1 \cdot 2)} / V_{(1 \cdot 2)}$에 의해 나타낼 수 있는 값이다.

15.4.2 정전용량을 구하는 기초식

공간에 1, 2, 3…… n인 n개의 도체가 존재하고 각 도체가 갖고 있는 전하를 Q_1, Q_2, Q_3…… Q_n이라 하고 각각의 전위를 V_1, V_2, V_3…… V_n이라 하면 전위와 전하 사이에는 다음의 관계가 성립한다.

$$\left.\begin{aligned}
V_1 &= P_{11}Q_1 + P_{12}Q_2 + P_{13}Q_3 + \cdots\cdots + P_{1n}Q_n \\
V_2 &= P_{21}Q_1 + P_{22}Q_2 + P_{23}Q_3 + \cdots\cdots + P_{2n}Q_n \\
V_3 &= P_{31}Q_1 + P_{32}Q_2 + P_{33}Q_3 + \cdots\cdots + P_{3n}Q_n \\
&\cdots\cdots\cdots\cdots\cdots\cdots\cdots\cdots\cdots\cdots\cdots\cdots \\
V_n &= P_{n1}Q_1 + P_{n2}Q_2 + P_{n3}Q_3 + \cdots\cdots + P_{nn}Q_n
\end{aligned}\right\} \tag{15-21}$$

식 중의 P를 **전위계수**(coefficient of potential)라 하며 p_{mm}은 도체 m에만 단위 전하를 주었을 때 m자신의 전위를 나타내고 p_{mn}은 도체 n에만 단위전하를 주었을 때 도체 m의 전위를 나타내는 것이다. 각 도체의 형상과 그 상대적 위치에 따라서 결정되는 정수로서 V와 Q와는 관계가 없는 것이다. p는 모두 정의 부호를 가졌으며 또한 $p_{mn} = p_{nm}$의 관계가 있다.

식 (15-21)을 전하 Q에 대해 풀면 다음과 같이 된다.

$$\left.\begin{aligned}
Q_1 &= k_{11}V_1 + k_{12}V_2 + k_{13}V_3 + \cdots\cdots + k_{1n}V_n \\
Q_2 &= k_{21}V_1 + k_{22}V_2 + k_{23}V_3 + \cdots\cdots + k_{2n}V_n \\
Q_3 &= k_{31}V_1 + k_{32}V_2 + k_{33}V_3 + \cdots\cdots + k_{3n}V_n \\
&\cdots\cdots\cdots\cdots\cdots\cdots\cdots\cdots\cdots\cdots\cdots\cdots \\
Q_n &= k_{n1}V_1 + k_{n2}V_2 + k_{n3}V_3 + \cdots\cdots + k_{nn}V_n
\end{aligned}\right\} \tag{15-22}$$

식 (15-22)의 k는 식 (15-20)의 p에서 수학적으로 산출할 수 있는 계수로서 $p_{mn} = p_{nm}$의 관계가 있기 때문에 $k_{mn} = k_{nm}$로 된다. 식 (15-22)에 있어서 $V_2 = V_3 = \cdots\cdots = V_n = 0$으로 한다. 즉 도체 1 이외의 다른 도체는 모두 접지하고 그 전위를 영으로 하면 $Q_1 = k_{11}V_1$이 되고 k_{11}은 도체 1개의 정전용량을 나타내는 것이 되며 그 부호는 물론 정(+)인 것이다. 또한 이 경우 $Q_2 = k_{21}V_1$이 되고 도체 2에는 정전유도에 의해 부(−)의 전하가 나타나 Q_2는 부(−)가 되기 때문에 k_{21}도 역시 부(−)가 된다.

즉, k_{nn}과 같이 동일 부호를 가진 계수는 모두 정의 부호를 가졌는데 이것을 정전용량계수(coefficient of static capacity)라고 한다.

k_{mn}과 서로 다른 첨자기호를 갖는 계수(모두 부의 부호를 갖음)를 정전유도계수라고 한다.

그림 15-8과 같이 도체가 2개인 경우에 대한 식 (15-22)를 적용해 보기로 한다.

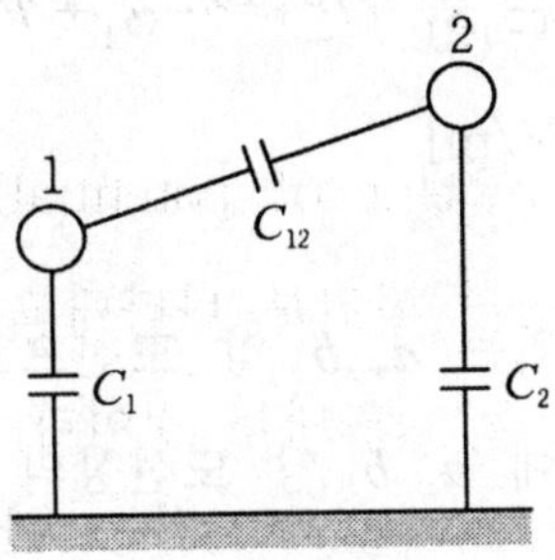

그림 15-8

$$\left.\begin{aligned} Q_1 &= k_{11}V_1 + k_{12}V_2 = -k_{12}(V_1 - V_2) + (k_{12} + k_{11})V_1 \\ Q_2 &= k_{21}V_1 + k_{22}V_2 = -k_{21}(V_2 - V_1) + (k_{21} + k_{22})V_2 \end{aligned}\right\} \qquad (15\text{-}23)$$

식 (15-23)과 그림 15-8을 비교해서 생각하면 각 정전용량은 다음과 같다.

$$\left.\begin{aligned} C_1 &= k_{12} + k_{11} \\ C_2 &= k_{21} + k_{22} \\ C_{12} &= -k_{12} = -k_{21} \end{aligned}\right\} \qquad (15\text{-}24)$$

도체의 수가 많은 경우에도 이에 대한 식을 식 (15-23)으로 변형하여 식 (15-24)와 같이 정전용량을 k의 함수로서 나타낼 수가 있다. 또한 k는 p의 함수로서 나타내며 p는 도체의 형태와 관계 위치를 알면 산출할 수 있다. 즉 전위계수를 계산하면 정전용량은 수학적으로 산출할 수 있게 된다.

15.4.3 왕복 두 도선의 정전용량

반지름 r[m]의 무한히 긴 직선상 두 도선 a, b가 그림 15-9처럼 D[m]의 간격을 두고 가설되고 있다고 하자. 단위 길이마다에 각각 $+q$, $-q$[C/m]의 전하를 주었을 경우 양 도선으로부터 각각 S_1, S_2[m]의 거리에 있는 점 P의 전계 E_a, E_b의 세기를 MSK 유리단위계로 나타내면 다음과 같이 된다.

$$\left.\begin{aligned} E_a &= \frac{q}{2\pi\varepsilon_0 S_1} = \frac{2q}{4\pi\varepsilon_0 S_1} = 9\times 10^9 \frac{2q}{S_1}\,[\text{V/m}] \\ E_b &= \frac{-2q}{S_1}\times 9\times 10^9 [\text{V/m}] \end{aligned}\right\} \qquad (15\text{-}25)$$

a, b의 중간점인 O의 전위는 a, b 양 도선으로부터 $S_1 = S_2 = D/2$ 위치에 있는 관계로 영이 되기 때문에 a, b 양 도선상의 전하에 의해서 P점에 생기는 전위 V_p는

$$\begin{aligned} V_p &= \int_{S_1}^{D/2} \frac{2q}{S_1}\times 9\times 10^9 dS_1 + \int_{S_2}^{S/2} \frac{-2q}{S_2}\times 9\times 10^9 dS_2 \\ &= 2q\times 9\times 10^9 \left(\log_e \frac{D}{2S_1} - \log_e \frac{D}{2S_2}\right) \\ &= 2q\times 9\times 10^9 \log_e \frac{S_2}{S_1}\,[\text{V}] \qquad (15\text{-}26) \end{aligned}$$

로 된다.

즉, V_p는 P점에서 부전하와의 거리 S_2와 정전하와의 거리 S_1과의 비의 대수 및 q에 비례함을 알 수 있다. 그러므로 도선 a의 전위는 상기 P점을 도선 a의 표면에 옮긴 경우라고 생각해서 다음 식처럼 나타낼 수 있다.

$$V_a = 2q\times 9\times 10^9 \log_e \frac{D}{r} \qquad (15\text{-}27)$$

따라서 전위가 영인 중간점 O, 즉 중성선에 대해 도선 a의 정전용량 C_a는

$$C_a = \frac{q}{V_a} = \frac{1}{2\left(\log_e \dfrac{D}{r}\right)\times 9\times 10^9}\,[\text{F/m}]$$

$$= \frac{1}{2\log_e \frac{D}{r}} \times \frac{1}{9} [\mu\text{F/km}]$$

$$= \frac{0.02413}{\log_{10} \frac{D}{r}} [\mu\text{F/km}] \qquad (15\text{-}28)$$

로 된다.

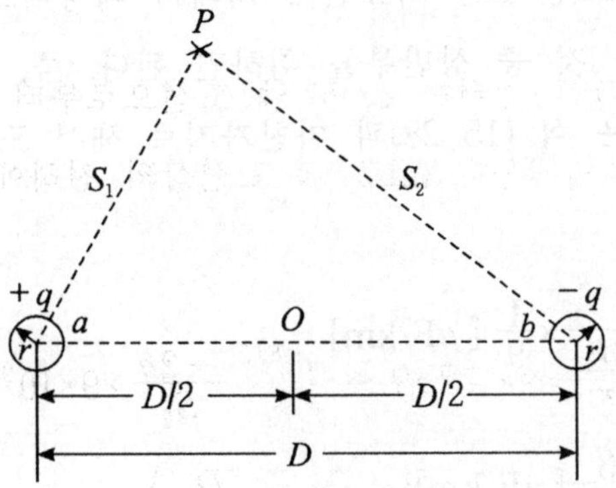

그림 15-9

도선 b에 대해서도 이와 마찬가지로 해서

$$V_b = -2q \times 9 \times 10^9 \log_e \frac{D}{r}$$

$$= -2q \times 9 \times 10^9 \log_e \frac{D}{r} [\text{V}] \qquad (15\text{-}29)$$

인 관계가 성립하고 그 중성선에 대한 정전용량은 $C_b = -q/V_b$로부터 C_a와 같은 값으로 된다는 것을 알 수 있다.

따라서 1도선이 중심선에 대한 정전용량은 $C_a = C_b = C_n$로서 다음 식으로 계산된다.

$$C_n = \frac{0.02413}{\log_{10} \frac{D}{r}} [\mu\text{F/km}] \qquad (15\text{-}30)$$

단, 이것은 $D \gg r$인 경우에 성립되는 것이다.

15.4.4 단선과 대지간의 정전용량

그림 15-10처럼 반지름 r[m]의 무한히 긴 직선상 도선 a가 지표면상 h[m]의 높이에 있다. 이것이 $+q$[C/m]의 전하를 지니고 있다고 하면 도선 a와 대지와의 사이에서의 전기력선의 분포는 대지면이 영전위라고 할 수 있을 경우, 그림 15-10 (b)처럼 $-q$ [C/m]의 전하를 가지는 반지름 r[m]의 도선 a'가 지표면 아래 h[m]의 깊이에 도선 a와 지표면에 대해서 대칭적으로 존재한다고 생각해서 aa' 간에 발생되는 것 중 상반부를 취하면 된다. 즉, 지표면이 영전위면으로 되기 때문에 앞서 얻은 식 (15-28)과 마찬가지로 해서 도선 a의 대지 정전용량 C를 계산할 수 있다.

$$C = \frac{1}{2\log_e \frac{2h}{r}} \times \frac{1}{9} \ [\mu\text{F/km}]$$

$$= \frac{0.02413}{\log_{10} \frac{2h}{r}} [\mu\text{F/km}] \qquad (15\text{-}31)$$

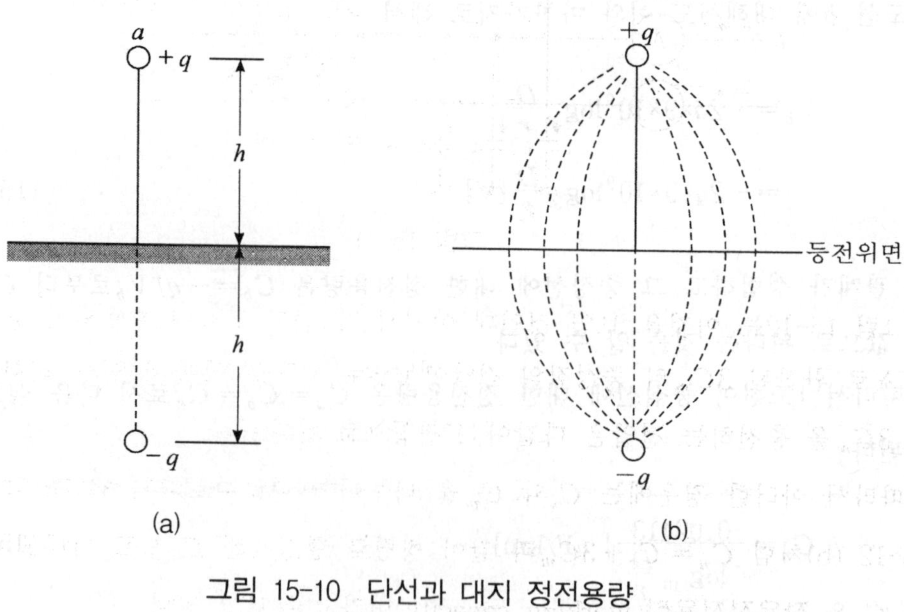

그림 15-10 단선과 대지 정전용량

15.4.5 3상 1회선 송전 선로의 정전용량

일반적으로 송전 선로는 3상 3선식을 취하고 있는데 그림 15-11과 같이 선로에는 전선과 대지와의 사이에 대지정전용량(자기 정전용량이라고도 한다) C_s와 전선과 전선과의 사이에는 상호 정전용량 C_m의 두 가지가 있다.

여기서 C_s는 Y로 연결되고 C_m은 Δ로 연결되어 있기 때문에 선로를 충전할 경우 C_s에 걸리는 충전 전압은 Y전압이고 C_m에 걸리는 충전전압은 Δ전압으로 되므로 이들 양자간에서는 그 크기 및 위상각이 각각 $\sqrt{3}$배 및 30°씩 서로 틀리게 되어 있다.

그러므로 C_s의 충전 전류를 계산하거나 C_m의 충전 전류를 계산할 경우에는 여기에 걸리는 전압에 대해서 주의할 필요가 있다.

일반적으로 3상 회로의 계산을 할 경우에는 Δ결선으로 연결된 것은 일단 Y결선으로 환산해서 계산하는 경우가 많다.

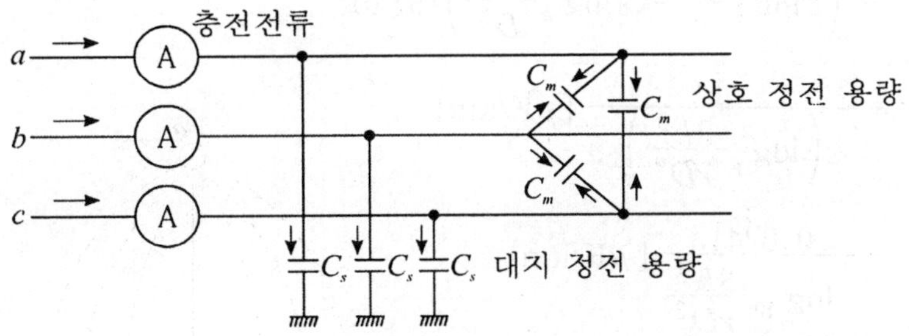

그림 15-11

그림 15-12는 이것을 보인 것인데 여기서 각 선의 전압이 평형되어 있을 때에는 Y로 환산된 $3C_m$의 중성점의 전압이 0으로 되므로 이때 C_s를 충전하는 전압과 $3C_m$을 충전하는 전압은 다같이 Y전압으로 된다.

따라서 이러한 경우에는 C_s와 C_m을 나누어서 따로따로 나타낼 것 없이 그림 15-12 (b)처럼 $C_n = C_s + 3C_m$과 같이 병렬로 합성시킨 C_n으로 나타낼 수 있으며 C_n을 **작용정전용량**(working capacity)이라고 부르고 있다.

$$C_n = C_s + 3C_m \tag{15-32}$$

단, 이것은 어디까지나 송전 선로의 각 상전압이 평형되고 있을 경우에만 성립하는 관계식이다. 만일 각 상전압이 불평형일 경우에는 그림 15-12 (a)에서 Y로 연결한 $3C_m$의 중성점의 전압은 0으로 되지 않기 때문에 C_s와 $3C_m$과를 병렬로 합성해서 C_n이라는 정전용량은 만들 수 없는 것이다.

한편 정전용량이라는 정수는 인덕턴스와 달라서 C_s, C_m 다 같이 순계산으로 구할 수 있는 것이다.

3상 1회선 송전 선로의 정전용량은 전선의 굵기, 전선의 배치 등에 따라서 그 값에 차이가 생긴다. 3전선의 반지름을 r[m], 선간거리가 어느 것이나 D[m], 지표상의 높이가 어느 것이나 h[m]가 되도록 완전 연가가 이루어진 3상 1회선 선로에는 3선 1괄의 경우 1선당의 대지 정전용량 C_s는 식 (15-33)과 같다.

$$C_s = \frac{1}{\left\{2\log_e \frac{2h}{r} + 2\log_e\left(1+\frac{4h^2}{D^2}\right)\right\}\times 9\times 10^9}$$

$$\fallingdotseq \frac{1}{\left(2\log_e \frac{2h}{r} + 2\log_e \frac{4h^2}{D^2}\right)\times 9\times 10^9}\text{[F/m]}$$

$$= \frac{1}{2\left(\log_e \frac{8h^3}{rD^2}\right)\times 9}[\mu\text{F/km}]$$

$$= \frac{0.02413}{\log_{10}\frac{8h^3}{rD^2}}[\mu\text{F/km}] \qquad (15\text{-}33)$$

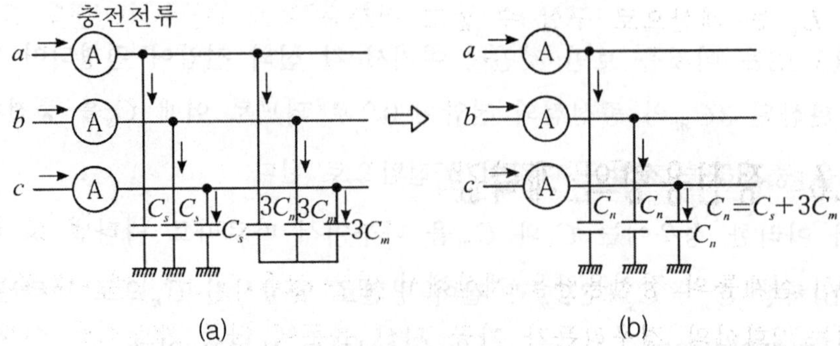

(a) (b)

그림 15-12

선로 상호간의 정전용량 C_m는

$$C_m = \frac{0.02413 \log_{10} \frac{2h}{D}}{\log_{10} \frac{D}{r} \log_{10} \frac{8h^3}{rD^2}} [\mu\text{F/km}] \tag{15-34}$$

로 된다. 또, 그림 15-12에 보인 바와 같이 각 전선의 중성선에 대한 이른바 작용 정전용량 C_n은

$$C_n = C_s + 3C_m = \frac{1}{2\log_e \frac{D}{r}} \times \frac{1}{9} [\mu\text{F/km}]$$

$$= \frac{0.02413}{\log_{10} \frac{D}{r}} [\mu\text{F/km}] \tag{15-35}$$

로 계산된다. 단, 여기서 D는 아래와 같은 등가 선간 거리를 취한 것이다.

$$D = \sqrt[3]{D_{ab} D_{bc} D_{ca}} \tag{15-36}$$

C_n을 구성하는 C_s와 C_m은 식 (15-33)과 식 (15-34)에서 보는 바와 같이 복잡하게 표현되지만 아무튼 정전적인 문제이므로 앞서 단선과 대지간의 정전용량에서 보인 바와 같이 영상법을 사용해서(그림 15-10 참조) C_n은 식 (15-35)의 계산식을 써서 순계산으로 그 값을 산출할 수 있는 것이다.

이점이 작용 인덕턴스 L을 구하는 경우와 다르다. 작용 인덕턴스 L을 구성하는 L_e와 L_e'는 계산으로 구할 수 없고 실측을 통해서만이 그 값을 알 수 있는 것이다.

15.4.6 정전용량의 개략값

154[kV] 실계통의 정전용량을 계산해서 얻은 값을 표 15-1에 나타내었다.

여기서는 2회선의 경우라든가 가공 지선 유무에 따른 계산식을 생략하였지만 선로의 작용 용량은 표 15-1에 보는 바와 같이 사용하는 회선수나 가공 지선 유무에 관계없이 동일한 값을 나타내고 있다.

표 15-1 정전용량[μF/km]

154[kV] 계통	2회선 사용		1회선 사용	
	가공지선 유	가공지선 무	가공지선 유	가공지선 무
C_s	0.00392	0.00345	0.00520	0.00474
C_m	0.001748	0.001899	0.00132	0.00143
C_n	0.00916	0.00916	0.00916	0.00916

주 $C_n = C_s + 3C_m$

이 결과 발전소로부터 선로에 흐르는 충전 전류는 각선이 동일하게 된다는 것을 알 수 있다.

마지막으로 단도체 방식 3상 선로에서의 작용 정전용량(C_n)은 회선수에 관계없이 0.009[μF/km] 정도이고 대지 정전용량(C_s)은 1회선의 경우에는 0.005[μF/km], 2회선의 경우에는 0.004[μF/km] 정도이다.

가공 지선이 있을 경우에는 이것이 없는 경우보다 약간 커지기는 하지만 일반적으로는 위에 든 개략값을 사용하여도 별 지장은 없다.

15.4.7 복도체 송전선로의 정전용량

정전용량 계산에 있어서도 등가 반지름 r_e는 소도체의 반지름을 r[m], 소도체수를 n, 소도체간격을 S[m]라고 할때 $r_e = \sqrt[n]{rS^{n-1}}$ 이므로 수정 대입해서 구하면 된다. 즉, 작용 정전용량 C_n은 식 (15-37)과 같다.

$$C_n = \frac{0.02413}{\log_{10} \dfrac{D}{\sqrt[n]{rS^{n-1}}}} [\mu\text{F/km}] \tag{15-37}$$

따라서 다음과 같다.

$$\left.\begin{aligned} &\text{2도체에서는 } C_2 = \frac{0.02413}{\log_{10}\frac{D}{\sqrt{rS}}}[\mu\text{F/km}] \\ &\text{3도체에서는 } C_3 = \frac{0.02413}{\log_{10}\frac{D}{\sqrt[3]{rS^2}}}[\mu\text{F/km}] \\ &\text{4도체에서는 } C_4 = \frac{0.02413}{\log_{10}\frac{D}{\sqrt[4]{rS^3}}}[\mu\text{F/km}] \end{aligned}\right\} \tag{15-38}$$

15.5 누설 콘덕턴스

애자의 누설 저항은 건조시에는 매우 크므로 그 역수인 콘덕턴스는 대단히 작아서 선로 정수로서는 실용상 고려할 필요는 없다. 한편 예외적이기는 하지만 우천시에는 상당히 큰 누설 전류가 흐르는 경우가 있고 그 밖에 전선을 지지하는 클램프의 히스테리시스 손실이라든가 코로나 손실 같은 것도 등가적으로는 누설 콘덕턴스(leakage conductance)라고 생각해서 취급할 경우도 있기 때문에 이러한 경우에는 이 누설 콘덕턴스를 전혀 무시할 수는 없다. 일반적으로 송전선 1선의 누설 콘덕턴스를 g[℧/km]라 하고 대지 정전용량을 C[F/km], 주파수를 f[c/s]라고 하면 병렬 어드미턴스 $\dot{Y}$는 다음과 같이 표시된다.

$$\dot{Y} = g + j2\pi fC = g + j\omega C[\mho/\text{km}] = g + jb \tag{15-39}$$

15.6 코로나(corona)

15.6.1 송전선로의 코로나와 임계전압

그림 15-13과 같이 공기중에 가선된 병행전선 사이에 전압을 가하면 그림과 같이 전기력선은 전선의 표면에 밀집하고 전위의 경사는 전선의 표면에서 최대가 된다. 전압을 점차 상승시키면 전선표면의 공기절연이 파괴되어 부분적으로

글로우 방전을 일으키고 빛을 발하며 낮은 소리, 오존이 나타나게 된다. 이것을 코로나 방전(corona discharge)이라 하는데 전력손실을 수반한다. 송전선에 코로나가 발생하면 코로나손이 생기고, 송전효율은 저하시키고 송전선 부근의 라디오에 코로나 잡음을 주는 등 영향이 생긴다.

그림에 있어서 D를 선간거리[cm], r을 전선의 반경[cm]으로 하고 전선표면의 전위경도를 살펴보면 공기의 절연내력은 표준기상상태(20[℃], 760[mmHg])에서 파고값으로 약 30[kV/cm], 실효값으로 21.1[kV/cm]이다. 전선 표면에서 공기의 절연내력이 파괴되어 코로나가 발생할 때 즉, 전선 표면의 전위경도가 코로나 임계 전위경도에 달했을 때의 전선의 대지전압을 코로나 임계 전압이라 한다. 반경 r[m]인 전선에 단위길이당 q[C]인 전하를 주었을 때, 전선 표면의 전계의 세기 즉, 전위경도 $E_g = \frac{2q}{r} \times 9 \times 10^9$[V/m]로 표시된다.

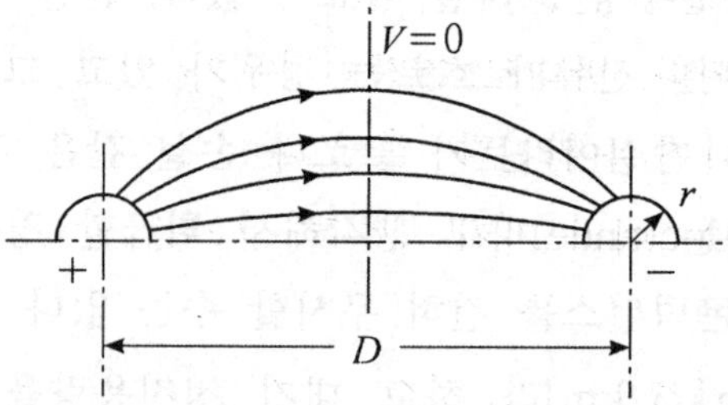

그림 15-13

전선의 반경 r[cm], 등가선간거리 D[cm], 전선의 대지전압 E[kV], 중성선에 대한 정전용량은 $C\left(=\frac{0.02413}{\log_{10}\frac{D}{r}}\right)$[μF/km]라 하면 선표면의 전위경도 E_g는 다음 식으로 표시된다.

$$E_g = \frac{2q}{r} \times 9 \times 10^9 = \frac{2C_n E}{r} \times 9 \times 10^9 = \frac{2E}{r} \frac{1}{2\log_e \frac{D}{r}}$$

$$= \frac{E\,[\mathrm{kV}] \times 10^3}{r\,[\mathrm{cm}] \times 10^{-2} \times 2.3036 \log_{10} \frac{D}{r}}$$

$$= \frac{0.4343E}{r\log_{10}\frac{D}{r}}\,[\mathrm{kV/cm}] \qquad (15\text{-}40)$$

단, E는 중성점에 대한 전압의 실효값[kV]이다.

중성점에 대한 코로나의 임계전압(臨界電壓) E_0[kV]는 위 식의 g를 $g_0=$ 21.1[kV/cm]로 두어 정리하면 다음과 같다.

$$21.1 = \frac{0.4343}{r\log_{10}\frac{D}{r}}E_0 \qquad (15\text{-}41)$$

$$\therefore\ E_0 = 24.3\times 2r\times \log_e\frac{D}{r} = 24.3d\log_{10}\frac{D}{r} \qquad (15\text{-}42)$$

단, $d=2r=$ 전선의 지름[cm]

위 식에서 알 수 있듯이 전선의 굵기가 커지면 코로나 임계 전압이 높아져서 코로나의 발생은 억제된다. 반대로 전선이 가늘어지면 코로나의 임계 전압이 내려가서 코로나가 일어나기 쉬워진다. 실제로는 위 식 대신에 전선 표면의 상태라든가 일기 등에 관계하는 여러 가지 계수를 고려해서 E_0는 보통 다음과 같이 나타내고 있다.

$$E_0 = 24.3m_0m_1\delta d\log_{10}\frac{D}{r}\,[\mathrm{kV}] \qquad (15\text{-}43)$$

단, m_0 : 전선의 표면 상태에 의해서 정해지는 계수로서 표 15-2의 값을 취한다.

표 15-2

전선 표면의 상태	m_0
닦여진 단선	1
표면이 거친 단선	0.93~0.98
중공동선	0.90~0.94
7개로 꼬인 전선	0.83~0.87
19~61개 꼬은 전선	0.80~0.85

m_1 : 일기에 관계하는 계수로서 공기의 절연 내력의 저하도를 나타내고 맑은 날은 1.0, 우천시(비, 눈, 안개 등)는 0.8로 잡고 있다.

δ : 상대공기밀도로서 기온 t[℃]에서의 기압을 b[mmHg]로 하면

$$\delta = \frac{0.386b}{273+t}\left(\frac{760 \times x}{273+20} = 1\right) \quad \therefore x = 0.386 \tag{15-44}$$

로 표시된다. 표준 기압 $b=760$[mmHg], 표준 기온 $t=20$[℃]의 경우 $\delta=1$로 된다. b의 값은 토지의 높이에 따라 달라지는데 그 개략값은 표 15-3과 같다.

표 15-3 표고와 대기압과의 관계

표고[m]	0	500	1,000	1,500	2,000	2,500	3,000	3,500
기압 b[mmHg]	760	711	668	627	590	555	521	489

15.6.2 코로나 장해 및 방지 대책

(1) 코로나 손실

코로나가 발생하면 코로나 손실이 발생해서 송전 효율을 저하시킨다. 송전선의 코로나에 관한 연구자로서 유명한 F. W. Peek는 3상 3선식 정3각형 배치의 송전선에서의 코로나손 계산식으로서 다음과 같은 Peek의 실험식을 제시하였다.

$$P = \frac{241}{\delta}(f+25)\sqrt{\frac{d}{2D}}(E-E_0)^2 \times 10^{-5}[\text{kW/km/line}] \tag{15-45}$$

단, E : 전선의 대지전압[kV], E_0 : 코로나 임계전압[kV], f : 주파수, d : 전선의 지름[cm], D : 선간거리[cm], δ : 상대공기밀도이다.

전선비를 절약하기 위해서 가는 전선을 사용하면 코로나가 발생해서 항상 코로나 손실을 발생한다. 그렇다고 굵은 전선을 사용하면 건설비가 비싸지므로 보통 이것들을 고려해서 경제적인 전선의 굵기를 결정하도록 하고 있다.

(2) 코로나 잡음

코로나 방전은 전선의 표면에서 전위 경도가 30[kV/cm]를 넘을 때에만 일어나는 것이므로 그림 15-14와 같이 코로나는 교류 전압의 반파마다 간헐적으로 일어나게 된다.

이와 같이 과도적으로 발생하는 코로나 펄스는 선로에 따라서 전파되어 송전선로 근방에 있는 라디오라든가 텔레비전의 수신 또는 송전선로의 보호, 보수용으로 사용되고 있는 반송 계전기나 반송 통신 설비에 잡음 방해를 주게 된다.

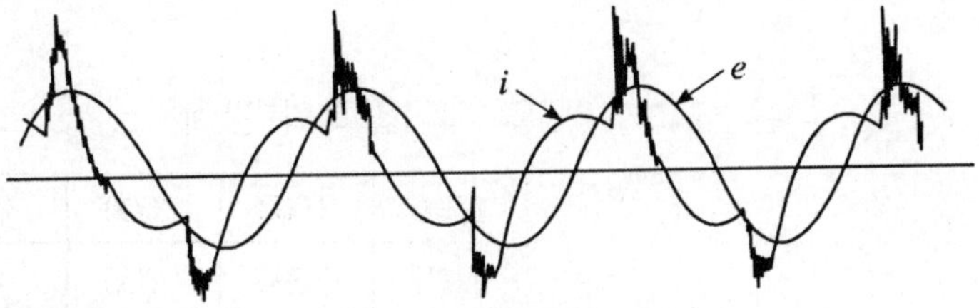

그림 15-14

(3) 통신선에의 유도 장해

코로나에 의한 고조파 전류 중 제3조파 성분은 중성점 전류로서 나타나고 중성점 직접 접지 방식의 송전선로에서는 부근의 통신선에 유도장해를 일으킬 우려가 있다.

(4) 소호 리액터의 소호 능력 저하

1선 지락시에 있어서 건전상의 대지 전압 상승에 의한 코로나 발생은 고장점의 잔류 전류의 유효분을 증가해서 소호 능력을 저하시키기 때문에 소호 리액터 접지 방식에서는 이것이 문제로 된다.

(5) 전선의 부식 촉진

코로나에 의한 화학 작용으로 전선 지지점 등에서 전선의 부식이 일어나게 된다.

한편 송전 선로에서의 이상 전압 진행파를 이 코로나의 저항 작용으로 감소시킬 수 있다는 이점도 없지 않으나 코로나는 특히 (1), (2)항의 나쁜 영향이 크므로 코로나의 발생은 가능한 한 피하도록 하지 않으면 안된다.

코로나의 발생을 방지하기 위해서는 무엇보다도 코로나 발생의 임계전압을 상규 전압 이상으로 높여 주도록 하면 되는 것이므로 이를 위한 방치 대책으로서는 다음과 같다.

① 굵은 전선을 사용한다.
② 복도체를 사용한다.
③ 가선금구(架線金具)를 개량한다.

연 습 문 제

1. 가공 송전선의 코로나 임계전압에 영향을 미치는 것들에 대해서 설명하여라.

2. 연가를 하는 주된 목적은?

3. 전선 a, b, c가 일직선으로 배치되어 있다. a와 b, b와 c 사이의 거리가 각각 5[m]일 때 이 선로의 등가 선간거리는 몇 [m]인가?

4. 복도체에 있어서 소도체의 반지름을 r[m], 소도체 사이의 간격을 s[m]라고 할 때 2개의 소도체를 사용한 복도체의 등가 반지름은?

5. 3상 3선식 선로에 있어서 각 선의 대지정전용량이 C_s[F], 선간 정전용량이 C_m[F]일 때 1선의 작용 정전용량은 얼마인가?

6. 송전선로의 복도체와 다도체를 사용하는 주된 목적은?

7. 복도체를 사용하면 송전용량이 증가하는 가장 주된 이유는?

8. 표피작용이란 무엇인가?

9. 정전용량이란 무엇인가?

10. 코로나 방전이란 무엇인가?

11. 코로나 발생을 방지하기 위한 대책은?

제 16 장

송전특성

16.1 개 요

송전선로는 각 전선마다 선로 정수, 저항, 인덕턴스, 정전용량, 누설 콘덕턴스가 선로에 따라 균일하게 분포되어 있는 **분포정수회로**(分布定數回路 ; distributed parameter circuit)로서 송·수전단의 전압, 전류의 관계 손실 기타의 특성을 계산하기 위해서는 분포정수회로로서 다루지 않으면 안 된다. 그러나 그 길이가 짧은 경우에는 선로정수를 1개소 또는 수개소에 집중시킨 소위 **집중정수회로**(集中定數回路 ; lumped parameter circuit)로서 취급하더라도 관계없다.

① 수십 [km] 정도의 단거리 송전선로에 있어서는 누설 콘덕턴스와 정전용량은 무시하고 저항과 인덕턴스가 1개소에 집중되어 있는 집중정수회로로 취급한다.

② 100[km] 정도까지의 중거리 송전선로에서는 누설 콘덕턴스는 무시하고 정전용량이 선로의 중앙 또는 양단에 집중되어 있는 것으로서 취급한 이른바 T형회로, π형회로의 두 종류의 등가회로를 생각한다. 이것도 집중정수회로로 취급한다.

③ 수백 [km] 이상의 장거리 송전선로에서는 길이가 길어지므로 누설 콘덕턴스까지 포함시킨 분포정수회로로서 취급하지 않으면 안 된다.

16.2 집중정수회로(集中定數回路)

단거리 및 중거리 송전선로에서는 누설 콘덕턴스를 무시하고 특히 단거리 선로에서는 정전용량의 크기가 아주 작으므로 이것을 무시해서 이를 단일 임피던스 회로로 취급하고 있다. 중거리 선로에서는 정전용량을 고려해야 하기 때문에 $\dot{Z}$와 $\dot{Y}$로 된 집중정수회로로 취급하게 되는데 이 경우에는 통상 T형 또는 π형 등가회로로 나타내고 있다.

16.2.1 단거리 송전선로

단거리 송전선로에서는 선로정수로서 저항과 인덕턴스만을 생각하면 되므로 단상의 등가회로는 그림 16-1처럼 단일(집중) 임피던스회로가 된다.

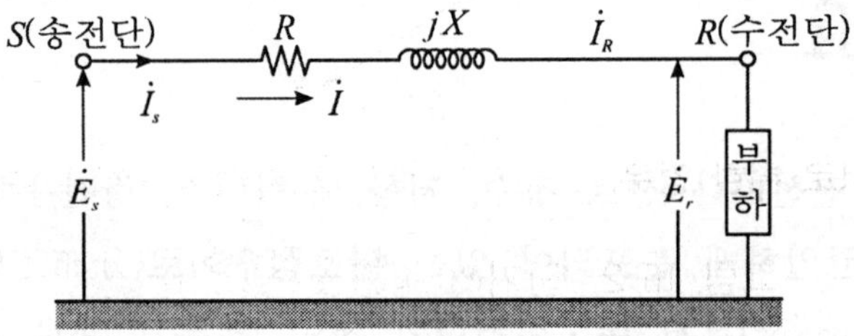

그림 16-1 단거리 송전선로의 등가회로

그림에서 $\dot{E}_s$와 $\dot{E}_r$는 각각 송전단과 수전단의 중성점에 대한 대지 전압이다. 지금 $\dot{E}_r$와 전류 $\dot{I}$와의 상차각을 θ_r라고 하고 $\dot{E}_r$를 기준 벡터로 잡아주면 그림 16-2의 벡터도로부터 송전단 전압은 다음 식으로 구해진다.

$$\dot{E}_s = \dot{E}_r + \dot{I}\dot{Z}$$

$$\dot{E}_s = \dot{E}_r + IR\cos\theta_r + IX\sin\theta_r + j(IX\cos\theta_r - IR\sin\theta_r) \qquad (16\text{-}1)$$

곧

$$\dot{E}_s = \sqrt{(\dot{E}_r + IR\cos\theta_r + IX\sin\theta_r)^2 + (IX\cos\theta_r - IR\sin\theta_r)^2} \qquad (16\text{-}2)$$

$\sqrt{\ }$ 내의 제2항은 제1항에 비해 훨씬 작기 때문에 이 항을 무시하면

$$\dot{E}_s \fallingdotseq \dot{E}_r + I(R\cos\theta_r + X\sin\theta_r) \tag{16-3}$$

로 된다.

따라서 선로 임피던스 강하는 다음과 같이 된다.

$$\text{전압강하} = E_s - E_r = I(R\cos\theta_r + X\sin\theta_r) \tag{16-4}$$

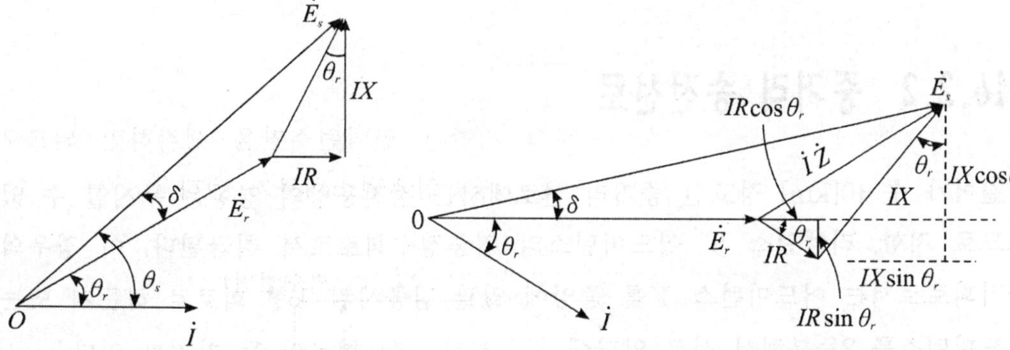

(a) $\dot{I}$를 기준 벡터로 취한 경우 (b) $\dot{E}_r$를 기준 벡터로 취한 경우

그림 16-2 단거리 송전 선로의 벡터도

송전단 전압의 크기(E_s)와 수전단 전압의 크기(E_r)의 관계를 나타내는데 다음과 같은 전압강하율(ε)을 많이 쓰고 있다.

$$\text{전압강하율 } \varepsilon = \frac{E_s - E_r}{E_r} \times 100[\%]$$

$$= \frac{I(R\cos\theta_r + X\sin\theta_r)}{E_r} \times 100[\%] \tag{16-5}$$

단거리 송전선이나 배전선에서의 전압강하의 산출은 식 (16-4)를 쓰면 된다.

여기서 E_s, E_r는 각각 송수전단의 대지 전압(=상전압)이다. 따라서 만일 선간 전압(V_s, V_r)으로 식을 세우고 싶으면 식 (16-4)의 양변을 $\sqrt{3}$배 해주면 된다. 즉,

$$V_s = V_r + \sqrt{3}I(R\cos\theta_r + X\sin\theta_r) \tag{16-6}$$

이다.

또, 이 때의 수전단 전력 P_r, 송전단 전력 P_s는 각각

$$P_r = \sqrt{3}\,V_r I\cos\theta_r \tag{16-7}$$

$$P_s = \sqrt{3}\,V_r I\cos\theta_r + 3I^2R \tag{16-8}$$

로 된다.

16.2.2 중거리 송전선로

길이가 수 10[km] 정도인 중거리 선로에서는 정전용량의 영향은 무시할 수 없으므로 저항, 리액턴스 및 어드미턴스의 집중정수회로로서 취급된다. 이 경우의 등가회로로서는 어드미턴스 Y를 중앙에 일괄 집중시킨 T형 회로로 하든지 또는 어드미턴스를 2등분해서 선로 양단에 집중시킨 π형 회로의 두 가지가 있다.

(1) T형 회로

T형 회로는 그림 16-3에 나타낸 바와 같이 정전용량(어드미턴스 Y를)을 선로의 중앙에 집중시키고 임피던스 $\dot{Z}$를 2등분해서 그 양측에 나누어준 것이다.

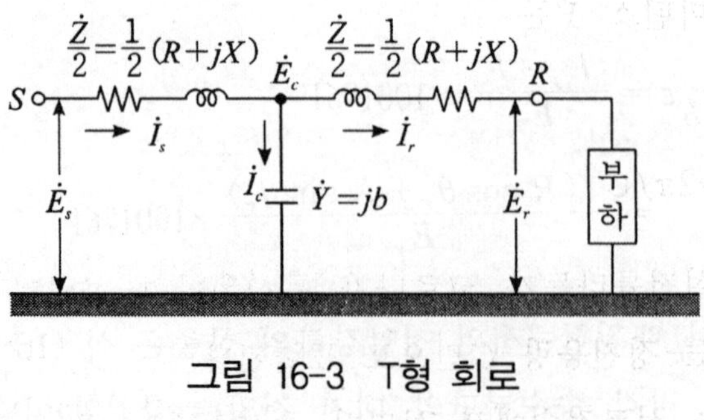

그림 16-3 T형 회로

이 경우 각 부분의 전압, 전류 및 각 정수를 그림 16-3과 같이 나타낸다면

$$\dot{E}_c = \dot{E}_r + \frac{1}{2}\dot{Z}\dot{I}_r \tag{16-9}$$

$$\dot{I}_c = \dot{Y}\dot{E}_c \tag{16-10}$$

로 되므로 송전단의 전압 및 전류는 다음과 같이 된다.

$$\left.\begin{aligned} \dot{E}_s &= \dot{E}_c + \frac{\dot{Z}}{2}\dot{I}_s = \left(1 + \frac{\dot{Z}\dot{Y}}{2}\right)\dot{E}_r + \dot{Z}\left(1 + \frac{\dot{Z}\dot{Y}}{4}\right)\dot{I}_r \\ \dot{I}_s &= \dot{I}_r + \dot{I}_c = \left(1 + \frac{\dot{Z}\dot{Y}}{2}\right)\dot{I}_r + \dot{E}_r\dot{Y} \end{aligned}\right\} \tag{16-11}$$

이것을 벡터도로 나타내면 그림 16-4와 같이 된다.

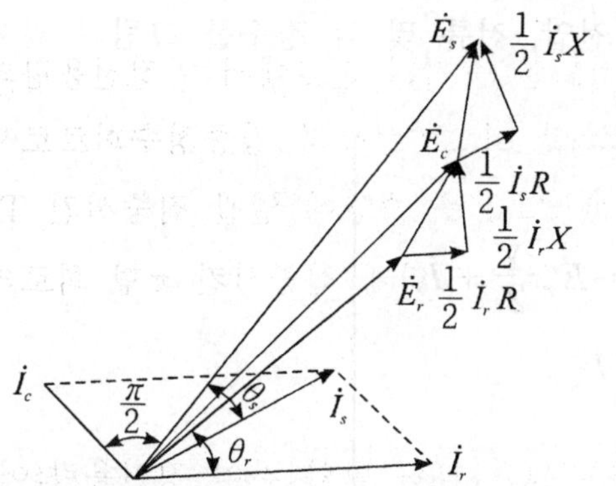

그림 16-4 T형 회로의 벡터도

일반적으로 어드미턴스 $\dot{Y}$는

$$\begin{aligned} \dot{Y} &= g + jb \\ &= g + j2\pi fC \end{aligned} \tag{16-12}$$

로 표현되지만 누설전류라든가 코로나가 무시된다면 콘덕턴스 $g=0$으로 된다. 따라서 어드미턴스는 정전용량 C만으로 표현된다.

또 여기서의 C는 선로정수에서 설명한 중성점에 대한 1상당의 정전용량으로서 이른바 작용용량이라는 것은 더 말할 것 없다.

(2) π형 회로

π형 회로는 그림 16-5에 나타낸 바와 같이 Z를 전부 송전선로의 중앙에 집중시키고 어드미턴스 $\dot{Y}$는 2등분해서 선로의 양단에 나누어 준 것이다.

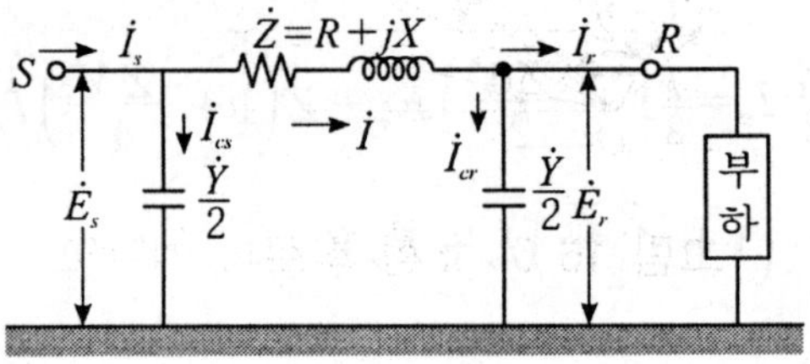

그림 16-5 π형 회로

이 경우 각 부분의 전압, 전류 및 각 정수를 그림과 같이 나타낸다면

$$\left.\begin{aligned}
\dot{I}_{cr} &= \dot{E}_r \frac{\dot{Y}}{2} \\
\dot{I} &= \dot{I}_{cr} + \dot{I}_r = \dot{E}_r \frac{\dot{Y}}{2} + \dot{I}_r \\
\dot{E}_s &= \dot{E}_r + \dot{Z}\dot{I} \\
\dot{I}_{cs} &= \dot{E}_s \frac{\dot{Y}}{2} \\
\dot{I}_s &= \dot{I}_{cs} + \dot{I}
\end{aligned}\right\} \tag{16-13}$$

이므로 송전단의 전압 및 전류는 다음과 같이 된다.

$$\left.\begin{aligned}
\dot{E}_s &= \left(1 + \frac{\dot{Z}\dot{Y}}{2}\right)\dot{E}_r + \dot{Z}\dot{I}_r \\
\dot{I}_s &= \dot{Y}\left(1 + \frac{\dot{Z}\dot{Y}}{4}\right)\dot{E}_r + \left(1 + \frac{\dot{Z}\dot{Y}}{2}\right)\dot{I}_r
\end{aligned}\right\} \tag{16-14}$$

이것을 벡터도로 나타내면 그림 16-6과 같이 된다.

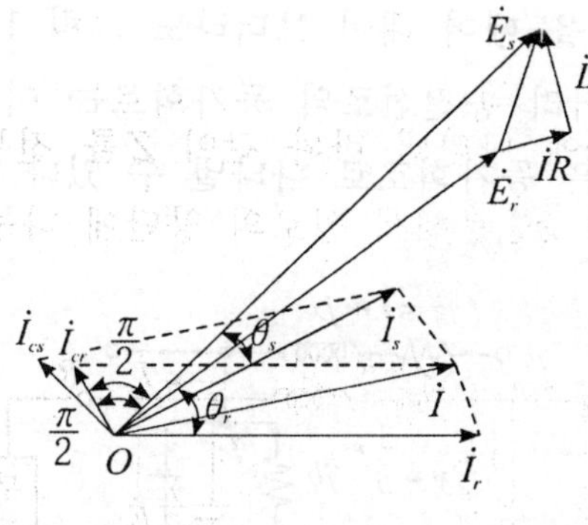

그림 16-6 π형 회로의 벡터도

우리나라의 송전선은 100[km] 정도 미만의 것이 대부분인데 일반적으로 이러한 경우의 등가회로로서는 T형 회로보다 π형 회로를 사용하는 것이 보다 실용적이라고 할 수 있다.

16.3 분포정수회로(分布定數回路)

16.3.1 전파방정식

송전선의 길이가 100[km] 정도 이상으로 되면 송전선로는 이제까지의 집중 정수회로로 취급할 수 없게 된다. 우선 장거리 송전선로에서는 선로정수가 선로에 따라서 균일하게 분포되어 있기 때문에 이것을 집중정수로 취급한다면 실제의 전압, 전류 분포를 정확하게 표현할 수 없기 때문이다.

여기서는 선로정수가 균일하게 분포하고 있는 분포정수회로의 취급에 대해서 설명하고 장거리 송전선의 전압, 전류 특성을 살펴보기로 한다.

지금 송전선로 단위길이당의 직렬 임피던스 $\dot{z}$ 및 병렬 어드미턴스 $\dot{y}$를

$$\left.\begin{aligned}\dot{z} &= r + j\omega L = r + jx\,[\Omega/\mathrm{km}] \\ \dot{y} &= g + j\omega C = g + jb\,[\mho/\mathrm{km}]\end{aligned}\right\} \tag{16-15}$$

라고 한다.

이 $\dot{z}$와 $\dot{y}$는 선로의 전체 길이 l[km]에 걸쳐서 균등하게 분포하고 있어서 가

령 선로의 어느 미소 부분을 떼어 내어 보더라도 그림 16-7과 같은 회로의 연속이 될 것이다. 따라서 장거리 송전선로의 등가회로는 이와 같은 미소 부분의 등가회로가 그림 16-8과 같은 등가회로로 나타낼 수 있다.

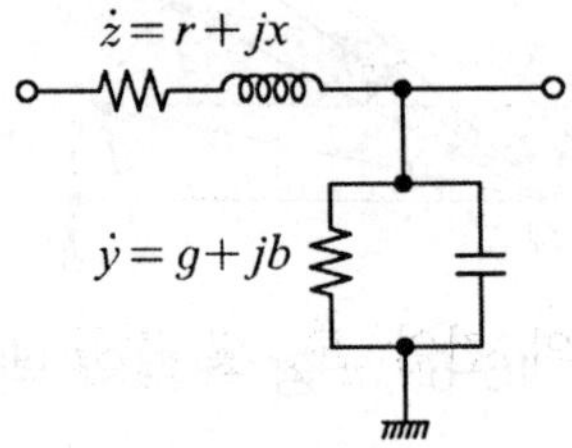

그림 16-7 송전선로 미소 부분의 등가회로

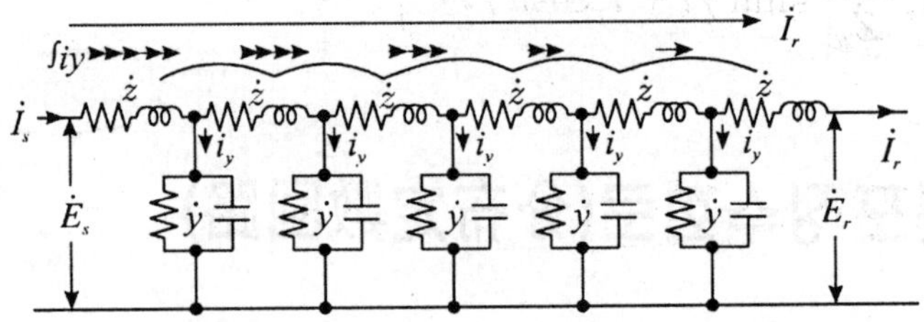

그림 16-8 장거리 송전선로의 등가회로

그림 16-9에 나타낸 바와 같이 전류의 정방향을 x가 증가하는 방향 즉, 왼편으로부터 오른편으로 취하고 송전단에서부터 x의 거리만큼 떨어진 곳에 미소한 전선의 부분 dx를 생각하고 그 입구의 전압, 전류의 값을 각각 $\dot{E}$, $\dot{I}$, 출구의 그것을 각각 $\dot{E}+d\dot{E}$, $\dot{I}+d\dot{I}$라고 하자.

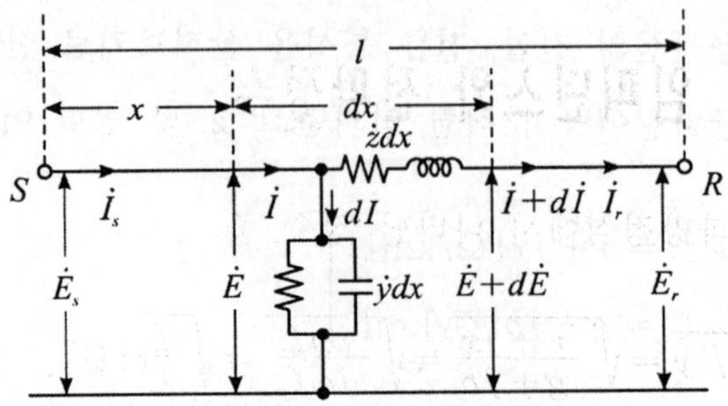

그림 16-9 송전선 각 부분의 전압, 전류의 관계

이 때 이 부분의 직렬 임피던스 $\dot{z}dx$에 의해서 전압은 저하되고 병렬 어드미턴스 $\dot{y}dx$에 의해서 전류는 분류되어서 감소한다. 이 전압강하와 전류의 감소량을 각각 $d\dot{E}$, $d\dot{I}$라고 두면 다음과 같다.

$$\left.\begin{aligned} d\dot{E} &= -\dot{I}\dot{z}dx \\ d\dot{I} &= -\dot{E}\dot{y}dx \end{aligned}\right\} \tag{16-16}$$

식 (16-16)으로부터 송전단의 전압 $\dot{E}_s$ 및 전류 $\dot{I}_s$를 구하면

$$\left.\begin{aligned} \dot{E}_s &= \dot{E}_r \cosh\dot{\gamma}l + \dot{I}_r \dot{Z}_w \sinh\dot{\gamma}l \\ \dot{I}_s &= \dot{E}_r \frac{1}{\dot{Z}_w} \sinh\dot{\gamma}l + \dot{I}_r \cosh\dot{\gamma}l \end{aligned}\right\} \tag{16-17}$$

로 된다.

여기서

$$\left.\begin{aligned} \dot{Z}_w &= \sqrt{\dot{z}/\dot{y}} \\ \dot{\gamma} &= \sqrt{\dot{z}\dot{y}} \end{aligned}\right\} \tag{16-18}$$

이다.

장거리 송전선로에서의 송수전단 전압 및 전류의 관계는 위식으로 표현된다.

식 (16-17)은 전파방정식(transmission equation)으로써 송전선이나 통신선에서 전선로에 전해지는 교류전압 및 전류의 성질을 나타내는 기본식이다.

16.3.2 특성 임피던스와 전파정수

식 (16-18)의 전파방정식에서 나타난 정수 중

$$\dot{Z}_w = \sqrt{\dot{z}/\dot{y}} = \sqrt{\frac{r+jx}{g+jb}} \fallingdotseq \sqrt{\frac{j\omega L}{j\omega C}} = \sqrt{\frac{L}{C}}\,[\Omega] \tag{16-19}$$

를 송전선의 특성 임피던스 또는 파동 임피던스라고 부른다.

이것은 송전선을 이동하는 진행파에 대한 전압과 전류의 비로서 그 송전선 특유의 것이다. 또, 이것은 [Ω]의 차원을 가지는 것으로서 저항 및 누설 콘덕턴스를 무시하면 $\sqrt{L/C}$로 두어지는데 이것은 순저항으로서 가공송전선에서는 일반적 특성 임피던스는 보통 300~500[Ω] 정도이고 전파정수는 60[Hz]에서 $j(1.2 \sim 1.4)\times 10^{-3}$정도이다.

한편

$$\dot{\gamma}=\sqrt{\dot{z}\dot{y}}=\sqrt{(r+jx)(g+jb)}\fallingdotseq\sqrt{j\omega L\cdot j\omega C}$$
$$=j\omega\sqrt{LC}\,[\text{red}] \tag{16-20}$$

는 **전파정수**(propagation constant)이다. 이것은 전압, 전류가 선로의 끝 송전단에서부터 멀어져 감에 따라서 그 진폭이라든가 위상이 변해가는 특성과 관계가 있는 것이다.

지금 $\dot{\gamma}=\alpha+j\beta$로 두면 $\varepsilon^{-\dot{\gamma}x}=\varepsilon^{-\alpha x}\cdot\varepsilon^{-j\beta x}$로 되며 이중 $\varepsilon^{-\alpha x}$는 송전단으로부터 멀어져감에 따라서 진폭이 저하해 가는 특성을, $\varepsilon^{-j\beta x}$는 위상이 늦어져 가는 특성을 나타내게 되어 이로부터 α를 **감쇄정수**(attenuation constant), β를 **위상정수**(phase constant)라고 부르고 있다.

이 $\dot{Z}_w$와 $\dot{\gamma}$는 송전선에 대해서 무부하시험과 단락시험을 실시해서 다음과 같이 실측을 통해 구할 수 있다. 곧 수전단을 개방해서 송전단에 인가하면 송전단의 전압, 전류는 식 (16-17)에서 $\dot{I}_r=0$이라 두면 다음과 같다.

$$\dot{E}_{so}=\dot{E}_{ro}\cosh\dot{\gamma}l$$

$$\dot{I}_{so}=\dot{E}_{ro}\frac{1}{\dot{Z}_w}\sinh\dot{\gamma}l$$

이 때 송전단에서 본 무부하 어드미턴스 Y_0는

$$Y_0=\frac{\dot{I}_{so}}{\dot{E}_{so}}=\frac{1}{\dot{Z}_w}\tanh\dot{\gamma}l \tag{16-21}$$

로 된다.

다음 수전단을 단락해서 송전단에 전압을 인가하면 송전단의 전압, 전류는 식

(16-17)에서 $\dot{E}_r=0$이라 두면 다음과 같다.

$$\dot{E}_{ss}=\dot{I}_{rs}\dot{Z}_w\sinh\dot{\gamma}l$$

$$\dot{I}_{ss}=\dot{I}_{rs}\cosh\dot{\gamma}l$$

이 때 송전단에서 본 단락 임피던스 $\dot{Z}_s$는

$$\dot{Z}_s=\frac{\dot{E}_{ss}}{\dot{I}_{ss}}\fallingdotseq\dot{Z}_w\tanh\dot{\gamma}l \tag{16-22}$$

로 된다. 식 (16-21), (16-22)로 부터

$$\dot{Z}_w=\sqrt{\dot{Z}_s/\dot{Y}_0} \tag{16-23}$$

$$\dot{\gamma}l=\tanh^{-1}\sqrt{\dot{Z}_s\dot{Y}_0} \tag{16-24}$$

로 되어 이 두 식으로부터 $\dot{Z}_w$와 γ를 쉽게 계산할 수 있다.

표 16-1 파동 임피던스의 개략값

종 류	파동 임피던스[Ω]
가공선 단도체	300 ~ 500
가공선 2도체	230 ~ 380
케 이 블	20 ~ 60
변 압 기	800 ~ 8,000
회 전 기	600 ~ 1,000

16.4 4단자정수(4端子定數)

이제까지 취급한 것은 송전선로의 전체 구간에 걸쳐서 선로정수가 균일하게 분포된 것으로 보았으나 실제의 송전선로에서는 정수가 서로 다른 선로가 연결되거나 분기선이 있고 또한 선로의 중간에 변압비가 접속된다든가 해서 복잡한 회로를 구성하게 된다. 이와 같은 일반적인 회로를 취급할 경우에는 회로의 특성을 4단자정수(four terminal constants)로 나타내는 것이 실용적이다.

그림 16-10과 같이 송전선로는 송수전단에 2개의 단자를 가지고 선로정수는 양단자의 어느 쪽에서 보더라도 대칭이고 또한 중간에 기전력을 보유하지 않기 때문에 이것을 4단자회로로서 취급하는 것이 보다 편리한 경우가 많다.

따라서 송수전단의 전압, 전류의 관계는 다음과 같이 표현된다.

$$\begin{bmatrix} \dot{E}_s \\ \dot{I}_s \end{bmatrix} = \begin{bmatrix} \dot{A} & \dot{B} \\ \dot{C} & \dot{D} \end{bmatrix} \begin{bmatrix} \dot{E}_r \\ \dot{I}_r \end{bmatrix} \tag{16-25}$$

단, $\dot{A}$, $\dot{B}$, $\dot{C}$, $\dot{D}$는 4단자 정수이며 이들 사이에는 $\dot{A}\dot{D} - \dot{B}\dot{C} = 1$의 관계가 있다.

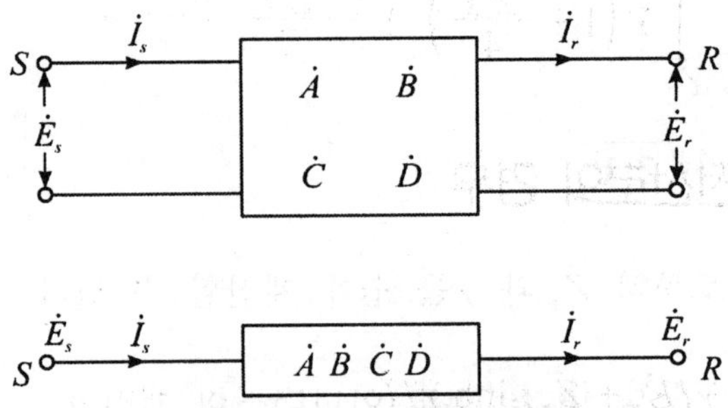

그림 16-10 4단자 정수회로

단거리, 중거리 및 장거리 송전선로의 송수전단 전압, 전류의 관계를 이 4단자 정수로 나타내면 다음과 같이 된다.

(1) 단거리 송전선로의 경우

그림 16-1에서

$$\left.\begin{aligned} \dot{E}_s &= \dot{E}_r + \dot{Z}\dot{I}_r \\ \dot{I}_s &= \dot{I}_r \end{aligned}\right\} \tag{16-26}$$

이므로 다음과 같다.

$$\begin{bmatrix} \dot{A} & \dot{B} \\ \dot{C} & \dot{D} \end{bmatrix} = \begin{bmatrix} 1 & \dot{Z} \\ 0 & 1 \end{bmatrix} \tag{16-27}$$

(2) 중거리 송전선로의 경우

T형 회로일 경우는 식 (16-11)로부터 식 (16-28)과 같이 된다.

$$\begin{bmatrix} \dot{A} & \dot{B} \\ \dot{C} & \dot{D} \end{bmatrix} = \begin{bmatrix} 1+\dfrac{\dot{Z}\dot{Y}}{2} & Z\left(1+\dfrac{\dot{Z}\dot{Y}}{4}\right) \\ \dot{Y} & 1+\dfrac{\dot{Z}\dot{Y}}{2} \end{bmatrix} \tag{16-28}$$

π형 회로일 경우는 식 (16-14)로부터 식 (16-29)와 같이 된다.

$$\begin{bmatrix} \dot{A} & \dot{B} \\ \dot{C} & \dot{D} \end{bmatrix} = \begin{bmatrix} 1+\dfrac{\dot{Z}\dot{Y}}{2} & \dot{Z} \\ Y\left(1+\dfrac{\dot{Z}\dot{Y}}{4}\right) & 1+\dfrac{\dot{Z}\dot{Y}}{2} \end{bmatrix} \tag{16-29}$$

(3) 장거리 송전선로의 경우

식 (16-17)의

$$\dot{E}_s = \cosh\dot{\gamma}l\dot{E}_r + \dot{Z}_w\sinh\dot{\gamma}l\dot{I}_r$$

$$\dot{I}_s = \frac{1}{\dot{Z}_w}\sinh\dot{\gamma}l\dot{E}_r + \cosh\dot{\gamma}l\dot{I}_r$$

로 부터

$$\left.\begin{aligned} \dot{A} = \dot{D} &= \cosh\dot{\gamma}l \\ \dot{B} &= \dot{Z}_w\sinh\dot{\gamma}l \\ \dot{C} &= \frac{1}{\dot{Z}_w}\sinh\dot{\gamma}l \end{aligned}\right\} \tag{16-30}$$

로 된다.

이들은 실제로 계산하기 위해서는

$$\left.\begin{aligned} \cosh\dot{\gamma}l &= \cosh(\alpha+j\beta) = \cosh\alpha\cos\beta - j\sinh\alpha\sin\beta \\ \sinh\dot{\gamma}l &= \sinh(\alpha+j\beta) = \sinh\alpha\cos\beta + j\cosh\alpha\sin\beta \end{aligned}\right\} \tag{16-31}$$

의 관계로부터 삼각함수표와 쌍곡선함수표를 사용해서 정확하게 계산할 수 있지만, 60[Hz]의 송전선에서는 선로의 길이가 수 100[km]가 되더라도 $\dot{\gamma} l$은 1에 비해서 상당히 작기 때문에 쌍곡선함수에 관한 다음의 전개식에서 최초의 3항까지만 취해서 근사적으로 계산하여도 충분하다(100[km] 미만의 송전선에서는 최초의 2항만으로도 충분하다).

$$\left.\begin{aligned} \dot{A} &= \dot{D} = \cosh \dot{\gamma} l = 1 + \frac{\dot{Z}\dot{Y}}{2} + \frac{(\dot{Z}\dot{Y})^2}{24} + \cdots\cdots \\ \dot{B} &= \dot{Z}_w \sinh \dot{\gamma} l = Z\left\{1 + \frac{\dot{Z}\dot{Y}}{6} + \frac{(\dot{Z}\dot{Y})^2}{120} + \cdots\cdots\right\} \\ \dot{C} &= \frac{1}{\dot{Z}_w} \sinh \dot{\gamma} l = \dot{Y}\left\{1 + \frac{\dot{Z}\dot{Y}}{6} + \frac{(\dot{Z}\dot{Y})^2}{120} + \cdots\cdots\right\} \end{aligned}\right\} \tag{16-32}$$

즉,

$$\begin{bmatrix} \dot{A} & \dot{B} \\ \dot{C} & \dot{D} \end{bmatrix} = \begin{bmatrix} 1 + \frac{\dot{Z}\dot{Y}}{2} + \frac{(\dot{Z}\dot{Y})^2}{24} & Z\left(1 + \frac{\dot{Z}\dot{Y}}{6} + \frac{(\dot{Z}\dot{Y})^2}{120}\right) \\ \dot{Y}\left(1 + \frac{\dot{Z}\dot{Y}}{6} + \frac{(\dot{Z}\dot{Y})^2}{120}\right) & 1 + \frac{\dot{Z}\dot{Y}}{2} + \frac{(\dot{Z}\dot{Y})}{24} \end{bmatrix} \tag{16-33}$$

또는

$$\begin{bmatrix} \dot{A} & \dot{B} \\ \dot{C} & \dot{D} \end{bmatrix} = \begin{bmatrix} 1 + \frac{\dot{Z}\dot{Y}}{2} & Z\left(1 + \frac{\dot{Z}\dot{Y}}{6}\right) \\ \dot{Y}\left(1 + \frac{\dot{Z}\dot{Y}}{6}\right) & 1 + \frac{\dot{Z}\dot{Y}}{2} \end{bmatrix} \tag{16-34}$$

를 사용해도 무방하다.

이 4단자정수를 사용하면 선로에 기기가 접속된 경우 또는 정수가 서로 다른 선로가 접속된 경우 등의 취급이 아주 편리해진다.

그림 16-11처럼 2개의 회로가 직렬로 접속되었을 경우 이의 합성 4단자정수인 $\dot{A}$, $\dot{B}$, $\dot{C}$, $\dot{D}$는 다음과 같이 산출한다.

$$\begin{bmatrix} \dot{A} & \dot{B} \\ \dot{C} & \dot{D} \end{bmatrix} = \begin{bmatrix} \dot{A}_1 & \dot{B}_1 \\ \dot{C}_1 & \dot{D}_1 \end{bmatrix} \begin{bmatrix} \dot{A}_2 & \dot{B}_2 \\ \dot{C}_2 & \dot{D}_2 \end{bmatrix} = \begin{bmatrix} \dot{A}_1\dot{A}_2 + \dot{B}_1\dot{C}_2 & \dot{A}_1\dot{B}_2 + \dot{B}_1\dot{D}_2 \\ \dot{A}_2\dot{C}_1 + \dot{C}_2\dot{D}_1 & \dot{B}_2\dot{C}_1 + \dot{D}_1\dot{D}_2 \end{bmatrix} \tag{16-35}$$

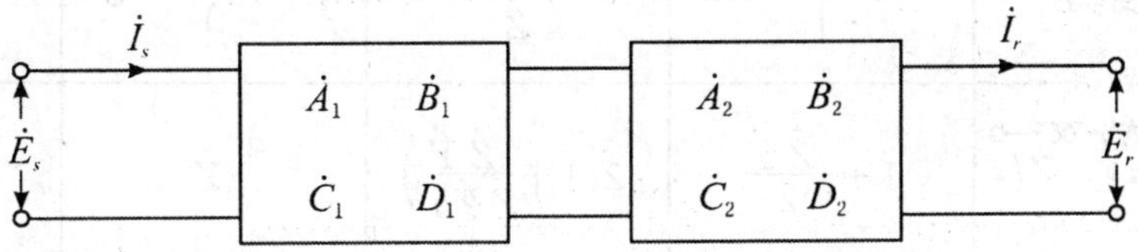

그림 16-11

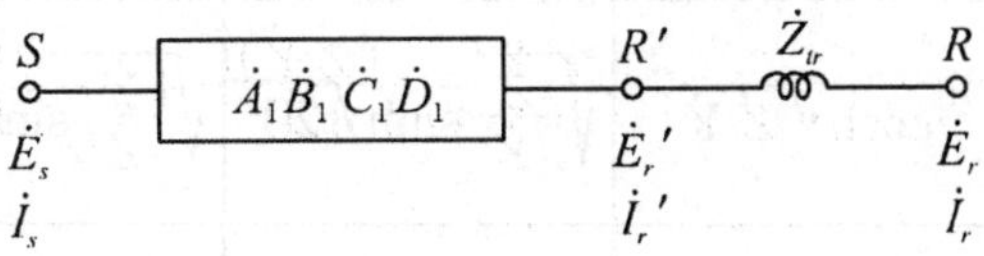

그림 16-12

가령 그림 16-12에 나타낸 것처럼 송전선의 수전단에 변압기 $\dot{Z}_{tr}$가 접속된 경우 $R'-R$사이의 $\dot{Z}_{tr}$에 관한 4단자 정수는

$$\dot{E}_r' = \dot{E}_r + \dot{I}_r\dot{Z}_{tr}$$
$$\dot{I}_r' = \dot{I}_r$$

의 관계로부터 $\begin{pmatrix} 1 & \dot{Z}_{tr} \\ 0 & 1 \end{pmatrix}$로 구해지므로 이 때 $S-R$사이의 합성 4단자정수 $\dot{A}$, $\dot{B}$, $\dot{C}$, $\dot{D}$는

$$\begin{bmatrix} \dot{A} & \dot{B} \\ \dot{C} & \dot{D} \end{bmatrix} = \begin{bmatrix} \dot{A}_1 & \dot{B}_1 \\ \dot{C}_1 & \dot{D}_1 \end{bmatrix} \begin{bmatrix} 1 & \dot{Z}_{tr} \\ 0 & 1 \end{bmatrix}$$
$$= \begin{bmatrix} \dot{A}_1 & \dot{A}_1\dot{Z}_{tr} + \dot{B} \\ \dot{C} & \dot{C}_1\dot{Z}_{tr} + \dot{D}_1 \end{bmatrix} \tag{16-36}$$

처럼 행렬 계산을 통해서 쉽게 구해진다.

송전 계통에서 여러 가지 회로의 4단자정수 예를 표 16-2에 나타내었다.

표 16-2

회로의 종류 (좌 송전단, 우 수전단)	4단자 정수			
	$\dot{A}_0$	$\dot{B}_0$	$\dot{C}_0$	$\dot{D}_0$
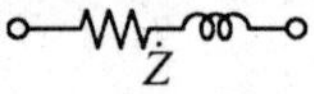	1	$\dot{Z}$	0	1
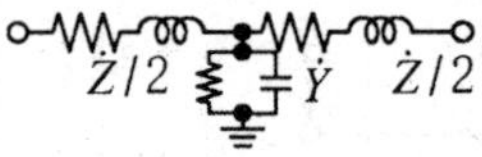	$1+\frac{\dot{Z}\dot{Y}}{2}$	$\dot{Z}\left(1+\frac{\dot{Z}\dot{Y}}{4}\right)$	$\dot{Y}$	$1+\frac{\dot{Z}\dot{Y}}{2}$
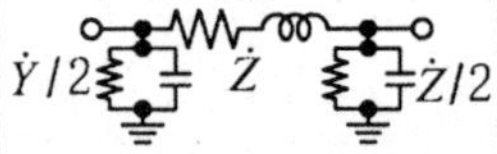	$1+\frac{\dot{Z}\dot{Y}}{2}$	$\dot{Z}$	$\dot{Y}\left(1+\frac{\dot{Z}\dot{Y}}{4}\right)$	$1+\frac{\dot{Z}\dot{Y}}{2}$
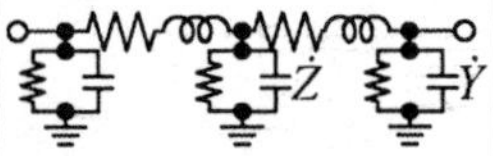	$\cosh\sqrt{\dot{Z}\dot{Y}}$	$\sqrt{\frac{\dot{Z}}{\dot{Y}}}\sinh\sqrt{\dot{Z}\dot{Y}}$	$\sqrt{\frac{\dot{Y}}{\dot{Z}}}\sinh\sqrt{\dot{Z}\dot{Y}}$	$\cosh\sqrt{\dot{Z}\dot{Y}}$
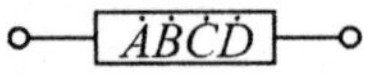	$\dot{A}$	$\dot{B}$	$\dot{C}$	$\dot{D}$
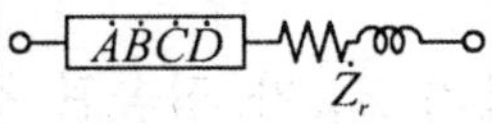	$\dot{A}$	$\dot{B}+\dot{A}\dot{Z}_r$	$\dot{C}$	$\dot{D}+\dot{C}\dot{Z}_r$
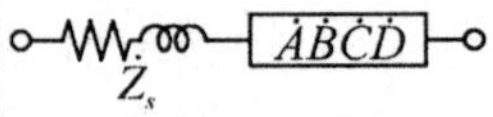	$\dot{A}+\dot{C}\dot{Z}_3$	$\dot{B}+\dot{D}\dot{Z}_s$	$\dot{C}$	$\dot{D}$
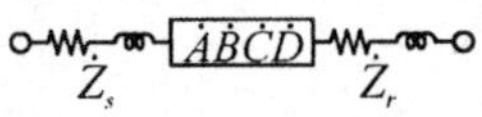	$\dot{A}+\dot{C}\dot{Z}_3$	$\dot{B}+\dot{A}\dot{Z}_r+\dot{D}\dot{Z}_s$	$\dot{C}$	$\dot{D}+\dot{C}\dot{Z}_r$
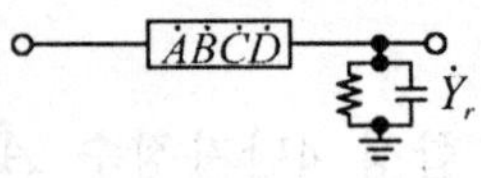	$\dot{A}+\dot{B}\dot{Y}_r$	$\dot{B}$	$\dot{C}+\dot{D}\dot{Y}_r$	$\dot{D}$
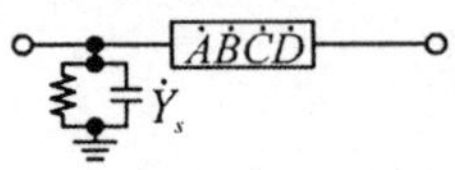	$\dot{A}$	$\dot{B}$	$\dot{C}+\dot{A}\dot{Y}_s$	$\dot{D}+\dot{B}\dot{Y}_s$
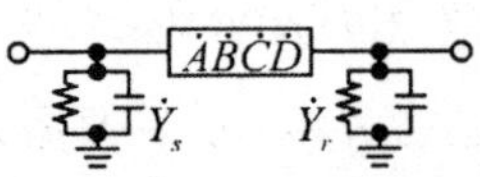	$\dot{A}+\dot{B}\dot{Y}_r$	$\dot{B}$	$+\dot{A}\dot{Y}_s+\dot{D}\dot{Y}_r$ $+\dot{B}\dot{Y}_s\dot{Y}_r$	$\dot{D}+\dot{B}\dot{Y}_s$
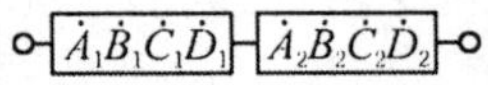	$\dot{A}_1\dot{A}_2+\dot{B}_1\dot{C}_2$	$\dot{A}_1\dot{B}_2+\dot{B}_1\dot{D}_2$	$\dot{C}_1\dot{A}_2+\dot{D}_1\dot{C}_2$	$\dot{C}_1\dot{B}_2+\dot{D}_1\dot{D}_2$

회로의 종류 (좌 송전단, 우 수전단)	4단자 정수			
	$\dot{A}_0$	$\dot{B}_0$	$\dot{C}_0$	$\dot{D}_0$
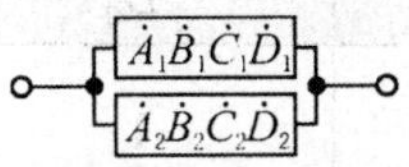	$\dfrac{\dot{A}_1\dot{B}_2+\dot{B}_1\dot{C}_2}{\dot{B}_1+\dot{B}_2}$	$\dfrac{\dot{B}_1\dot{B}_2}{\dot{B}_1+\dot{B}_2}$	$\dot{C}_1+\dot{C}_2+\dfrac{(\dot{A}_1-\dot{A}_2)(\dot{D}_2-\dot{D}_1)}{\dot{B}_1+\dot{B}_2}$	$\dfrac{\dot{B}_1\dot{D}_2+\dot{D}_1\dot{B}_2}{\dot{B}_1+\dot{B}_2}$
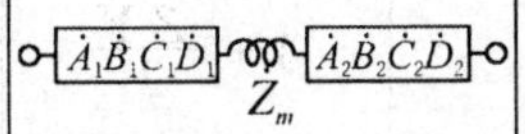	$\dot{A}_1\dot{A}_2+\dot{B}_1\dot{C}_2+\dot{A}_2\dot{C}_2\dot{Z}_m$	$\dot{A}_1\dot{B}_2+\dot{B}_1\dot{D}_2+\dot{A}_1\dot{D}_2\dot{Z}_m$	$\dot{A}_1\dot{A}_2+\dot{D}_1\dot{C}_2+\dot{C}_1\dot{C}_2\dot{Z}_m$	$\dot{C}_1\dot{B}_2+\dot{D}_1\dot{D}_2+\dot{C}_1\dot{D}_2\dot{Z}_m$
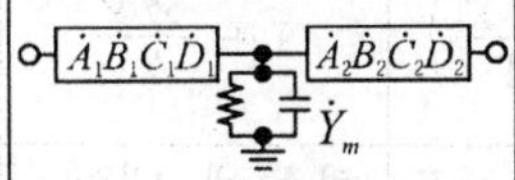	$\dot{A}_1\dot{A}_2+\dot{B}_1\dot{C}_2+\dot{B}_1\dot{A}_2\dot{Y}_m$	$\dot{A}_1\dot{B}_2+\dot{B}_1\dot{D}_2+\dot{B}_1\dot{B}_2\dot{Y}_m$	$\dot{A}_1\dot{A}_2+\dot{D}_1\dot{C}_2+\dot{D}_1\dot{A}_2\dot{Y}_m$	$\dot{C}_1\dot{B}_2+\dot{D}_1\dot{D}_2+\dot{B}_2\dot{Y}_m$

16.5 전력 및 전력원선도(電力圓線圖)

선로의 계산을 하는 경우 수식에 의한 방법과 도식에 의한 방법 등 2가지가 있다. 전자의 경우는 복잡하기는 하나 정확한 결과를 얻을 수 있다는 장점이 있고 후자의 경우는 개략적인 수를 간단히 구할 수 있고 또한 변화의 경향을 한눈으로 알 수 있는 장점이 있다.

도식 중 가장 널리 사용되고 있는 것은 전력원선도(power circle diagram)이다.

16.5.1 교류전력의 표시법

그림 16-13과 같이 전압 $\dot{E}=E(\cos\theta_1+j\sin\theta_1)$ 전류 $\dot{I}=I(\cos\theta_2+j\sin\theta_2)$의 경우 이 양자 사이에 만들어지는 전력은 유효분 $EI\cos(\theta_1-\theta_2)$ 무효분 $EI\sin(\theta_1-\theta_2)$이다. 전력을 벡터적으로 나타낼 경우 $\dot{W}=\dot{E}\dot{I}$로 하는 것은 잘못된 것이다. 왜냐하면

$$\begin{aligned}\dot{E}\dot{I}&=EI(\cos\theta_1+j\sin\theta_1)(\cos\theta_2+j\sin\theta_2)\\&=EI\{\cos(\theta_1+\theta_2)+j\sin(\theta_1+\theta_2)\}\end{aligned}$$

가 되기 때문이다.

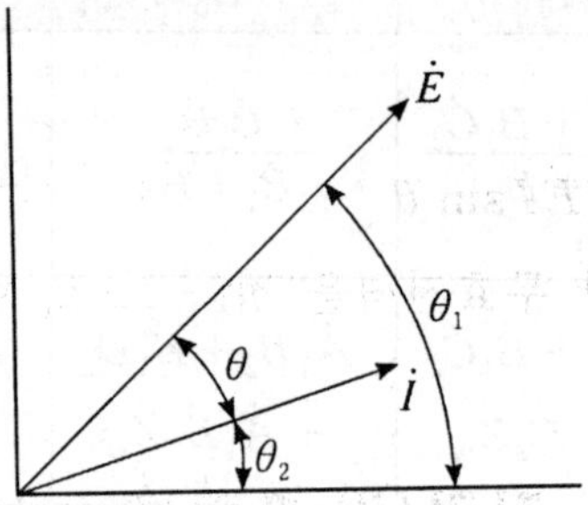

그림 16-13

전력을 벡터적으로 표시할 경우에는 전압, 전류의 어느 것이든 한쪽에 대해 공액치를 사용하지 않으면 안 된다. 먼저 전류의 공액치를 사용하는 경우에 대해 생각해 보기로 하자.

$$\dot{W} = \dot{E}\dot{I}^* = EI \angle \theta_1 - \theta_2 = EI\cos(\theta) + jEI\sin(\theta)$$
$$= EI\cos\theta + jEI\sin\theta = P + jQ \qquad (16\text{-}37)$$

즉, 유효분은 $EI\cos(\theta)$, 무효분은 $EI\sin(\theta)$로 표시된다. 다만 이 경우 $\theta_1 > \theta_2$일 때 무효분은 지상인 데 대해 $Q = EI\sin(\theta)$의 부호는 정(+)이 된다. 따라서 전력을 $\dot{W} = \dot{E}\dot{I}$로 표시하는 경우에는 그 결과에 대해 무효전력이 지상인 경우에는 정(+)으로써 표시되고 진상인 경우에는 부(−)로써 표시된다는 점에 주의하지 않으면 안 된다.

다음에는 전압의 공액치를 사용하는 경우에 관해 고찰해 보기로 하자.

$$\dot{W} = E^*\dot{I} = EI \angle -\theta_1 + \theta_2 = EI\cos(-\theta) + jEI\sin(-\theta)$$
$$= EI\cos\theta - jEI\sin\theta = P - jQ \qquad (16\text{-}38)$$

이 경우 $\theta_1 > \theta_2$로 하면 무효전력은 지상인 데 대해 식에 있어서 $\sin(\theta_1 - \theta_2)$는 부(−)이기 때문에 $-jEI\sin(\theta_1 - \theta_2)$는 부(−)가 되며 무효전력은 부(−)로써 표시된다. 즉 전력을 $\dot{W} = \dot{E}\dot{I}$로 표시할 경우 계산의 결과 무효분이 정(+)으로 나온 경우에는 지상, 부(−)로 나온 경우에는 진상이라는 것이 된다.

일반적으로 부하는 지상부하일 경우가 많기 때문에 지상 무효전력을 정(+)으로 규약하는 방법을 쓰고 있다.

$$\dot{W} = \dot{E}\dot{I}^*$$
$$= EI\cos\theta + jEI\sin\theta$$
$$= P + jQ \text{(지상 무효전력을 정(+)으로 함)}$$

16.5.2 송·수전단 전력(送·受電端電力)

선로의 4단정수를 $\dot{A}$, $\dot{B}$, $\dot{C}$, $\dot{D}$로 하고 송·수전단의 성형전압을 $\dot{E}_s$, $\dot{E}_r$ 그리고 전류를 $\dot{I}_s$, $\dot{I}_r$로 하면 다음과 같다.

$$\dot{E}_s = \dot{A}\dot{E}_r + \dot{B}\dot{I}_r, \qquad \dot{I}_s = \dot{C}\dot{E}_r + \dot{D}\dot{I}_r$$
$$\dot{A}\dot{D} - \dot{B}\dot{C} = 1$$

이것을 변형하면 다음과 같이 된다.

$$\dot{I}_s = \frac{\dot{D}}{\dot{B}}\dot{E}_s - \frac{1}{\dot{B}}\dot{E}_r, \quad \dot{I}_r = -\frac{\dot{A}}{\dot{B}}\dot{E}_r + \frac{1}{\dot{B}}\dot{E}_s$$

송·수전단전력 $\dot{W}_s$, $\dot{W}_r$는 P_s, Q_s, P_r, Q_r을 각각의 유효전력 및 무효전력이라 하고, E_r을 기준벡터로 취하여 E_s는 E_r보다 θ만큼 위상이 앞섰다고 하면

$$\dot{W}_s = P_s + jQ_s = \dot{E}_s I_s{}^* = \dot{E}_s\left(\frac{\dot{D}}{\dot{B}}\dot{E}_s - \frac{1}{\dot{B}}\dot{E}_s\right)$$
$$= \frac{\dot{D}}{\dot{B}}\dot{E}_s{}^2 - \frac{1}{\dot{B}}\dot{E}_s\dot{E}_r\varepsilon^{j\theta} \qquad (16\text{-}39)$$

$$\dot{W}_r = P_r + jQ_r = \dot{E}_r I_r{}^* = E_r\left(\frac{1}{\dot{B}}\dot{E}_s - \frac{A}{\dot{B}}\dot{E}_r\right)$$
$$= \frac{1}{\dot{B}}\dot{E}_s\dot{E}_r\varepsilon^{-j\theta} - \frac{\dot{A}}{\dot{B}}\dot{E}_r{}^2 \qquad (16\text{-}40)$$

위의 두 식을 전력방정식(power equation)이라 말하고 송전선로의 특성계산

등에 있어서 매우 중요한 공식이다. 또한 위식은 1상에 대해서만 생각하였는데 대칭 3상식에 있어서는 이것을 3배함으로써 3상분의 전력을 표시하게 되었다. 그러나 위식에서 E_s, E_r은 성형전압이므로 그대신 선간 전압 V_s, V_r을 사용하면 $V_s=\sqrt{3}E_s$, $V_r=\sqrt{3}E_r$이 되므로 3상분을 표시할 수 있다.

16.5.3 송·수전단 전력 원선도

수전단 전압 $\dot{E}_r$을 기준 벡터로 취하면 $\dot{E}_s$는 $\dot{E}_r$보다 위상에 θ만큼 앞서게 된다.

$$\dot{E}_r = E_r \angle 0$$
$$\dot{E}_s = E_s \angle \theta$$

다음에 $\dot{B}$는 4단자 회로에서의 직렬 임피던스를 나타내므로

$$\dot{B} = b \angle \beta$$

라 하고

$$\frac{\dot{A}}{\dot{B}} = m - jn$$
$$\frac{\dot{D}}{\dot{B}} = m' - jn'$$
$$\frac{1}{\dot{B}} = \frac{1}{b} \angle -\beta$$

라고 둔다. 이것을 식 (16-39)에 대입하면 식 (16-41)과 같다.

$$\dot{W}_s = \dot{E}_s I_s^* = E_s \angle \theta \left\{ (m' + jn')E_s \angle -\theta - \frac{E_r}{b} \angle +\beta \right\}$$
$$= (m' + jn')E_s^2 - \frac{E_s E_r}{b} \angle \theta+\beta$$
$$= (m' + jn')E_s^2 - \rho \angle \theta+\beta \qquad (16\text{-}41)$$

여기서 $\dfrac{E_s\dot{E}_r}{b}=\rho$라고 두었다.

한편 $\dot{W}_s=P_s+jQ_s$이므로 위식을 풀어서 실수 부분과 허수 부분으로 나누어 주면

$$\begin{aligned}P_s&=m'E_s{}^2-\rho\cos(\theta+\beta)\\&=m'E_s{}^2-\rho\sin(90°-\theta-\beta)\\&=\rho\sin(\theta-90°+\beta)+m'E_s{}^2\end{aligned}\tag{16-42}$$

$$\begin{aligned}Q_s&=n'E_s{}^2-\rho\sin(\theta+\beta)\\&=n'E_s{}^2-\rho\cos(90°-\theta-\beta)\\&=-\rho\cos(\theta-90°+\beta)+n'E_s{}^2\end{aligned}\tag{16-43}$$

로 된다.

마찬가지로 수전단 전력 $\dot{W}_r$도

$$\begin{aligned}\dot{W}_r&=\dot{E}_r\dot{I}_r{}^*=E_r\underline{/0}\left\{\frac{1}{b}E_s\underline{/\beta-\theta}-(m+jn)E_r\right\}\\&=\frac{E_sE_r}{b}\underline{/\beta-\theta}-(m+jn)E_r{}^2\\&=\rho\underline{/\beta-\theta}-(m+jn)E_r{}^2\end{aligned}\tag{16-44}$$

$\dot{W}_r=P_r+jQ_r$로부터

$$\begin{aligned}P_r&=\rho\cos(\theta-\beta)-mE_r{}^2\\&=\rho\cos(\beta-\theta)-mE_r{}^2\\&=\rho\sin(\theta+90°-\beta)-mE_r{}^2\end{aligned}\tag{16-45}$$

$$\begin{aligned}Q_r&=-\rho\sin(\theta-\beta)-nE_r{}^2\\&=\rho\sin(\beta-\theta)-nE_r{}^2\\&=\rho\cos(\theta+90°-\beta)-nE_r{}^2\end{aligned}\tag{16-46}$$

식 (16-41) 및 식 (16-44)에서

$$\dot{W}_s = P_s + jQ_s = (m' + jn')E_s{}^2 - \rho \underline{/\beta + \theta}$$
$$\dot{W}_r = P_r + jQ_r = -(m + jn)E_s{}^2 + \rho \underline{/\beta - \theta}$$

이므로 이것을 변형하면 다음과 같이 된다.

$$\left.\begin{aligned}(P_s - n'E_s{}^2) + j(Q_s - n'E_s{}^2) &= -\rho \underline{/\theta + \beta} \\ (P_R + m'E_s{}^2) + j(Q_R + n'E_r{}^2) &= \rho \underline{/\beta - \theta}\end{aligned}\right\} \qquad (16\text{-}47)$$

양변을 제곱하면

$$\left.\begin{aligned}(P_s - m'E_s{}^2)^2 + (Q_s - n'E_s{}^2)^2 &= \rho^2 \\ (P_r + m'E_r{}^2)^2 + (Q_r + nE_r{}^2)^2 &= \rho^2\end{aligned}\right\} \qquad (16\text{-}48)$$

로 되는데 이것은 중심이 $(m'E_s{}^2,\ n'E_s{}^2)$ 및 $(-mE_r{}^2,\ -nE_r{}^2)$이고 반지름이 $\rho = \dfrac{E_sE_r}{b}$ 인 원을 나타내는 것이다.

그림 16-14는 이 관계식을 나타낸 것인데 보통 이것을 전력원선도(電力圓線圖 ; power circle diagram)라고 부르고 있다. 이중 그림의 위쪽의 원이 송전단 전력원선도를, 아래쪽의 원이 수전단 전력원선도를 나타낸다.

정전압 송전 방식에서는 항상 ρ가 일정하므로 송수전단 전력은 언제나 이 원선도의 원주상에 존재하지 않으면 안 된다. 앞서 보였던 송수전 전력 계산식을 사용해서 각 전력을 정밀하게 계산하는 대신에 이 원선도를 그려가지고 직접 그 크기를 알 수 있다는 것이 전력원선도법의 장점이라고 할 수 있다. 단, 오차가 일부 포함된다는 것은 불가피한 일이다.

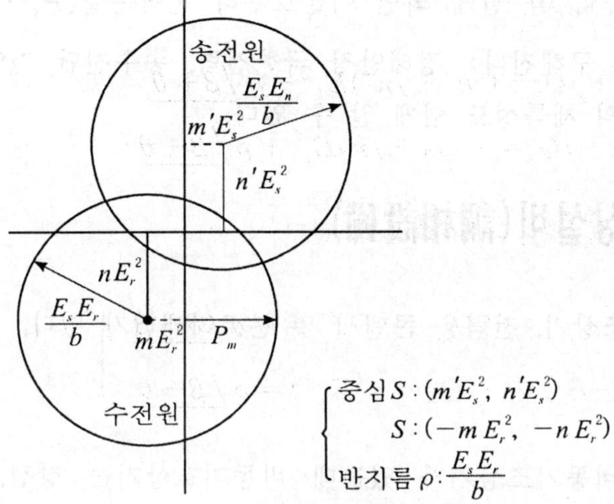

그림 16-14

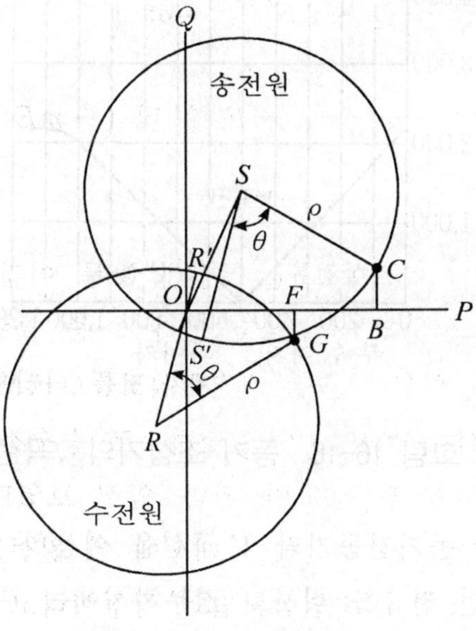

그림 16-15 전력원선도

원선도에 의해서 송전 특성을 계산하려면 다음과 같이 한다. 즉, 그림 16-15에 나타낸 바와 같이 송전원과 수전원의 원주상에 기준선으로부터 일정 각도마다 눈금을 매겨두면 수전원상의 점(G)으로부터 그에 상당하는 송전원상의 점(C)를 구하기 위해서는 그 각도의 눈금이 같은 점을 읽기만 하면 되고 이와 같이 해서 임의의 상차각에서 운전할 때의 송수전단 전력의 움직임을 쉽게 알아볼 수 있다. P_s, Q_s, P_r, Q_r을 알게 되면 이들로부터 전력손실($P_s - P_r$), 송전선의 역률(P와 Q로부터 구해진다), 정태안정 극한전력, 송수전단 전압간의 위상각, 조상설비용량, 기타의 제특성도 쉽게 알 수 있다.

16.5.4 조상설비(調相設備)

조상설비에는 조상기, 전력용 콘덴서 및 분로리액터가 있다.

(1) 조상기

동기조상기와 비동기조상기가 있는데 비동기조상기는 장점보다 결점이 많기 때문에 거의 설치하지 않고 일반적으로 동기조상기가 널리 사용되고 있다.

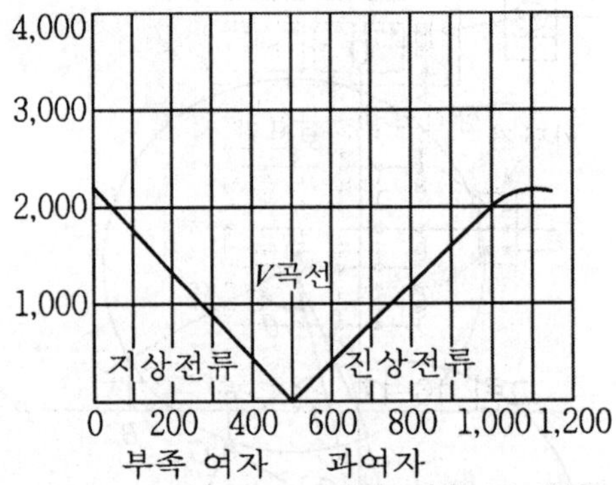

그림 16-16 동기 조상기의 V곡선

동기조상기는 무부하 동기전동기의 V 곡선을 이용한 것이다. 즉 중부하시에는 과여자로 운전하여 앞선 전류를 취하고 경부하시에는 부족여자로 운전하여 늦은 전류를 취하여 전압조정을 행하는 것이고 그 조정은 연속적이다.

또한 조상기는 무부하로 운전하면서 직류의 계자 회로의 저항을 가감해서 전기자에 흐르는 전류의 위상을 90° 앞서게 하거나 90° 뒤지게 해서 송전 선로에 송전되는 P와 Q를 전력 원선도상에 실어주는 역할을 하는 것이다.

그림 16-16의 V 곡선에서 알 수 있는 바와 같이 부하가 많이 걸리는 주간에는 계자 회로의 저항을 빼내어 진상 전류를 취하도록 하고 부하가 적게 걸리는

심야에는 저항을 넣어서 지상 전류를 취하여 부하 변동에 관계없이 항상 단자 전압을 일정하게 유지하도록 하고 있다.

(2) 전력용 콘덴서

단위콘덴서에는 단상기와 3상기가 있고, 일반적으로 특별고압회로에는 단상기를 성형결선하여 사용한다.

전력용 콘덴서설비는 그림 16-17과 같이 콘덴서 본체, 직렬리액터, 방전코일, 절연대로 구성되어 있고, 이와 같은 설비의 군용량은 5~40[MVA]이므로 필요에 따라 수군이 설치된다.

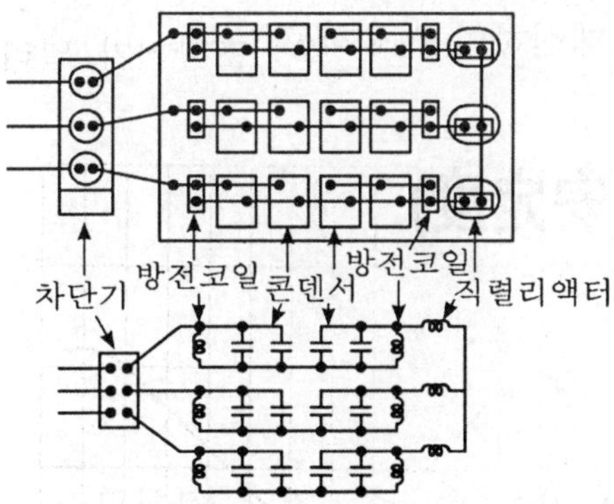

그림 16-17 전력용 콘덴서

일반적으로 송배전계통에 콘덴서를 집중설치하면 회로가 용량성이 되므로 변압기의 자기포화 등으로 제5조파를 주로 한 고조파전류를 증가시켜 전압 및 전류의 파형을 크게 변형시킨다. 이것을 방지하기 위해서 직렬리액터(series reac-tor)를 전력콘덴서와 직렬로 접속시켜 사용한다. 직렬리액터의 리액턴스는 제5조파에 대해서 회로를 유도성으로 만들므로 $5\omega L \geq \frac{1}{5\omega C}$ 즉, 리액턴스는 콘덴서의 4[%] 이상이면 되는데 주파수 변동 등의 여유를 보아 5~6[%]인 것이 많이 사용되고 있다. 또한 직렬리액터는 진상용량의 증가, 투입시의 과전류제한, 차단기의 재점호방지 등에도 유효하다. 전력용 콘덴서를 개로상태로 할 때 그대로는 잔류전하방전에 수 시간을 요하여 위험하므로 병렬로 방전코일이 사용된다. 방전코일에는 운전시의 손실을 경감시키기 위해서 철심이 들어 있는 리액터가 사용되고 있고, 5초 이내에 콘덴서의 단자전압을 50[V] 이하까지 내리는 것이 요구되고 있다.

(3) 분로리액터

지상용량용의 비교적 대용량(10～48[MVA])인 3상리액터이고, Δ 또는 Y로 결선하여 계통에 직접 또는 변압기의 3차권선에 필요에 따라 투입·차단시키고, 운전정지가 행해진다. 구조는 전력용 변압기와 유사하고, 철심 각부가 간극 부착 철심인 것과 공심인 것이 있는데 변압기에 비해서 진동, 소음이 크므로 주의를 요한다.

현재 대전력망의 형성에서 전력계통의 연계에 따른 연속적 전압조정이나, 시충전도 거의 필요없고, 경제적이고 보수가 용이한 전력용 콘덴서와 분로리액터를 결합시켜 동기조상기와 대신하여 사용하고 있다.

16.6 안정도(安定度)

16.6.1 개 요

앞절에서 서술한 바와 같이 송·수전전압, 부하역률, 조상기용량, 선로정수 등의 조건에 의한 송전선로의 송전전력은 발전기용량과는 관계없이 일정한 제한을 받는다.

즉, 송전선로에는 정전압송전에 대한 최대전력, 정역율부하에 대한 최대전력이 존재한다는 것에 대해 설명하였다.

그렇다면 이 범위에서는 어떤 경우에도 안정된 송전이 가능한 것인가하면 결코 그렇지 않다. 왜냐하면 발전기는 일반적으로 동기발전기이며 부하측에도 동기조상기, 동기전동기 등이 존재하고 또한 발전기 상호간에도 병렬 운전하고 있는 것이 사실인데, 송전전력이 증가하면 이들 동기기 유도기전력(同期機誘導起電力)간의 위상차가 점차 증가하고 그 값이 어느 한도 이상이 되면 동기를 유지할 수 없고 동기(同期)이탈(step out) 때문에 이 방면에서의 송전전력에 대해 어떤 제한이 있는 것으로 생각되기 때문인 것이다.

일반적으로 계통의 부하가 서서히 증가하는 경우 안정된 송전을 계속할 수 있는 능력을 **정태안정도**(定態安定度 ; steady-state stability)라 하고 이때의 극한

전력을 정태안정 극한전력(定態安定極限電力 ; steady-state stability power limit)이라고 한다.

또한 송전 중 사고가 발생한다던가 부하가 급격히 증가하는 등 송전계통의 상태가 급변하고 혼란이 일어나더라도 평형을 잃지 않고 송전을 계속할 수 있는 능력을 과도안정도(過渡安定度 ; transient stability)라 하고, 혼란발생 때의 극한전력을 과도안정 극한전력(過渡安定極限電力 ; transient stability limit)이라고 한다.

한편 처음에 안정도를 설명할 경우 발전기의 계자전류는 일정한 것으로 해서 다루었으나 응동속도(應動速度)가 신속한 속응여자방식(速應勵磁方式)의 출현에 따라 그 영향을 무시할 수 없게 되었기 때문에 안정도의 분류도 달라지게 되었다. 이에 대해 자동전압조정기(약해서 AVR)의 효과를 고려한 정태안정도를 AVR당의 정태안정도(steady-state stability with AVR) 또는 동태안정도라고 한다. 이에 대해 AVR의 영향을 고려하지 않은 경우를 고유안정도(固有安定度 ; inherent stability)라 하는데 정태와 과도로 분류된다.

안정도의 문제는 결국 기계적, 전기적 입출력의 평형문제인데, 조속기, AVR, 기기 등의 특성, 회전기의 관성, 선로정수 또는 차단기의 차단시간 등과 관계하고 있다. 정태안정도에 있어서는 그 취급이 비교적 용이하고 과도안정도에 있어서는 복잡해진다.

16.6.2 정태안정도(定態安定度)

그림 16-18과 같은 간단한 경우에 대해 전력 원선도에 의한 고유정태안정도를 설명하기로 한다.

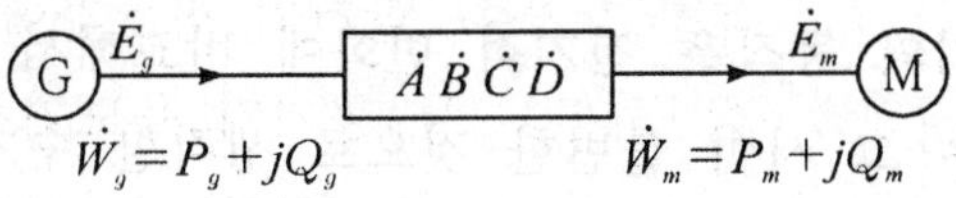

그림 16-18

그림은 동기기의 내부 임피던스를 포함한 4단자정수 $\dot{A}$, $\dot{B}$, $\dot{C}$, $\dot{D}$의 선로를 통해서 동기발전기 G가 동기전동기 M에게 전력을 공급하고 있는 상태를 나타내고 있다. 또한 $\dot{E}_g$, $\dot{E}_m$은 동기기의 내부 유도기전력을 나타내고 있다.

그림 16-19는 그림 16-18의 반지름 $\left(\rho=\dfrac{E_sE_r}{b}\right)$에 의해 그린 전력 $\dot{W}_g$, $\dot{W}_m$의 원선도이다.

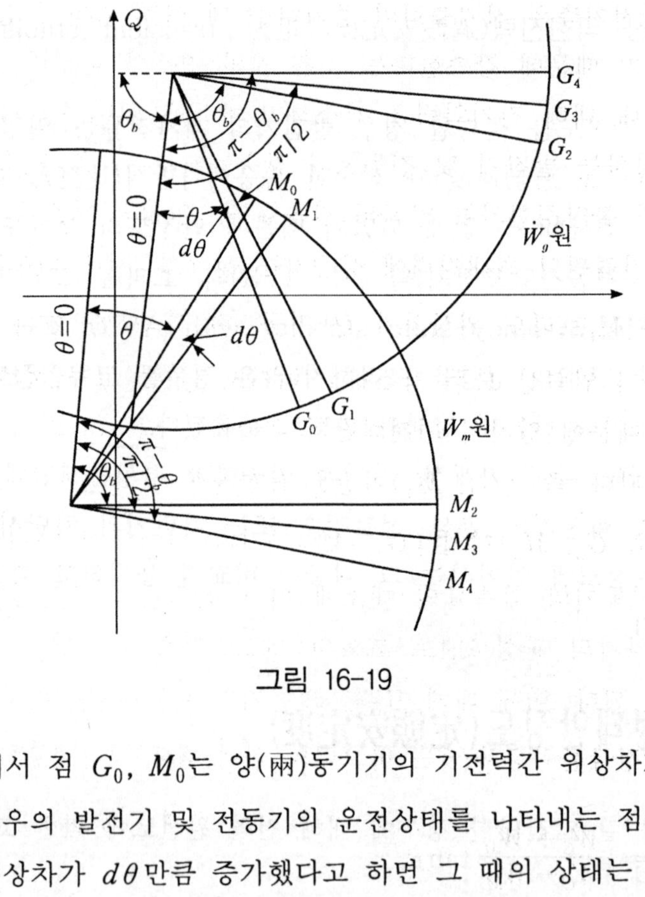

그림 16-19

그림 16-19에서 점 G_0, M_0는 양(兩)동기기의 기전력간 위상차가 θ에 의해 운전되고 있는 경우의 발전기 및 전동기의 운전상태를 나타내는 점이다. 지금 어떤 원인에 의해 위상차가 $d\theta$만큼 증가했다고 하면 그 때의 상태는 G_1, M_1으로 표시된다. 이 경우 발전기측에 대해 고려하면 그 전기출력은 그림과 같이 즉시 증가하는데 대해 조속기의 동작은 전기적 변화에 비교해서 시간적으로 매우 늦기 때문에 원동기 입력은 그 사이 불변한 것으로 생각할 수가 있다. 따라서 발전기는 감속한다.

또한 전동기측에 대해 말하면 그 입력은 증가하는데 대해 기계출력은 반드시 즉각 증가하지 않기 때문에 그 사이 가속한다.

즉, 발전기 기전력은 위상이 늦고 전동기 기전력은 위상이 진상, 결국 $d\theta$는 감소하여 원상태로 돌아가게 된다. 즉, G_0, M_0의 운전상태는 안정된 것이다. 이렇게 해서 안정된 운전을 할 수 있는 것은 $\dot{W}_m$, 전력원의 최대전력을 나타내는 점 M_2, 이에 대응하는 발전기 전력을 나타내는 점 G_2까지 이고 이 점을 넘으면 그 상태가 달라지게 된다. 가령 M_2, G_2의 위상차보다 위상차가 약간 증가했다고 하자. 그러면 발전기측은 전기출력이 증가하는 데 대해 원동기 입력은 전술한 바와 같이 불변이기 때문에 감속한다는 것은 앞의 경우와 같으나 전동기측은 기계부하가 불변한 데 대해 전기입력은 감소하기 때문에 이번에는 감속한다. 따라서 기전력간의 위상차는 발전기 및 전동기의 감속률에 따라 증가 혹은 감소하게 된다. 즉, 안정한가 불안정한가는 양자의 감속률 즉, 관성의 대소에 의해 결정된다.

다음에 $\dot{W}_g$, 전력원의 최대전력에 상응하는 점 G_4, 이에 대응하는 전동기전력을 나타내는 점 M_4보다도 위상차가 큰 작동점에 대해서는 θ의 증가에 의해 발전기 출력 전동기 입력상 모두 감소하고 따라서 발전기는 가속하는데 대해 전동기는 감속하기 때문에 양자의 기전력간의 위상차는 더욱더 커지게 되며 결국 동기를 벗어나게 된다. 즉, (G_4, M_4)이상은 불안정한 것이다.

다음에 운전점(G_2, M_2)에서 (G_4, M_4)까지의 사이에 대해서는 전술한 바와 같이 발전기, 전동기의 감속률의 대소에 따라 안정한가 불안정한가가 결정되게 마련이다. 즉, 양자의 관성모멘트 효과의 대소관계가 안정한가 불안정한가에 직접 영향을 주게 된다. 이에 대해 W_G를 발전기의 관성정수, W_M을 전동기의 관성정수로 하면 안정극한위상차 θ는 바그너의 식에 의해 나타낼 수 있다.

$$\tan\theta = \frac{W_G + W_M}{W_G - W_M}\tan\theta_b \qquad (16\text{-}49)$$

식 (16-49)에 있어서 $W_G = \infty$ 즉, 발전기용량이 전동기용량에 비해 현저하게 큰 경우에는 다음과 같다.

$$\tan\theta = \tan\theta_b \text{ 또는 } \theta = \theta_b$$

즉, 이 경우에는 (G_2, M_2)가 안정극한전력을 나타내게 된다.

다음에 $W_M = \infty$이라고 하면 즉, 전동기용량이 발전기용량에 비해 현저하게 큰

경우에는

$$\tan\theta = -\tan\theta_b \text{ 또는 } \theta = \pi - \theta_b$$

가 되고 점 (G_4, M_4)까지는 안정된 운전이 가능하다는 것이 된다.

다음에 $W_G = W_M$으로 하면

$$\tan\theta = \infty \text{ 또는 } \theta = \frac{\pi}{2}$$

가 되고 점 (G_3, M_3)가 안정극한전력을 나타내게 된다.

이상의 것은 그림 16-19를 보더라도 이해할 수 있다. 또한 이상은 AVR의 동작은 고려하지 않고 기전력을 일정하게 한 경우인데, AVR이 응용하는 것으로 하면 부하증가에 따라 기전력 즉, 전력원의 반경이 점차 증가하기 때문에 안정극한전력도 또한 증가하고 극한위상차각 역시 120~130° 정도까지 확장할 수 있게 된다.

16.6.3 과도안정도(過度安定度)

(1) 개 요

안정된 평상 운전상태에 있어서는 발전기의 기계입력과 전기출력은 평형되고 부하측 전동기에 있어서도 마찬가지로 그 전기입력과 기계출력은 평형되어 있다. 또한 그 기전력간 위상차도 송전전력과 계통정수에 의해 결정되는 어느 일정한 값을 유지하고 일정 회전속도로 운전되고 있다.

그런데 계통적으로 사고가 발생한 경우를 상상하면 전력은 후술하는 계통의 전달 임피던스의 증가에 의해 즉시 감소되는 데 대해 전술한 바와 같이 조속기의 동작이 늦기 때문에 발전기의 원동기에 대한 입력은 한동안 변하지 않고 감소되지 않는다면 감속하게 된다. 그런 결과 양기전력간의 위상차는 점차 증가하게 되고 그에 따라 전력도 증가하여 전력과 동력이 평형하는 점에서 안정하게 되지만 회전자는 관성을 가지고 있기 때문에 새로운 평형점으로 이동한 순간 즉시 안정할 수 없고, 그 점을 중심으로 해서 위상차는 진동적으로 변화하여 전력동요(電力動搖 ; power swing)를 일으키게 된다. 이 동요는 손실 등으로 점차 감쇠, 결국은 새 평형점에서 안정을 하게 되지만 만일 동요중에 불안정한 범위로 돌입하게 되면 동기이탈을 일으키게 된다. 이런 경우 이와 같은 일이 일어나지 않는 한도의 전력이 과도안정 극한전력인 것이다.

과도안정도에 관해서 안정한가 불안정한가를 결정하는 것은 그 원인 발생 후 1초정도 이내로 되어 있다. 그와 같은 단시간에는 조속기가 도저히 그 변화에 추종할 수 없기 때문에 원동기 입력은 일정 또는 전동기출력도 일정 즉, 기계입출력은 일정한 것으로 생각해도 좋은 셈이다.

따라서 안정, 불안정의 판별만을 하는 경우는 1차 동요의 특성만을 살펴보면 되며, 과도안정도가 문제되는 짧은 시간에 대해서는 일반적으로 조속기 영향은 비교적 동작속도가 늦으므로 이것을 무시한다. 속응여자방식을 사용한 것을 제외하고는 자동전압 조정장치의 영향도 비교적 동작속도가 늦으므로 이를 무시한다.

또한 속응여자방식 이외에는 AVR의 영향도 비교적 동작속도가 늦으므로 이를 무시하기 때문에 그런 경우에는 내부 유도기전력은 일정하다고 생각해도 큰 오차가 없는 것으로 되어 있다.

과도안정도의 해석에는 등면적법 · 단단법 · 도시해법 · 기타의 방법이 있다.

(2) 전력계산식(電力計算式)

과도안정도의 해석에는 전력계산식이 필요하다. 평상운전시에 대한 전력계산식에 대해서는 이미 식 (16-41), (16-44)에서 제시한 바 있으나 계통의 저항을 무시한 그림 16-20과 같은 경우에서는 전술한 식에서 $A=D=1$, $\theta_a=\theta_d=0$, $C=0$, $B=X$, $\theta_b=90°$로 하면 전력 식은 다음과 같이 된다.

$$P_E=\frac{E_g E_m}{X}\sin\theta=P_m \sin\theta \qquad (16\text{-}50)$$

단, 이 경우 전식의 E_g, E_m은 발전기, 전동기의 내부 유도기전력, θ는 $\dot{E}_m$에 대한 $\dot{E}_g$의 위상각, X는 발전기, 전동기의 내부 리액턴스를 가한 것이다. 또한 저항을 무시했기 때문에 손실이 없는 관계로 당연히 $P_g=P_m$이 된다.

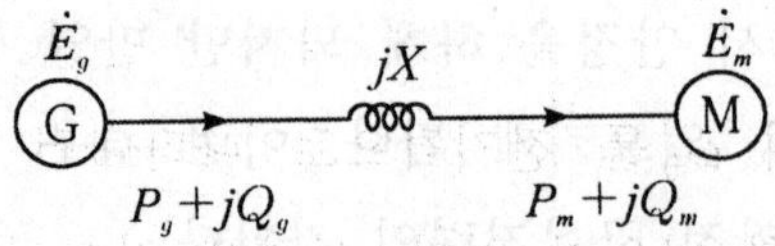

그림 16-20

(3) 전력동요 방정식

과도안정도는 기기의 입출력 불균형과 회전자의 회전운동 관계에 의해 결정되기 때문에 이들 관계식이 필요하게 된다. 회전자의 관성 모멘트를 I[kg · m²], 각속도를 ω[rad/s], 각 변위를 $\theta=\omega t$[rad], 토크(torque)의 변화를 $\varDelta T$로 하고 마찰 등에 의한 제동 토크를 무시하면 식 (16-51)과 같다.

$$\left.\begin{aligned} & I\frac{d\omega}{dt}=I\frac{d^2\theta}{dt^2}=\varDelta T\,[\mathrm{N\cdot m}] \\ & \frac{d^2\theta}{dt^2}=\frac{d\omega}{dt}=\frac{\varDelta T}{I}=\frac{\omega\cdot\omega\varDelta T\times10^{-3}}{I\omega^2\times10^{-3}}=\frac{\omega}{M}\varDelta P\,[\mathrm{rad/s^2}] \\ & \text{단, } M(\text{관성정수})=2=I\omega^2\times10^{-3}[\mathrm{kW\cdot s}] \\ & \qquad \varDelta P(\text{동력의 변화})=\omega\cdot\varDelta T\times10^{-3}[\mathrm{kW}] \end{aligned}\right\} \tag{16-51}$$

다음에는 회전자의 동기 각 속도를 ω_0로 하고, 그때의 변위각을 θ_0, $\varDelta P$에 의한 각 속도를 $\omega=\omega_0+\varDelta\omega$, 변위각을 $\theta=\theta_0+\varDelta\theta$로 한다. $\varDelta\omega$에는 ω_0에 대해 매우 작은 것으로 생각되기 때문에 $\varDelta T\cdot\omega\fallingdotseq\varDelta T\cdot\omega_0$, $I\omega^2\fallingdotseq I\omega_0{}^2$로 할 수 있다. 또한 $\varDelta P$는 기기의 입출력차인데 샤프트(shaft)의 기계입력을 P_M[kW], 갭의 발생전력을 P_E[kW]로 하면, $\varDelta P=P_M-P_E$가 된다. 따라서 식 (16-51)은 다음과 같이 된다.

$$\frac{d^2\theta}{dt^2}=\frac{d\omega}{dt}=\frac{d^2(\varDelta\theta)}{dt^2}=\frac{\omega_0}{M}(P_M-P_E)[\mathrm{rad^2/s^2}] \tag{16-52}$$

일반적으로 전력동력의 부호는 계통으로의 유입방향을 정, 유출방향을 부로 취해서 계산하게 마련이다. $\varDelta P$가 정인 경우에는 회전자는 가속되고, 그 위치는 앞으로 나아가며 기전력의 위상은 진상이 된다. $\varDelta P$가 부인 경우에는 반대현상을 나타낸다.

위식에 있어서 ω_0/M의 ω_0를 전기각으로 나타내면 θ, ω도 당연히 전기각으로 나타난다는 것은 두말할 나위가 없다. 이하에 있어서는 그와 같이 다룬다.

그림 16-20에 대해서는 발전기, 전동기의 각각에 대해 다음 식이 성립된다.

$$\text{발전기} = \frac{d^2\theta_g}{dt^2} = \frac{\omega_0}{M_m}(P_{Mm} - P_{Em}) \tag{16-53}$$

다음에는 발전기 전동기의 회전자의 관계 위치를 $\theta = \theta_g - \theta_m$, 관계 각속도를 $\omega = \omega_g - \omega_m$으로 하면 다음 식이 성립한다.

$$\frac{d^2\theta}{dt^2} = \frac{d\omega}{dt} = \frac{d^2\theta_g}{dt^2} - \frac{d^2\theta_m}{dt^2} = \omega_0\left(\frac{P_{Mg} - P_{Eg}}{M_m} - \frac{P_{Mm} - P_{Em}}{M_m}\right) \tag{16-54}$$

평상적인 운전상태에 있어서는 $P_{Mg} = P_{Eg} = -P_{Mm} = -P_{Em}$으로서 입출력은 모두 평형을 유지하고 있기 때문에 $d^2\theta/dt^2 = d\omega/dt = 0$으로 양쪽 회전자의 상대적 관계에 따라서 기전력의 위상관계는 불변한 것이다.

다음에는 선로의 사고에 의해 전력동력의 균형이 깨진 경우를 생각해 보기로 하자. 과도안정도의 대상이 되는 것과 같은 단시간에 있어서는 기계적 입출력에는 변화가 없는 것으로 생각해도 좋기 때문에 $P_{Mg} = -P_{Mm} = P_M$로 하고 또한 $E_{Eg} = -P_{Em} = P_E$에다 식 (16-50)를 대입하면 식 (16-54)는 다음과 같이 된다.

$$\left.\begin{aligned} \frac{d^2\theta}{dt^2} &= \frac{d\omega}{dt} = \omega_0\frac{M_g + M_m}{M_g M_m}(P_M - P_E) \\ &= \frac{\omega_0}{M_0}(P_M - P_m \sin\theta) \\ M_0 &= \frac{M_g M_m}{M_g + M_m}\ (\text{합성관성정수}) \end{aligned}\right\} \tag{16-55}$$

식 (16-55)를 전력동요 방정식이라 하는데 이 경우의 과도안정도를 구하는 기초식이 된다. 과도안정도에 대한 해석은 결국 이 식에 의해 θ와 P의 관계 또는 그들과 시간과의 관계 등을 구하는 것이다. 한편 관성정수 M은 다음 식에 의해 나타내는 단위관성정수(單位慣性正數)의 형으로 나타내는 것이 보통이다. 이 값은 동일한 종류의 회전기에 있어서는 거의 일정한데 수차발전기 6~8, 증기 터빈(turbine)발전기 16, 동기전동기 4~4.5, 동기조상기 2~4 정도의 값이 된다.

$$\text{단위관성정수} = \frac{I_\omega^{\ 2} \times 10^{-3}}{\text{기준정격출력 [kW]}} = \frac{10.96 GR^2 N^2 \times 10^{-6}}{\text{기준정격출력 [kW]}} \text{[s]} \tag{16-56}$$

여기서, G : 회전자 중량[kg], R : 회전자 회전반경[m], N : 회전수[rpm]

(4) 안정도 향상 대책

사고가 발생하게 되면 고장 임피던스에 의한 영향으로 전달 임피던스가 매우 커지게 되고 이에 따라 전기적 출력이 급격히 감소하고 따라서 식 (16-55)에 의하여 발전기는 가속하여 동기이탈이 일어나게 된다.

이러한 동기이탈현상을 막기 위한 안정도 향상 대책으로는 여러 가지 방안이 있겠으나 일반적으로 다음 4가지 방법을 들 수 있겠다.

① 계통의 전달 리액턴스를 감소시킨다.
② 고장시에 전력변동을 억제한다.
③ AVR 등을 이용하여 계통전압의 변동을 작게 한다.
④ 고장전류를 작게 하여 계통에 주는 충격을 작게 한다.

16.7 송전용량(送電容量)

16.7.1 개 요

경제적으로 또는 기술적으로 송전할 수 있는 최대전력을 **송전용량**(transmi-ssion capacity)이라고 한다.

송전용량에 관련되는 항목으로는 (1) 전선의 허용전류, (2) 허용전압강하, (3)

허용전력손실(경제적 측면에서 보면 송전효율을 90[%] 정도 이상이 되도록 한다), (4) 정전압송전인 경우의 조상기용량(경제적 측면에서 수전전력의 약 70[%] 이하로 되어 있다), (5) 안정도(송·수전단전압간의 위상차가 약 30~40°로 되어 있다) 등인데 이들에 대해 각 항목별로 검토하여, 그 최소전력으로서 송전용량이 되게 한다.

실제문제로서는 단거리 송전선의 송전용량에는 (1)~(3)항이 관련있고, 장거리 송전선에서는 주로 (3)~(5)항이 관련이 있다.

16.7.2 송전용량의 개략식

송전용량에는 전술한 바와 같이 각종의 항목이 관련되어 있어 엄밀하게 이것을 계산하려면 시간이 소요되기 때문에 각종의 개산법(概算法)이 발표되어 있다.

(1) 고유부하법

수전단에 선로의 특성 임피던스와 같은 임피던스가 있는 경우에는 선로 각 점의 무효전력은 저항, 누설 콘덕턴스를 무시하면 0이 되어, 이상적인 송전을 할 수 있다. 이 부하를 그 선로의 고유부하(固有負荷 ; surge impedance loading)라고 한다.

이 방법은 고유부하를 송전용량의 기준으로 한 것인데, 선로의 공칭전압을 V [kV], 인덕턴스를 L[H], 정전용량을 C[F]로 하면 송전용량 P는 다음 식에 의해 나타낼 수 있다.

$$P = \frac{V^2}{Z_w} = \frac{V^2}{\sqrt{L / C}} \,[\text{MW}] \qquad (16\text{-}57)$$

이 식은 길이가 약 400[km] 이상인 장거리 송전선의 송전용량을 결정할 경우 적당한 것이며, 선로의 길이가 작아짐에 따라 커지고 길이가 100[km] 정도에서는 송전용량은 고유부하의 약 3배가 되는 것이다.

(2) 송전용량 계수법

전력원선도에 의해 결정되는 최대전력은 공칭전압을 V[kV] 선로길이를 l[km]

로 하면 근사적으로 $P_m \infty V^2 / l$로 나타낼 수 있으나 이 방법은 전기 최대전력에 있는 계수를 곱해서 송전용량으로 하는 방법인 것이다. 즉,

$$P = k\frac{V^2}{l}\,[\mathrm{kW}] \tag{16-58}$$

k를 송전용량 계수라 한다. 저항 r/리액턴스 x의 값에 의해 대략 다음과 같이 변화한다.

$\frac{r}{x} = 0.4 \sim 0.6$ $k = 600 \sim 800$

$\frac{r}{x} = 0.2 \sim 0.4$ $k = 800 \sim 1,000$

$\frac{r}{x} = 0.2$이하 $k = 1,000 \sim 1,200$

이 식은 길이가 400[km] 정도 이하의 장거리 송전선의 송전용량에 대한 개략적 산출에 적당한 것으로 되어 있다.

16.7.3 송전용량의 증가 대책

16.7.1에서는 송전용량에 관련되는 주요 항목을 열거하였지만, 다시 이들 항목과 관련이 있는 주요 사항에 대해 간단히 설명하기로 한다.

① 전선의 굵기 : 전선을 굵게 하면 선로손, 전압강하 모두 감소되고 송전용량이 증가되지만, 여기에는 경제적으로 일정한 한도가 있다.

② 전압의 상승 : 다른 조건을 일정하게 하면 전압강하율, 선로손실률 모두 대체적으로 전압의 자승에 반비례하며 또한 안정도는 대체적으로 전압의 자승에 관련해서 상승하기 때문에 전압을 상승시키면 송전용량은 증가하지만 여기에도 경제적으로 일정한 한도가 있다.

③ 계통 리액턴스 : 계통 리액턴스를 감소시키면 안정도가 향상하고 또한 전압강하가 감소되며 송전용량이 증가한다. 리액턴스를 감소시키려면 회선수를 증가시키며 전선을 굵게 하고 선간거리를 가급적 작게 한다. 또한 복도체 방식을 사용하고, 직렬 콘덴서를 사용한다. 개폐소 사이의 간격을 작게 하고,

고장시에 있어서 1회선 송전구간의 거리를 작게 한다 등의 방법이 있다.

④ 고속도 차단방식의 사용 : 고장회선의 차단시간을 짧게 하면 안정도가 향상된다.

⑤ 속응여자방식의 사용 : 동기기의 전압조정을 신속히 하면 안정도는 향상된다.

⑥ 조속기의 동작신속 : 여기에는 한도가 있다.

⑦ 중간조상기의 사용 : 장거리 송전선에서는 그 중간 위치에 조상기를 설치하고 그 점의 전압을 일정하게 유지하면 안정도가 향상된다.

16.8 선로의 충전(充電)과 발전기의 자기여자(自己勵磁)

16.8.1 페란티 현상(ferranti effect)

장거리 송전선로에서는 분포 정전용량의 영향이 크게 나타난다. 특히 무부하의 송전선을 충전할 경우에는 문제가 많다.

부하의 역률은 일반적으로 지상역률이기 때문에 상당히 큰 부하가 걸려 있을 때에는 전류가 전압보다 위상이 뒤져 있는 것이 보통이다. 그림 16-21처럼 지상전류가 송전선이나 변압기에 흐르게 되면 송전단전압은 수전단전압보다 높아진다.

그런데 부하가 아주 작을 경우 특히 무부하의 경우에는 선로의 정전용량 때문에 전압보다 위상이 90° 앞선 충전전류의 영향이 커져서 선로를 흐르는 전류가 진상으로 되는 수가 있다.

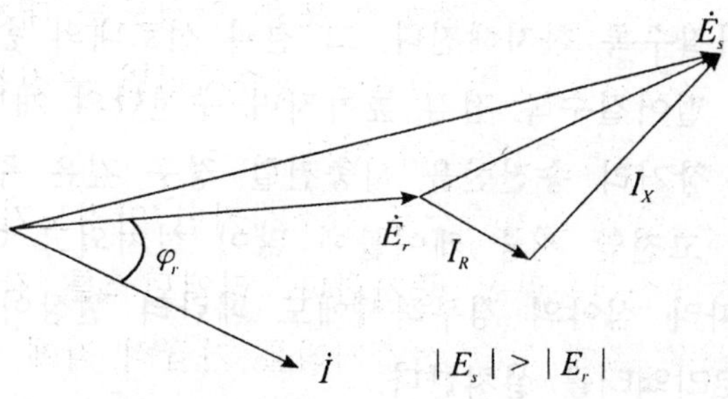

그림 16-21

그림 16-22와 같은 선로에서 전원측의 차단기 S_1, S_2는 닫혀 있고 수전단측의 차단기 S_3이 열려 있는 경우를 생각해 보자.

수전단이 개방되어 있는 경우 부하전류는 흐르지 않고 송전단으로부터 선로의 충전전류 I_c가 흐른다. 이 전류 I_c와 선로의 자기 인덕턴스에 의한 기전력 때문에 수전단의 전압은 송전단의 전압보다도 높아진다. 이러한 현상을 페란티 현상(또는 효과)이라고 부른다.

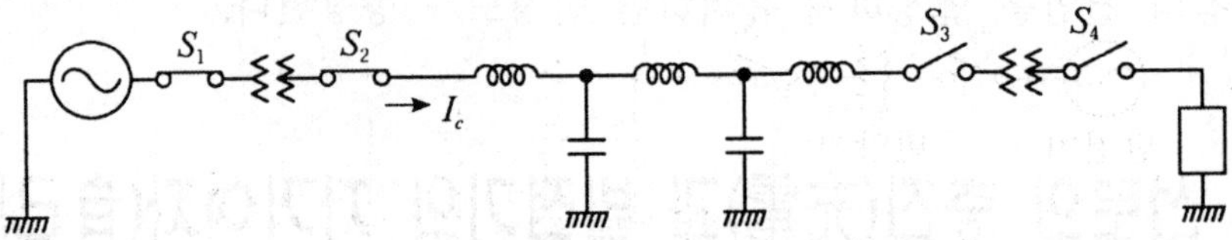

그림 16-22 무부하 송전 선로

이 현상을 벡터도로 살펴보면 다음과 같다.

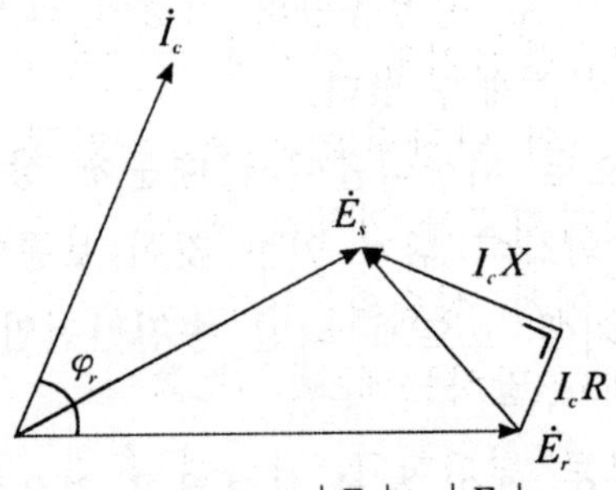

그림 16-23

일반적으로 이러한 현상은 송전선의 단위길이당의 정전용량이 클수록, 또 송전선로의 길이가 길어질수록 현저해진다. 그 결과 선로내의 송전단이 제일 낮고 송전단으로부터 멀리 떨어질수록 점점 높아지며 수전단의 개방단에서 최고값을 보이게 된다. 따라서 장거리 송전선을 시충전할 경우 깊은 주의가 필요하다. 또한 대도시 계통에서는 고전압 지중 케이블에 많이 설치되고 대용량의 발전소가 부하단에 설치함에 따라 심야의 경부하시에도 페란티 현상이 발생하므로 이를 억제하기 위하여 분로리액터를 설치한다.

16.8.2 발전기의 자기여자

그림 16-24에서 차단기 S_1을 투입하면 변압기까지 충전되어 발전기는 변압기에 여자전류를 흘리게 된다. 이 때의 전류는 지상이기 때문에 발전기의 전기자 반작용(電機子反作用)에 의하여 직류 계자의 자속을 감자하게 된다. 따라서 S_1을 넣어도 발전기의 전압은 내려가기 때문에 별 문제가 없다.

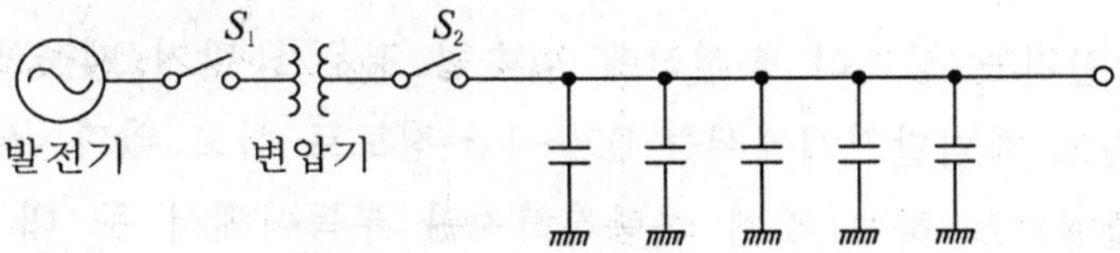

그림 16-24 송전선로의 충전

그런데 여기서 차단기 S_1를 넣으면 이번에는 선로까지가 충전되어 발전기에 선로의 충전전류가 흐르게 된다. 이 충전전류는 발전기 전압보다 위상이 약 90° 앞서는 것이기 때문에 교류발전기의 전기자 반작용에 의해서 앞에서의 지상전류의 경우와는 반대로 발전기의 단자전압을 상승시키게 된다. 만일 이때 발전기 용량이 작으면 발전기의 여자회로를 개방한 채로 두어도 단자전압이 확립되어 순식간에 발전기의 발전이 이상 상승할 수가 있다. 이 현상을 발전기의 자기여자(self-excitation)현상이라고 말하는데 이 때 확립된 전압이 정격전압보다 높아지면 절연을 위협하게 되므로 위험하다. 따라서 송전선로를 시충전할 경우에는 특히 이 자기여자현상에 주의할 필요가 있다.

한 대의 발전기로 자기여자를 일으키지 않고 V'의 전압으로 충전할 수 있는가 없는가를 간단히 조사하기 위해서는 발전기의 단락비가 식 (16-59)의 K_s보다 큰가 작은가를 알아보면 된다.

$$K_s \geq \frac{Q'}{Q}\left(\frac{V}{V'}\right)^2(1+\sigma) \tag{16-59}$$

여기서, V' : 충전전압[kV], V : 발전기의 정격전압[kV],

Q : 발전기의 정격출력[MVA]

Q' : 충전전압 V'에 대한 송전선의 소요 충전용량[MVA]

σ : 정격전압에 있어서의 포화계수(0.05~0.15), K_s : 발전기의 단락비

$$K_s = \frac{\text{무부하로 정격전압을 발생하는데 요하는 여자전류}}{\text{3상 단락시에 정격전류와 같은 지속단락전류를 흘리는 데 요하는 여자전류}}$$

식 (16-59)로 부터 단락비는 동기임피던스의 역수이므로 단락비가 큰 발전기일수록 전압변동률이 작아진다. 그러나 발전기의 단락비는 1정도일 경우 경제적으로 되며 이것을 더 크게 한다는 것은 발전기가 대형으로 되어 값이 비싸져서 경제적이 못된다.

보통 수력발전기는 장거리 송전선에 접속될 경우가 많기 때문에 단락비는 1.0~1.4정도로 하고 화력발전기에서는 0.8~1.0 정도로 하고 있다. 시충전은 가능한 한 한 대의 발전기로 하는 것이 바람직하지만 부득이해서 두 대 이상으로 충전할 경우는 발전기의 특성이 꼭 같은 것으로 하지 않으면 안 된다.

자기여자의 방지 대책은 식 (16-59)에 나타낸 바와 같이 단락비가 큰 발전기로 충전하면 된다고 하고 있는데 이것은 간단히 말해서 다음과 같은 충전용의 발전기 용량이 선로의 충전용량보다 커야 한다는 것을 의미하는 것이다.

16.9 전압조정(電壓調整)

현재 일반적으로 널리 실시되고 있는 송전방식은 정전압방식이다. 즉, 송전계통의 각 발·변전소 모선의 전압을 가급적 일정하게 유지하려고 하는 방식이다.

전등, 전동기 기타의 전기기계기구는 모두 규정의 공급전압에 의해 소정의 기능을 발휘할 수 있기 때문에 부하점의 전압은 항상 일정하게 유지되는 것이 바람직하다. 이에 대해서는 전기법규에서도 일정한 제한이 규정되어 있다. 그러나 전력계통의 부하상태는 계절에 따라 또는 1일 중에도 그 시각에 따라 현저한 변화가 있고 그에 수반하여 전압강하가 변화하며 부하점의 전압은 아침, 심야 등의 경부하시에는 상승하고 주간 또는 저녁무렵 등의 중부하시에는 강하하는 등 그 변동이 크기 때문에 그대로는 도저히 사용할 수 없는 경우가 있다. 그래서 발전소에서 수용가까지의 요소요소에 전압조정을 할 설비가 필요하게 된다. 전압변동의 최대값에 대한 표준은 주간 송전선에서 공칭전압의 10[%], 분기 송전선에서 5[%]로 규정되어 있다.

연 습 문 제

1. 3상 3선식 송전계통의 수전단 전압이 66[kV]인 선로가 있다. 전류 100[A], 선로 저항 10[Ω], 선로 리액턴스 15[Ω]일 때 이 전선로의 전압 강하율은 몇 [%]인가? 단, 수전단의 역률은 0.8이다.

2. 3상 3선식 송전선에서 한 선의 저항이 15[Ω], 리액턴스가 20[Ω]이고 수전단의 선간 전압은 30[kV], 부하 역률이 0.8인 경우 전압 강하율을 10[%]라 하면, 이 송전 선로는 몇 [kW]까지 수전할 수 있는가?

3. 교류 송전에서 송전 거리가 멀어질수록 동일 전압에서의 송전 가능 전력이 적어진다. 그 이유는?

4. 전력 계통의 안정도 향상 대책은?

5. 과도 안정 극한 전력이란?

6. 페란티 효과의 발생원인은?

7. 송전선로의 페란티 효과를 방지하는데 효과적인 것은?

8. 장거리 송전선로의 특성은 무슨 회로로 다루는 것이 가장 좋은가?

제 17 장

송전선의 고장계산과 유도장해

17.1 고장계산(故障計算)

17.1.1 개 요

송전선에는 지락, 단락, 단선 등 여러가지의 사고가 발생하면 차단기의 용량, 유도장해 보호계전기의 정정 등을 위하여 고장시의 전류, 전압값을 산정해야 한다. 일반적으로 송전선로의 사고는 3상 단락(지락)과 같이 평형고장보다는 1선지락, 선간단락 등의 비대칭적인 불평형 고장이 일반적이다.

고장발생의 원인은 다음과 같다.

① 절연불량 요인(설계결함과 실수, 제작, 시공불량, 절연열화)
② 전기적 요인(뇌, 개폐 서어지, 동적 과전압)
③ 기계적 요인(바람, 눈, 얼음, 오염)
④ 열적 요인(과전압, 과전류)

일반적으로 전력계통에서의 고장들은 1선지락으로 시작된다. 그러나 이를 신속히 제거하여 주지 않을 경우 2선지락이나, 3상단락사고로 진전되는 경우가 많다.

비대칭회로에 있어서 대칭회로의 정수를 사용하면 정확한 결과를 얻을 수 없으며 보통 방법으로는 다루기가 매우 복잡하게 된다. 이와 같은 경우에는 대칭좌표법(對秤座標法 : method of symmetrical coordinates)에 의하는 것이 가장 편리한 것이다.

이 방법은 불평형의 3상회로를 대칭인 3개의 회로로 나누어 그 각각의 평형회로에서 전압, 전류를 다루고 마지막에 이들을 중첩하여 실제회로를 해석하는 것이다.

이하 대칭좌표법에 의한 고장계산에 대해 설명하기로 한다.

17.1.2 대칭분전류 및 전압

3상 불평형전류가 있고 A, B, C 각 상의 전류가 $\dot{I}_a$, $\dot{I}_b$, $\dot{I}_c$이며 또한, 그 상회전방향이 A, B, C의 순서라고 한다. 이에 대해 다음과 같은 벡터를 생각해 보자.

$$\left.\begin{aligned} \dot{I}_0 &= \frac{1}{3}(\dot{I}_a + \dot{I}_b + \dot{I}_c) \\ \dot{I}_1 &= \frac{1}{3}(\dot{I}_a + a\dot{I}_b + a^2\dot{I}_c) \\ \dot{I}_2 &= \frac{1}{3}(\dot{I}_a + a^2\dot{I}_b + a\dot{I}_c) \end{aligned}\right\} \qquad (17\text{-}1)$$

단, a는 벡터 인자(vector operator)로서 다음의 값을 가지는 것이다.

$$\left.\begin{aligned} a &= e^{j\frac{2\pi}{3}} = -\frac{1}{2} + j\frac{\sqrt{3}}{2} \\ a^2 &= e^{j\frac{4\pi}{3}} = -\frac{1}{2} - j\frac{\sqrt{3}}{2} \\ a^3 &= 1 \\ 1 + a &+ a^2 = 0 \end{aligned}\right\} \qquad (17\text{-}2)$$

즉, 어느 벡터에다 a를 곱하는 것은 그 벡터의 크기를 바꾸지 않고 위상만을 120° 나아가게 하는 것을 뜻하며 a로 나누는 것은 위상만을 120° 늦게 하는 것을 뜻한다. 식 (17-1)에 있어서 $\dot{I}_0$, $\dot{I}_1$, $\dot{I}_2$를 이미 알고 있는 것으로 하고 $\dot{I}_a$, $\dot{I}_b$, $\dot{I}_c$를 구하면 식 (17-3)과 같이 된다.

$$\left.\begin{aligned} \dot{I}_a &= \dot{I}_0 + \dot{I}_1 + \dot{I}_2 \\ \dot{I}_b &= \dot{I}_0 + a^2\dot{I}_1 + a\dot{I}_2 \\ \dot{I}_c &= \dot{I}_0 + a\dot{I}_1 + a^2\dot{I}_2 \end{aligned}\right\} \tag{17-3}$$

따라서 어떤 방법에 의해 $\dot{I}_0$, $\dot{I}_1$, $\dot{I}_2$를 알면 원래의 전류 $\dot{I}_a$, $\dot{I}_b$, $\dot{I}_c$는 위의 식에 의해 쉽게 계산할 수가 있다. 즉, $\dot{I}_0$, $\dot{I}_1$, $\dot{I}_2$를 안다는 것은 $\dot{I}_a$, $\dot{I}_b$, $\dot{I}_c$를 안다는 것과 마찬가지인 것이다.

식 (17-3)을 보면, $\dot{I}_a$, $\dot{I}_b$, $\dot{I}_c$는 모두 $\dot{I}_0$, $\dot{I}_1$, $\dot{I}_2$에 관한 성분으로 나누어 생각할 수 있다.

식 (17-3)의 우변 제1항인 $\dot{I}_0$성분은 A, B, C 각 상 공통으로 같은 크기와 같은 위상각을 가진 평형 단상전류인데 이것을 **영상전류**(零相電流 : zero phase sequence current)라고 한다.

다음에 제2항은 A상에는 $\dot{I}_1$이 있고 B상에는 $\dot{I}_1$보다 120° 늦게 한 $a^2\dot{I}_1$이 있으며 C상에는 $\dot{I}_1$을 120° 앞서게 한 $a\dot{I}_1$이 있다. 즉, 제2항은 각 상에 대해 생각하면 원래의 전류와 상회전 방향이 동일한 대칭 3상 전류를 형성하고 있다. 이것을 **정상전류**(正相電流 : positive phase sequence current)라고 한다.

다음에 제3항은 A상에는 $\dot{I}_2$가 있고 B상에는 $\dot{I}_2$를 120° 앞서게 한 $a\dot{I}_2$가 있으며 C상에는 $\dot{I}_2$를 120° 늦게 한 $a^2\dot{I}_2$가 들어가 있다. 즉, 제3항은 상회전 방향이 원래의 전류와 역인 대칭 3상전류를 형성하고 있다. 이것을 **역상전류**(逆相電流 : negative phase sequence current)라고 한다.

이상의 관계를 나타내면 그림 17-1과 같이 된다.

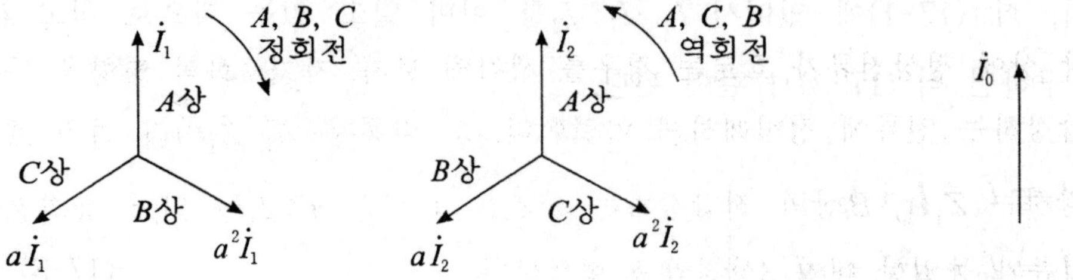

(a) 정 상 (b) 역 상 (c) 영 상

그림 17-1

이상은 전류에 대해 설명한 것이지만 전압에 있어서도 완전히 같은 것으로 생각된다. 즉, 3상 불평형전압 $\dot{V}_a$, $\dot{V}_b$, $\dot{V}_c$가 있는 경우 이 대칭분 전압 즉, 영상전압, 정상전압, 역상전압을 나타내는 식은 식 (17-4)와 같이 된다.

$$\left.\begin{aligned} V_0 &= \frac{1}{3}(\dot{V}_a + \dot{V}_b + \dot{V}_c) \\ V_1 &= \frac{1}{3}(\dot{V}_a + a\dot{V}_b + a^2\dot{V}_c) \\ V_2 &= \frac{1}{3}(\dot{V}_a + a^2\dot{V}_b + a\dot{V}_c) \end{aligned}\right\} \qquad (17\text{-}4)$$

또한 각 상 전압을 대칭분으로 나타내면 식 (17-5)와 같이 된다.

$$\left.\begin{aligned} \dot{V}_a &= \dot{V}_0 + \dot{V}_1 + \dot{V}_2 \\ \dot{V}_b &= \dot{V}_0 + a^2\dot{V}_1 + a\dot{V}_2 \\ \dot{V}_c &= \dot{V}_0 + a\dot{V}_1 + a^2\dot{V}_2 \end{aligned}\right\} \qquad (17\text{-}5)$$

17.1.3 3상 교류발전기의 기본식

그림 17-2와 같이 3상 교류발전기에 불평형전류 $\dot{I}_a$, $\dot{I}_b$, $\dot{I}_c$가 흐르고 있는 경우 각 상의 전압강하에 대해 생각해 보기로 하자. 이 경우의 전압강하는 식 (17-3)과 같이 각 상에 정상전류가 흐르는 경우와, 각 상이 역상전류가 흐르는 경우, 그리고 각 상에 영상전류가 흐르는 경우 등 3개의 경우가 중첩된 것으로

한다.

먼저 각 상에 정상전류가 흐르는 경우를 생각해 보자. 자기포화의 영향을 무시하면 전압강하는 전류에 정비례하게 마련이다. 그 비례정수를 $\dot{Z}_1$이라 하면 A상의 전압강하는 $\dot{Z}_1\dot{I}_1$, B상의 전압강하는 $a^2\dot{Z}_1\dot{I}_1$, C상은 $a\dot{Z}_1\dot{I}_1$이 되고 상회전방향이 선전류와 동일한 대칭 3상전압을 형성한다.

다음에 역상전류에 대한 전압강하를 생각해 보면 이 경우의 비례정수를 $\dot{Z}_2$로 할 경우 A, B, C 각 상의 전압강하는 각각 $\dot{Z}_2\dot{I}_2$, $a\dot{Z}_2\dot{I}_2$, $a^2\dot{Z}_2\dot{I}_2$가 되고 선전류와 상회전방향이 역인 대칭 3상전압을 형성한다.

마지막으로 영상전류에 대한 전압강하는 비례정수를 $\dot{Z}_0$로 할 경우 모두 $\dot{Z}_0\dot{I}_0$가 되고 각 상에 있어서 크기나 위상도 같아진다.

위와 같이 비례정수 $\dot{Z}_0$, $\dot{Z}_1$, $\dot{Z}_2$를 각각 발전기의 영상(零相)임피던스, 정상(正相)임피던스, 역상(逆相)임피던스라고 한다.

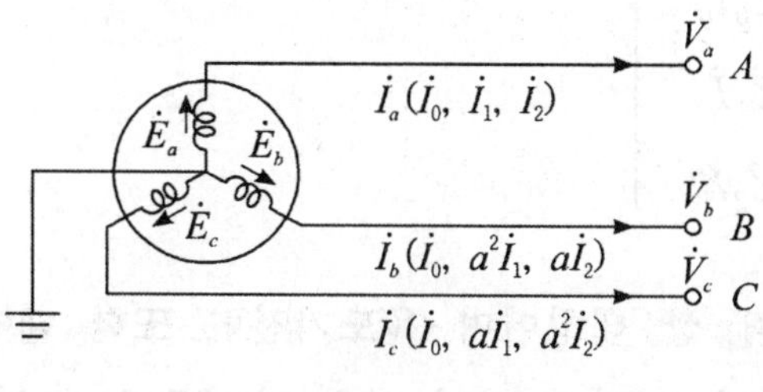

그림 17-2

지금 $\dot{E}_a$, $\dot{E}_b$, $\dot{E}_c$를 각 상의 무부하 유도기전력, $\dot{V}_a$, $\dot{V}_b$, $\dot{V}_c$를 각 상의 단자전압, $\dot{v}_a$, $\dot{v}_b$, $\dot{v}_c$를 $\dot{I}_a$, $\dot{I}_b$, $\dot{I}_c$에 의한 각상의 전압강하라고 하면 그림 17-2에 대해 식 (17-6)이 성립한다.

$$\left.\begin{aligned}\dot{V}_a &= \dot{E}_a - \dot{v}_a \\ \dot{V}_b &= \dot{E}_b - \dot{v}_b \\ \dot{V}_c &= \dot{E}_c - \dot{v}_c\end{aligned}\right\} \tag{17-6}$$

또한

$$\left.\begin{aligned}\dot{v}_a &= \dot{Z}_0\dot{I}_0 + \dot{Z}_1\dot{I}_1 + \dot{Z}_2\dot{I}_2 \\ \dot{v}_b &= \dot{Z}_0\dot{I}_0 + a^2\dot{Z}_1\dot{I}_1 + a\dot{Z}_2\dot{I}_2 \\ \dot{v}_c &= \dot{Z}_0\dot{I}_0 + a\dot{Z}_1\dot{I}_1 + a^2\dot{Z}_2\dot{I}_2\end{aligned}\right\} \tag{17-7}$$

식 (17-6)을 대칭분의 형으로 바꾸면 다음과 같다.

$$\left.\begin{aligned}V_0 &= \frac{1}{3}\{(\dot{E}_a + \dot{E}_b + \dot{E}_c) - (\dot{v}_a + \dot{v}_b + \dot{v}_c)\} \\ V_1 &= \frac{1}{3}\{(\dot{E}_a + a\dot{E}_b + a^2\dot{E}_c) - (\dot{v}_a + a\dot{v}_b + a^2\dot{v}_c)\} \\ V_2 &= \frac{1}{3}\{(\dot{E}_a + a^2\dot{E}_b + a\dot{E}_c) - (\dot{v}_a + a^2\dot{v}_b + a\dot{v}_c)\}\end{aligned}\right\}$$

위의 식에다 식 (17-7)을 대입하면 다음과 같이 된다.

$$\left.\begin{aligned}\dot{V}_0 &= \dot{E}_0 - \dot{Z}_0\dot{I}_0 \\ \dot{V}_1 &= \dot{E}_1 - \dot{Z}_1\dot{I}_1 \\ \dot{V}_2 &= \dot{E}_2 - \dot{Z}_2\dot{I}_2\end{aligned}\right\}$$

그런데 발전기는 각 상 대칭이며 유도기전력 또한 대칭 3상전압이기 때문에 $\dot{E}_0$ 및 $\dot{E}_2$는 영이 된다. 따라서 앞의 식은 식 (17-8)과 같이 된다.

$$\left.\begin{aligned}\dot{V}_0 &= -\dot{Z}_0\dot{I}_0 \\ \dot{V}_1 &= \dot{E}_1 - \dot{Z}_1\dot{I}_1 \\ \dot{V}_2 &= -\dot{Z}_2\dot{I}_2\end{aligned}\right\} \tag{17-8}$$

식 (17-8)을 3상 교류발전기의 기본식이라고 한다.

앞의 경우에서 만약 중성점이 직접접지가 아니고 어느 임피던스 $\dot{Z}_n$을 가지고 접지되어 있다고 하면 그 전위는 일반적으로 영이 되지 않으며 $\dot{V}_n$이 된다. 이 경우 식 (17-8)은 다음과 같이 변형된다.

$$\left.\begin{aligned}\dot{V}_0 &= -\dot{Z}_0\dot{I}_0 + \dot{V}_n \\ \dot{V}_1 &= \dot{E}_1 - \dot{Z}_1\dot{I}_1 \\ \dot{V}_2 &= -\dot{Z}_2\dot{I}_2\end{aligned}\right\} \qquad (17\text{-}9)$$

이 발전기의 기본식과 전술한 대칭분 전류, 전압식 (17-1), (17-5)를 사용하여 여러 가지 고장계산을 할 수 있다.

17.1.4 3상 교류발전기의 간단한 고장계산

(1) 1선 지락사고(1線 地絡事故)

그림 17-3에서와 같이 무부하 상태에 있는 3상발전기의 A상 단자가 지락된 경우의 전류 및 개방단자 B, C상의 단자전압을 구해 보기로 한다. 단, 발전기의 영상, 정상, 역상 등 각 상의 임피던스를 $\dot{Z}_0$, $\dot{Z}_1$, $\dot{Z}_2$로 하고 또한 A상의 무부하 유도기전력을 $\dot{E}_a$로 한다.

그림 17-3과 같이 고장발생시 주어진 조건에서

$$\dot{I}_b = \dot{I}_c = 0,\ \dot{V}_a = 0$$

이 된다.

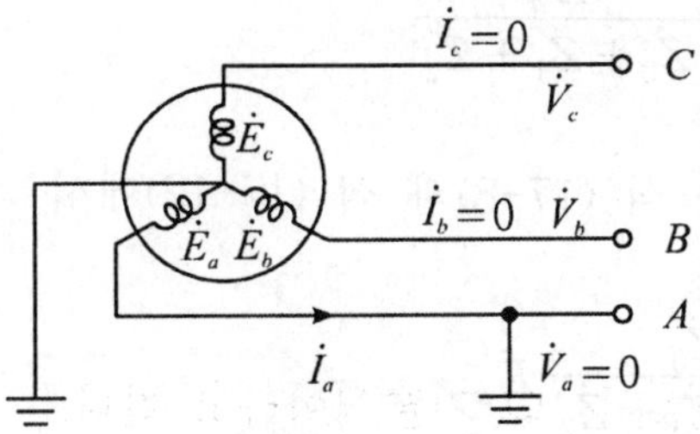

그림 17-3

따라서 $\dot{I}_0$, $\dot{I}_1$, $\dot{I}_2$는 $\dot{I}_b = \dot{I}_c = 0$이므로

$$\left.\begin{aligned}\dot{I}_0 &= \frac{1}{3}(\dot{I}_a + \dot{I}_b + \dot{I}_c) = \frac{1}{3}\dot{I}_a \\ \dot{I}_1 &= \frac{1}{3}(\dot{I}_a + a\dot{I}_b + a^2\dot{I}_c) = \frac{1}{3}\dot{I}_a \\ \dot{I}_2 &= \frac{1}{3}(\dot{I}_a + a^2\dot{I}_b + a\dot{I}_c) = \frac{1}{3}\dot{I}_a\end{aligned}\right\}$$

로 구해지므로 다음과 같은 관계를 갖는다.

$$\dot{I}_0 = \dot{I}_1 = \dot{I}_2 = \frac{1}{3}\dot{I}_a \qquad (17\text{-}10)$$

즉, 1선지락시 3개의 대칭분 전류는 크기 및 위상이 모두 같게 된다.

다음에 A 상이 접지되고 있으므로 ($V_a = 0$)

$$\dot{V}_a = \dot{V}_0 + \dot{V}_1 + \dot{V}_2 = 0 \qquad (17\text{-}11)$$

식 (17-8)의 관계를 식 (17-11)에 대입하면 다음과 같이 된다.

$$\dot{E}_1 - (\dot{Z}_0\dot{I}_0 + \dot{Z}_1\dot{I}_1 + \dot{Z}_2\dot{I}_2) = 0$$

또한 $\dot{E}_1 = \dot{E}_a$이기 때문에 앞의 식과 식 (17-10)의 관계에서 다음과 같이 된다.

$$\dot{I}_0 = \dot{I}_1 = \dot{I}_2 = \frac{\dot{E}_a}{\dot{Z}_0 + \dot{Z}_1 + \dot{Z}_2} \qquad (17\text{-}12)$$

또한 전압에 대해서는 식 (17-8)과 식 (17-12)에서

$$\left.\begin{aligned}\dot{V}_0 &= -\frac{\dot{Z}_0}{\dot{Z}_0 + \dot{Z}_1 + \dot{Z}_2}\dot{E}_a \\ \dot{V}_1 &= \dot{E}_a - \dot{Z}_1\dot{I}_1 = \dot{E}_a - \frac{\dot{Z}_1}{\dot{Z}_0 + \dot{Z}_1 + \dot{Z}_2}\dot{E}_a = \frac{\dot{Z}_0 + \dot{Z}_2}{\dot{Z}_0 + \dot{Z}_1 + \dot{Z}_2}\dot{E}_a \\ \dot{V}_2 &= -\frac{\dot{Z}_2}{\dot{Z}_0 + \dot{Z}_1 + \dot{Z}_2}\dot{E}_a\end{aligned}\right\} \qquad (17\text{-}13)$$

따라서 $\dot{I}_a$, $\dot{V}_b$, $\dot{V}_c$는 식 (17-14)와 같이 된다.

$$\left.\begin{aligned}\dot{I}_a &= \dot{I}_0+\dot{I}_1+\dot{I}_2=\frac{3\dot{E}_a}{\dot{Z}_0+\dot{Z}_1+\dot{Z}_2}\\ \dot{V}_b &= \dot{V}_0+a^2\dot{V}_1+a\dot{V}_2=\frac{\dot{Z}_0(a^2-1)+\dot{Z}_2(a^2-a)}{\dot{Z}_0+\dot{Z}_1+\dot{Z}_2}\dot{E}_a\\ \dot{V}_c &= \dot{V}_0+a\dot{V}_1+a^2\dot{V}_2=\frac{\dot{Z}_0(a-1)+\dot{Z}_2(a-a^2)}{\dot{Z}_0+\dot{Z}_1+\dot{Z}_2}\dot{E}_a\end{aligned}\right\} \quad (17\text{-}14)$$

(2) 2선 지락사고

그림 17-4와 같이 B, C 양 단자가 지락된 경우 A단자의 전압 $\dot{V}_a$ 및 전류 $\dot{I}_b$, $\dot{I}_c$를 구하기로 하자.

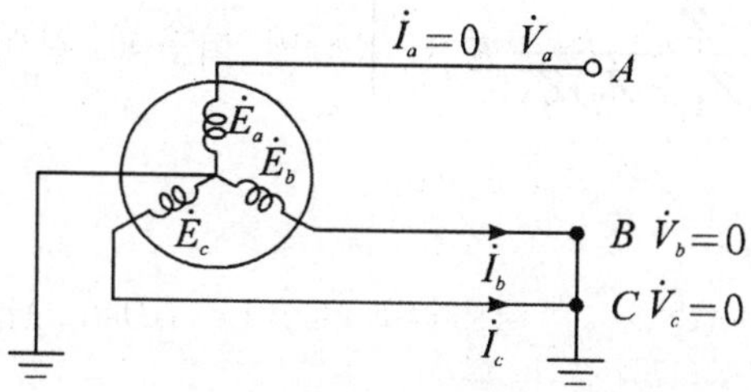

그림 17-4

주어진 조건에서 $\dot{V}_b=\dot{V}_c=0$ 또한 $\dot{I}_a=0$이 된다.

따라서 $\dot{V}_0, \dot{V}_1, \dot{V}_2$는 $\dot{V}_b=\dot{V}_c=0$이므로

$$\left.\begin{aligned}\dot{V}_0 &= \frac{1}{3}(\dot{V}_a+\dot{V}_b+\dot{V}_c)=\frac{1}{3}\dot{V}_a\\ \dot{V}_1 &= \frac{1}{3}(\dot{V}_a+a\dot{V}_b+a^2\dot{V}_c)=\frac{1}{3}\dot{V}_a\\ \dot{V}_2 &= \frac{1}{3}(\dot{V}_a+a^2\dot{V}_b+a\dot{V}_c)=\frac{1}{3}\dot{V}_a\end{aligned}\right\}$$

로 구해지므로 다음과 같은 관계를 갖는다.

$$\therefore \ \dot{V}_0 = \dot{V}_1 = \dot{V}_2 = \frac{1}{3}\dot{V}_a \tag{17-15}$$

식 (17-15)와 식 (17-8)에서 다음과 같이 된다.

$$\left.\begin{aligned} -\dot{Z}_0\dot{I}_0 &= \dot{E}_a - \dot{Z}_1\dot{I}_1 \\ -\dot{Z}_2\dot{I}_2 &= -\dot{Z}_2\dot{I}_2 \\ \dot{I}_a &= \dot{I}_0 + \dot{I}_1 + \dot{I}_2 \end{aligned}\right\}$$

윗 식을 3원 연립 방정식으로 풀면 식 (17-16)과 같다.

$$\left.\begin{aligned} \dot{I}_1 &= \frac{\dot{Z}_0 + \dot{Z}_2}{\dot{Z}_1\dot{Z}_2 + (\dot{Z}_1 + \dot{Z}_2)\dot{Z}_0}\dot{E}_a \\ \dot{I}_0 &= \frac{-\dot{Z}_2}{\dot{Z}_1\dot{Z}_2 + (\dot{Z}_1 + \dot{Z}_2)\dot{Z}_0}\dot{E}_a \\ \dot{I}_2 &= \frac{-\dot{Z}_0}{\dot{Z}_1\dot{Z}_2 + (\dot{Z}_1 + \dot{Z}_2)\dot{Z}_0}\dot{E}_a \end{aligned}\right\} \tag{17-16}$$

또한

$$\dot{V}_0 = -\dot{Z}_0\dot{I}_0$$

따라서 $\dot{V}_a$, $\dot{I}_b$, $\dot{I}_c$는 식 (17-17)과 같이 된다.

$$\left.\begin{aligned} \dot{V}_a &= \dot{V}_0 + \dot{V}_1 + \dot{V}_2 = 3\dot{V}_0 = -3\dot{Z}_0\dot{I}_0 \\ &= \frac{3\dot{Z}_0\dot{Z}_2}{\dot{Z}_1\dot{Z}_2 + (\dot{Z}_1 + \dot{Z}_2)\dot{Z}_0}\dot{E}_a \\ \dot{I}_b &= \dot{I}_0 + a^2\dot{I}_1 + a\dot{I}_2 = \frac{\dot{Z}_2(a^2 - 1) + \dot{Z}_0(a^2 - a)}{\dot{Z}_1\dot{Z}_2 + (\dot{Z}_1 + \dot{Z}_2)\dot{Z}_0}\dot{E}_a \\ \dot{I}_c &= \dot{I}_0 + a\dot{I}_1 + a^2\dot{I}_2 = \frac{\dot{Z}_2(a - 1) + \dot{Z}_0(a - a^2)}{\dot{Z}_1\dot{Z}_0 + \dot{Z}_0\dot{Z}_2 + \dot{Z}_1\dot{Z}_2}\dot{E}_a \end{aligned}\right\} \tag{17-17}$$

(3) 단상 단락사고(單相 短絡事故)

그림 17-5와 같이 B, C 양 단자를 단락한 경우의 전압 $\dot{V}_a$, $\dot{V}_b$ 및 전류 $\dot{I}_b$, $\dot{I}_c$를 구한다.

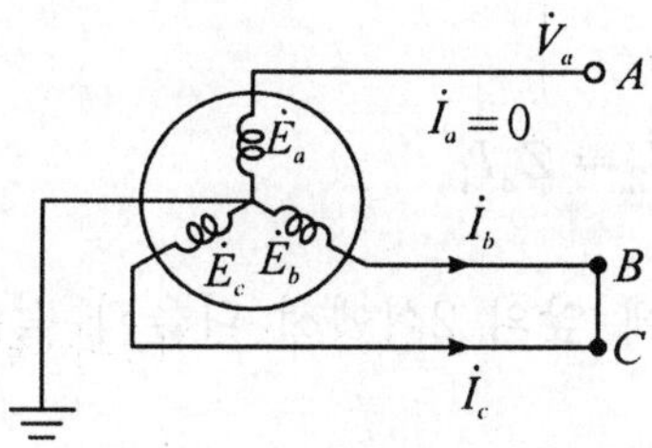

그림 17-5

주어진 조건으로부터 $\dot{V}_b=\dot{V}_c$, $\dot{I}_a=0$, $\dot{I}_b=-\dot{I}_c$가 된다. $\dot{V}_b=\dot{V}_c$를 대칭분으로 표시하면 다음과 같이 된다.

$$\left.\begin{aligned}\dot{V}_b&=\dot{V}_0+a^2\dot{V}_1+a\dot{V}_2\\ \dot{V}_c&=\dot{V}_0+a\dot{V}_1+a^2\dot{V}_2\end{aligned}\right\}\text{의 차 } \dot{V}_b-\dot{V}_c=(a^2-a)(\dot{V}_1-\dot{V}_2)=0$$

따라서

$$\dot{V}_1=\dot{V}_2 \tag{17-18}$$

이다. 또한 $\dot{I}_a=0$, $\dot{I}_b=-\dot{I}_c$의 관계를 대칭분으로 나타내면 다음과 같이 된다.

$$\dot{I}_a+\dot{I}_b+\dot{I}_c=0$$

즉,

$$\dot{I}_0=\frac{1}{3}(\dot{I}_a+\dot{I}_b+\dot{I}_c)=0$$

$$\dot{I}_b=a^2\dot{I}_1+a\dot{I}_2$$

$$\dot{I}_c=a\dot{I}_1+a^2\dot{I}_2$$

$$\dot{I}_b+\dot{I}_c=(a^2+a)(\dot{I}_1+\dot{I}_2)=0$$

앞의 2식에서 다음의 관계가 얻어진다.

$$\dot{I}_0=0,\ \dot{I}_1=-\dot{I}_2 \tag{17-19}$$

식 (17-18), (17-19)와 식 (17-8)에서 다음의 관계를 얻는다.

$$\dot{V}_0=-\dot{I}_0\dot{Z}_0=0$$
$$\dot{E}_1-\dot{I}_1\dot{Z}_1=-\dot{Z}_2\dot{I}_2=\dot{Z}_2\dot{I}_1$$

또한 $\dot{E}_1=\dot{E}_a$이기 때문에 앞의 2식에서 다음과 같이 된다.

$$\left.\begin{aligned}\dot{I}_1&=\frac{\dot{E}_a}{\dot{Z}_1+\dot{Z}_2}=-\dot{I}_2\\ \dot{I}_2&=\frac{-\dot{E}_a}{\dot{Z}_1+\dot{Z}_2}\\ \dot{V}_1&=\dot{V}_2=-\dot{Z}_2\dot{I}_2=\frac{\dot{Z}_2\dot{E}_a}{\dot{Z}_1+\dot{Z}_2}\end{aligned}\right\} \tag{17-20}$$

따라서 다음과 같이 된다.

$$\left.\begin{aligned}\dot{I}_b&=-\dot{I}_c=a^2\dot{I}_1+a\dot{I}_2=\frac{(a^2-a)}{\dot{Z}_1+\dot{Z}_2}\dot{E}_a\\ \dot{V}_a&=\dot{V}_1+\dot{V}_2=\frac{2\dot{Z}_2}{\dot{Z}_1+\dot{Z}_2}\dot{E}_a\\ \dot{V}_b&=\dot{V}_c=a^2\dot{V}_1+a\dot{V}_2=\frac{-\dot{Z}_2}{\dot{Z}_1+\dot{Z}_2}\dot{E}_a\end{aligned}\right\} \tag{17-21}$$

즉, 단락단자 (b, c상)의 전압은 개방단자 (a상)전압의 $\frac{1}{2}$로 된다.

(4) 3상 단락사고

그림 17-6과 같이 3상 단락한 경우에는 모두 대칭적인 평형회로이므로 전류는 대칭성분중 정상전류만 흐른다.

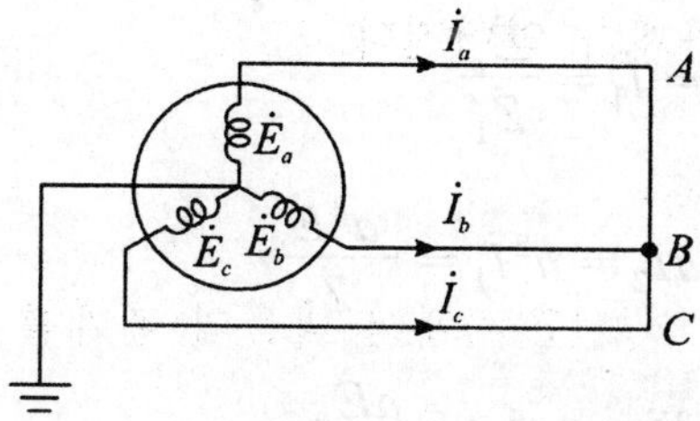

그림 17-6

즉,

$$\dot{I}_a + \dot{I}_b + \dot{I}_c = 0, \qquad \dot{V}_a = \dot{V}_b = \dot{V}_c$$

전위의 대칭분을 구하면

$$\dot{V}_0 = -\dot{Z}_0\dot{I}_0 = -\frac{\dot{Z}_0}{3}(\dot{I}_a + \dot{I}_b + \dot{I}_c) = 0$$

$$\dot{V}_1 = \frac{1}{3}(\dot{V}_a + a\dot{V}_b + a^2\dot{V}_c) = \frac{1}{3}(1 + a + a^2)\dot{V}_a = 0$$

$$\dot{V}_2 = \frac{1}{3}(\dot{V}_a + a^2\dot{V}_b + a\dot{V}_c) = \frac{1}{3}(1 + a^2 + a)\dot{V}_a = 0$$

따라서 선간전압이 모두 0이므로 다음과 같다.

$$\dot{V}_a = \dot{V}_b = \dot{V}_c = 0$$

즉, 단자의 전위는 중성점 전위가 된다. 결국 대지 전위와 같고 0이 된다. 발전기 기본식을 적용하면 다음과 같다.

$$\dot{V}_0 = -\dot{Z}_0\dot{I}_0 = 0 \rightarrow \dot{I}_0 = 0$$

$$\dot{V}_1 = \dot{E}_a - \dot{Z}_1\dot{I}_1 = 0 \rightarrow \dot{I}_1 = \frac{\dot{E}_a}{\dot{Z}_1}$$

$$\dot{V}_2 = -\dot{Z}_2\dot{I}_2 = 0 \rightarrow \dot{I}_2 = 0$$

그러므로 각 상의 단락전류는 다음과 같이 된다.

$$\dot{I}_a = \dot{I}_0 + \dot{I}_1 + \dot{I}_2 = \dot{I}_1 = \frac{\dot{E}_a}{\dot{Z}_1}$$

$$\dot{I}_b = \dot{I}_0 + a^2\dot{I}_1 + a\dot{I}_2 = a^2\dot{I}_1 = \frac{a^2\dot{E}_a}{\dot{Z}_1}$$

$$\dot{I}_c = \dot{I}_0 + a\dot{I}_1 + a^2\dot{I}_2 = a\dot{I}_1 = \frac{a\dot{E}_a}{\dot{Z}_1}$$

위 식에서 $\dot{Z}_1$은 정상 임피던스이며, 동기 임피던스와 같은 것이다. 3상 단락일 경우에 $\dot{I}_a$, $\dot{I}_b$, $\dot{I}_c$는 정상전류이고, 그 값은 한상의 기전력을 정상 임피던스로 나눈 것이 된다.

17.1.5 3상 송전계통의 고장계산

(1) 송전계통의 고장회로

그림 17-7과 같이 송전계통의 점 P에 있어서 사고가 발생한 경우를 생각해 보기로 한다. 지금 사고발생 전, 점 P에 있어서 각 상 전선에서 3개의 인출선을 내고 a, b, c인 3개의 단자를 가정하여 이 단자에 송전계통의 고장회로를 구성한다.

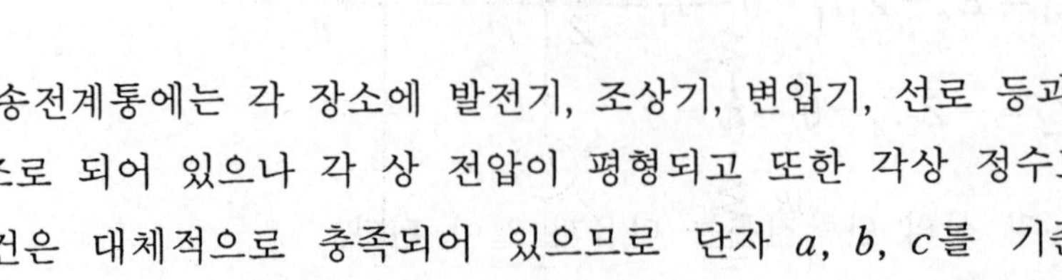

그림 17-7

이 경우 송전계통에는 각 장소에 발전기, 조상기, 변압기, 선로 등과 같이 매우 복잡한 구조로 되어 있으나 각 상 전압이 평형되고 또한 각상 정수도 평형되어 있다는 조건은 대체적으로 충족되어 있으므로 단자 a, b, c를 기준으로 좌측 (A)과 우측(B, C)의 임피던스가 병렬로 되어 있는 것을 합하여 등가회로를 구하면 이 송전계통은 대칭 3상발전기라고 생각할 수 있다. 지금 a, b, c 가정단자에서 본 영상, 정상, 역상 각상 임피던스를 $\dot{Z}_0$, $\dot{Z}_1$, $\dot{Z}_2$로 하고 점 P의 고장발생 직전의 상전압을 $\dot{E}_a$로 하면 단자에서는 전류가 흐르지 않기 때문에 가정단자 a, b, c는 무부하 유도기전력이 $\dot{E}_a$로서 정수가 $\dot{Z}_0$, $\dot{Z}_1$, $\dot{Z}_2$인 3상발전기의 단자로 생각할 수 있다.

따라서 고장발생 직전의 점 P의 전압, P에서 본 $\dot{Z}_0$, $\dot{Z}_1$, $\dot{Z}_2$ 등을 알고 있으면 점 P에서 일어나는 다양한 사고는 점 P의 전압을 무부하 유도기전력으로, P점에서 본 $\dot{Z}_0$, $\dot{Z}_1$, $\dot{Z}_2$를 발전기의 임피던스로 하는 3상발전기의 단자에서의 동종사고로서 취급하여 고장점의 전압, 전류 등을 계산할 수 있다.

(2) 대칭분회로와 전압, 전류의 분포계산

전술한 바와 같이 송전계통에 있어서 고장계산을 하기 위해서는 먼저 고장점에서 본 대칭분 임피던스 $\dot{Z}_0$, $\dot{Z}_1$, $\dot{Z}_2$를 알지 않으면 안 된다.

먼저 송전계통에서, 영상전류가 흐르는 영상회로와 정상전류가 흐르는 정상회로와 역상전류가 흐르는 역상회로의 3개 대칭분회로를 알면 고장의 종류에 따라 17.1.4의 방식에 의해 고장점의 대칭분전압을 계산할 수가 있다.

다음에 고장발생에 따른 계통 각 점의 전압, 전류의 분포를 구하기 위해서는 각 대칭분회로의 사고점에 각 대칭분전압을 삽입하여 각 대칭분전류의 분포를 구하고 이들을 종합함으로써 구할 수가 있다.

그림 17-8에서 예를 들어 이상에 대해 설명하기로 한다. 한편 사고는 송전단 변압기 선로측 인출구에서 일어난 것으로 하고 여러 가지 양을 다음과 같이 정한다.

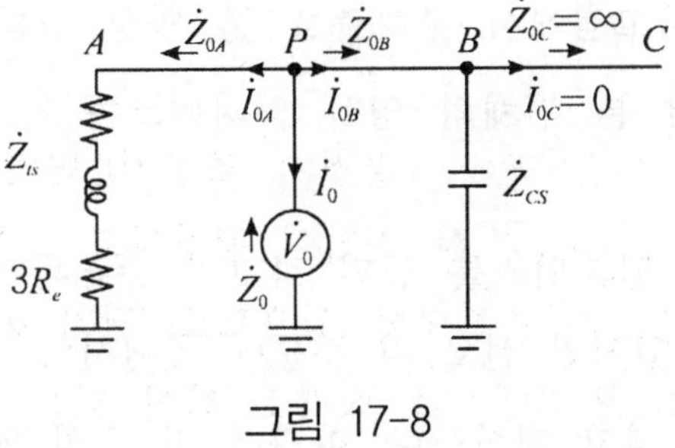

그림 17-8

발전기의 선로측 환산 정상 임피던스 $\dot{Z}_{G1}$, 역상 임피던스 $\dot{Z}_{G2}$, 송전단 변압기의 선로측 환산 임피던스 $\dot{Z}_{ts}$, 수전단 변압기의 임피던스 $\dot{Z}_{tr}$, 부하의 선로측 환산 정상 임피던스 $\dot{Z}_{L1}$, 역상 임피던스 $\dot{Z}_{L2}$, 선로의 1선의 대지 정전용량 C_s에 의한 임피던스 $\dot{Z}_{cs}$, 선로의 작용 정전용량 C_w에 의한 임피던스 $\dot{Z}_{cw}$ 또, 간단히 하기 위해 선로의 임피던스, 대지의 저항 등은 무시한다.

① **영상회로** : 그림 17-7에 있어서 단자 a, b, c를 일괄하여 이것과 대지와의 사이에 단상전압을 인가하였을 때 단상전류가 흐르는 범위가 영상회로인 것이다.

그림 17-8은 그림 17-7에 대한 영상회로이다. 사고점에서는 전원측으로 중성점 접지저항 R_e를 통해서 전류가 흐르지만 변압기의 각상에는 동일한 전류가 흐르고 그 전원측에 있어서는 △결선내를 동일전류가 환류할 뿐 외부에는 나오지 않는다. 따라서 발전기는 이 회로와는 관계가 없다. 또한 사고점에서 부하측에 대한 대지회로는 대지 정전용량만이기 때문에 수전단변압기, 부하 등은 이 회로와는 관계가 없다.

한편 중성점 접지저항 R_e에 대해 $3R_e$로 한 것은 영상회로가 1선분의 전류를 다루는 것으로서 이 경우 R_e에는 3선분의 전류가 유입되기 때문인 것이다.

또한 이 경우에는 간단하게 하기 위해 생략하고 있으나 정수로서는 그림에서 표시하고 있는 것 이외에 선로의 인덕턴스, 저항, 대지 저항 등이 있다. 선로의 인덕턴스로서는 일반적인 인덕턴스가 아니고 대지를 귀로로 하는 인덕턴스를 사용하지 않으면 안 된다.

그림에 있어서 고장점으로부터 전원측을 본 영상 임피던스 $\dot{Z}_{0A}$는 $\dot{Z}_{0A}=\dot{Z}_{ts}+3R_e$ 또한 사고점에서 부하측을 본 영상 임피던스 $\dot{Z}_{0B}$는 $\dot{Z}_{0B}=\dot{Z}_{cs}$, 따라서 사고점에서 본 전체의 영상 임피던스는 $\dot{Z}_0=\dot{Z}_{0A}\dot{Z}_{0B}/(\dot{Z}_{0A}+\dot{Z}_{0B})$가 된다.

다음에 각 대칭분 임피던스를 알면 사고의 종류에 대응하는 사고점의 영상전압 $\dot{V}_0$를 알 수 있지만 선로 각 부분에 있어서의 영상전류를 구하려면 $\dot{V}_0$를 그림의 위치에 넣고 계산한다. 따라서 점 A의 영상전류는 $\dot{I}_0=\dot{V}_0/\dot{Z}_{0A}$

또한 점 B에서의 영상전류 $\dot{I}_{0B}$는 $\dot{I}_{0B}=\dot{V}_0/\dot{Z}_{0B}$로 계산된다.

② **정상회로** : 그림 17-7에 있어서 단자 a, b, c에 상회전방향이 정상적인 3상 전압을 가하고 3상전류를 흐르게 한 경우 이 3상전류가 흐르는 범위가 정상회로인 것이다. 그림 17-9는 그림 17-7에 대응하는 정상회로이다.

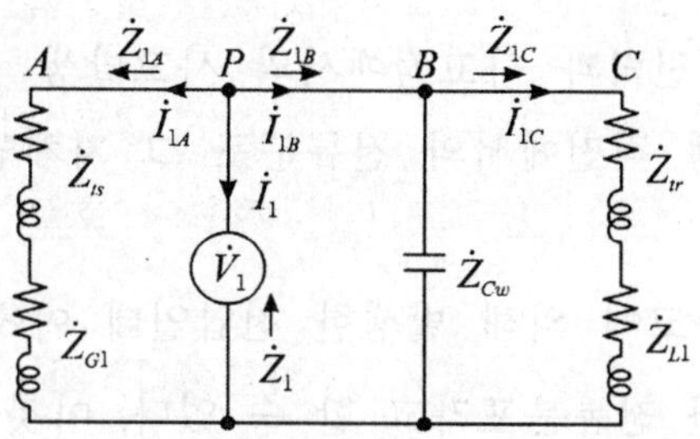

그림 17-9

사고점에서 전원측에 대해서는 중성점 접지저항기에 3상전류가 흐르고 있지 않기 때문에 제외한다. 발전기 G에는 변압기 T_s를 통해서 전류가 흐르기 때문에 이것을 고려하지 않으면 안 된다.

다음에 사고점에서 부하측에 대해서는 변압기를 통해서 부하로 전류가 흐르는 외에도 선로의 충전전류가 흐르기 때문에 이들에 관한 정수를 고려한다. 이 경우 고려해야 할 정전용량은 보통의 3상교류이기 때문에 작용 정전용량인 것이다. 한편 여기서는 무시하고 있으나 선로의 인덕턴스를 고려한다고 하면 이것은 작용 인덕턴스인 것이다.

그림에 있어서 고장점으로부터 전원측을 본 정상 임피던스는 $\dot{Z}_{1A}=\dot{Z}_{ts}+\dot{Z}_{G1}$, 점 c에서 부하측을 본 임피던스는 $\dot{Z}_{C1}=\dot{Z}_{tr}+\dot{Z}_{L1}$ 또한 사고점에서 부하측을 본 임피던스는 $\dot{Z}_{cw}$와 $\dot{Z}_{1C}$가 병렬로 들어가 있기 때문에 $\dot{Z}_{1B}=\dot{Z}_{cw}\dot{Z}_{1C}/(\dot{Z}_{cw}+\dot{Z}_{1C})$. 따라서 사고점에서 본 전체의 정상 임피던스는 $\dot{Z}_1=\dot{Z}_{1A}\dot{Z}_{1B}/(\dot{Z}_{1A}+\dot{Z}_{1B})$가 된다.

다음에 각 대칭분 임피던스를 알면 사고의 종류에 대응하는 사고점의 정상전압 $\dot{V}_1$을 알 수가 있다. 선로 각 부분에 있어서의 정상전류를 구하려면 $\dot{V}_1$을 그림의 위치에 넣고 계산하게 되는데 이에 대해 알아 보기로 한다.

정상전압은 일반적으로 $\dot{V}_1=\dot{E}_a-\dot{I}_1\dot{Z}_1$인데 이중에서 $\dot{E}_a$는 사고점에 있어

서 사고발생 직전의 전압인 것이다. 이 이외에도 정상회로에는 그림 17-3의 b와 같이 발전기의 유도기전력이 존재한다. 즉, 정상회로에서는 발전기기전력과 사고점에서의 사고발생 직전의 전압 $\dot{E}_a$ 및 사고에 의해 사고점에서 발생한 전압 $-\dot{Z}_1\dot{I}_1$ 등이 3종의 전압을 고려해서 전류분포를 정하지 않으면 안 된다.

이중 발전기 유도기전력과 사고점에서의 사고발생 직전의 전압에 대응하는 전류분포는 사고발생 직전에서의 전류분포 그 자체인 것이다. 이것을 제1분포라 한다.

다음에 $-\dot{Z}_1\dot{I}_1$은 사고에 의해 발생한 전압인데 이에 대한 전류분포는 사고에 의해 새로 발생한 전류분포라고 할 수 있다. 이것을 제2분포라 한다.

이상의 제1·제2 양 분포를 중합한 것이 실제의 정상전류분포가 되는 것이지만 이중 제1분포는 처음부터 알고 있기 때문에 $-\dot{Z}_1\dot{I}_1$에 대한 제2분포만을 구하면 되는 것이다.

제2분포를 구하려면 그림의 $\dot{V}_1$의 위치에다 $\dot{V}_1 = -\dot{Z}_1\dot{I}_1$을 삽입해서 계산한다. 따라서 점 A의 전류는 $\dot{I}_{1A} = \dot{V}_1 / \dot{Z}_{1A}$, 점 C의 전류는 $\dot{I}_{1C} = \dot{V}_1 / \dot{Z}_{1C}$, 점 B의 전류는 $\dot{I}_{1B} = \dot{V}_1 / \dot{Z}_{1B}$로 계산할 수 있다. 여기에다 고장발생 직전의 전류분포를 중합한 것이 정상전류의 분포가 된다.

③ **역상회로** : 그림 17-7에 있어서 단자 a, b, c에다 상회전방향의 역인 3상전압을 가하고 3상전류를 흐르게 한 경우 그 전류가 지나가는 범위를 역상회로라고 한다.

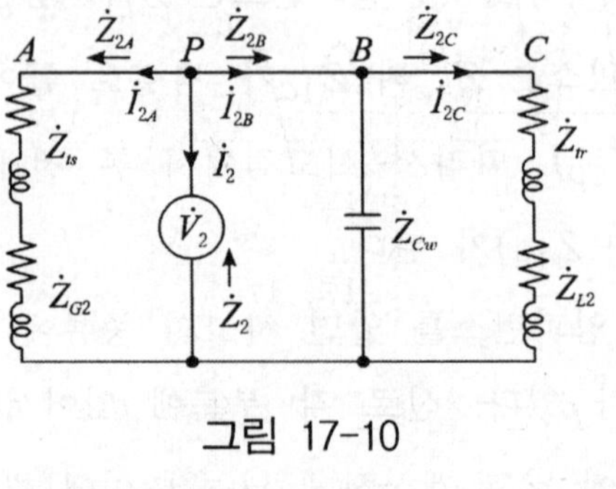

그림 17-10

그림 17-10은 그림 17-7에 대한 역상회로를 그린 것인데 전류가 흐르는 회

로는 정상회로와 완전히 동일한 것이다. 회로중의 각각 임피던스에 있어서 정상회로의 경우와 다른 것은 발전기, 전동기 등의 회전기정수 뿐인 것이다. 역상전류의 분포를 구하려면 그림의 $\dot{V}_2$의 위치에다 따로 계산되는 사고점의 역상전압 $\dot{V}_2$를 넣고 계산한다.

④ 전류, 전압의 분포 : 이상과 같이 하여 각 점에서의 전류의 대칭분을 알면, 식 (17-3)에 의해 각 점, 각 상의 전류값을 계산할 수가 있다.

17.1.6 대칭분 임피던스

(1) 발전기

① 정상 임피던스 : 발전기에 평형 3상 전류를 흐르게 한 경우 작용하는 임피던스가 정상 임피던스인 것으로 발전기 동기 임피던스와 같다.

3상 교류발전기가 무부하 운전하고 있을 때 갑자기 3상 단락이 되었을 때 매우 큰 3상 단락 고장전류가 발생한 후 그림 17-11과 같이 감쇠한다.

그 이유는 단락순시에 있어서는 전기자 반작용의 영향이 나타나지 않으나 시간의 경과와 함께 점차 그 영향이 나타나서 감자작용에 의하여 전기자 유도기전력이 감쇠하기 때문이다.

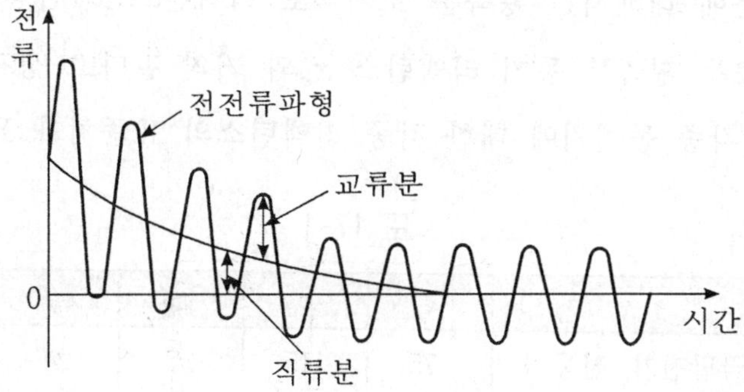

그림 17-11

발전기의 단자전압 $\dot{E}_t$는 실제는 반작용에 의해 유도기전력의 변화와 누설 리액턴스에 의한 전압강하에 의해 변화하는 것이지만 보통은 편의상 양자의 작용을 일괄한 리액턴스로서 직축분 동기 리액턴스 x_d와 횡축분 동기 리액턴스 $\dot{x}_q$로 생각할 수 있다. 즉 그림에 있어서 $\dot{x}_d = \dot{x}_l + \dot{k}_d$, $\dot{x}_q = \dot{x}_l + \dot{k}_q$인데, 무부하 유도기전력 $\dot{E}_0$에서 직축분 동기(直軸分同期) 리액턴스 $\dot{x}_d$와 횡축분 동기(橫軸分同期) 리액턴스 $\dot{x}_q$에 의한 전압강하 $\dot{I}_d \dot{x}_d$, $\dot{I}_q \dot{x}_q$를 뺀 것이 단자전압인 것이다.

그런데 전기자 전류가 급격히 변동하면 직축분 리액턴스, 횡축분 리액턴스 모두 시간의 경과에 따라 변화하기 때문에 그 적용시간에 따라 다음과 같이 구별하고 있다.

㉠ 정태전류에 대해 작용하는 **동기**(同期) **리액턴스**(x_d, x_q)

㉡ 과도전류에 대해 작용하는 **과도**(過渡) **리액턴스**(x_d', x_q')

㉢ 과도전류중에서 감쇠가 특히 큰 최초의 2, 3cycle 사이에 작용하는 **초기과도**(初期過渡) **리액턴스**(x_d'', x_q'')

그림 17-11에서 최초의 몇 cycle 사이에 나타나는 리액턴스는 초기과도 리액턴스이고 다음의 과도중에 작용하는 리액턴스는 과도 리액턴스, 정상상태에 들어가면 동기 리액턴스로 안정하게 되는데 직축분과도 리액턴스 x_d'는 직축분동기 리액턴스 x_d에 비해 작고 또한 직축분 초기과도 리액턴스 x_d''는 더욱 작아 누설 리액턴스와 가가운 값으로 된다.

또한 횡축분에 대해서는 횡축분 초기과도 리액턴스 x_q'', 횡축분 과도 리액턴스 x_q' 모두 횡축분 동기 리액턴스 x_q와 거의 같다고 생각할 수 있다.

표 17-1에 각종 동기기에 대한 각종 리액턴스의 표준치가 표시되어 있다.

표 17-1

	x_q	x_d	x_d'	x_d''	x_2	x_0
제동권선부 돌극발전기, 전동기	75	115	37	24	24	2~20
제동권선이 없는 돌극발전기	75	115	35	35	55	4~25
2극 터빈 발전기	107	110	15	9	9	1~8
4극 터빈 발전기	108	110	23	14	14	5~14
동기 조상기	115	180	40	25	25	2~15

정상 임피던스는 앞에서 언급한 리액턴스와 저항을 조합시킨 것인데 저항은

리액턴스에 비해 매우 작기 때문에 보통은 생략한다.

② 역상, 영상 임피던스 : 두 임피던스 모두 과도부분을 가지고 있으나 그 변화는 적기 때문에 일정값을 가진 것으로서 취급해도 좋다. 표 17-1은 역상 리액턴스 x_2, 영상 리액턴스 x_0의 대략적인 수를 표시하고 있다.

발전기의 각 임피던스는 종류에 따라 다르지만 일반적으로 다음과 같은 관계를 갖는다.

- 정상시 : $Z_1 > Z_2 > Z_0$
- 고장시 : $Z_1 = Z_2 > Z_0$

(2) 변압기(變壓器)

① 정상, 역상 임피던스 : 변압기는 회전기가 아니기 때문에 정상, 역상 각 임피던스의 차이는 없으며, 모두 보통의 임피던스이다.

② 영상 임피던스 : 영상 임피던스는 누설 리액턴스의 약간의 차이를 무시하면 정상 임피던스와 같아진다.

따라서 임피던스의 관계는 $\dot{Z}_1 = \dot{Z}_2 = \dot{Z}_0$로 취급할 수 있다.

표 17-2는 변압기 리액턴스의 개수치를 표시하고 있다.

표 17-2

공칭전압[kV]	[%] 리액턴스
275~220	12
187~154	11
110	9
77~66	7.5
33	5.5
22~11	5
6.6~3.3	3

(3) 선 로(線路)

① 정상, 역상 임피던스 : 선로는 정지물이기 때문에 임피던스는 모두 각각 정상과 역상의 값이 같으며 선로정수에서 구한 작용 인덕턴스 L과 작용 정전

용량 C_w를 사용한다.

② **영상 임피던스**: 선로의 영상회로는 그림 17-12와 같이 되기 때문에 영상 임피던스는 대지전류가 흐를 때의 값이므로 그 인덕턴스는 식 (15-15) 등의 대지를 귀로로 하는 인덕턴스 L_{e3}를 사용하게 된다.

또한 정전용량은 식 (15-31), (15-33) 등의 대지 정전용량 C_s를 사용하게 된다.

일반적으로 선로의 임피던스는 $Z_1 = Z_2 < Z_0$인 관계가 된다.

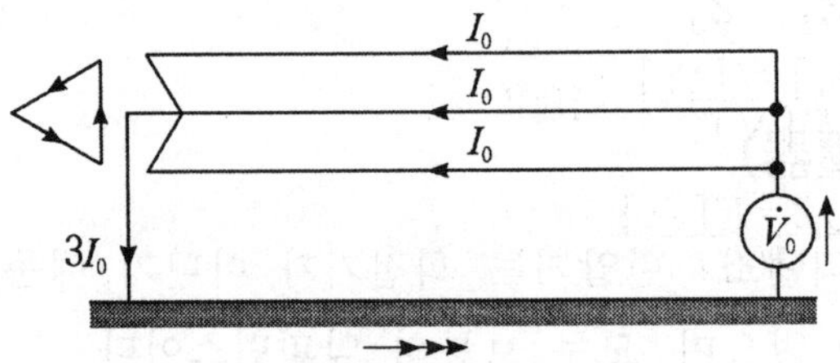

그림 17-12

17.2 3상 단락 전류의 계산

송전선로에서 3상단락은 극히 드문 일이나 1선지락이나 선간단락에 비해서 단락전류는 크다. 이 계산법에는 ohm법, 백분율법, 단위법 등이 있다.

17.2.1 오옴법(ohmic method)

이 계산 방법은 고장점의 기준전압[V]을 고장점에서 본 전 계통의 임피던스로 나누어 구하는 방법이다. 기기, 선로 등의 회로 각 부분의 임피던스의 ohm값을 직접 사용하여 계산하는 방법이다. 3상 단락전류 I_s[A]는 식 (17-22)와 같다.

$$\dot{I}_s = \frac{\dot{E}}{\dot{Z}_g + \dot{Z}_t + \dot{Z}_l} \text{[A]} \tag{17-22}$$

단, 여기서

$\dot{E}$: 회로의 성형전압[V], $\dot{Z}_g$: 발전기의 임피던스[Ω]

$\dot{Z}_t$: 변압기의 임피던스[Ω], $\dot{Z}_l$: 선로의 임피던스[Ω]

17.2.2 백분율법(percentage method)

송전계통에서 임피던스 크기를 Ω값 대신에 %값으로 나타내는 경우가 있다. Ω으로 표시한 임피던스 Z와 $\%Z$간에는 정격전류를 I_n, 정격전압을 E(성형전압 : 상전압)라 하면 다음 관계식이 된다.

$$\%Z = \frac{Z[\Omega]\times I[\text{A}]}{E[\text{V}]}\times 100[\%] \tag{17-23}$$

$$Z[\Omega] = \frac{\%Z\times E[\Omega]}{100I} \tag{17-24}$$

식 (17-23)에서 선간전압 V[kV]와 3상 정격용량 P_n[kVA]로 주어진 경우 식 (17-25)와 같이 된다.

$$\begin{aligned}\%Z &= \frac{ZI_n}{1000V/\sqrt{3}}\times 100 \\ &= \frac{ZI_n\times\sqrt{3}\,V[\text{kV}]}{10V/\sqrt{3}\times\sqrt{3}\,V[\text{kV}]} \\ &= \frac{Z\times\sqrt{3}\,VI_n}{10V^2} = \frac{ZP_n}{10V^2}[\%]\end{aligned} \tag{17-25}$$

또한 식 (17-23), 식 (17-24)로부터 3상 단락 전류 I_s는 식 (17-26)과 같다.

$$I_s = \frac{E}{Z} = \frac{E}{\frac{\%ZE}{100I}} = \frac{100}{\%Z}I_n[\text{A}] \tag{17-26}$$

이 계산 방법을 %임피던스법이라 하고, 이 계산식에서 알 수 있듯이 3상 단락 전류 I_s의 크기는 정격전류 I_n의 $\frac{100}{\%Z}$배 이므로 아주 크다는 것을 알 수 있으며, 정격전류 크기가 얼마인지 모르더라도 고장점에서 전 계통의 $\%Z$가 얻어지면 이것을 사용하여 단락전류가 정격전류의 몇 배인가 하는 배율을 쉽게 알 수 있으므로 실용상 아주 편리하다.

또한 단락용량 P_s는 식 (17-26)에 $\sqrt{3}\,V$를 곱하면 다음과 같이 구해진다.

$$P_s = \sqrt{3}\,VI_s \tag{17-27}$$

$$= \sqrt{3}\,V \times \frac{100}{\%Z} I_n$$

$$= \frac{100}{\%Z} \times \sqrt{3}\,VI_n$$

$$= \frac{100}{\%Z} P_n \tag{17-28}$$

%임피던스의 집계는 식 (17-25)에서와 같이 용량 KVA(P)에 비례함을 알 수 있다. 따라서 KVA용량이 서로 다른 $\%Z$를 기준용량으로 환산하기 위해서는 기준용량과 기기의 용량과의 비에 의해서 구해진다.

예를 들어 기기의 용량이 P이고 %임피던스가 $\%Z$인 경우 기준용량 P' 환산된 $\%Z'$는 다음과 같이 구해진다.

$$P : P' = \%Z : \%Z'$$

$$\%Z' = \%Z \times \frac{P'}{P} \tag{17-29}$$

이와 같이 전 계통의 %임피던스를 집계하기 위해서는 계통의 각 기기나 선로에 대한 %임피던스를 미리 정한 기준용량으로 환산한 다음 이것을 회로에 맞추어 집계해 나가면 된다.

일반적으로 송전선로의 전압이 154[kV] 이하인 계통에서는 10[MVA]를 200[kVA] 이상에서는 100[MVA]를 기준용량으로 잡아서 계통의 %임피던스도를 작성하는데 이것을 사용하면 직접 임의점에서 본 임피던스 집계를 쉽게 할 수 있다. 그러나 현재 실 계통에서는 %임피던스 대신에 다음에 설명하는 단위법(PU method)으로 표시한 계통도를 주로 사용하고 있다.

17.2.3 단위법(per unit method)

선로의 고장계산을 할 경우, 전압, 전류, 임피던스 등을 볼트, 암페어, 오옴 등의 단위 그대로를 사용하여 계산하는 방법과 어떤 기준이 되는 값에 대한 백분율로 표시하는 방법과 기준값을 1로 표시하는 단위법이 있다. 기준값보다 크면 비교값에 기준값으로 나누면 1보다 큰 것을 알 수 있을 것이다. 단위법은 $\%Z$를 $\frac{1}{100}$로 환산해준 값을 나타낸다.

17.3 유도장해(誘導障害)

17.3.1 개 요

우리 나라에서는 지형관계로 송전선과 통신선이 근접하는 경우가 많으며 따라서 송전선에서의 유도에 의해 통신선에 장해를 주는 위험이 있는 경우가 상당히 많다.

유도장해에는 송전선과 통신선의 정전용량 결합에 의한 송전선의 전위로 인한 정전유도(靜電誘導 : electro static induction)와 이 두 회선간의 상호유도결합에 의한 송전선의 전류에 의한 전자유도(電子誘導 : electro magnetic induction), 고조파유도에 의한 잡음장해인 고조파유도의 세 종류가 있다. 이 경우 정상 운전시에는 전자가 문제가 되고, 지락사고시에는 후자가 문제가 된다. 아무튼 송전선로의 선정, 중성점의 접지장치설계 등에 있어서는 미리 이 문제를 고려하지 않으면 안 된다.

17.3.2 전자유도

(1) 전자유도 전압

이것은 송전선에 흐르는 전류로 인한 전자유도에 의해 통신선에서 전압이 유기되는 것이기 때문에 정상 운전시에도 당연히 존재하게 마련인 것이다. 그러나 송전선간의 거리는 일반적으로 상당히 크고, 또한 송전선의 각 상 전선은 연가되어 있기 때문에 각 상 전선의 통신선에 대한 거리는 서로 같다고 생각할 수 있다. 그리고 각 상 전류의 합은 언제나 0이기 때문에, 이에 의해 통신선에서 유기되는 전압의 합도 역시 작으며 실제로는 문제가 되지 않는 것이다. 그러나 송전선에서 지락사고가 발생하면 선로에 따라 대지를 귀로로 하여 단상회로가 형성되고 단상전류가 흐르게 된다. 그리고 이 전류의 등가귀로는 지표 아래 수백 미터인 곳을 지나가는 것으로 생각되기 때문에 단상회로의 왕복로로서 송전선과 통신선과의 거리, 등가귀로와 통신선과의 거리, 이 양자 사이에는 어느정도의 차이가 발생한다. 물론 왕복로에 의한 전자유도 전압과 귀로에 의한 전자유도 전압에 있어서는 그 방향이 반대이지만 거리가 다르기 때문에 그 크기에 차이가 생기고 그 차가 유도전압으로서 통신선에 나타나게 되는 것으로 생각할 수 있다.

이상의 것을 자세히 설명하면 다음과 같이 된다. 그림 17-13에 있어서 3상 송전선을 흐르는 전류를 $\dot{I}_a$, $\dot{I}_b$, $\dot{I}_c$로 하고, 송전선과 통신선과의 상호 인덕턴스를 단위길이당 M, 양선이 병행하고 있는 거리를 l로 하면 전자유도 전압 $\dot{E}_m$은 다음 식으로 나타낼 수 있다.

$$\dot{E}_m = j\omega Ml(\dot{I}_a + \dot{I}_b + \dot{I}_c) = j\omega Ml \times 3\dot{I}_0 \qquad (17\text{-}30)$$

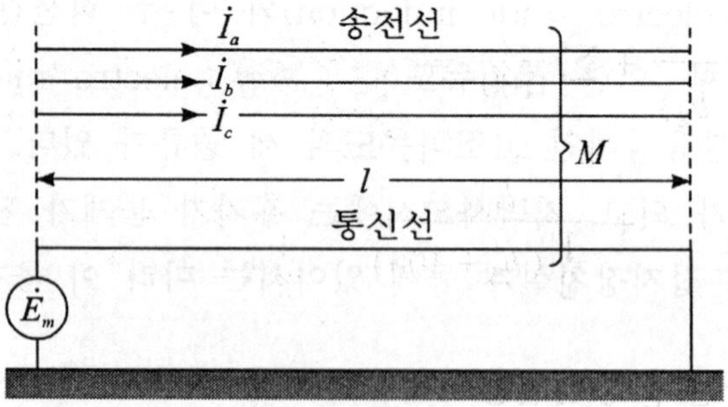

그림 17-13

정상 운전시에 있어서는 $\dot{I}_a + \dot{I}_b + \dot{I}_c = 3\dot{I}_0 = 0$ 따라서 $\dot{E}_m = 0$이지만 지락사고 시에는 $\dot{I}_c$가 어느 크기를 나타내고 그것이 그림 17-14와 같이 흐르며 $l_2 > l_1$이기 때문에 어느 값의 $\dot{E}_m$이 나타나게 되는 것이다. 이 $\dot{E}_m$을 일으키는 송전선의 전류 $3\dot{I}_0$을 기유도전류(起誘導電流 : inducing current)라고 한다.

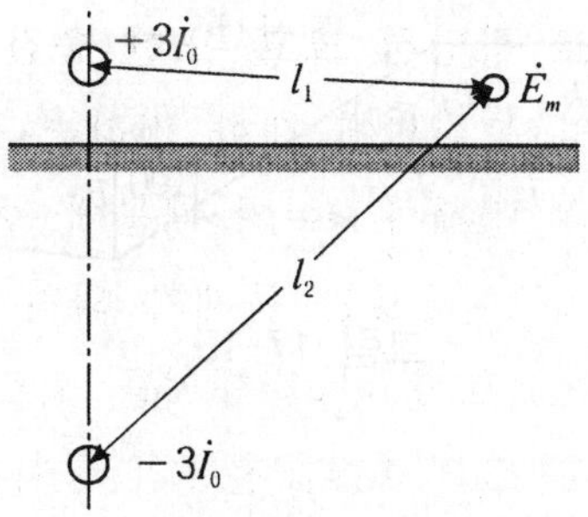

그림 17-14

이상과 같이 전자유도 전압의 산정에는 대지를 귀로로 하는 송전선과 통신선의 상호 인덕턴스가 필요한 것이지만 이 항에서는 우리 나라에서 널리 사용되고 있는 것을 들어 보기로 한다.

$$v = K \cdot f\left\{\sum \frac{l_{12}}{\frac{1}{2}(b_1+b_2)} + \sum \frac{l}{100}\right\}[\text{V/A}]$$

단, v는 기유도전류 1[A]당의 유도전압[V], f는 주파수[Hz], K는 지질에 의한 정수, $\sum$는 송전선과 통신선의 상호관계에 의해 계산되는 수치인데 그림 17-15에 대해서는 식 (17-31)과 같이 된다.

$$\sum \frac{l_{12}}{\frac{1}{2}(b_1+b_2)} + \sum \frac{l}{100} = \frac{l_{12}}{\frac{1}{2}(b_1+b_2)} + \frac{l_{22}}{b_2} + \frac{l_{2\text{-}100}}{\frac{1}{2}(b_2+100)} + \frac{l}{100}$$
$$+ \frac{l_{100\text{-}3}}{\frac{1}{2}(b_3+100)} + \frac{l_{34}}{\frac{1}{2}(b_3+b_4)} + \cdots\cdots \qquad (17\text{-}31)$$

한편, 그림은 송전선과 통신선을 5만분의 1인 지도에 기입하고 송전선을 기본으로 하여 통신선과의 상호거리를 측정해서 정리작성하는 것이며 b의 값은 5,000[m]까지 잡을 수 있는 것으로 되어 있다. K는 지질에 의한 정수이다. 식 (17-31)에 의해 v[V/A]를 구하고 또한 기유도 전류 $3\dot{I}_0$를 따로 구한 다음 이 양자를 곱함으로써 전자유도 전압 E_m을 얻게 된다.

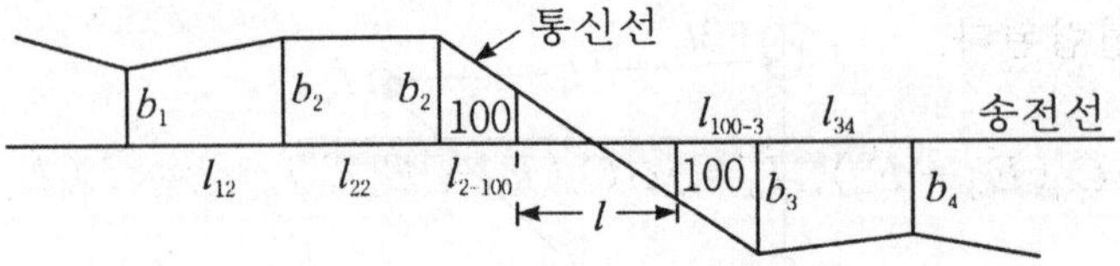

그림 17-15

(2) 전자유도 전류

$\dot{E}_m$에 의해 통신기에 전류가 흐르게 된다. 단선식 통신선의 회로는 그림 17-16 (a)와 같이 되기 때문에 $\dot{E}_m$과 통신선의 대지를 귀로로 한 임피던스를 알면 계산할 수가 있다.

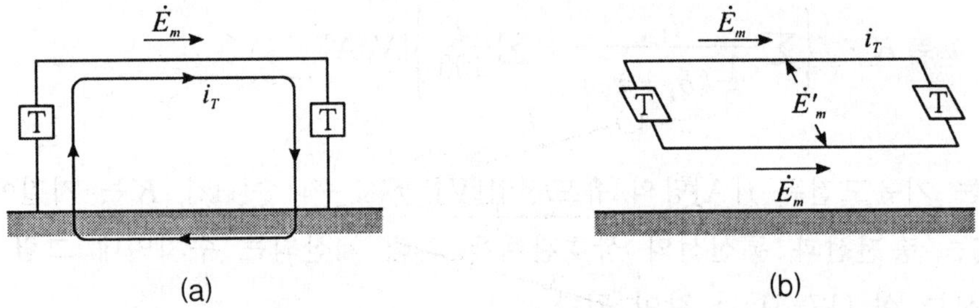

그림 17-16

또한, 복선식 통신선에 대해서는 그림 17-16 (b)와 같이 왕복각선에서 유기되는 전압 $\dot{E}_m$은 거의 같기 때문에, 선간에 작용하는 전압은 $\dot{E}_m \fallingdotseq 0$이 되고, $i_T \fallingdotseq 0$인 것이다. 그러나 선로의 누설 등에 불평형이 있으면, 그에 따른 값 i_T가 흐르게 된다.

17.3.3 정전유도

(1) 정전유도 전압

3상 송전선에서의 정전유도 전압에 대해 고찰해 보기로 한다. 그림 17-17에 있어서 r는 통신선의 누설저항, $\dot{E}_s$는 정전유도 전압을 나타낸다. 그림에 대해 다음의 관계가 성립된다.

$$\dot{I}_a = j\omega C_a(\dot{E}_a - \dot{E}_s),\ \dot{I}_b = j\omega C_b(\dot{E}_b - \dot{E}_s),\ \dot{I}_c = j\omega C_c(\dot{E}_c - \dot{E}_s)$$

$$\dot{I}_{cs} = j\omega C_s \dot{E}_s,\ \dot{I}_{rs} = \frac{\dot{E}_s}{r}$$

또한

$$\dot{I}_a + \dot{I}_b + \dot{I}_c = \dot{I}_{cs} + \dot{I}_{rs}$$

이상의 관계에서 $\dot{E}_s$를 구하면 다음과 같이 된다.

$$\dot{E}_s = \frac{\omega r(C_a\dot{E}_a + C_b\dot{E}_b + C_c\dot{E}_c)}{\omega r(C_a + C_b + C_c + C_s) - j1} \tag{17-32}$$

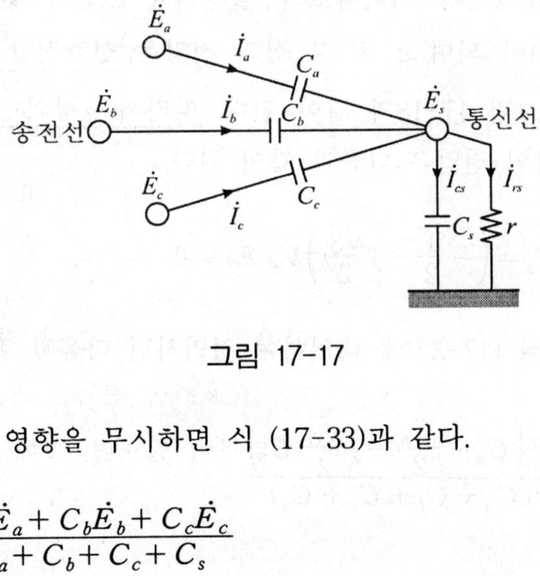

그림 17-17

만일 누설저항의 영향을 무시하면 식 (17-33)과 같다.

$$\dot{E}_s = \frac{C_a\dot{E}_a + C_b\dot{E}_b + C_c\dot{E}_c}{C_a + C_b + C_c + C_s} \tag{17-33}$$

① **정상 운전시** : 정상 운전시에 있어서 전압이 평형되어 있는 것으로 하고 또 한 선간전압의 크기를 V로 하며 $\dot{E}_a$를 벡터 기준으로 하면 다음과 같다.

$$\dot{E}_a = \frac{V}{\sqrt{3}},\ \dot{E}_b = \left(-\frac{1}{2} - j\frac{\sqrt{3}}{2}\right)\frac{V}{\sqrt{3}},\ \dot{E}_c = \left(-\frac{1}{2} + j\frac{\sqrt{3}}{2}\right)\frac{V}{\sqrt{3}}$$

이 관계를 식 (17-32)에 대입해서 정리하면 다음과 같이 된다.

$$\dot{E}_s = \frac{\omega r\left\{\left(C_a - \frac{C_b}{2} - \frac{C_c}{2}\right) - j\frac{\sqrt{3}}{2}(C_a - C_b)\right\}}{\omega r(C_a + C_b + C_c + C_s)} \times \frac{V}{\sqrt{3}} \tag{17-34}$$

식 (17-34)에서 $\dot{E}_s$ 크기를 구하면 다음과 같이 된다.

$$\dot{E}_s = \frac{\sqrt{C_a(C_a - C_b) + C_b(C_b - C_c) + C_c(C_c - C_a)}}{C_a + C_b + C_c + C_s} \times \frac{V}{\sqrt{3}} \tag{17-35}$$

만약 $C_a = C_b = C_c$라면 $E_s = 0$이 된다. 즉, 연가를 완전히 하면 각 상에서의 정전용량은 평형을 이루기 때문에 정전유도 전압을 영으로 할 수가 있다. 이상과 같이 잔류전압이 발생하는 하나의 원인으로서 송전선의 각상 대지 정전용량의 불평형을 들 수 있는 것이지만 이런 뜻에서도 연가를 완전히 한다는 것은 중요한 것이다.

② 지락사고시 : 송전선에 지락사고가 발생하여 C상이 완전히 접지되었다고 가정하면 $\dot{E}_c = 0$이 되며 a, b 각 상의 전압은 선간전압 V로까지 상승하고 그 위상관계는 그림 17-18과 같이 된다. 따라서 a상의 전압을 벡터 기준으로 취하면 각 상의 전압은 다음과 같이 된다.

$$\dot{E}_a = V,\ \dot{E}_b = \left(-\frac{1}{2} - j\frac{\sqrt{3}}{2}\right)V,\ \dot{E}_c = 0$$

이상의 관계를 식 (17-32)에 대입하여 정리하면 다음과 같이 된다.

$$\dot{E}_s = \frac{\omega r V\left(C_a - \frac{C_b}{2} - j\frac{\sqrt{3}}{2}C_b\right)}{\omega r(C_a + C_b + C_c + C_s)} \tag{17-36}$$

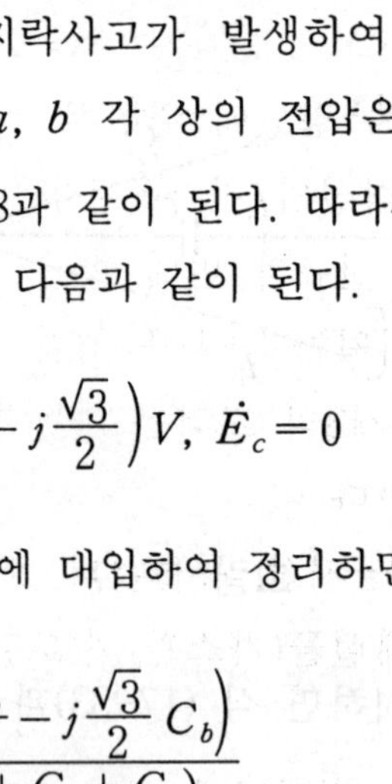

그림 17-18

따라서 $\dot{E}_s$의 크기는 다음과 같이 된다.

$$\dot{E}_s = \frac{\sqrt{{C_a}^2 + {C_b}^2 + C_c C_b}}{C_a + C_b + C_c + C_s} V \tag{17-37}$$

이 경우는 $C_a = C_b = C_c = C$일지라도 E_s의 크기는 0이 되지 않으며 식 (17-37)은 각각 다음과 같이 된다.

$$E_s = \frac{3CV}{3C + C_s} \tag{17-38}$$

즉, 지락사고의 경우에는 매우 큰 전압이 유기된다.

17.3.4 유도장해 차폐효과

전력선과 통신선 사이 대지에 양단이 완전히 접지되어 있는 제3의 도체를 설치하여 폐회로를 형성하면 전력선의 전자유도에 의하여 이 도체에 전류가 유도되고 유도된 전류는 전력선의 전류와 반대 방향으로 흐르므로 제3의 도체에 의한 전류는 전력선이 통신에 미치는 자속을 약화시키게 되어 통신선의 유도전압이 감소하게 된다. 이와 같은 제3의 도체를 차폐회로라고 하고 유도전압을 감소시키는 작용을 차폐효과라고 한다.

제3의 도체는 송전선로의 가공지선, 통신선의 금속피복(연피, 알루미늄피 및 알루미늄 테이프 등), 타 금속 매설물(가스관, 수도관, 하수관, 지하철 등) 등이 있다.

송전선로의 가공지선은 주로 직격뢰에 의한 보호를 위하여 가설된 것이나 유도장해 경감대책으로 가공지선을 사용하여 차폐효과를 얻을 수 있다.

(1) 차폐계수(遮蔽係數)

차폐회로가 없다고 가정할 때 통신선의 유도전압을 E_0, 차폐회로가 있을 때 통신선의 유도전압을 E라 하면 차폐계수(K)는

$$K = \frac{E}{E_0} \tag{17-39}$$

로 되며 이것에 100을 곱하여 [%]로 표기하기도 한다. 차폐계수가 작다고 하는 것은 차폐효과가 큰 것을 말한다.

(2) 가공지선의 차폐계수(K_1)

송전선로의 가공지선이나 교류전철에 설치된 차폐선은 전력선측에 가까이 시설하여 통신선에 발생하는 유도전압을 경감시킨다. 가공지선에 의한 차폐효과는 그림 17-19와 같은 관계에서 차폐계수의 기본식

$$K_1 = 1 - \frac{Z_{23}Z_{31}}{Z_{33}Z_{12}} \tag{17-40}$$

을 얻을 수 있다. 여기서 K_1은 $0 \leq K_1 \leq 1$의 값을 가지며 가공지선은 전력선에 가깝게 설치되어 있으므로 $Z_{12} \fallingdotseq Z_{23}$의 관계가 있으므로

$$K_1 = 1 - \frac{Z_{31}}{Z_{33}} \tag{17-41}$$

로 표시할 수 있다.

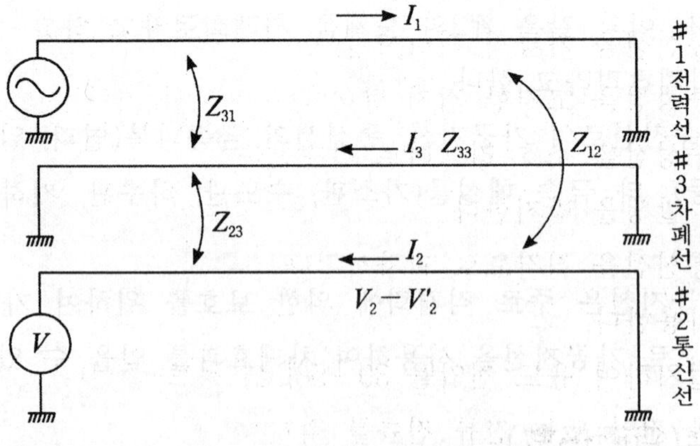

그림 17-19 차폐회로

여기서 각 임피던스는 다음과 같다.

Z_{12} : 전력선과 통신선간의 상호 임피던스

Z_{23} : 통신선과 차폐선간의 상호 임피던스

Z_{31} : 전력선과 차폐선간의 상호 임피던스

Z_{33} : 차폐선의 자기 임피던스

(3) 통신선의 차폐계수(K_2)

통신선 케이블의 금속피복은 전력선의 유도장해에 대한 차폐 역할을 하게 된다. 이때의 차폐계수는 앞의 차폐계수를 그대로 이용이 가능하다. 다만 통신 케이블의 금속피복은 통신에 가깝게 위치하고 있으므로 $Z_{31} \fallingdotseq Z_{12}$의 관계가 있으므로 다음과 같다.

$$K_2 = 1 - \frac{Z_{23}}{Z_{33}} \tag{17-42}$$

17.3.5 유도장해의 방지대책

유도장해의 방지대책으로는 다음과 같은 방법이 있다.

(1) 전력선측의 대책

① 전력선과 통신선을 가급적 격리시킨다.
② 송전선의 중성점을 고저항 접지 방식을 사용하여 지락 전류를 적게 한다.
③ 송전선의 중성점을 소호 리액터로 접지한다.
④ 고주파분의 발생을 방지한다.
⑤ 전력선과 통신선을 직각으로 교차시킨다.
⑥ 케이블을 사용한다.
⑦ 차폐선을 설치하여 유도 전압을 30~50[%] 정도 줄인다.
⑧ 중성점 잔류 전압 또는 잔류 전류를 적게 한다.

(2) 통신선측의 대책

① 복선식 통신선을 사용한다.
② 통신 선로를 전력선의 연가와 같은 방법으로 교차한다.
③ 연피 케이블을 사용한다.

④ 피뢰기를 설치한다.

⑤ 배류 코일을 사용한다.

⑥ 차폐선을 설치한다.

⑦ 중계 코일을 전화 선로에 삽입한다.

⑧ 절연 변압기를 사용한다.

연 습 문 제

1. 다음과 같은 3상 송전 계통에서 송전 전압은 22[kV]이다. 점 P에서 3상 단락하였을 때의 발전기에 흐르는 단락 전류[A]는 약 얼마인가?

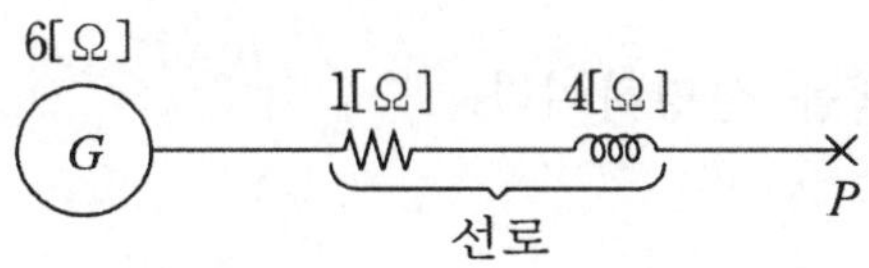

2. 중성점이 직접 접지된 6,600[V], 10,000[kVA] 3상 교류발전기의 1단자 1선이 지락되었다. 이때의 지락전류를 구하여라.
단, 발전기의 대칭분 임피던스는 다음과 같다.

$Z_0 = 0.175 + j0.574[\Omega]$

$Z_1 = 0.0787 + j4.5[\Omega]$

$Z_2 = 0.513 + j1.41[\Omega]$

3. 그림과 같이 상호관계에 있는 송전선과 통신선이 있다. 송전선에 대지를 귀로로 하고 40[A]의 전류가 흐를 경우 통신선에서 유기되는 전자유도전압을 구하여라. 단, 송전선의 주파수는 60[Hz]인 것이다.

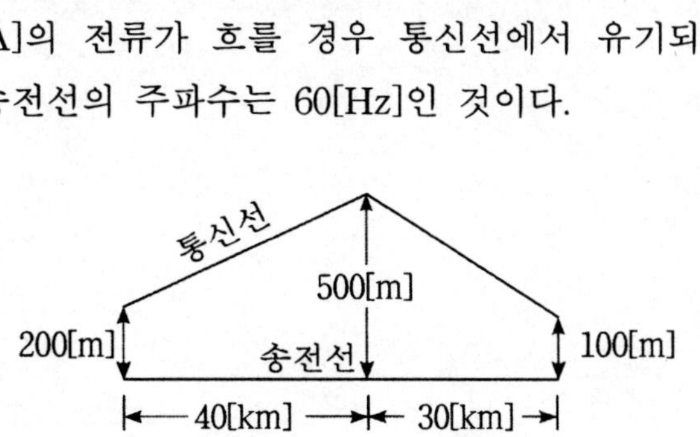

4. 불평형 3상 전압을 V_a, V_b, V_c라고 하고 $a = \varepsilon^{j\frac{2\pi}{3}}$라고 할 때 영상 전압

V_0는?

5. 3상 발전기의 1선 접지시에 흐르는 전류는? 단, E는 접지된 상의 부하 기전력이고, Z_0, Z_1, Z_2는 각각 발전기의 영상, 정상, 역상 임피던스이다.

6. 66[kV], 60[Hz] 3상 3선식 1회 송전선이 통신선과 병행하고 있다. 1선 지락 사고로 영상 전류가 60[A] 흐를 때 통신선에 유기하는 전자유도 전압은 약 몇 [V]인가? 단, 병행 거리 $L = 40$[km], 상호 인덕턴스 $M = 0.05$[mH/km]이다.

7. 유도장해의 방지 대책을 설명하여라.

제 18 장

중성점의 접지

18.1 개 요

송전선의 승압, 강압변압기의 결선으로는 Y-△-Y 또는 △-Y를 사용하고 고압측 즉, 선로측을 Y로 하는 것이 보통이다. 이 Y의 3상 접속점을 일반적으로 중성점이라 하고 중성점을 접지하는 목적은 다음과 같다.

① 지락고장시 건전상의 대지전위 상승을 억제하여 선로 및 기기의 절연레벨을 경감시킨다.

② 뇌, 아크 지락, 기타에 의하여 발생되는 이상전압의 경감 및 발생을 억제한다.

③ 지락고장시 접지 계전기의 확실한 동작을 위함이다.

④ 소호 리액터 접지방식에서는 1선지락시의 아크 지락을 신속히 소멸시켜 송전을 계속할 수 있게 한다.

이 중성점을 접지하지 않는 방식을 비접지방식, 접지하는 방식을 접지방식이라고 한다. 접지방식은 중성점을 무엇으로 접지하는가에 따라 다음과 같이 분류할 수 있다.

(1) 직접접지방식(直接接地方式)

직접접지방식(direct grounding system)이란 실용상 저항이 0에 가까운 전선으로 중성점을 직접접지하는 방식이다.

우리나라는 345[kV], 154[kV], 22.9[kV-Y] 선로의 접지방식이다.

(2) 저항접지방식(抵抗接地方式)

저항접지방식(resistance grounding system)이란 몇 [Ω] 내지는 수백 [Ω]의 무유도저항으로 접지하는 방식인데 그 저항값에 의해 **저저항접지방식**과 **고저항접지방식**으로 분류할 수 있다.

(3) 소호 리액터 접지방식

소호 리액터 접지방식(arc suppressing reactor grounding system)이란, 페터션 코일 · 소호변압기 등의 철심 리액터로 접지하는 방식인 것이다.

3상 대칭송전선에서는 보통 운전상태인 경우 중성점의 전위는 언제나 영인 것이다. 따라서 중성점을 접지하더라도 그곳에는 전혀 전류는 통하지 않는다. 즉, 중성점의 접지가 있느냐 없느냐 하는 것은 보통의 운전상태에서는 조금도 영향이 없다. 그러나 송전선에 지락사고가 발생한 경우에는 중성점의 접지, 비접지에 따라서 또는 어떤 접지방식을 사용하고 있는가에 따라 그 상태가 매우 달라지게 된다.

지락사고는 1선 지락사고가 가장 많은데 이것을 방치해 두면 이상전압이 발생해서 시설에 손상을 주고 이어서 단락사고로 진전하는 경우가 많기 때문에 이것을 방지하기 위해 중성점 접지를 하는 것이다.

1선지락의 고장시에 건전상에 생기는 전압상승의 값은 중성점의 접지 임피던스 값의 크기에 따라 달라진다. 이때 건전상의 전압상승이 평상시의 Y 전압의 1.3배를 넘지 않도록 접지 임피던스를 조절해서 접지하는 것을 **유효접지**(有效接地 : effective grounding)라 부른다.

또한 중성점의 접지방식은 앞에서의 분류와는 전혀 별개의 견지에서 **단일접지방식**(單一接地方式 : single grounding system)과 **다중접지방식**(多重接地方式 : multi grounding system)으로 구분할 수가 있다.

18.2 지락사고 발생에 따른 이상전압(異常電壓)의 발생

송전선에 1선 지락사고가 발생하면 이에 수반해서 이상전압이 발생한다. 이 이상전압의 발생은 영구지락에 수반하는 경우와 아크 지락에 수반하는 경우 등 두 가지로 분류해서 고찰할 수가 있다.

18.2.1 영구 지락사고에 수반한 이상전압

영구 지락사고(永久地絡事故)란 단선 기타의 사고에 의해 선로가 장시간에 걸쳐 전기적으로 또는 기계적으로 완전히 접지되는 사고를 말한다. 이런 종류의 지락사고에 수반하는 이상전압 발생의 이해를 쉽게 하기 위해 단상송전선을 예를 들어 설명하기로 한다. 그림 18-1은 대칭 2선식 중성점 비접지식 송전선이다.

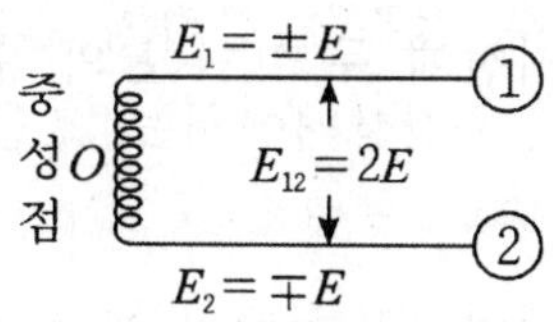

그림 18-1

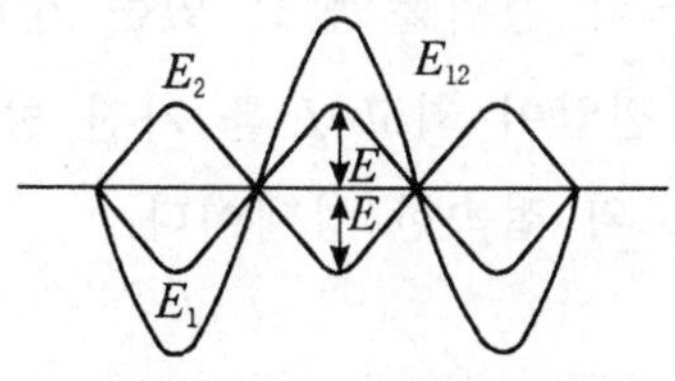

그림 18-2

(a) (b)

그림 18-3

그림에 있어서 ①선의 전위 E_1을 $\pm E$로 나타내는 것으로 하면 ②선의 전위 E_2는 $\mp E$, 선간전압 E_{12}은 $2E$가 되며 중성점의 전위는 언제나 0이 된다. 그림 18-2는 각 순간에 있어서의 이 관계를 나타내고 있다. 지금 이 송전선이 수전단에서 개방되어 있는 상태이고 ②선에서 완전 지락사고가 발생한 경우 선로의 임피던스를 무시하고 생각하면 E_2는 즉시 영전위로 E_1은 $E_{12}=2E$에 해당하는 전위로 상승하고 중성점의 전위는 E로 상승한다. 즉, 선로는 그림 18-3 (a)의 상태에서 (b)의 상태로 이행한다. 그런데 선로에는 임피던스가 존재하기 때문에 지락사고가 전원에서 상당히 떨어진 지점에서 발생하면 (a)에서 (b)로 이동하는데 시간이 소요되고 그 사이에 과도현상이 발생한다.

그림 18-4는 지락사고가 $E_2=-E$ 즉, 전위가 최대의 순간에 발생한 것으로 하고, 또한 양 선간의 상호 인덕턴스, 저항 등을 무시한 이른바 L, C의 무손실 회로라 하여 이에 대한 과도현상을 설명한 그림이다.

이 그림의 (a)는 수전단에 있어서 ②선에서 완전 지락사고가 발생한 순간으로서 다음 순간에 그 점의 전위는 영이 된다. 이 영전위점은 시간의 경과에 따라서 선로의 전파속도는 $v=1/\sqrt{LC}$를 가지고 좌측으로 전파해 나간다. 이 영전위의 전파현상은 중합원리에 의해 2개의 상태로 이루어져 있는 것으로 생각할 수 있다. 그 제1의 상태는 ②선에 지락이 없고 송전단의 발전기에 의해 ①, ② 양선이 각각 $\pm E$의 전위를 받고 있는 상태이며 제2의 상태는 송전단의 발전기를 제거, 그 대신 전압이 최고 E를 가진 발전기를 ②선의 지점에 두고 $+E$의 순간에 이것을 선로와 접속한 상태이다.

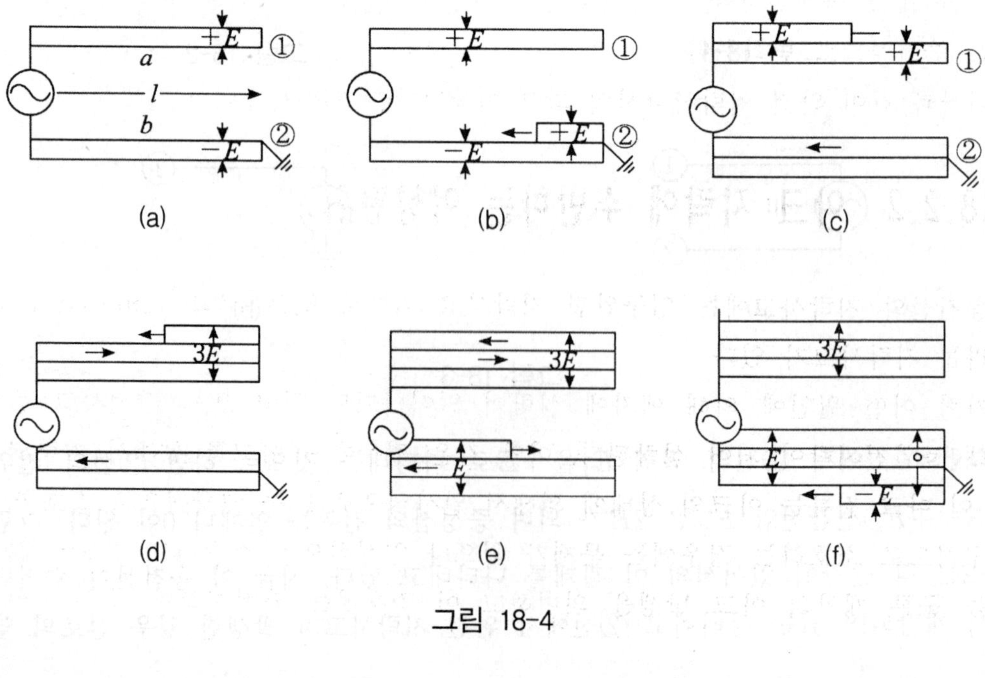

그림 18-4

즉, 지락 후에도 양선은 각각 $+E$ 및 $-E$의 전위를 유지하고 있으나 지락이 일어난 순간에 제2상태인 발전기에서 $+E$의 진행파가 나와 속도 v를 좌측으로 전파하고 ②선 각 점의 전위는 순차적으로 0으로 된다. 이 진행파를 충전파(充電波)라 하기도 한다. 그림 (b)는 이상의 사고방식에 의해 ②선상을 $+E$의 충전파가 지락점에서 전원을 향해 진행하는 과정을 나타낸 것인데, 그림에서 보는 바와 같이 이것이 지나간 곳은 점차 영전위가 된다. 다음에는 이 충전파가 발전기에 도달하더라도 이미 제2의 상태에서는 발전기의 기전력은 없는 것으로 생각되고 있기 때문에 그 정수를 무시하면 조금도 이상은 일어나지 않으며 즉시 ①선에 침입해 가게 된다. 그림 (c)는 이 상태를 보여주고 있다. 다음에 이 진행파가 ①선의 수전단에 도달하면 정전반사를 한다. 그림 (d)는 이에 의해 ①선의 전위가 $3E$로 된 상태를 보여 주고 있다. 그림 (e)는 반사파가 ②선에 침입하고 ②선 각 점의 전위가 점차 $+E$의 상태로 되는 것을 보여주고 있다. 다음에 이 진행파가 지락고장점에 도달하면 이번에는 부전반사를 한다. 지락점은 완전지락에 의해 언제나 영전위이기 때문에 이 점에 있어서의 반사는 부반사가 된다. 그림 (f)는 부반사에 의해 ②선의 각 점이 다시 점차 0전위가 되어 가는 상태를 보여 주고 있다.

그런데 이 지락사고가 계속되고 또한 ①, ② 양선의 전위가 $\pm E$에 유지되고 있는 사이에는 송전선상을 이 진행파가 서로 연속해서 왕복하게 되며 각 점의 전위는 주기적으로 변화한다.

이상과 같이 완전 지락사고시의 최고 이상전압은 $3E$인 것이다.

18.2.2 아크 지락에 수반하는 이상전위

송전선의 지락사고에는 영구완전 지락사고 외에도 아크 지락(arcing ground)이라는 지락사고가 있다.

가령 어떤 원인에 의해 애자에 섬락이 일어나기도 하고 또는 단선사고 등에 의해 불완전지락이 되어 섬락된다. 이와 같은 경우에는 아크를 통해서 지락되지만 이 아크 전류는 아크의 상태에 의해서 일시적으로 또는 영구적으로 소호한다. 영구적으로 소호하는 경우에는 문제가 없으나 일시적으로 소호하는 경우에 있어서는 물론 재차의 아크 발생을 의미하고 이 경우에는 완전지락의 경우에 비해 더욱 높은 이상전압이 발생한다. 이것이 이른바 아크 지락현상인 것이다.

아크 지락은 간헐적인 충격파가 발생하기 때문에 만약 변압기 등의 고유진동수와 일치하는 것과 같은 고주파인 경우에는 공진을 일으킬 위험이 있다. 또한 전압상승으로 선로 및 이에 접속된 기기의 절연을 파괴하는 경우도 있기 때문에 매우 위험한 것이다.

18.2.3 중성점접지에 의한 이상전압 발생의 방지

아크 지락은 결국 지락전류가 선로의 정전용량을 충전하는 진상전류이기 때문에 일어난다는 것은 전술한 설명과 같다. 따라서 중성점을 저항 또는 리액턴스를 통해서 접지하여 지락점 전류의 위상을 변화하고 또는 이것을 억제함으로써 방지할 수 있다는 것은 쉽게 이해할 수 있다.

표 18-1은 각종 지락사고에 의한 이상전압의 최대치를 표시한 것이다.

표 18-1

		단상	3상
중성점 비접지인 경우의 완전지락		$3E$	$2.5E$
중성점 비접지인 경우의 저주파 아크 지락		$4E$	$3.5E$
고주파 아크 지락	중성점 비접지	$6E$	$7.5E$
	중성점 저항접지		$2.5E$
	중성점 소호 리액터 접지		$2.34E$

18.3 중성점의 잔류전압(殘留電壓)

3상 대칭 송전선에서는 보통의 운전상태에서 중성점의 전위는 이론대로하면 항상 0으로 되어 있어야 한다. 따라서 이 때 중성점을 접지하더라도 중성점으로부터 대지에는 전류가 흐르지 않는다. 그러나 실제의 선로에 있어서는 각 선의 정전용량에 약간씩의 차이가 있기 때문에 그 중성점은 다소의 전위를 가지게 된다. 이 때문에 중성점을 접지하면 보통의 운전상태에서도 다소간의 전류가 흐르게 된다. 이것은 물론 기본주파의 단상전류인데 이것이 커지면 근접된 통신선에 유도장해를 일으키는 등 나쁜 영향을 미치게 된다. 저항접지 계통에서는 이것이 별문제가 안 되지만 소호 리액터 접지방식에 있어서는 특히 이것이 큰 문제로 된다. 이처럼 보통의 운전상태에서 중성점을 접지하지 않을 경우 중성점에 나타내게 될 전위를 **잔류전압**(殘留電壓 : residual voltage)이라고 한다. 잔류전압의 발생 원인으로서는 여러 가지가 있겠지만 3상 각 상의 대지 정전용량이 불평형이라는 것과 과도상태에서는 차단기의 개폐가 3상 동시에 이루어지지 않아서 3상간에 불평형상태가 일어나든지 단선사고 등이 발생한다는 것들이다.

그림 18-5에서 대지 어드미턴스로는 정전용량만을 고려해서(누설저항은 무시) 중성점에 나타나는 잔류전압을 계산해 보자.

잔류전압을 $\dot{E}_n$라 하고, 또 전원의 기전력 $\dot{E}_a$, $\dot{E}_b$, $\dot{E}_c$는 대칭 3상 기전력이고, 그 상회전 방향은 a, b, c의 순서로 되어 있다고 하자.

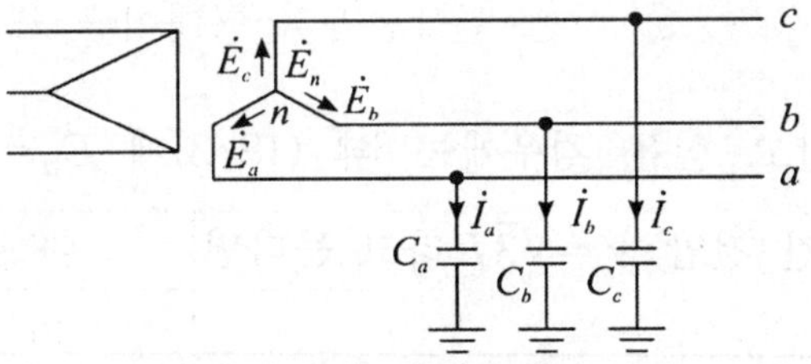

그림 18-5 중성점 잔류전압

$\dot{E}_a$를 기준 벡터로 잡으면

$$\dot{E}_a = \dot{E}_a,\ \dot{E}_b = a^2\dot{E}_a,\ \dot{E}_c = a\dot{E}_a$$

$$\text{단, } a = -\frac{1}{2} + j\frac{\sqrt{3}}{2},\ a^2 = -\frac{1}{2} - j\frac{\sqrt{3}}{2}$$

로 된다.

각 선로의 대지전위는 각각 $(\dot{E}_n + \dot{E}_a)$, $(\dot{E}_n + \dot{E}_b)$, $(\dot{E}_n + \dot{E}_c)$로 되므로 각 선로의 충전전류는

$$\left.\begin{aligned}\dot{I}_a &= j\omega C_a(\dot{E}_n + \dot{E}_a)\\ \dot{I}_b &= j\omega C_b(\dot{E}_n + \dot{E}_b)\\ \dot{I}_c &= j\omega C_c(\dot{E}_n + \dot{E}_c)\end{aligned}\right\} \tag{18-1}$$

로 되는데 이 때 중성점은 비접지이므로

$$\dot{I}_a + \dot{I}_b + \dot{I}_c = 0 \tag{18-2}$$

이다.

따라서

$$\dot{E}_n = \frac{C_a\dot{E}_a + C_b\dot{E}_b + C_c\dot{E}_c}{C_a + C_b + C_c} \tag{18-3}$$

로 된다.

$\dot{E}_n$의 절대값을 알고 싶을 경우에는 식 (18-3)에 $\dot{E}_a = E$, $\dot{E}_b = a^2E$, $\dot{E}_c = aE$라 두고 다시 선간 전압 $V = \sqrt{3}E$라고 둔다면

$$E_n = \frac{\sqrt{C_a(C_a - C_b) + C_b(C_b - C_c) + C_c(C_c - C_a)}}{C_a + C_b + C_c} \times \frac{V}{\sqrt{3}} \tag{18-4}$$

로 계산된다. $C_a = C_b = C_c$이면 당연히 $E_n = 0$으로 된다.

이 잔류전압은 고조파를 포함한 전압으로서 실측 예에 의하여 66[kV]계통에서는 50~600[V] 정도로 상시 나타나서 변동하고 있다.

잔류전압은 특히 소호 리액터 접지 계통에서는 직렬공진의 원인이 되므로 전선의 연가를 충분히 취해서 이의 발생을 방지하도록 주의하지 않으면 안 된다.

18.4 중성점 접지 방식의 종류

18.4.1 비접지 방식(非接地方式)

이것은 주로 선로의 길이가 짧거나 전압이 낮은 계통(33[kV] 정도 이하)에 한정된다.

이러한 선로에서는 대지 정전용량이 작기 때문에 대지 충전전류는 별로 크지 않은 것이 보통이다. 이런 경우에는 그림 18-6과 같이 가령 1선 지락 고장이 발생하면 고장점으로부터 건전상의 대지 정전용량에 의해 고장전류가 분류하지만 대지 정전용량에 의한 용량 리액턴스가 아주 큰 값이기 때문에 지락전류는 아주 작아서 그대로 송전을 계속할 수 있다.

또 비접지 방식은 접지를 위하여 중성점은 뽑을 필요가 없기 때문에 주요 변압기를 △-△결선으로 연결할 수 있으므로 변압기의 고장 또는 이의 점검 수리 작업시에는 V결선으로 전환해서 송전을 계속할 수 있다는 장점이 있다.

그러나 이 방식을 전압이 높고 선로의 길이가 긴 계통에 적용하면 전압이 높다는 것과 선로길이가 길기 때문에 대지 정전용량이 증가하게 되어 1선 지락 고장시 충전전류에 의한 간헐적인 아크 지락을 일으켜서 이상 전압을 발생하게 된다.

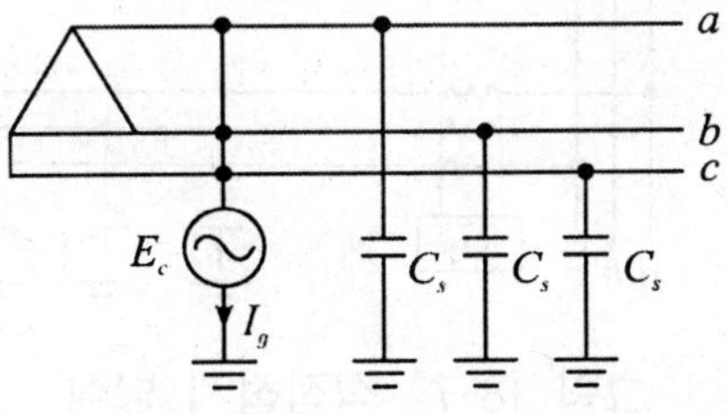

그림 18-6 비접지 방식에서의 1선 지락고장

즉, 그림 18-6에 나타낸 바와 같이 비접지식 송전선로에 1선 지락 고장이 발생하면 고장점에는 고장 상전압보다 90° 위상이 앞선 전류가 흐르게 되는데 이 전류는 반 사이클마다 0으로 된다.

따라서 아크가 소멸된 순간에는 고장 상전압은 90° 뒤져서 최대값으로 되므로 아크 소멸과 동시에 전하로서 남게 되어 절연된 선로의 대지전위를 높이게 된다.

다음의 반 사이클 후에는 반대 방향의 전원전압이 인가하게 되므로 고장점에는 먼저 있던 잔류전압과 전원전압을 합계한 전압이 걸리게 되어 다시 대지와의 사이의 절연이 파괴되어 먼저보다 더 강한 아크가 발생한다. 반 사이클마다 이와 같은 현상을 되풀이 해서 이른바 단속적인 아크를 일으켜서 전압은 계단식으로 상승하게 된다. 그 결과 고장점의 전선이나 애자를 파괴해서 상간 단락으로 진전하거나 또는 아크에 따른 급격한 전압동요가 기기를 반복 타격해서 손상을 줄 위험성이 있다. 따라서 비접지 방식은 현재 고전압, 장거리 송전선로에서는 거의 사용되지 않고 있다.

18.4.2 직접접지 방식(直接接地方植)

직접접지 방식은 계통에 접속된 변압기의 중성점을 금속선으로 직접접지하는 방식이다. 그림 18-7은 이 방식의 1선 지락시 고장전류 분포의 개념을 보인 것이다.

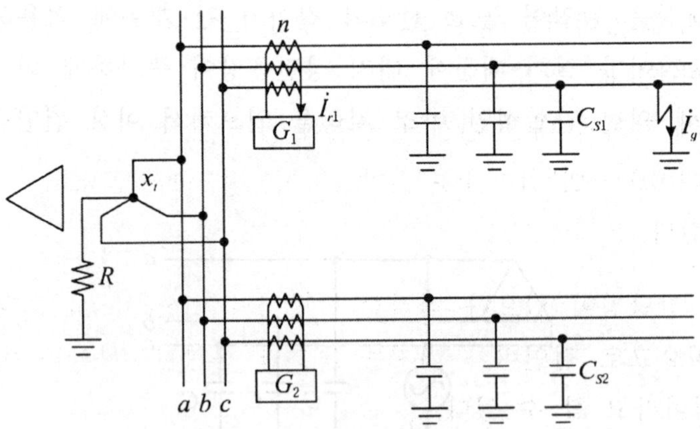

그림 18-7 직접접지 방식

이 방식의 장점을 들면 다음과 같다.

① 1선 지락사고시 건전상의 대지전압은 거의 상승하지 않고, 또 아크 지락에 의해 이상전압이라든가 차단기의 개폐 동요시 등의 값도 다른 접지 방식과 비교해서 낮아지기 때문에 선로의 애자 개수를 줄이고 기기의 절연 수준을 저하시킬 수 있다. 이 효과는 전압이 높아질수록 현저해진다.

② 개폐동요(서지)의 값을 저하할 수 있으므로 피뢰기의 책무를 경감시키고 그 효과를 증대시킬 수 있다. 즉, 선로의 전압상승이 작기 때문에 정격전압이 낮은 피뢰기를 사용할 수 있다.

③ 변압기의 중성점은 항상 영전위 부근에 유지되기 때문에 선로측으로부터 중성점에 이르는 전위 분포를 직선적으로 설계하여 변압기 권선의 절연을 선로측으로부터 중성점으로 가까이 접근함에 따라 점차적으로 낮출 수 있는 단절연이 가능하고, 따라서 변압기 및 부속설비의 중량과 가격을 저하시킬 수 있다.

④ 1선 지락사고시에는 1상이 단락상태로 되어 지락전류가 커지기 때문에 접지 차단기의 동작이 용이하게 되어 고장의 선택 차단을 확실하게 할 수 있다.

그 반면 이 방식이 가지는 단점으로는 다음과 같은 것이 있다.

① 지락전류가 저역률의 대전류이기 때문에 과도안정도가 나빠진다.

② 지락고장시에 병행 통신선에 전자유도 장해를 크게 미치게 된다(단, 직접접지 계통에서는 고속 차단을 실현할 수 있으므로 큰 영향은 주지 않는다). 그 밖에 평상시에 있어서도 불평형 전류 및 변압기의 제3고조파로 유도 장해를 줄 위험성이 있다.

③ 지락전류의 기기에 대한 기계적 충격이 커서 손상을 주기 쉽다.

④ 계통사고의 70~80[%]는 1선 지락사고이므로 차단기가 대전류를 차단할 기회가 많아진다.

이상과 같은 장단점이 있으나 직접접지 방식의 이론은 뭐니뭐니해도 절연 레벨의 저감에 있으므로 절연비가 커지는 초고압 송전선로에서는 이것이 가장 알맞는 접지 방식이라고 할 수 있다.

우리 나라에서도 지난 1968년 가을부터 154[kV] 송전선로를 당시의 소호 리액터 접지로부터 직접접지 방식으로 전환하였으며 그 후 건설된 345[kV] 초고압 송전계통은 중성점 접지 방식으로서 모두 직접접지 방식을 사용하고 있다.

18.4.3 저항접지 방식(抵抗接地方式)

그림 18-8과 같이 중성점의 저항으로 접지하는 방식인데 이 때의 저항값에 따

라 다음의 두 가지로 나누어진다.

① 저저항접지 방식 : $R=30[\Omega]$ 정도

② 고저항접지 방식 : $R=100\sim1{,}000[\Omega]$ 정도

접지저항 R의 값이 너무 낮으면 고장발생시 통신선에 유도장해가 커지고 반대로 너무 높으면 지락계전기의 동작이 곤란해짐과 동시에 건전상의 대지 전압 상승을 초래하게 된다.

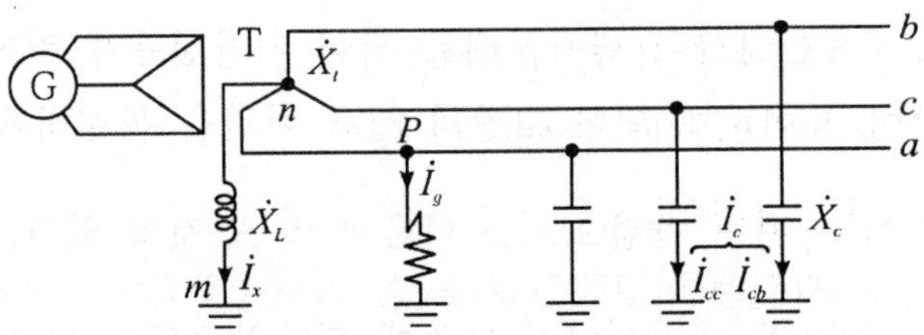

그림 18-8 저항접지 계통의 지락고장

접지 개소의 수는 한 군데에서만 하는 단일 저항접지보다도 2개소 이상의 중성점을 동시에 접지하는 복저항접지가 지락전류를 2개소 이상으로 분산시켜서 유도전압을 감소시키고, 또 접지계전기의 병행 2회선을 선택을 쉽게 할 수 있다는 이점이 있어 사용되는 경우가 많다고 하나 직접접지 방식에 의한 경제성 추구라는 측면에서 현재 이 저항방식은 대부분이 직접접지 방식으로 전환되는 추세에 있다.

18.4.4 리액터접지 방식

중성점에 저항기 대신에 리액터를 사용하는 방식으로서 한류 리액터접지 방식 또는 보상 리액터접지 방식이라고도 한다.

154[kV] 등의 장거리 가공 송전선을 접속할 경우, 또는 최근처럼 154[kV], 66[kV] 등의 지중 케이블이 증가해서 이것을 가공선 계통과 연결하게 되면 대지 충전전류 때문에 직접접지 계통이나 저저항접지 계통으로 하기에는 통신선의 유도장해면에서 제약을 받게 된다. 그러므로 이러한 경우에는 케이블 계통에 속하는 변압기의 중성점 저항과 병렬로 선로의 충전전류에 상당하는 분만큼 보상하

는 리액터를 설치하는 방식을 쓴다.

18.4.5 소호 리액터접지 방식

이 방식은 계통에 접속된 변압기의 중성점을 송전선로의 대지 정전용량과 공진하는 리액터를 통해서 접지하는 방식이다. 보통 이 리액터는 발명자인 독일의 페터센(Petersen)씨의 이름을 붙여 페터센 코일(Petersen coil) 또는 소호 리액터라고 부르고 있다.

이 방식의 원리는 교류이론의 L, C 병렬공진을 응용한 것으로서 1선과 대지간의 정전용량의 3배, 곧 $3C$와 리액터 L에 의한 공진조건 $1/3\omega C=\omega L$로 만족되면 고장점에서 본 합성 리액턴스가 이상적으로는 무한대로 되어 1선 지락고장이 발생하더라도 지락전류(고장전류)는 0, 실제는 최소가 된다는 것을 이용하고 있다.

따라서 고장점의 아크는 지락전류의 영점 통과로 자연히 소멸되어 1선 지락고장발생에도 불구하고 정전없이 송전을 계속할 수 있다는 특징이 있다.

지금 그림 18-9에 나타낸 바와 같이 1선당의 대지 정전용량 C를 집중적으로 생각한 등가 회로를 사용해서 소호 원리를 살펴보기로 하자.

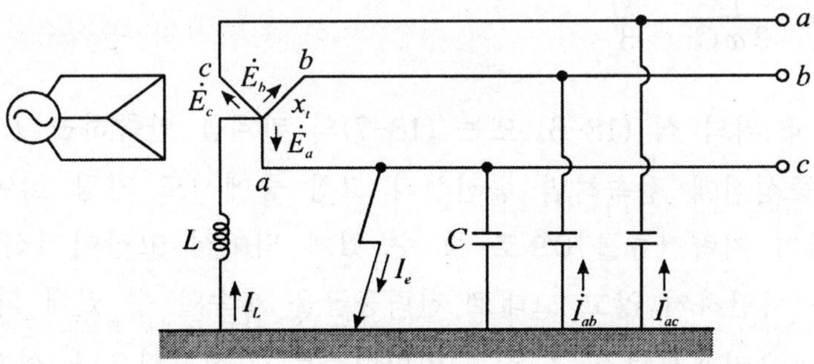

그림 18-9 소호 리액터 접지계통의 지락고장

상전압을 $\dot{E}_a$, $\dot{E}_b$, $\dot{E}_c$라고 하면 지락전류 $\dot{I}_e$는 L을 흐르는 지상전류 $\dot{I}_L=\dot{E}_a/j\omega L$과 b상 및 c상의 대지 정전용량 C를 흐르는 진상 전류 $\dot{I}_{ab}=j\omega C(\dot{E}_a-\dot{E}_b)$ 및 $\dot{I}_{ac}=j\omega C(\dot{E}_a-\dot{E}_c)$로 분류된다. 이들의 합성값이 0으로 되면 지락전류는 0으로 되어 소호작용을 하게 된다. 즉

$$\frac{\dot{E}_a}{j\omega L}+j\omega C(\dot{E}_a-\dot{E}_b)+j\omega C(\dot{E}_a-\dot{E}_c)=0 \tag{18-5}$$

여기서

$$\dot{E}_a=E$$

$$\dot{E}_b=E\varepsilon^{-j120}=\left(-\frac{1}{2}-j\frac{\sqrt{3}}{2}\right)E=a^2E$$

$$\dot{E}_c=E\varepsilon^{-j240}=\left(-\frac{1}{2}+j\frac{\sqrt{3}}{2}\right)E=aE$$

의 관계를 식 (18-5)에 대입해서 정리하면

$$\omega L=\frac{1}{3\omega C} \tag{18-6}$$

로 된다.

이것이 곧 소호 리액터에서의 공진조건이다. 이로부터 L의 값은 $1/3\omega^2C$로 구할 수 있다.

만일 이때 변압기의 임피던스 x_t까지 포함시켜서 L의 값을 구한다면

$$\omega L=\frac{1}{3\omega C}-\frac{x_t}{3} \tag{18-7}$$

으로 된다. 결국 위의 식 (18-6) 또는 (18-7)의 관계를 만족하는 L의 값을 설정해서 이것을 중성점에 접속하면 송전선의 고장 중에서도 가장 많이 발생하는 1선 지락고장시의 지락전류를 0으로 할 수 있게 되어서 고장이 1선 지락에 관한한 고장회선을 차단하지 않고 그대로 전력공급을 계속할 수 있게 되는 것이다.

여기서 C는 순커패시턴스, L은 순인덕턴스로 가정하였으나 실제로는 변압기 및 소호 리액터에 철손이라든가 저항손이 있고, 또 선로에도 선로저항 및 누설콘덕턴스, 코로나손 등이 있기 때문에 고장점 전류는 완전히 0으로는 되지 않고 약간의 잔류전류가 흐르게 된다. 또, 계통을 부분적으로 개폐하였을 경우라든가 우천의 경우에서는 선로의 C가 그때마다 달라지기 때문에 일반적으로는 소호 리액터에는 다수 개의 탭을 설치하여 선로의 상황에 따라서 탭을 변경하면서 언제나 정전용량과 공진할 수 있도록 하고 있다.

그림 18-10은 이 때의 접속도를 나타낸 것이다.

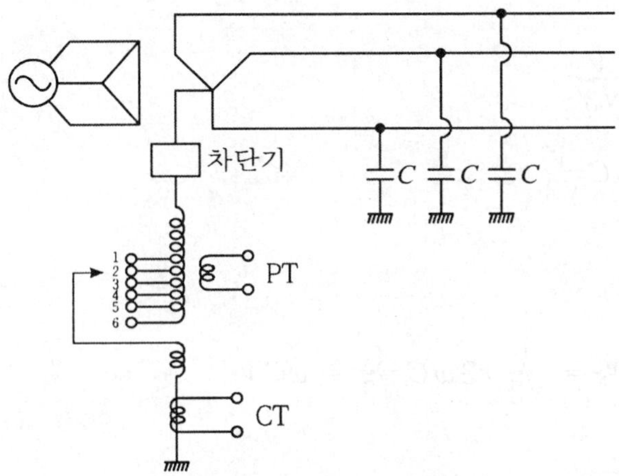

그림 18-10 소호 리액터의 탭

보통 최대 전류 탭은 대지 정전용량이 최대로 되는 운전상태에 대해서 적당한 값으로 정하고 최소 전류 탭은 대지 정전 용량이 최소로 되는 운전상태에 대해서 적당한 값으로 정해서 그 사이를 수[%] 내지, 10[%]마다 분할해서 중간 탭을 내도록 하고 있다.

다음 소호 리액터의 탭이 공진점을 벗어나고 있는 정도를 나타내는 데 합조도라는 말을 사용한다. 지금 합조도를 P, 사용 탭 전류를 I, 전대지 충전 전류를 I_c라고 한다면 P는 다음과 같이 표시된다.

$$P = \frac{I - I_c}{I_c} \times 100[\%] \tag{18-8}$$

즉, 공진상태의 탭을 사용할 경우 $\left(\omega L = \dfrac{1}{3\omega C}\right)$ 합조도는 영, I가 I_c보다 클 경우 $\left(\omega L < \dfrac{1}{3\omega C}\right)$ 합조도는 정(+)이 되고 이것을 **과보상의 상태**라고 부른다. 반대로 I가 I_c보다 작을 경우 $\left(\omega L > \dfrac{1}{3\omega C}\right)$ 합조도는 부(−)로 되고 이것을 **부족보상의 상태**라고 말하고 있다. 여기서 운용상 꼭 주의하여야 할 점은 소호 리액터의 탭은 절대로 부족상태 탭 $\left(\omega L > \dfrac{1}{3\omega C}\right)$의 상태에서 사용해서는 안 된

다는 것이다.

다음 공진 탭을 사용하였을 때의 소호 리액터의 용량은 선간전압이 V일 경우

$$상전압 = \frac{V}{\sqrt{3}}$$

$$전류 = 3\omega C \frac{V}{\sqrt{3}}$$

이므로

$$리액터\ 용량 = \frac{V}{\sqrt{3}} \times 3\,\omega C \frac{V}{\sqrt{3}} = \omega C V^2 \qquad (18\text{-}9)$$

로 계산된다.

연 습 문 제

1. 송전선로의 중성점을 접지하는 목적을 설명하여라.

2. 중성점 비접지 방식에 대하여 간단히 설명하여라.

3. 중성점 직접 접지방식에 대하여 간단히 설명하여라.

4. 송전선로에 있어서 1선 지락의 경우 지락전류가 가장 작은 중성점 접지방식은?

5. 소호 리액터를 송전 계통에 쓰면 리액터의 인덕턴스와 선로의 정전용량이 다음의 어느 상태가 되어 지락 전류를 소멸시키는가?

6. 송전계통에 있어서 지락보호계전기의 동작이 가장 확실한 방식은?

7. 송전계통의 중성점접지 방식에서 유효접지라 하는 것은?

제 19 장

이상전압과 보호

19.1 이상전압(異常電壓)

19.1.1 개 요

송전 계통이 확대되어 감에 따라서 송전선로는 넓은 지역을 지나가야 하고, 특히 가공송전선로는 직접 자연에 노출되므로 기상의 모든 조건에 견디지 않으면 안된다. 따라서 뇌방전에 의한 이상전압이라든가, 염해, 먼지, 설(雪)해, 새(鳥)해 등에 의한 섬락사고가 발생하고, 또 송전 계통이 복잡화됨에 따라 여러 가지 이상 현상이 발생하여 선로절연 및 기기 절연을 위협하게 된다.

송전 계통에 나타나는 이상 전압을 크게 두 가지로 나누면 첫째는 그 원인이 계통 내부에 있는 경우와 둘째는 그 원인이 외부로부터 주어지는 경우이다. 전자는 계통 조작시 즉, 차단기의 투입이나 개방시에 나타나는 과도 진동 전압으로서 개폐 서지라고 불러지기도 한다.

이와 같이 계통 내부의 원인에 의해서 생긴 이상 전압을 내부이상전압 또는 내뢰(internal lightning)라고 부르고 있다. 내부 이상 전압의 크기를 될 수 있는 대로 작게 한다는 것을 계통의 절연 설계상 중요하며 피뢰기 동작 책무를 경감시키는 데에도 깊이 관계된다.

한편 후자는 뇌가 송전선 또는 가공 지선을 직격할 때 발생하는 이상전압과 뇌운 바로 밑에 있는 송전선에 유도된 구속 전하가 뇌운간 또는 뇌운과 대지간의 방전에 의해 자유 전하로 되어 송전선로를 진행파로 되어서 전파하는 이상전압이 있다. 전자를 직격뢰, 후자를 유도뢰라고 한다.

직격뢰는 그 파고값이 극히 높아서 계통 절연에 위협을 준다. 한편 유도뢰는 직격뢰에 비해서 그 발생 빈도는 높지만 파고값이 그다지 높지 않기 때문에 110[kV] 이상의 송전 선로에 대해서는 절연상 별 문제가 되지 않는다.

19.2 내부 이상전압

19.2.1 내부 이상전압의 발생

송전계통의 개폐 조작, 고조파 전압의 존재, 그밖에 기기의 배치와 중성점의 접지 방식 등에 따라 내부 이상 전압이 발생하게 되는데 이들 파형은 주로 상용 주파수 및 그 배수 조파로 지속적인 것과 수천 사이클로부터 수만 사이클에 이르는 과도 진동 파형의 것으로 분류된다. 또 그 발생 원인도 정상 운전 상태에서 계통 조작시 발생하는 것과 지락, 단락 등의 고장시에 발생하는 것 등으로 나누어진다. 실제로는 과도 진동 전압과 상용 주파 전압이 겹쳐서 발생하게 되고 발생 원인도 고장시에 계통을 분리하거나 개폐 조작을 하는 수가 많아서 아주 복잡한 양상으로 되는 것이 보통이다.

일반적으로 이상 전압의 크기는 대지 상전압 파고값에 대한 배수로 나타내고 있다. 참고로 표 19-1에 각종 원인에 의해서 발생하는 내부 이상 크기를 정리하였다.

표 19-1 내부 이상 전압의 크기

계통 이상 전압	유효 접지계		저항, 리액터 접지계		비접지계	
	개폐서지	상용주파 과전압	개폐서지	상용주파 과전압	개폐서지	상용주파 과전압
A 이상 전압의 대지 최대 전압에 대한 배수	2.8	1.3	3.3	1.82	4.0	1.82
B 페란티 효과의 영향	1.05	1.05	1.05	1.05	1.05	1.05
C 개패 서지의 충격파에 대한 계수	1.10	-	1.10	-	1.10	-
D 개패 서지의 파고율	1.414	-	1.414	-	1.414	-
$A \times B \times C \times D$ (실효값에 대한 배율)	4.57 (2.94)	1.365	5.39 (3.46)	1.91	6.53 (4.2)	1.91

19.2.2 개폐(開閉) 서지

송전 선로의 개폐 조작에 따른 과도 현상 때문에 발생하는 이상 전압을 개폐 서지(switching surge)라고 부른다. 개폐 서지는 건전한 선로에서 차단기를 투입하였을 때 일어나는 투입(投入) 서지와 선로를 차단하였을 때 일어나는 개방(開放) 서지로 나누어지는데 이들은 어느 것이나 선로 전압에 급격한 변화를 주어서 때로는 아주 높은 이상 전압에 이를 수도 있다.

일반적으로는 회로를 투입할 때보다도 개방하는 쪽이, 또 부하가 있는 회로를 개방하는 것보다 무부하의 회로를 개방하는 쪽이 더 높은 이상전압을 발생한다. 그러므로 이상전압이 가장 큰 경우는 무부하 송전선로의 충전 전류를 차단할 경우라고 한다. 그림 19-1은 투입(投入) 서지의 발생 및 전파 과정을 개념적으로 보인 것이다.

차단기 투입과 동시에 송전단으로부터 수전단(종단 개방)을 향해서 파고값 E_m의 전압파 및 파고값 I_m의 전류파가 진행한다. 이때의 전류파의 파고값 I_m은 $I_m = E_m / Z_0$(Z_0는 선로의 서지 임피던스이다)이며 전압 및 전류파는 $v = \frac{1}{\sqrt{LC}} = 3 \times 10^8$[m/s]의 속도로 전파한다.

수전단에 도달한 전압 및 전류 진행파는 종단 조건에 따라 서로 다르게 반사하게 된다. 곧 종단 조건이 개방단일 경우에는 전압파는 정(正)반사(서로 더해지는 반사)를 하고 전류파는 부(負)반사(0으로 되는 반사)를 한다.

따라서 전압파는 $2E_m$으로 되고 전류파는 0이 되게끔 부파(負波)가 전원을 향해서 진행하게 된다(그림 19-1 (2) 참조). 전원, 곧 송전단에서는 시작점으로서 전압은 E_m로 되어야만 하기 때문에 이번에는 전압은 $2E_m$로부터 E_m으로 되게끔 $-E_m$의 반사파가 수전단을 향해서 진행하지 않으면 안 된다. 이 전압파가 선로를 진행해감에 따라서 $2E_m$으로 충전된 선로의 파고값은 E_m으로 되는데 수전단에 가서는 $-E_m$가 정(正) 반사해서 송전단으로 되돌아가기 때문에 선로 전압 E_m이 상쇄되어 0으로 된다(그림 19-1 (3), (4) 참조).

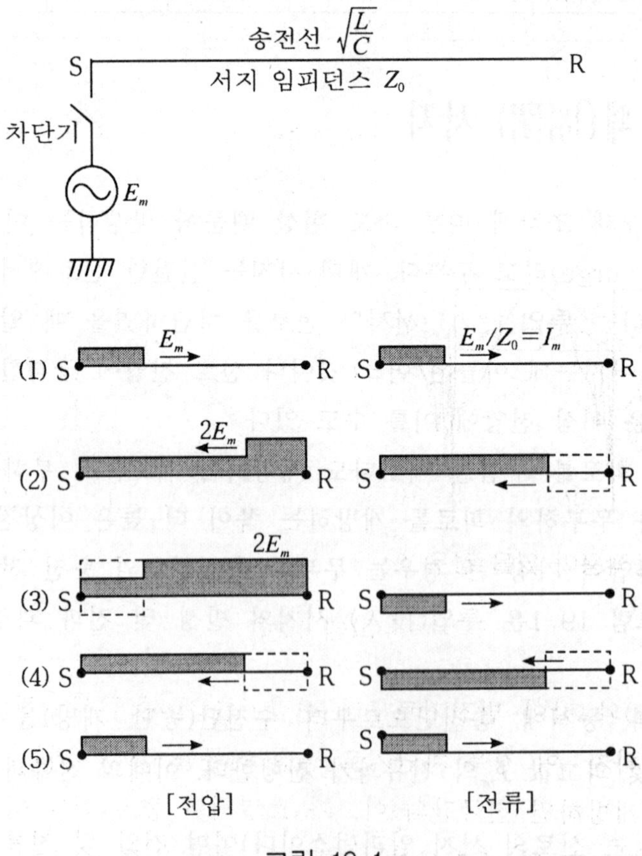

그림 19-1

한편 전류파 I_m은 종단에서 부반사해서 송전단을 향해 진행하므로 충전 전류는 0으로 된다. 이렇게 해서 (1), (2), (3), (4)를 거쳐 (5)=(1)의 상태로 되돌아간다.

이 왕복 진동을 되풀이하는 사이에 왕복 과도 진동 전류에 의해서 생기는 i^2R 손실과 $2E_m$의 이상 전압에 의한 코로나손 등이 원인이 되어 과도 진동전압은 급속하게 감쇄하여 정상 상태로 된다.

이상 설명한 바와 같이 무부하 송전 선로의 차단기 투입 순간에 나타나는 이상 전압(투입 서지)은 대지 전압 파고값의 2배 정도밖에 되지 않는다.

이번에는 이상 전압이 가장 크게 나타나는 무부하 송전 선로를 차단할 경우를 살펴보자.

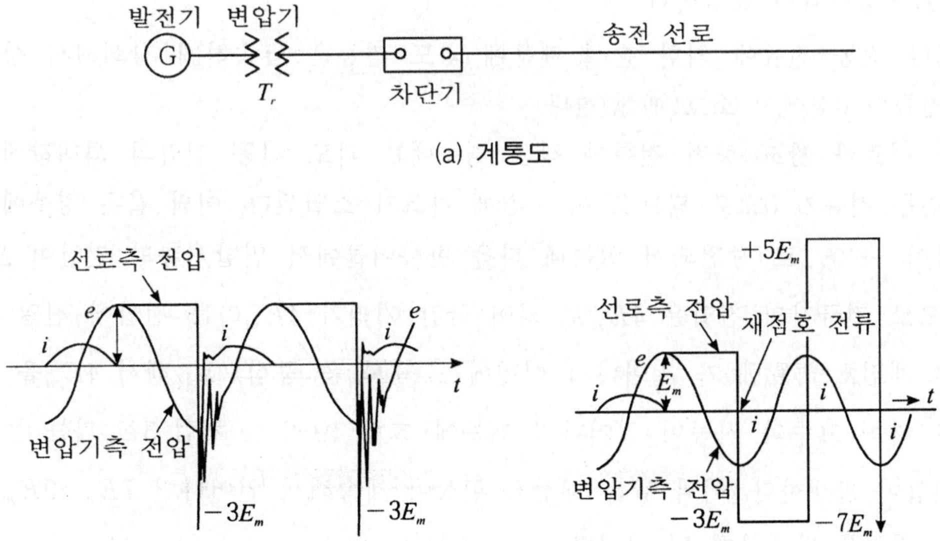

(a) 계통도

(b) 제동작용이 있을 경우

(c) 무제동 이상전압

그림 19-2

그림 19-2 (a)와 같이 발전기로부터 변압기를 통해서 무부하 송전 선로를 충전하고 있다고 하자. 이 경우 차단기로 충전 전류를 0으로 되는 순간이 있으므로 이때 차단기를 개방하면 전극간의 아크가 소멸되어 충전 전류는 차단된다.

충전 전류가 0으로 된 순간에서는 전압은 최대값 E_m이므로 전하(電荷)의 누설이 없다면 선로측은 E_m의 값을 유지한 채 충전되고 있다. 한편 차단기의 변압기측의 전압도 차단된 순간은 E_m의 값이였지만 변압기측의 전압은 반사이클 후에는 $-E_m$으로 된다. 따라서 이 순간에는 차단기 전극간의 전압은 $2E_m$으로 되는데 만일 이때 차단기의 접점이 충분히 열려 있지 않아서 극간 거리, 즉 전극간의 절연이 $2E_m$에 견딜 수 없을 경우에는 절연이 파괴되어 전극간이 다시 아크로 연결되어 버린다. 이것을 **재점호**(再點弧)라고 한다.

극간 거리는 점점 벌어져 가지만 그 과정에 있어서 이와 같은 현상이 일어나면 양극간은 아크에 의해 전기적으로 연결된 상태로 된다. 따라서 전원측 전압과 선로측 전압은 같은 값이 되어야 하므로 선로측 전압은 E_m으로부터 $-E_m$으로 급변하지 않으면 안 된다. 이 순간에 과도 진동 전압이 나타나서 $-E_m$을 중심으로 $2E_m$을 진폭으로 하는 고주파 진동을 발생해서 그림 19-2 (b)처럼 최대 $3E_m$인 이상전압이 발생한다.

그러나 진동 전류에 의한 손실 때문에 과도 진동은 급속하게 감쇄해서 상용주파 전류의 0점에서 소호(消弧)한다.

만일 선로가 짧고 충전 전류가 작은 경우에는 과도 진동 전압의 최대값에서 과도 진동 전류가 0으로 되므로 이 순간에 아크가 소멸된다. 이와 같은 경우에는 선로측이 $-3E_m$로 충전되어 있는데 다음 반사이클에서 변압기측의 전압이 E_m로 되므로 전극간의 전압은 $4E_m$로 되어 극간 거리가 $4E_m$라는 전압에 견딜 수 없으면 재점호(再點弧)가 일어나서 이번에는 $+E_m$을 중심으로 해서 $4E_m$을 진폭으로 하는 고주파 진동이 일어나기 때문에 그림 19-2 (c)처럼 $5E_m$라는 높은 이상전압이 발생한다. 이와 같은 재점호 현상이 계속해서 일어나면 $7E_m$, $9E_m$라는 이상전압을 발생하게 될 것이다.

그러나 현재의 차단기 소호 성능으로 볼 때 이와 같은 재점호를 일으킨다는 염려는 없다. 개방 서지의 크기는 선로의 길이, 차단기, 중성점 접지 방식에 따라 약간 차이가 있으나 최대의 이상 전압을 발생하는 무부하 충전 전류의 차단시에도 대부분의 경우 상규 대지 전압의 3.5배 이하로서 4배를 넘을 경우는 거의 없다. 또 그 계속 시간은 아무리 길더라도 사용 주파의 반사이클 즉, 1/120초 정도에 지나지 않고 보통은 수[μs]로 아주 짧은 것이다.

이밖에 소호 리액터 계통에서의 1선 단선시의 직렬 공진, 서로 다른 계통을 같은 철탑으로 함께 송전할 경우의 직렬 공진, 고조파의 동조에 의한 비접지계의 이상전압 등도 종종 일어나고 있다.

19.3 외부 이상전압

송전 선로에 발생하는 고장 가운데 자연 현상에 의한 장해로서는 뇌운이 송전 선로에 직접 침투(이것을 직격뢰라고 한다)하는 것이 압도적으로 많고 그 다음으로는 애자나 케이블 등 공작물의 불완전에 기인하는 것, 동물이나, 수목 등의 외부적인 장해, 빙해(氷害)나, 홍수(洪水) 등에 의한 장해를 들 수 있다.

19.3.1 직격뢰(直擊雷)에 의한 이상전압

송전 선로의 도선, 지지물 또는 가공 지선이 뇌의 직격을 받아 그 뇌격 전압으로 선로의 절연이 위협받게 되는 경우가 바로 직격뢰(直擊雷)인데 현재의 송전 선로로서는 아무리 절연을 강화하더라도 이 직격뢰에 대해서는 견딜 수가 없어 반드시 섬락(flashover)을 일으키게 되어 있다. 일반적으로 뇌전압 또는 뇌전류의 파형은 그림 19-3에 나타낸 바와 같은 충격파(impulse wave)이다.

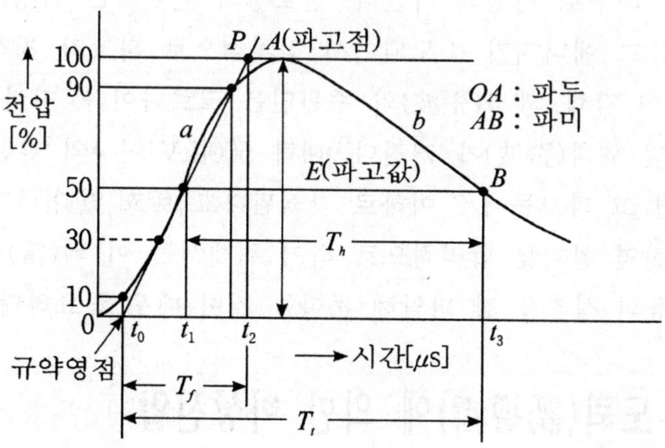

그림 19-3 충격파형

충격파를 서지라고 부르기도 하는데 이것은 극히 짧은 시간에 파고값에 달하고, 또 극히 짧은 시간에 소멸하는 파형을 갖는 것이다.

그림에서 A점을 파고점, E를 파고값, OA를 파두(波頭), AB를 파미(波尾)라고 한다.

충격파는 보통 파고값과 파두(波頭)길이(파고값에 달하기까지의 시간)의 파미(波尾) 길이(파미의 부분으로서 파고값의 50[%]로 감쇠할 때까지의 시간)으로 나타내고 있다. 그러나 실제로는 파두(波頭)부분의 파형은 일그러지고 있기 때문에 그림에 나타낸 바와 같이 파고값이 30[%](전류의 경우에는 10[%]로 한다)의 90[%]의 점을 맺는 직선이 시간축과 교차하는 점을 시간의 기준점(이것을 규약영점(規約零點)이라고 한다)으로 잡고 이것으로부터 위의 직선이 A점을 통과하는 수평선과 마주치는 점까지의 시간 즉, 그림의 T_f를 파두(波頭)길이라고 하고 있다. 파미(波尾)길이는 기준점으로부터 파미 부분에서 파고값의 반으로 내려가는 점까지의 시간 T_t로 나타낸다. 가령 1,000[kV], 1.2×50[μs]파라고 하면 그림에서 $E=1,000$[kV], $T_f=1.2$[μs], $T_f=50$[μs]의 충격 전압파를 나타나게 된다. 충격 전압 시험시의 표준 충격 파형에서는 $T_f=1.2$[μs], $T_t=50$[μs] 즉, 1.2×50[μs]로 잡고 있다.

직격뢰에 의한 충격파 파고값은 극히 높아서 수 100[kV] 이상으로 추정되고 있으며 $T_f=1\sim10$[μs], $T_t=10\sim100$[μs] 정도이다.

선로가 뇌격(雷擊)을 받으면 충격파를 발생하여 진행파로 되어서 정해진 전파속도로 선로상을 좌우로 진행해 나간다. 선로상의 진행하는 과정에서 코로나, 저항, 누설 등으로 그 에너지가 소모되어서 점차적으로 파고가 저하되고, 또 파형도 일그러진다. 이 감쇄, 왜파(歪波)의 주원인은 코로나이다. 따라서 파고값이 큰 것일수록 감쇠 및 왜파(歪波)가 커진다. 대략 500[kV]이상의 높은 충격파에서는 수[km] 진행하면 그 파고는 1/2 이하로 감쇠된다고 보고 있다.

송전 선로의 절연 설계를 합리적으로 하기 위해서는 이 뇌(雷)전류, 전압의 크기, 파형, 감쇠 등의 성질을 잘 파악해 둔다는 것이 매우 중요하다.

19.3.2 유도뢰(誘導雷)에 의한 이상전압

유도뢰(誘導雷)는 뇌운(雷雲)과 대지와의 사이에서 방전이 일어났을 경우에 뇌운 밑에 있는 송전 선로상에 이상 전압을 발생하는 것을 말한다. 일반적으로 이 유도뢰는 발생 횟수가 현저히 많은 반면 그 위험성은 비교적 적은 편이다.

이 유도뢰의 발생 과정은 다음과 같다.

그림 19-4 (a)에 나타낸 바와 같이 뇌운이 송전 선로에 접근하면 정전유도에 의해서 뇌운에 가까운 선로 부분에 뇌운과 반대 극성의 구속 전하가 발생하고 동시에 뇌운과 먼 선로 부분에는 이 구속 전하와 양 전하가 발생하고 동시에 뇌운과 먼 선로 부분에는 이 구속 전하와 양은 같으면서 극성은 반대로 된(뇌운과 동극성(同極性)) 자유 전하가 생긴다.

이 자유 전하는 애자라든가 코로나에 의한 누설 등으로 없어져서 결국 송전 선로에서 구속 전하만이 남게 된다.

이 뇌운이 대지라든가 다른 뇌운과의 사이에서 방전하면 선로의 구속 전하는 순간적으로 자유 전하로 되어서 대지간에 전위차를 발생해서 이것이 그림 (c)에 보인 바와 같이 선로 좌우 양측으로 진행파로 되어서 전파하게 된다.

이것이 유도뢰로서 그 크기는 뇌방전 직전의 구속 전하가 클수록, 뇌운의 방전 전류가 클수록 또한 방전 시간이 짧을수록 커진다.

실측 결과에 의하면 유도뢰 전압의 파고값은 수 10[kV] 정도의 것이 대부분이고 200[kV]를 넘는 경우는 거의 없다. 다만 유도뢰는 직격뢰에 비해서 발생 횟수가 워낙 많기 때문에 60[kV] 이하의 송전선에서는 유도뢰 전압에 의해서 섬락(閃絡)을 일으킬 우려도 없지 않다.

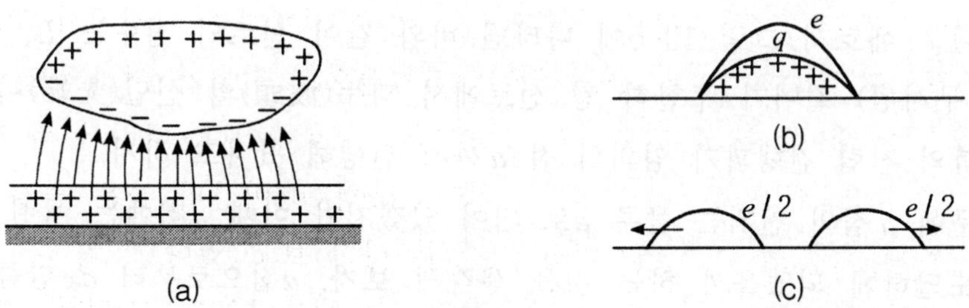

그림 19-4

그러나 60[kV] 이상의 송전선에는 이 유도뢰에 의해서 애자의 절연파괴는 일어나지 않으므로 절연 설계는 직격뢰에 대해서만 대비하면 될 것이다.

19.4 진행파(進行波)의 특성

19.4.1 개 요

이상 전압의 발생과 이의 전파 과정에서 나온 진행파(進行波 : travelling wave)에 대해서 간단히 알아보자. 가령 전압 E인 발전기로 선로를 충전할 경우를 생각해 본다면 차단기 투입과 동시에 전선이 당장 그 자리에서 다 같이 전압 E로 된다는 것은 결코 아니다. 이 경우의 현상을 자세히 본다면 차단기를 투입하면 먼저 그 차단기에 접한 부분이 전압 E로 되어 그 부분의 정전 용량을 충전해 나간다. 이와 같이 해서 차례차례로 전압 E의 부분이 수전단을 향해서 확대되어 나가면서 일정한 시간이 지난 후에 비로소 전선이 전압 E로 된다는 결과를 거치게 되는 것이다. 즉, 전압파가 송전단으로부터 수전단을 향하여 진행해 나가는 것이라고 생각할 수 있다.

19.4.2 전압·전류의 진행파

알기 쉬운 예로서 그림 19-5에 나타낸 바와 같이 선로의 정수는 L, C뿐이고 (저항은 무시됨) 길이가 무한히 긴 선로에서 파두(波頭)의 선단(先端)이 무한대인 구형파의 전립 진행파가 임의의 점 a까지 진행해 왔다고 하자.

이 때문에 a점의 전위는 물론 e로 되어 있겠지만 이때 a점에는 어떤 전류 진행파가 도달하게 되었을까 하는 것을 생각해 보자. a점으로부터 dx만큼 앞쪽의 b점에는 아직 전위, 전류 진행파가 도달되지 않고 있기 때문에 b점에서는 전위 및 전류는 0이다.

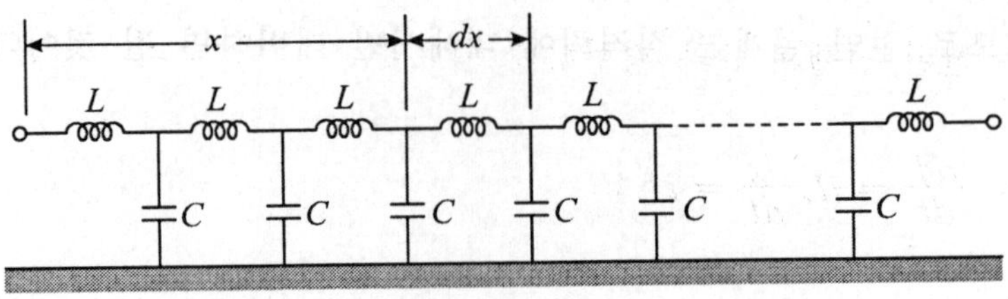

(a)

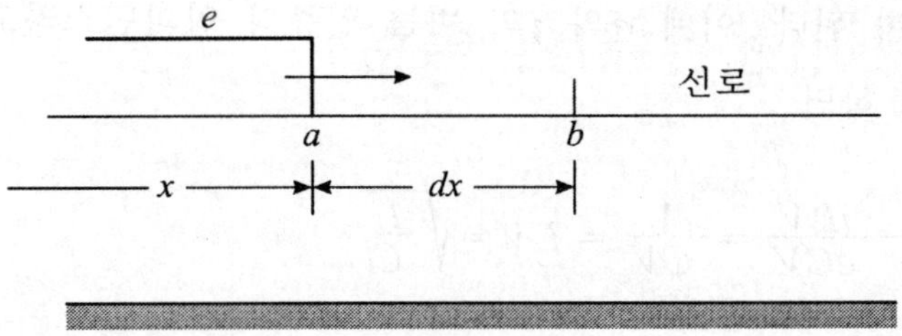

(b)

그림 19-5

진행파가 dx만큼 나가기 위해서는 dt만큼의 시간이 소요된다. 이때 dx구간에 축적될 전하 dq는

$$dq = eC\,dx \tag{19-1}$$

이다.

그러므로 dx구간을 충전하기 위해서 흐르는 전류 i는

$$i = \frac{dq}{dt} = eC\frac{dx}{dt} \tag{19-2}$$

로 되는데 여기서 dx/dt는 바로 진행파의 전파 속도이므로 이것을 V라고 두면

$$i = eCV \tag{19-3}$$

로 된다. 이때 전류에 의해서 생긴 자속과 dx부분을 흐르는 전류 i와의 쇄교 자속수 $d\phi$는

$$d\phi = iL\,dx \tag{19-4}$$

로 된다. 이것이 전선 내에 역기전력을 발생시켜서 전위를 가지게 하는 것이다. 한편 이것은 전위 진행파 e와 평형하게 되므로

$$e = \frac{d\phi}{dt} = iL\frac{dx}{dt} = iLV \tag{19-5}$$

로 표시된다. 결국 식 (19-3)은 전류의 진행파를, 식 (19-5)는 전위의 진행파를

나타내는 관계식이 된다. 이때 e와 i의 비는 일종의 임피던스라고 볼 수 있으므로 이것을 Z라고 하면

$$Z=\frac{e}{i}=\frac{iLV}{eCV}=\frac{1}{CV}=LV=\sqrt{\frac{L}{C}} \tag{19-6}$$

$\because \frac{1}{CV}=LV,\ LCV^2=1$에서 $V^2=\frac{1}{LC}$ 양변에 L^2을 곱하면

$$L^2V^2=\frac{L^2}{LC} \qquad \therefore Z=LV=\sqrt{\frac{L}{C}}$$

로 된다.

이 Z를 파동(波動) 임피던스(surge impedance)라고 부른다. Z의 단위는 오옴(Ω)인데 여기서 주의하여야 할 점은 Z의 값이 선로의 길이와는 아무 관계가 없다는 것이다.

이것은 송전특성에서 정의한 특성 임피던스와 같은 것이다. 가공 선로에서의 전파 속도는 가공 선로에서의 L과 C를 각각($D=2h$라 둘 수 있다)

$$\left.\begin{aligned} L&=0.4605\log_{10}\frac{2h}{r}\,[\text{mH/km}] \\ C&=\frac{0.02413}{\log_{10}\frac{2h}{r}}\,[\mu\text{F/km}] \end{aligned}\right\} \tag{19-7}$$

로 나타낼 수 있으므로 가공선의 파동 임피던스 Z와 전파 속도 V는

$$Z=\sqrt{\frac{L}{C}}=\sqrt{\frac{0.4605\times10^{-3}}{0.02413\times10^{-6}}\log_{10}\frac{2h}{r}}=138\log_{10}\frac{2h}{r}\,[\Omega] \tag{19-8}$$

$$V=\frac{1}{\sqrt{LC}}=\frac{1}{\sqrt{0.4605\times0.02413\times10^{-9}}}=3\times10^5[\text{km/s}] \tag{19-9}$$

로 된다.

즉, 파동 임피던스의 값은 전선의 굵기와 높이에 따라 달라지지만 전파 속도는 광속도와 같은 3×10^5[km/sec]로 된다.

지중 선로(케이블)에서의 전파 속도는 단심 케이블의 경우 L과 C를 각각

$$\left.\begin{aligned} L &= 0.4605 \log_{10} \frac{R}{r} \text{[mH/km]} \\ C &= \frac{0.02413 \times \varepsilon}{\log_{10} \frac{R}{r}} \end{aligned}\right\} \qquad (19\text{-}10)$$

단, R : 케이블의 도체 중심으로부터 연피까지의 반지름

ε : 절연물의 유전율

로 나타낼 수 있으므로 식 (19-11)과 같이 된다.

$$\left.\begin{aligned} Z &= \frac{138}{\sqrt{\varepsilon}} \log_{10} \frac{R}{r} [\Omega] \\ V &= \frac{1}{\sqrt{\varepsilon}} \times 3 \times 10^5 \text{[km/s]} \end{aligned}\right\} \qquad (19\text{-}11)$$

즉, 케이블 선로의 경우에는 전파 속도는 절연물의 유전율 ε의 평방근에 반비례하게 된다. 그런데 유전율은 보통 2.5~4정도이므로 케이블내의 전파 속도는 가공선보다 훨씬 늦어져서 광속도의 절반내지 7할 정도밖에 되지 않는다.

19.4.3 진행파의 반사(反射)와 투과(透過)

선로상을 전파해온 진행파는 선로의 종단에 와서 그것으로부터 지중 케이블에 들어가거나 또는 전기 기계에 침입하게 되는 경우가 많다. 요컨대 파동 임피던스가 다른 회로에 연결된 점 [이것을 보통 변이점(transition point)이라고 한다]까지 진행파가 진입하였을 때에는 여기서 일부는 반사하고 나머지는 변이점을 통과해서 다음 회로에 침입해 들어가게 되는 것이다. 여기서는 다음과 같이 선로정수가 다른 선로의 접속점에 진행파가 진입하였을 경우에 대해서 생각해 보자.

그림 19-6은 파동 임피던스 Z_1과 Z_2의 선로가 변이점 P에서 연결되고 Z_1쪽으로부터 진행파가 들어왔을 때 이 변이점에서 어떻게 반사되고 또 어떻게 투과해 나가는가를 보인 것이다.

진행파의 전압이나 전류에서도 교류의 경우와 마찬가지로 키르히호프의 법칙이 만족되므로

$$\left.\begin{aligned} i_i + i_r &= i_t \\ e_i + e_r &= e_t \end{aligned}\right\} \tag{19-12}$$

또, $e_i = Z_1 i_i,\ e_r = -Z_1 i_r,\ e_t = Z_2 i_t$ (19-13)

이다. 따라서 위의 양 식으로 부터 반사파(e_r, i_r)와 투과파(e_t, i_t)를 계산하면 다음과 같이 된다.

$$\left.\begin{aligned} e_r &= \frac{Z_2 - Z_1}{Z_2 + Z_1} e_i, \quad i_r = -\frac{Z_2 - Z_1}{Z_2 + Z_1} i_i \\ e_t &= \frac{2Z_2}{Z_2 + Z_1} e_i, \quad i_t = \frac{2Z_1}{Z_2 + Z_1} i_i \end{aligned}\right\} \tag{19-14}$$

즉, 반사파와 투과파는 같은 파형이고 이들의 값은 식 (19-14)로부터 계산될 수 있다.

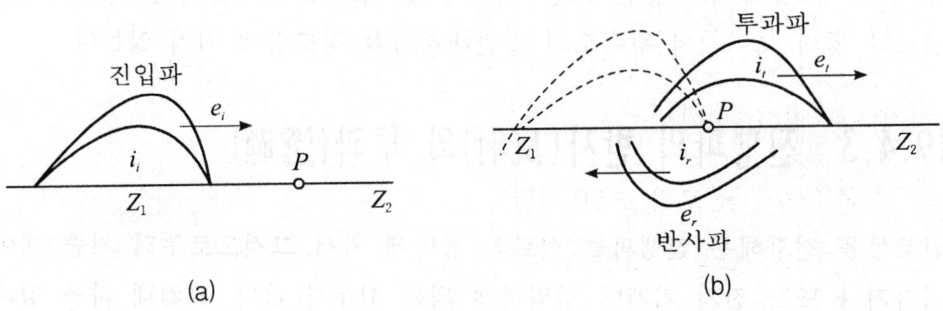

그림 19-6

앞 식에 대해서 아래 식으로 표시되는 β, γ를 각각 반사계수(coefficient of re-flection), 투과계수(coefficient of transmission)라고 한다.

$$\left.\begin{aligned} \beta &= \frac{Z_2 - Z_1}{Z_1 + Z_2} \\ \gamma_e &= \frac{2Z_2}{Z_1 + Z_2}, \quad \gamma_i = \frac{2Z_1}{Z_1 + Z_2} \end{aligned}\right\} \tag{19-15}$$

여기서 $Z_2 > Z_1$의 경우에는 변이점의 전위, 따라서 투과하는 전위파의 값은 진입파보다 높아지고 반대로 $Z_2 < Z_1$의 경우에는 투과하는 전위파가 진입파보다 작아지게 되어 있다.

가령 가공 송전선과 지중 케이블이 연결된 점에서는 파동 임피던스가 틀리므로 가공선 쪽으로부터 진행파가 지중 케이블에 침입할 경우에는 반사계수는 0.8정도, 투과계수는 0.2정도로 되어 진입파의 파고값이 급격하게 감소하게 된다.

또 식 (19-14)의 투과파는 다음과 같은 식으로 나타내는 것이 편리할 때가 많다.

$$\left.\begin{aligned} i_t &= \frac{2e_i}{Z_2+Z_1} \\ e_t &= Z_2 i_t = \frac{2Z_2}{Z_2+Z_1}\, e_i \end{aligned}\right\} \qquad (19\text{-}16)$$

즉, 이것은 제2의 선로에 투과해가는 전류는 진입해 온 전압파를 2배 해서 제1과 제2의 선로의 파동 임피던스의 합계로 나누어 주면 된다는 것이다.

다음 변이점의 특수한 케이스로서 선로의 종단에서의 반사에 대해서 살펴보자. 곧 이것은 그림 19-6에서

$Z_2 = \infty$: 선로의 종단 개방

$Z_2 = 0$: 선로의 종단 단락

로 된다는 것은 더 말할 필요가 없다.

(1) 종단이 개방되어 있는 경우($Z_2 = \infty$)

식 (19-14)로부터

e_r의 파고= e_i의 파고

e_t의 파고=2×(e_i의 파고)

로 된다.

한편, 전류에서는

i_r의 파고 $=-$(i_i의 파고)

i_t의 파고$=0$

로 되어 전류의 반사는 부(負)반사로서 반사파의 파고는 진입파의 그것과 같고 양파의 대수합으로서 계산될 종단의 전류 $i_t(=i_i+i_r)$는 항상 0으로 되고 있다.

따라서 전류의 반사는 진입파와 같은 크기의 부파(負波)가 종단으로부터 되돌아가게 되는 것이다(이 결과 선로의 전류는 0으로 된다).

(2) 종단이 접지되어 있는 경우($Z_2=0$)

이 경우에는 식 (19-14)로부터

e_r의 파고 $=-$(e_i의 파고)

e_t의 파고$=0$

로 되어 결국 전위의 반사는 부(負)반사로서 진입파, 반사파의 파고의 절대값은 같고 양파의 대수합으로서 계산될 종단 전압 e_t는 항상 0으로 된다는 것을 가리키고 있다.

한편 전류는

i_r의 파고 $=i_i$의 파고

i_t의 파고 $=2\times$(i_i의 파고)

로서 전류의 반사는 정(正)반사로 되어 그 파고는 진입파의 파고와 같고 양파의 대수합으로서 계산될 종단 전류는 항상 진입파의 2배로 된다는 것을 가리키고 있다.

따라서 어떤 순간에는 그 값은 진입파의 파고값의 2배에 달하게 되는 것이다. 이상과 같이 반사파의 파고가 진입파의 파고와 같게 되는 반사를 전반사(全反射)라고 한다.

이로부터 전위의 반사는 정(正)반사로서 반사파의 파고는 진입파의 파고와 같고 양파의 대수합으로서 계산될 종단의 전위 $(e_t=e_i+e_r)$는 진입파의 2배로 된다는 것을 가리키고 있다.

곧 종단에서 전위는 진입파와 반사파의 대수합인 값으로 되어 어떤 순간에는 이들 양자의 파고가 겹치게 되므로 그 전위는 일시 진입파의 파고값의 2배에 달하게 되는 것이다.

19.5 뇌해 방지 대책

송전계통의 뇌해 방지 대책으로는 다음과 같은 방법이 있다.

① 기기 보호용으로서의 피뢰기 설치
② 가공 송전 선로의 피뢰용으로서의 가공 지선에 의한 뇌차폐
③ 탑각 저항의 저감을 위한 매설지선 설치
④ 애자의 절연 파괴를 위한 소호환 등이 있다.

19.5.1 피뢰기에 의한 기기보호

상규 전압의 수배에 달하는 이상 전압이 선로에 나타나서 발·변전소에 내습하게 될 때 기기의 절연 강도만으로 견디게 한다는 것은 도저히 불가능한 일이다. 따라서 일반적으로는 내습하는 이상 전압의 파고값을 저감시켜서 기기를 보호하기 위하여 피뢰기(lightning arrester : LA)를 설치하고 있다. 피뢰기는 그림 19-7에 나타낸 바와 같이 **특성요소**(characteristic element)와 **직렬갭**(series gap)으로 구성하여 기기의 보호 및 송전의 안정을 도모하고 있다.

① 이상전압이 내습해서 피뢰기의 단자전압이 어떤 값을 초과하였을 경우 즉시 방전해서 전압 상승을 억제한다.
② 이상전압이 없어져서 단자전압이 일정값 이하가 되면 즉시 방전을 정지해서 원래의 송전상태로 복귀하게 된다.

이와 같이 피뢰기는 직렬 갭으로 통상의 전압 즉, 상용 주파수의 상규전압에 대해서는 대지간에 절연을 유지하고 있지만 이상전압이 내습하면 갭이 방전을 개시해서 특성요소를 통하여 서지 전류를 대지로 방전시켜 줌으로써 전압의 상승을 방지하여 기기를 보호한다.

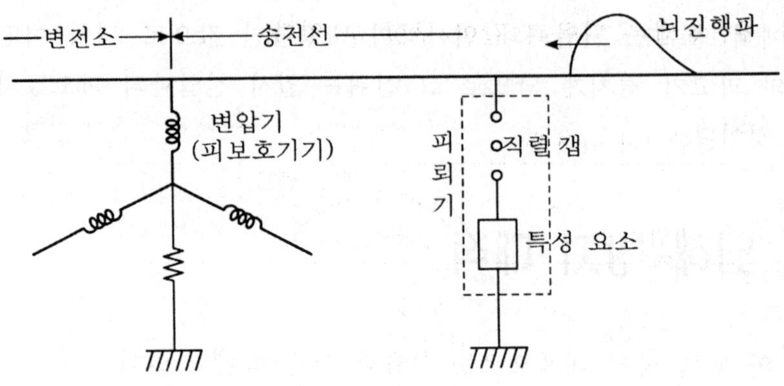

그림 19-7

피뢰기 단자간에 충격전압이 인가되었을 경우 방전을 개시하는 전압을 **충격 방전 개시 전압**(衝擊放電開始電壓)이라고 한다. 이에 대하여 상용 주파수의 방전 개시전압(실효값)을 **상용 주파 방전 개시 전압**(常用周波放電開始電壓)이라고 한다. 보통 이 값은 피뢰기 정격전압의 1.5배 이상이 되도록 잡고 있다. 한편 **충격비**(衝擊比)는 다음과 같다.

$$\text{충격비} = \frac{\text{충격 방전 개시 전압}}{\text{상용 주파 방전 개시 전압의 파고값}} \tag{19-17}$$

파고값을 활용하여, 갭의 방전에 따라 피뢰기를 통해서 대지로 흐르는 충격전류를 피뢰기의 **방전전류**, 그 허용 최대한을 피뢰기의 **방전내량**(放電耐量)이라고 한다.

또한 방전으로 저하 되어서 피뢰기의 단자간에 남게 되는 충격전압 즉, 피뢰기가 방전중에 단자에 나타나는 파고값을 **제한전압**(制限電壓)이라 하며 그림 19-8은 이 때의 파형을 나타낸 것이다. 이 그림에 나타낸 바와 같이 제한전압은 변압기의 절연강도보다 낮게 유지되어야 한다.

한편 피뢰기의 접지에도 접지저항이 있기 때문에 피뢰기가 방전하면 피뢰기 자체의 전압도 올라가게 되므로 변압기의 절연 강도는 다음 식을 만족하여 안전이 유지되어야 한다.

$$(\text{변압기의 절연강도}) > (\text{피뢰기의 제한전압}) + (\text{접지저항 전압강하}) \tag{19-18}$$

피뢰기의 제한전압은 다음과 같이 구할 수 있다.

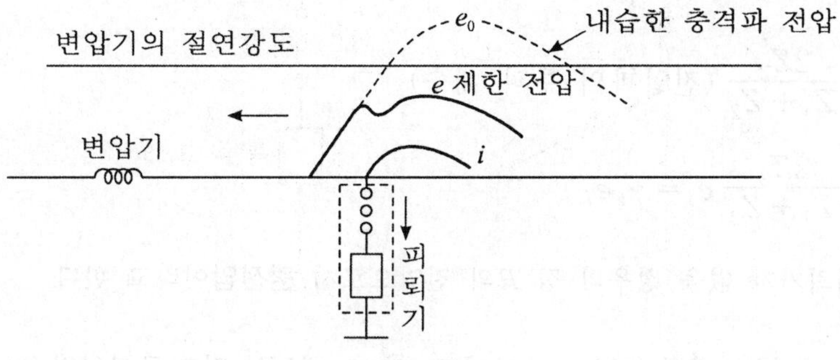

그림 19-8

그림 19-9에서와 같이 피뢰기가 파동 임피던스 Z_1의 선로와 파동 임피던스 Z_2인 피보호 기기와의 접속점 P에 설치되었다고 하자.

여기서 e_i, i_i는 전압, 전류의 진입파를 e_r, i_r은 그 반사파(反射波)를, e_t, i_t는 투과파(透過波)를 나타내고 i_a는 피뢰기의 방전 전류를 나타낸다.

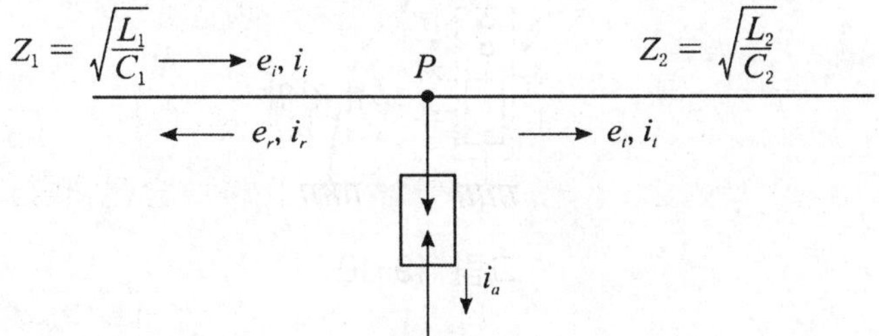

그림 19-9

그림으로부터 다음 관계식이 성립한다.

$$e_i + e_r = e_t$$

$$i_i + i_r = i_t + i_a$$

$$i_i = \frac{e_i}{Z_1}, \quad i_r = -\frac{e_r}{Z_1}, \quad i_t = \frac{e_t}{Z_2}$$

따라서 이들 관계식으로부터 e_t 즉, 피뢰기의 제한 전압 e_a는 다음과 같다.

$$e_a = e_t = \frac{2Z_2}{Z_1+Z_2}\left(e_i - \frac{Z_1}{2} i_a\right) = e - \frac{1}{2}\gamma_e Z_1 i_a \qquad (19\text{-}19)$$

단, $\gamma_e = \dfrac{2Z_2}{Z_1+Z_2}$ (전압파의 투과 계수)

$$e = \frac{2Z_2}{Z_1+Z_2} e_i = \gamma_e e_i$$

주 e는 피뢰기가 없을 경우의 점 P의 전압으로서 원전압이라고 한다.

피뢰기의 접지는 단독 또는 연접지로 하며 제1종 접지공사(10[Ω] 이하)로 하도록 되어 있다.

그림 19-10과 같이 방전 전류에 이어서 전원으로부터 공급되는 상용 주파수의 전류를 **속류**(follow current)라고 한다. 속류는 특성 요소에 의하여 어느 일정값 이하로 억제되어야 하기 때문에 직렬 갭으로 차단하게 하고 있다.

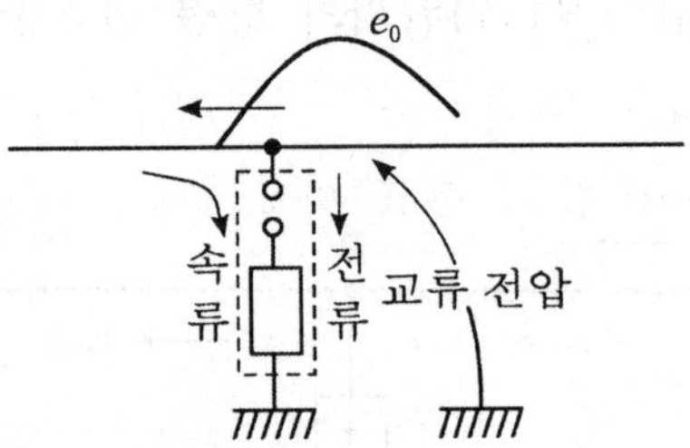

그림 19-10

그러나, 만일 이때 피뢰기 단자에 인가되는 상용 주파수의 전압이 높으면 속류가 너무 커서 차단 불능으로 된다. 이처럼 속류를 끊을 수 있는 최고의 교류 전압을 피뢰기(避雷器)의 **정격전압**(定格電壓)이라고 하며 보통 실효값으로 나타내고 있다. 이것은 피뢰기의 정격 전압 이상의 고전압이 피뢰기의 단자에 걸렸을 경우에는 이 피뢰기는 속류를 끊을 수 없어 퓨즈처럼 타버리게 된다는 것을 의미한다. 따라서 피뢰기의 정격은 "[kV]"로 나타내며 몇 볼트의 피뢰기를 사용할 것인가 하는 것은 그 선로에 최고 몇 볼트(交流)의 이상 전압이 나타나는 가를 조사해서 언제나 그 값을 상회하는 피뢰기를 설치하도록 하여야 한다. 또 이때의 전압은 어디까지나 실효값으로 표시되는 교류 전압이지 충격파의 전압이 아니라는 점에 유의하여야 한다. 그러므로 송전선의 전압이 같더라도 중성점의 접지 방식 여하에 따라서는 이상 전압값이 달라지므로 여기에 설치할 피뢰기의 전압도 당연히 틀리게 된다.

이상으로 피뢰기가 구비하여야 할 조건은 다음과 같다.

① 충격 방전 개시 전압이 낮을 것
② 상용 주파 방전 개시 전압이 높을 것
③ 방전 내량이 크면서 제한 전압이 낮을 것
④ 속류(續流)차단 능력이 충분할 것

19.5.2 피뢰기의 설치 위치

피뢰기의 설치 위치는 가능한 한 피보호 기기에 가까이 설치하는 것이 바람직하다. 이것은 변전소에 침입한 뇌(雷) 서지는 피뢰기의 제한 전압까지 제한되었음에도 불구하고 이것이 변압기 단자에 도달하였을 때 여기서 정(正)반사를 하고 다시 피뢰기를 되돌아와서는 부(負)반사해서 다시금 변압기를 향하게 된다.

이와 같이 뇌 서지 전압은 피뢰기와 변압기간의 사이에서 왕복 진동을 되풀이하기 때문에 변압기 단자에 걸릴 전압 파고값은 증대하게 된다. 이때 변압기 단자에 걸릴 전압 파고값 e_t는 다음과 같다.

$$e_t = e_a + \frac{2Sl}{v} = e_a + 2St[\mathrm{kV}] \qquad (19\text{-}20)$$

단, e_a : 피뢰기의 제한 전압, S : 파두선단[kV/μs],

l : 피뢰기와 피보호기와의 거리[m], v : 진행파의 전파 속도[m/μs]

$t = l / v$: 진행파의 전파 시간[μs]

예를들면 154[kV] 계통에서 피뢰기의 제한 전압 $e_a = 600$[kV], 변압기에 내습하는 진행파의 준도 $S = 250$[kV/μs], 진행파의 전파 속도 $v = 150$[m/μs]라 할 때 피뢰기의 설치 장소를 변압기의 전방 30[m]로 하였을 경우에 e_t는 다음과 같이 된다.

$$e_t = 600 + \frac{2\times30\times250}{150} = 600 + 100 = 700[\mathrm{kV}]$$

곧 피뢰기의 제한 전압은 600[kV]였지만 변압기의 단자에는 피뢰기와의 사이에서 왕복 진동하는 진행파 때문에 700[kV]라는 전압이 나타나게 된다.

만일 피뢰기를 변압기의 전방 60[m]에 설치하였다면 e_t는 다음과 같이 된다.

$$e_t = 600 + \frac{2\times60\times250}{150} = 600 + 200 = 800[\mathrm{kV}]$$

그러므로 변압기 단자에는 훨씬 더 높은 전압이 나타나게 된다. 이로부터 피뢰기의 설치장소는 가능한 한 피보호기에 근접해서 설치하는 것이 유효하다는 것을 알 수 있다. 일반적으로 피뢰기와 변압기 사이는 20~30[m]가 적절하다고 알려져 있다.

19.5.3 가공지선에 의한 뇌차폐

송전선의 뇌격에 대한 차폐용으로서 송전선의 전선 상부에 이것과 평행으로 전선을 따로 가선해서 각 철탑에서 접지시킨 가공지선(overhead ground wire)을 많이 쓰고 있다. 종래에는 강연선, 강심 알루미늄선(ACSR) 등이 사용되었으나 최근에는 차폐 효과를 높이기 위해서 보다 도전성이 좋은 전선으로 광섬유 복합 가공지선(OPGW)를 사용하고 있다.

가공 지선을 가선하는 목적은 뇌(雷)에 대한 전선의 차폐 및 진행파의 감쇠에 있다고 하겠다.

(1) 유도뢰에 대한 차폐

전선에 근접한 전위영(零)의 가공 지선이 있기 때문에 뇌운(雷雲)으로부터 정전 유도에 의해서 전선상에 유기되는 전하의 양은 줄어든다. 가공 지선이 있을 경우 전선상에 유기되는 전하를 단위 길이당 q_1, 가공지선이 없을 때의 그것을 q_0라고 하면 가공지선의 보호율 m은 다음과 같다.

$$m = \frac{q_1}{q_0} \tag{19-21}$$

보호율 m의 개략적인 값은 3상 1회선 가공 지선 1가닥의 경우 0.5, 동 2가닥의 경우 0.3~0.4, 3상 2회선 가공 지선 1가닥의 경우 0.45~0.6, 동 2가닥의 경우

0.35～0.5 정도이다.

즉, 가공 지선을 설치함으로써 전선상의 구속 전하는 50[%] 정도 이하로 할 수 있어서 유도뢰를 그만큼 저감시킬 수 있게 된다.

(2) 직격뢰에 대한 차폐

가공 지선을 설치하는 주목적은 송전선을 뇌(雷)의 직격으로부터 보호하는데 있는 것이며 그 차폐 효과는 송전선의 내뢰(耐雷) 설계상 중요한 것이다. 그러나 본래 뇌의 직격 형태는 일정하지 않기 때문에 가공 지선을 어느 정도의 높이에 가선(架線)하는 것이 안전할 것인가는 알 수가 없다. 참고로 피뢰침(避雷針)은 규격상 일반 건조물에 대해서 보호각 60°, 위험 건조물에 대해서는 45°로 정해져 있지만 가공 지선에는 아직 이런 규정이 없다.

보호각(또는 차폐각 ; shielding angle)은 될 수 있는 대로 작게 하는 것이 바람직하지만 이것을 작게 하려면 그 만큼 가공 지선을 높이 가선해야 하기 때문에 철탑의 높이가 높아진다. 여기서 보호각이란 그림 19-11의 각 θ를 말하는데 가공지선과 전력선을 잇는 직선의 수직선에 대한 각이다.

실제의 선로에서는 2회선 가공에 대해서 지선 1가닥의 경우는 보호각을 30～40° 정도로 잡는 경우가 많다. 이 경우 가공 지선을 2가닥으로 하면 한층 더 차폐 효과가 좋아진다는 것은 더 말할 것도 없다. 따라서 발·변전소의 고압측 구내와 1～2[km] 정도 근접된 선로 부분에서는 가공 지선을 2가닥 가선하는 경우가 많다.

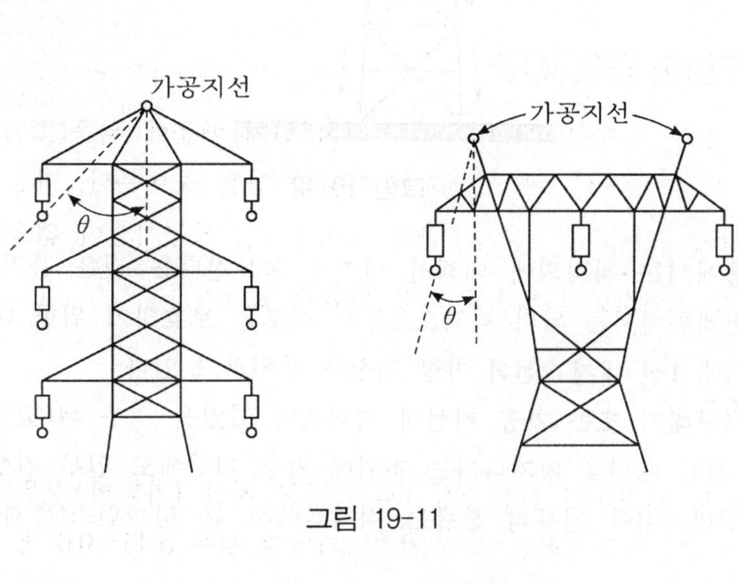

그림 19-11

19.5.4 매설지선(counter poise)

뇌운(雷雲)과 송전 선로와의 사이에 뇌방전이 일어났을 경우 송전선은 뇌에 직격되었다고 하고 이때 선로에 생긴 이상 전압을 직격 뇌 서지 전압이라고 부르고 있다. 이 전압은 진행파로 되어서 선로상을 전파하여 철탑 설치 장소에 이르게 되면 애자의 절연을 파괴해서 불꽃 방전을 일으킨다. 이것을 애자의 섬락이라고 한다. 섬락이 발생하면 선로 전류는 애자를 단락해서 아크 방전으로 된다. 따라서 선로 전류는 아크 전류로 되어서 철탑을 거쳐 대지에 흐르게 된다. 도체의 1선이 아크로 접지되었다 해서 일반적으로는 이것을 1선 지락이라고도 부른다.

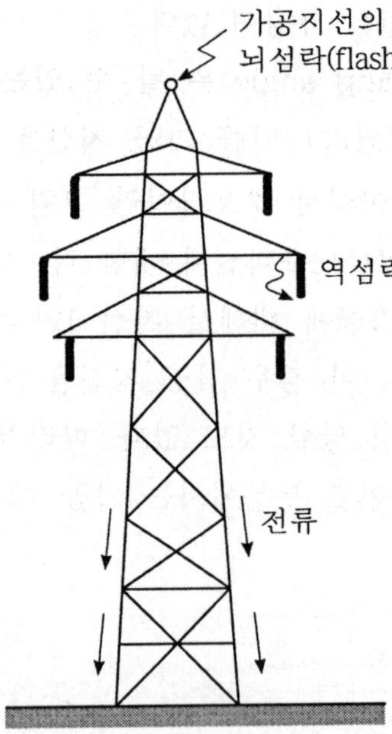

그림 19-12

송전 계통에서는 직격뢰에 대해서 절연을 확보한다는 것은 불가능한 일이다. 그래서 송전계통에서는 뇌의 직격으로부터 선로를 보호하기 위한 대책으로서 철탑의 꼭대기에 1선 내지 2선의 가공 지선을 설치하고 있다.

철탑의 맨꼭대기 또는 가공 지선에 직격뢰가 있었을 경우 뇌(雷) 전류는 철탑을 통해서 직접 대지로 빠져나가는 것외에 가공 지선에도 일부 진행파로 되어서 분류하게 된다. 이때 전류의 분류는 직격점에서 본 임피던스(충격파에 대한)에 반비례하게 된다. 이처럼 뇌(雷) 전류가 철탑으로부터 대지로 흐를 경우 철탑 전위의 파고값 E는 다음과 같다.

$$E = RI(1-C)\alpha \qquad (19\text{-}22)$$

단, I : 철탑 뇌격 전류의 파고값[A]

R : 철탑의 탑각 접지 저항[Ω](충격 전류에 대한 것)

C : 가공 지선과 전선간의 정전 유도의 정도를 나타내는 결합 계수 (보통 0.2~0.4)

α : 인접 철탑으로부터의 반사파에 의한 파고 저감률

이와 같이 뇌격시(雷擊時)에는 IR 강하 때문에 철탑 전위가 올라가게 되고 만일 이 때의 전압 E의 값이 전선을 절연하고 있는 애자련의 절연 파괴 전압 이상으로 될 경우에는 철탑으로부터 전선을 향해서 거꾸로 섬락을 일으키게 된다. 이 경우의 섬락은 그림 19-12와 같이 철탑측으로부터 도체를 향해서 일어나게 되는데 이것을 **철탑 역섬락 현상**(鐵塔逆閃絡現象)이라고 한다. 철탑 역섬락을 방지하기 위해서는 될 수 있는 대로 탑각(塔脚) 접지 저항(footing resistance) R를 작게 해줄 필요가 있다. 보통 이를 위해서 아연 도금의 철연선(鐵撚線)을 지면 밑 10~30[cm]에 1가닥 30~50[m]의 길이의 것을 방사상으로 몇 가닥 매설하고 있다. 이것을 **매설지선**(埋設地線)이라고 한다.

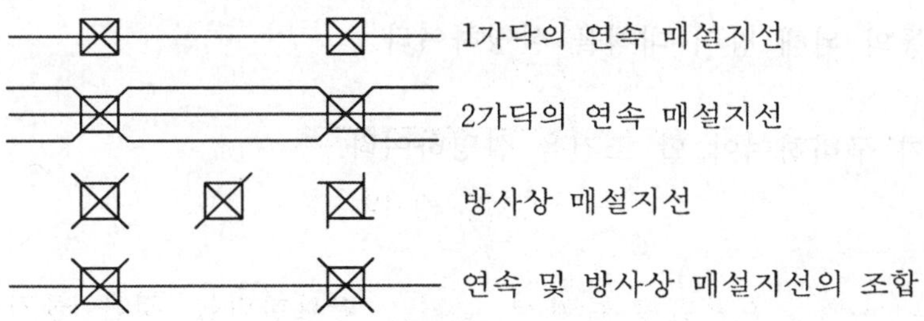

그림 19-13

연 습 문 제

1. 차단기의 개폐에 의한 이상전압은 송전선의 Y 전압의 몇 배 정도가 최고인가?

2. 송전선로에서 이상전압이 가장 크게 발생하기 쉬운 경우는?

3. 파동 임피던스 $Z_1 = 400[\Omega]$인 선로 종단에 파동 임피던스 $Z_2 = 1,200[\Omega]$의 변압기가 접속되어 있다. 지금 선로에서 파고 $e_1 = 800[\text{kV}]$의 전압이 입사했다. 접속점에서 전압 반사파의 파고값[kV]은?

4. 피뢰기의 직렬 갭의 작용은?

5. 가공 지선을 설치하는 목적은?

6. 가공 지선의 접지저항 최대값[Ω]은?

7. 송전계통의 뇌해 방지 대책을 설명하여라.

8. 피뢰기가 구비하여야 할 조건을 설명하여라.

제 20 장

변전소

20.1 변전소의 역할

변전소(變電所 ; substation)는 일반적으로 발전기에서 발생한 전력을 송전선 및 배전선을 통해서 수용가에게 보내는 과정에 있어서 경제적인 이유로 전압을 승압 또는 강압할 필요가 있으며, 발전력을 집중연계하거나 전력을 수용가에 배분하기 위한 목적뿐만 아니라 전력계통의 안전한 운전과 설비의 보수를 확실히 할 수 있어야 한다. 변전소는 일반적으로 발전소의 변전설비나 자가용 변전설비는 포함하지 않고 독립된 전력용 변전소 및 전기철도용 변전소를 가르키고 있다. 전력 사업용의 변전소를 일반적으로 전력용 변전소라고 하고 송전용 변전소, 배전용 변전소가 있다.

송전용 변전소는 특별고압으로 수전한 전기를 다른 특별고압으로 변성하여 송전하는 변전소로 승압용 변전소와 강압용 변전소가 있는데, 승압용 설비는 발전소에 설치되는 경우가 많고 변전소로서 독립된 것은 적다.

배전용 변전소는 특별고압으로 수전한 전기를 배전전압으로 강압하여 배전하는 변전소이다. 또한 특수한 예로 육지와 제주도 사이에 직류에 의한 계통간의 케이블 연계를 하는 교류 변환소가 있다. 전기철도용 변전소도 일반 전력계통으로부터 송전 선로에 의해 교류 특별고압으로 수전하여 전기철도의 운전에 적합한 전압으로 변성하는 변전소이다. 이러한 변전소의 역할을 간단히 나타내면 다음과 같다.

① 전압 · 전류의 변성
② 전력의 집중과 연계
③ 전기의 질과 설비 보전을 위한 전압 조정
④ 조상설비에 의한 전력 조류제배
⑤ 계통안정도의 향상
⑥ 송배전선과 변전소의 보호

20.2 변전소의 주요설비

변전소는 그 기능을 수행하기 위하여 필요한 설비를 갖추고 있는 이외에 이것을 운전 보수하기 위해 필요한 다음과 같은 시설을 구비하게 된다.

(1) 주변압기

전압을 송전 · 배전의 목적에 따라서 적절한 값으로 변성하는 것이며 부하시에 자동적으로 전압의 미소조정을 하는 것이 많이 도입되었다. 변압기에는 단상기와 3상기가 있는데 최근에는 변압기의 제작기술이 현저하게 진보하여 신뢰도가 향상되었으므로 경제적으로 유리한 3상기가 쓰이고 있으나 초대용량은 수송상의 제약으로 인하여 단상기가 사용되고 있다.

(2) 조상설비

조상설비는 전압 조정과 함께 전력 손실의 경감을 목적으로 하고 있으며 그 설비는 정지형과 회전기형이 있다. 정지형은 중부하시에 진상전력을 공급하는 전력용 콘덴서, 경부하시에 지상 전력을 공급하는 분로 리액터로 구성되어 있으며 회전기형은 동기조상기가 있으나 보수 및 가격면에서 현재는 거의 정지형이 사용되고 있다.

(3) 모선, 개폐설비

변전소에는 송배전선이 전기의 집중·배분 때문에 모여 있고, 주변압기와 함께 모선에 접속되어, 각각의 인출구에 차단기와 단로기 등의 개폐설비가 설치되어 있다. 차단기는 상시전력의 송전정지 또는 전환, 송전선이나 기기 고장시의 자동차단에 사용되고 고속 고신뢰성이 필요하다.

(4) 배전반과 변성기

변전소의 각 전력선 전압, 전류, 전력을 측정, 감시하고 정전 등의 선로 차단이나 정전시의 복구작업을 행한다. 이 때문에 조작핸들과 측정용 변성기, 미터가 운전원에 알기 쉽게 배치되고 있다.

(5) 보호장치

보호장치로서는 차단기, 계전기 외에 다음과 같은 것이 있다.

① 피뢰기 : 피뢰기는 변전소의 기기를 낙뢰 및 개폐시와 같은 이상전압으로부터 보호하는 것이다.

② 중성점기기 : 중성점기기로서는 접지사고시의 이상 전압 억제 및 계전기동작의 확실화를 위해 접지저항기, 자동소호를 위한 소호리액터 혹은 영상 충전전류 보상을 위한 보상 리액터 등이 있다. 또 변압기 중성점에는 절연을 보호하기 위해 피뢰기를 설치하는 수가 있다.

③ 접지장치 : 접지사고 혹은 낙뢰사고시 변전소의 전위가 이상 상승하여 부근의 인축에 해를 끼치거나 설비를 손상함이 없도록 접지선의 매설이나 기기, 옥외철구, 가공지선 등에 접지를 하고 있다.

④ 차폐장치 : 변전소기기를 직렬뢰로부터 지키기 위해 가공지선을 마련하는 수가 있다.

(6) 부대설비

상기 이외에 변전소의 부대설비로는 냉각설비, 애자세정장치, 축전지, 충전지, 압축공기 발생장치, 소내용 전원, 조명설비 등이 있다. 또 변전소의 조작은 급전소나 영업소와 연락을 취해서 하므로 이에 필요한 통신설비가 설치되며 또 중요 변전소에서는 급전소의 텔레미터나 슈퍼비전 송신장치를 설치하는 경우가 많다.

20.2.1 변압기

(1) 용량의 선정

변압기의 유니트 용량을 결정하는 주요한 요인은

① 변압기를 설치하는 시점의 초기부하
② 장래 부하의 증가 경향
③ 변압기 고장시의 대책
④ 변압기의 가동율

등이고, 그 중에서도 부하의 요인이 가장 큰 요소를 차지하고 있다.

전력계통 구성의 중심이 되는 기간 변전소의 경우는 단순히 부하공급 뿐만이 아니고 각 방면의 전원계통의 연계기능을 함께 가지고 있기 때문에, 부하의 적정한 파악외에 발전소의 정기점검, 고장정지 및 전원 송전선의 고장정지 등 공급 신뢰도를 고려하여, 고장대책 이외의 요인도 포함하여 그 용량을 결정할 필요가 있다. 배전용 변전소일 경우에는 초기 수요 및 그 밀도, 장래의 증가율 외에, 공급 신뢰도면으로부터 변전소의 고장시의 대책으로서, 신설 당초로부터의 2뱅크설치, 인접뱅크로의 전환능력, 인접 변전소로의 배전 전환능력과 전환시간 및 과부하 한도 등을 감안하여 용량을 산출한다.

(2) 변압기의 병행운전

변압기의 병행운전은

① 극성의 일치
② 각변위가 같은 것
③ 변압비가 같은 것
④ 각변압기의 % 임피던스가 같을 것(저항분과 리액턴스분의 비도 같을 것)

등이다. 그러나 ③, ④에 대해서는 엄밀하게 일치하지 않아도 지장이 없는데 2개 변압기 출력이 3 : 1 이하의 경우 % 임피던스가 평균치의 ±10[%] 이내이면 병행운전이 가능하다.

(3) 변압기의 냉각방식

유입식 변압기의 냉각은 기름(油)을 직접 냉각매체로서 권선과 철심냉각을 하고 또 공기 등의 주위 냉각매체를 이용해서 유냉각기에 의하여 유냉각을 하고 있다. 유냉각을 위한 절연유의 열화방지를 위해서 일반적으로 질소 봉입방식이 많이 사용된다.

건식변압기냉각은 공기와 SF_6 가스를 냉각매체로서 사용한다.

기름이나 SF_6 등 냉각매체의 순환방식에 대해서는 자연순환식과 강제순환식이 있고, 그 조합에 의해 표 20-1에 표시하는 것과 같은 각종 냉각방식이 채택된다. 또한 특수한 냉각방식으로서 냉매로 액체를 사용하여 그 증발열을 이용한 증발냉각식변압기 등이 있다.

표 20-1 변압기의 냉각방식

기 호	냉 각 방 식
ONAN	유입자냉식(공유사용의 경우)
LNAF	유입풍냉식(합성절연유 사용의 경우)
OFAN	송유자냉식(광유사용의 경우)
OFAF	송유풍냉식(위와 같음)
ONWF	유입수냉식(위와 같음)
OFWF	송유수냉식(위와 같음)
AN	건식자냉식
AF	건식풍냉식
ANAN	건식밀폐자냉식
ANAF	건식밀폐풍냉식
ONAN/ONAF	유입자냉식/유입풍냉식(공유사용의 경우)

주 표시문자의 배열순서

제1문자	권선 및 철심을 직접 냉각하는 매체의 종류
제2문자	권선 및 철심을 직접 냉각하는 매체의 순환방식
제3문자	주위의 냉각매체의 종류
제4문자	주위의 냉각매체의 순환방식

주 TANK가 없는 건식변압기의 경우는 제1 및 제2문자 만으로 표시한다.

20.2.2 부하시 전압조정장치

(1) 부하시 탭 절환장치(on-load tap changer : OLTC)

일반적인 변압기 탭의 절환은 정전중에 하지 않으면 안된다. 이 장치를 장착한 변압기에서는 송전 상태에서 변환하는 것이 가능하며 일반적으로 전압조정범위는 ±10[%]이다.

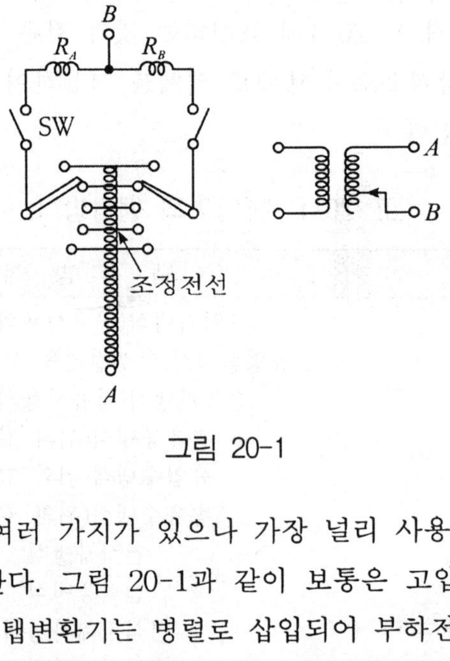

그림 20-1

탭의 절환방법에는 여러 가지가 있으나 가장 널리 사용되고 있는 병렬 구분식에 대해 설명하기로 한다. 그림 20-1과 같이 보통은 고압측 코일에서 좌우 2조의 탭이 나와 있고 이 탭변환기는 병렬로 삽입되어 부하전류를 분담하고 있다.

탭을 절환하려고 할 경우에는 한쪽의 탭 개폐기를 열고 전전류를 반대측으로 옮기고, 무부하가 된 탭절환기쪽을 1탭만큼 옮긴다. 다음에는 마찬가지의 방법으로 반대측 탭을 1탭 옮긴다. 이와 같은 것을 반복하여 필요한 단계만큼 탭을 이동시킨다. 한류(限流) 리액터 R_A, R_B는 변환 도중에 양측의 탭 절환기와 다른 탭의 위에 있어, 또한 양측 개폐기가 폐로(閉路)하고 있는 순간에 폐로가 일어나 순환전류가 흐르기 때문에 그것을 제한하는 역할을 한다. 리액터 대신 저항을 사용하는 경우도 있다.

(2) 부하시 전압조정기

부하시 탭 절환변압기는 주변압기의 탭에다 부하시 탭 절환장치를 부착시킨 것으로 이에 대해 주변압기는 그대로 두고 따로 전압조정만을 목적으로 한 부하시 전압조정기를 사용하는 경우도 있다. 여기에는 회로에 직렬로 삽입한 직렬변압기와 이것을 여자하는 여자변압기(조정변압기)를 1조로 한 것인데 그 요지는 그림 20-2와 같다.

이 조정변압기의 탭에다 부하시 탭 변환장치를 부착하고, 조정 변압기에 의해 여자되는 직렬변압기의 2차 기전력을 가감하여 회로전압을 조정한다. 이 경우 직렬변압기의 극성을 역으로 하면 동일한 탭수로 2배의 조정범위가 얻어진다. 이 기기의 용량은 직렬변압기의 2차측을 지나는 부하전류와 최대 조정변압의 곱으로 결정된다.

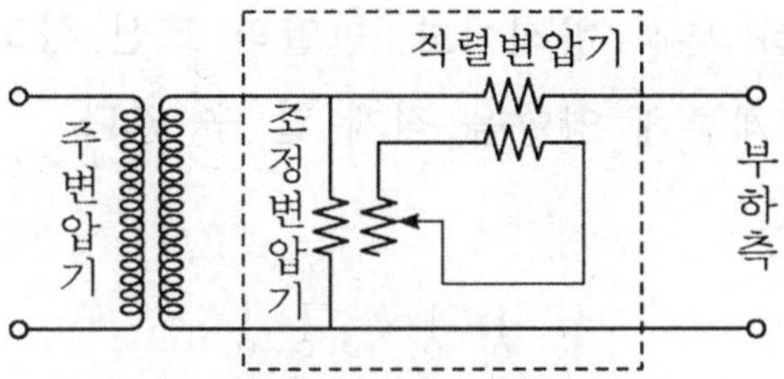

그림 20-2

20.2.3 모 선

(1) 결선 방식의 종류

① 단모선 : 단모선은 그림 20-3에서 처럼 가장 단순한 모선 방식으로 소요 기기 및 공간이 적고 경제적으로 유리하기 때문에 기기의 신뢰성 향상과 더불어 일반적으로 널리 사용되고 있다. 그러나 모선, 모선측 단로기, 차단기 및 이 중간에 사고가 나면 변전소가 정전이 되는 일이 있어 모선 및 모선측 단로기의 점검시에는 전체 정지를 요하기 때문에, 구분 개폐기를 설치하여 모선을 몇 개의 블록으로 분할 구성할 필요가 있다.

② 이중모선 : 그림 20-4는 표준 이중모선 방식으로 2개의 모선간에 모선 연락용 개폐기를 갖추고 있다. 한 쪽 모선이 정전이 되더라도 송전선과 변압기의 정지를 발생하지 않고 모선측 단로기의 정전도 그 회선 혹은 변압기만을 정전하면 된다.

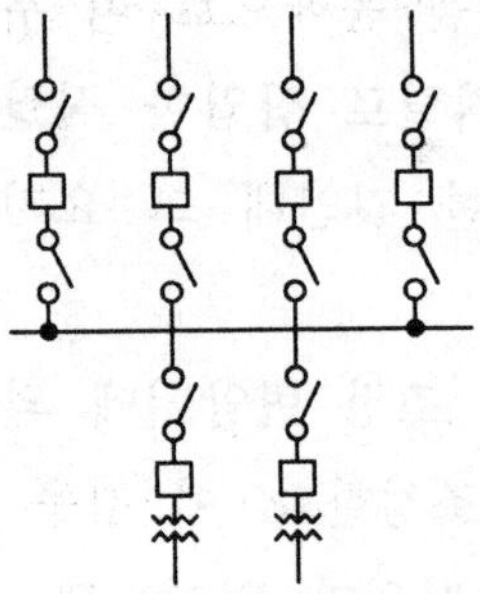

그림 20-3 단모선

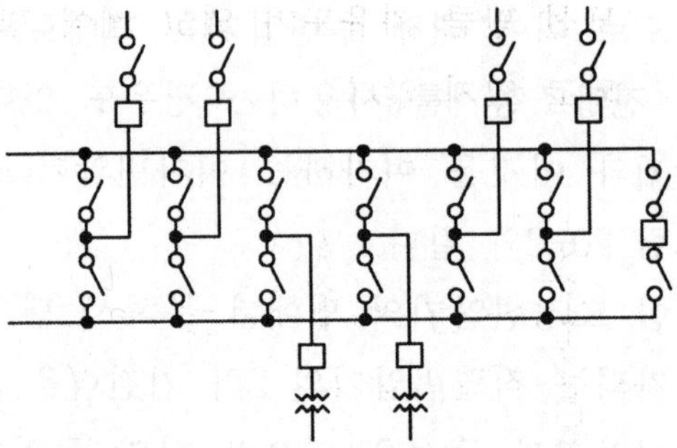

그림 20-4 표준 이중모선

③ 이중모선 4부스타이 방식 : 그림 20-5에 나타나듯이, 흡사 두 개의 변전소를 차단기로 결합한 듯한 방식이고, 만일의 모선 사고라도 그 영향은 1/4 모선 범위에 그치고 계통에 영향을 적게 할 수 있다.

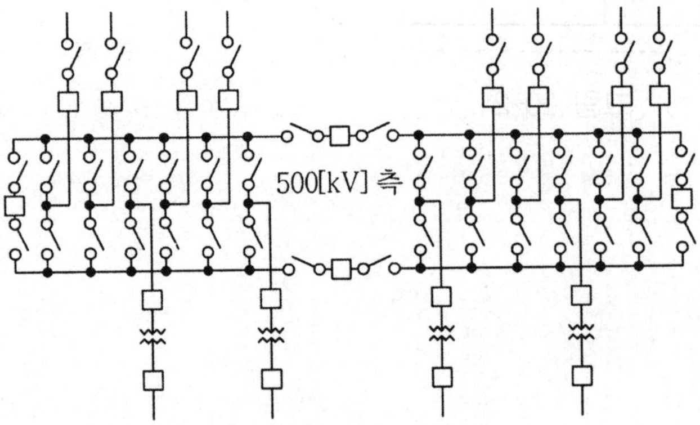

그림 20-5 이중모선 4부스타이 방식

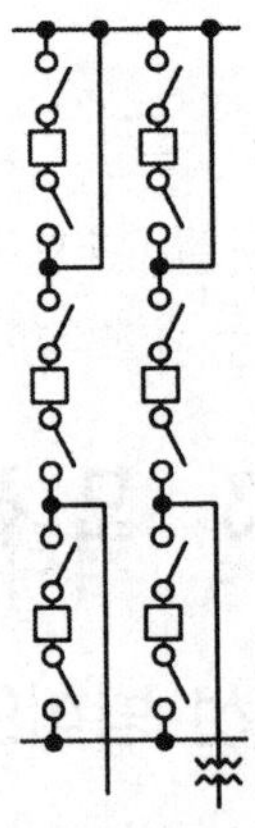

그림 20-6 1.5차단기 방식

④ 1.5차단기 방식 : 그림 20-6과 같이 2회선 3대의 차단기를 둔 것으로, 모선 사고에 의한 계통에 영향이 거의 없고, 또 차단기 점검시 당해 선로의 정지를 필요로 하지 않는 것. 특히, 단순한 계통에서 차단기 점검을 위해 정전을 가능한 피할 수 있으며 용지도 비교적 적게 들어 이 방식을 많이 채택하고 있다.

⑤ 환상 모선 : 그림 20-7은 환상 모선의 대표 예이다. 환상 모선은 소요 면적이 적고 모선의 부분 정지 차단기의 점검에는 편리하나 계통 운용상은 이중

모선 만큼 자유도가 없고 제어 및 보호회로가 복잡하기 때문에 그다지 사용되고 있지 않다.

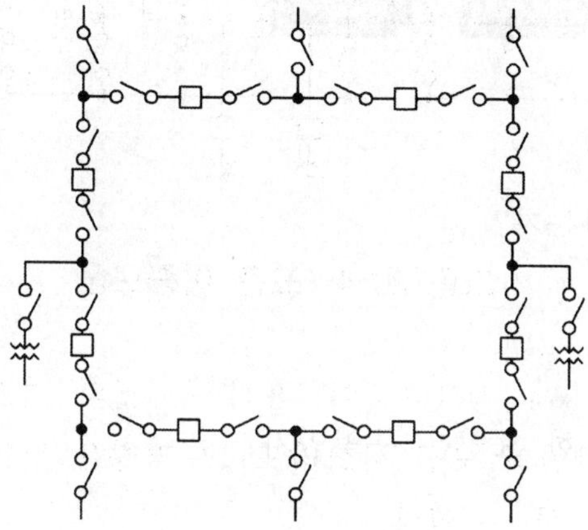

그림 20-7 환상 모선

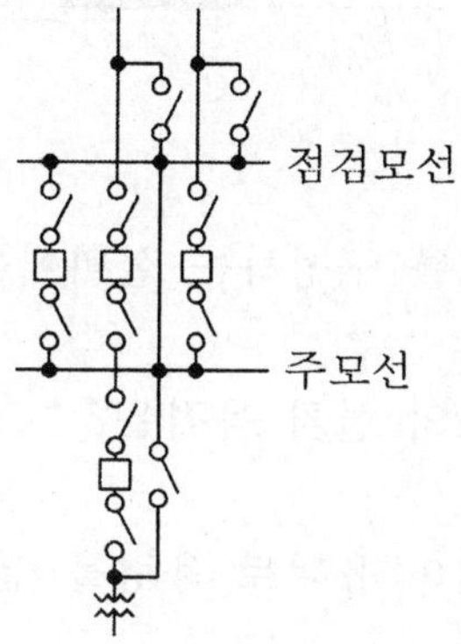

그림 20-8 점검 모선

⑥ **점검 모선** : 점검 모선(전환 모선 혹은 보조 모선이라고도 한다.)은 그림 20-8처럼 단모선에 부가된 것으로 모선 및 차단기의 점검에 편리하나 표준 이중 모선과 같은 탄력적인 운용은 불가능하다.

20.2.4 기타 설비

변전소에는 상기의 각종 설비외에 피뢰기, 중성점기기, 소내전원, 축전지, 기기의 조작과 공기 차단기의 소호에 사용하는 압축공기계, 오손지역에서의 애자류 세정용의 세정 장치 등의 제설비가 있다.

연 습 문 제

1. 변전소를 구성하는 설비에는 무엇이 있는가?

2. 변전소의 설치 목적은?

3. 변압기의 유니트 용량을 결정하는 주요한 요인은 무엇인가?

4. 부하시 탭 절환장치에 대하여 설명하여라.

제 21 장

보호계전기

21.1 보호계전기의 개요

21.1.1 보호계전기의 역할 및 구성

보호계전기(保護繼電器 : protective relay)는 전력계통의 구성요소인 발전기, 변압기, 송전선로, 콘덴서, 부하 등의 어느 부분이나 지점에서 단락, 지락 등의 사고나 이상상태가 발생한 경우에는 사람이나 가축의 보호와 고장의 파급방지, 전력공급의 지장방지 그리고 기기 및 설비의 손상을 최소화하기 위하여 정확하고 신속하게 사고부분에서 가장 가까운 차단기를 자동차단하고 사고구간을 분리하여야 한다. 한편 이를 위하여 계획하고 설치 운용하는 시스템을 보호계전기시스템(protective relaying system)이라고 한다. 다음은 보호계전기의 역할을 다하기 위한 구비조건으로 선택성, 신뢰성, 후비성, 신속성을 확보해야 한다.

① 사고제거 및 사고범위의 확대방지에 의한 정전의 최소화
② 사고복구의 신속화와 전력공급의 확보
③ 보호의 중첩과 협조
④ 후비보호기능의 구비

⑤ 재폐로에 의한 계통 구성 및 공급의 안정화를 위한 동작시한 이내 동작
⑥ 경제성 및 소형화

일반적으로 보호계전기방식은 주보호(主保護 : main protection)와 후비보호(後備保護 : backup protection)로 구성된다. 주보호는 보호범위내에서 발생한 사고에 대하여 다른 계전기보다도 신속하게 제거함으로써 정전범위를 최소화하기 위한 것이다. 후비보호는 주보호계전기가 보호할 수 없거나 보호동작에 실패하였을 경우를 대비하여 이 사고를 검출하여 차단기를 개방하고, 백업함에 의하여 사고의 파급확대를 방지하게 된다. 또한 계전기의 보호범위는 중첩하고, 계전기의 오·부동작의 방지를 위하여 계전기 상호간에 보호협조(保護協助 : protection coordination)가 선행되어야 한다.

21.1.2 보호계전기(保護繼電器)의 분류

보호계전기는 계기용 변류기 또는 변압기 등을 통해서 선로에 접속하며 고장시에는 그 접점을 닫고 차단기를 제거, 코일을 여자하여 차단한다. 보호계전기에는 다종다양한 것이 있으나 이것을 동작기구, 동작시한, 용도의 관점에서 분류하면 다음과 같다.

(1) 동작기구상의 분류

① 유도형(誘導形) : 2개의 코일에 의한 이동자계에 의해 알루미늄 원판이 회전하여 접점을 만드는 것으로서 가장 많이 사용되고 있다.
② 전류력계형(電流力計形) : 2개의 코일 사이의 전자작용에 의해 동작한다.
③ 가동철심형(可動鐵心形) : 코일에 전류가 통하면 철심을 흡인하는 작용을 이용한다.

(2) 동작시한상의 분류

① 순한시(瞬限時) : 계전기에 흐르는 전류가 어느 값에 도달하면 순시적으로 동작하는 것으로 순시라고도 한다.
② 정한시(定限時) : 계전기에 흐르는 전류가 어느 값 이상이 되면 전류의 대소와는 관계없이 일정시간 동작하는 것을 말한다.

③ 반한시(反限時) : 동작전류가 커질수록 그에 반비례하여 동작시한이 짧아지는 것을 말한다.

④ 반한시 정한시(反限時定限時) : 동작전류가 어느 값까지는 반한시, 그 이상의 값으로 되면 정한시로 되는 것을 말한다.

(3) 용도상의 분류

① 과전류계전기(over-current relay ; OC) : 일정값 이상의 전류가 흐르고 있을 때 동작하는 것으로서 과부하 및 단락보호용으로 발전기, 변압기, 선로 등에 널리 사용된다.

② 방향단락계전기(directional short-circuit relay ; DS) : 일정방향으로 일정치 이상의 전류가 흐른 경우 동작하는 것으로서 전류의 방향을 검사할 때 전압을 기준으로 한다. 따라서 전압요소와 전류요소가 있다.

③ 선택단락계전기(selective short-circuit relay ; SS) : 병형 2회선의 단락고장회선의 선택에 사용되는 것으로서 전류의 흐름방향에 따라 동작하는 것과 2개의 전류차에 의해 작용하는 것 등 2종류가 있다.

④ 거리계전기(distance relay ; Z) : 동작시한이 계전기의 설치점에서 고장점까지의 전기적 거리에 비례하는 것으로서 복잡한 계통의 단락보호에 사용된다.

⑤ 방향거리계전기(directional distance relay ; DZ) : 방향성을 가진 거리계전기를 말한다.

⑥ 과전류지락계전기(over-current ground relay ; OCG) : 과전류계전기의 동작전류를 특별히 작게 한 것으로서 지락보호에 사용된다.

⑦ 방향지락계전기(directional ground relay ; DG) : 과전류지락계전기에 방향성을 부여한 것이다.

⑧ 선택지락계전기(selective ground relay ; SG) : 선택단락계전기를 특히 소전류에 의해 동작하도록 한 것으로서 병행 2회선의 지락사고에 대한 선택용으로 사용한다.

21.1.3 각종 보호 계전 방식

(1) 교류발전기(交流發電機)의 보호

일반적으로 발전기의 사고는 권선에서 많이 발생하는데, 이에 필요한 보호기능 중에서 큰 비중을 차지하는 발전기의 고장자 권선에서 발생한 고장이다. 이에 대한 가장 효율적이고 고전적인 보호방법이 차동보호계전기법(差動保護繼電技法 ; differential relaying scheme)이다.

(2) 변압기의 보호

변압기의 사고는 첫째, 지속성 과부하로 인한 내부 절연물과 절연유의 절연내력 저하에 의하여 사고로 발전되는 경우와 둘째, 뇌 등의 이상전압 침입으로 절연파괴가 되는 경우 그리고 셋째, 외부단락사고로 생기는 과대한 전류로 인한 원인 등에 따라서 다음과 같이 분류된다. 이중에서 가장 빈도가 높은 사고는 권선의 층간단락 및 지락이다.

① 권선의 상간 및 층간단락
② 권선의 철심간의 절연파괴에 의한 지락사고
③ 고저압권선간의 혼촉
④ 권선의 단선
⑤ 부싱리드(bushing lead)의 절연파괴

변압기의 전기적 보호장치는 전압, 전류 등 전기적인 신호를 이용하여 내부사고의 경우 주보호로 차동계전 방식이 사용되며, 단락사고의 경우 후비보호에는 거리계전방식이 사용되고 과부하의 경우 과전류계전기방식이 적용된다. 또한, 변압기의 기계적 보호장치는 압력, 온도 등 신호를 이용한 buch holtz relay, sudden pressure relay, thermometer, oil level gauge 등이 사용된다. 그런데, 변압기 권선에 관한 주보호로는 변류기의 특성차, 변압기 결선에 의한 위상차, 변압기 탭의 변동 등에 의한 오동작 방지책이 고려된 비율차동계전기(比率差動繼電器 ; percentage differential protective relay)가 사용된다.

(3) 모선보호

모선(母線 ; bus)이란 발변전소에 도입되는 여러 개의 송배전선이나 발전기, 변압기, 조상설비등이 접속되는 공통도체를 말하며 실제 사용되고 있는 보호방식은 다음과 같다.

① 차동계전기방식(전류비율, 전압차동, 위상비교, linear coupler 방식)
② 방향비교방식
③ 차폐모선방식

(4) 송전선 보호방식

송전선 보호에 적용되는 각종 보호계전기방식은 방향 과전류 계전기방식, 방향 거리 계전기방식, 파일럿 계전기방식, 평형 계전방식 등이 있다.

① 방향 과전류 계전방식 : 송전계통이 루프 계통이 되면 과전류계전기의 적용은 곤란하기 때문에 방향성을 갖는 계전기가 필요하게 된다. 단락보호에는 단락 방향 계전기, 지락보호에는 지락 방향 보호 계전기가 적용된다. 3상 회로에 단락 방향 계전기를 적용하면 고장시의 전압, 전류 상태를 검토하여 고장전류의 방향을 가장 판정하기 쉬운 전압, 전류를 계전기에 넣어 주어야 한다.

② 방향 거리 계전방식 : 방향 거리 계전방식은 단락보호 및 직접접지계통의 지락보호에 적용된다. 사고 발생점까지의 임피던스의 크기를 판별하는 계전방식으로 동작범위가 계통에 따라 변동이 비교적 적은 이점이 있다.

21.2 단락보호(短絡保護)

21.2.1 단락보호계전기

(1) 유도형 과전류계전기(induction type over-current relay)

이 계전기는 단락보호로서 가장 널리 사용되고 있는 것으로서 이것은 전류가 흐르는 동작 코일과 알루미늄 원판으로 되어 있다. 동작코일에 어느 정도 이상의 전류가 흐르면 이동자계가 발생하고 이것이 원판에 작동하여 이것을 회전시켜 접점을 닫도록 되어 있다.

(2) 전류평형계전기(current balance relay)

이것은 선택단락계전기에 속한 것으로서 다양한 종류가 있으나 결국 2개의 전류 사이에 어느 정도 이상의 차이가 발생했을 때 동작하는 계전기이며 차동계전기, 비율차동계전기가 이에 속한다.

(3) 전력방향계전기(power directional relay)

전류가 소정의 방향으로 흘렀을 때에만 동작하는 것과 전류가 흐르는 방향에 의해 원판의 회전방향이 반대가 되고 다른 접점을 만드는 것등 2종이 있다.

전자는 방향단락계전기에 속하며 후자는 선택단락계전기에 속하게 된다.

(4) 거리계전기

과전류계전기 또는 방향단락계전기 등에서는 직렬로 접속되는 부호구간의 수가 많아지면 시한의 조정이 곤란해지며 또한 전원에 가까운 차단기의 개로시간이 길어진다. 이 점을 개선하기 위해 나타난 것이 거리계전기이다.

이 계전기의 동작에는 전압·전류 양자가 관여하고 그 동작력은 전류에 비례하며 전압에 반비례하는 구조로 되어 있다.

(5) 고속도계전기(high speed relay)

보통 계전기의 동작시한은 최저 8사이클 정도인데 대해 이 종류의 계전기의 동작시한은 2사이클 이하이다. 동작시한을 짧게 하기 위해 동작력을 크게 하고 관성을 작게 하며 또한 가동부의 이동거리를 짧게 한다.

고속도 전력방향계전기·고속도 거리계전기 등이 있다.

21.2.2 방사상선로의 단락보호방식

(1) 전원이 일단에 있는 경우

그림 21-1과 같이 전원에서 A, B, C 등의 발·변전소 모선을 거쳐 선로가

방사상으로 나와 있는 경우의 단락보호에 대해 고찰해 보기로 하자.

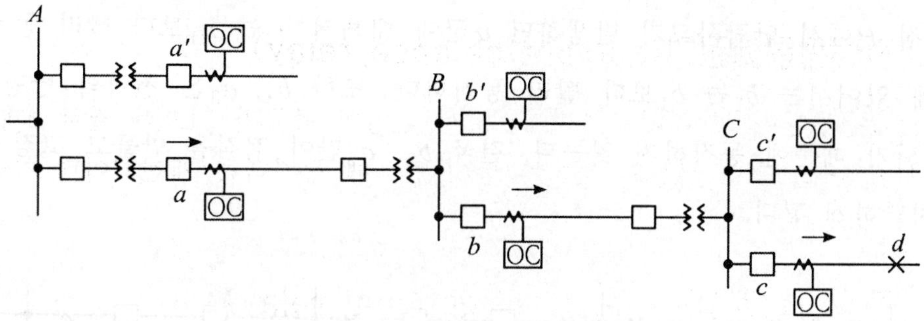

그림 21-1

이 경우에는 a, b, c 등에서 표시한 곳에 과전류를 설치한다. 지금 점 d에서 단락사고가 발생하면 단락전류는 화살표와 같이 흐르고 a, b, c 각 계전기는 모두 동작을 한다. 그러나 이 경우에 있어서는 차단기 c만을 개로하고 고장선로만을 제거하여 그 이외의 부분을 송전을 계속하도록 하지 않으면 안 된다. 즉, 계전기의 시간조절 전류 탭을 적당히 조절해서 어떤 전류가 흐르더라도 반드시 a보다 b가, b보다 c가 빨리 접점을 만들도록 조절한다. 인접한 계전기의 시한차는 차단기의 차단시간 이상으로 하지 않으면 안된다. 보통은 안전을 예상하고 0.5초 정도로 한다. 따라서 직렬로 계전기가 5개 있으면 최선단의 계전기시한을 0으로 조절하더라도 발전기의 계전기시한은 2초가 된다. 발전기계전기의 시한을 2초 이상 한다는 것은 발전기 보호상 상태가 불량하다. 그 이상이 되는 경우에는 시한간격을 단축하거나 통신선을 이용하는 표시선(pilot) 계전방식을 중간에 사용한다.

(2) 전원이 양단에 있는 경우

그림 21-2와 같이 전원이 양단에 있는 경우에는 단락전류가 양단에서 흘러오기 때문에 과전류계전기에서 고장구간의 선택차단은 불가능한 것이다. 이 경우에는 선택차단은 불가능한 것이다.

이 경우에는 그림과 같은 방향단락계전기와 과전류계전기를 조합해서 사용한다. 방향단락계전기는 그림과 같이 a군, b군의 2조로 나누고 a군은 G_A발전소에서 외측으로 향하는 전류에 의해 동작하게 된다. 그리고 동작시한을 a군에 대해서는 과전류계전기 a_1에서 방향단락계전기 a_2, a_2에서 a_3으로 하는 식으로 순차적으로 짧게 조정한다. 이와 같이 하면 고장구간을 선택차단할 수가 있다. 가령 점 P에서 단락사고가 발생하면 a군에 대해서 a_2는 a_1보다 빨리 동작하며 b군에 있어서는 b_2는 b_1보다 빨리 동작한다. 또한 b_3, a_3은 전력의 방향이 역으로 되기 때문에 동작하지 않는다. 결국 b_2, a_2만이 접점을 만들고 고장구간을 선택차단하게 된다.

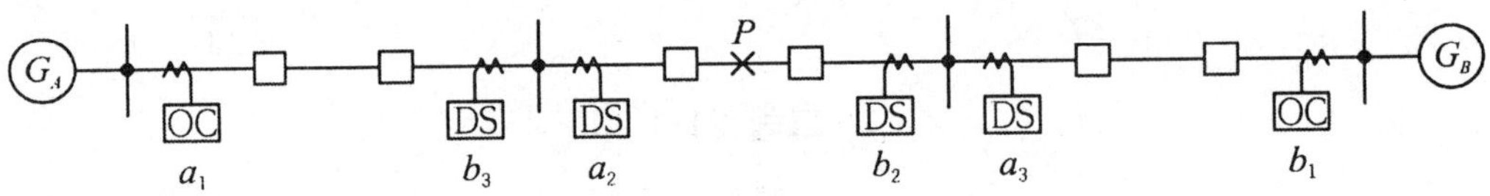

그림 21-2

(3) 거리계전방식의 적용

직렬로 접속되는 선택구간의 수가 지나치게 많아지면 시한조정단계를 붙일 수 없게 되며 또한 전원계전기의 동작시한을 2초로 되돌리는 것은 안정도 면에서 좋지 않다. 이에 대해 앞의 경우 과전류계전기 대신에 거리계전기를, 방향단락계전기 대신에 방향거리 계전기를 사용하면 문제는 해결된다. 단지 이 경우 선택구간이 너무 짧으면 인접하는 계전기에 가해지는 전압간의 차가 작아지기 때문에 시한차를 차단기의 차단시간만 취할 수밖에 없게 된다.

21.2.3 환상선로(環狀線路)의 단락보호방식(短絡保護方式)

(1) 전류가 일단에 있는 경우

그림 21-3과 같이 일단에만 전원이 접속하는 환상선로의 단락보호는 양측에 전원이 있는 방사상선로의 경우와 마찬가지인데 그림에 표시한 바와 같이 방향단락계전기를 사용한다.

계전기는 a, b 2군으로 나누고, a군의 동작방향은 a_1, a_2, a_3, a_4방향, b군의 동작방향은 b_1, b_2, b_3, b_4의 방향으로 한다. 또한 시간은 각각 1, 2, 3, 4의 순서로 길게 조정한다. 방향거리계전기의 적용에 대해서도 앞과 마찬가지인 것이다.

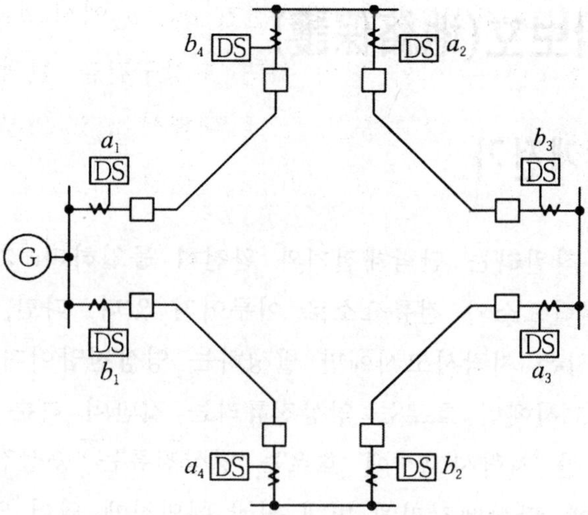

그림 21-3

(2) 전원이 2개소 이상 있는 경우

그림 21-4와 같이 전원이 2개소 이상으로 있는 경우에는 방향거리계전기를 사용해서 보호한다. 그림에 있어서 a군을 시계방향으로 b군은 시계반대방향으로 한다.

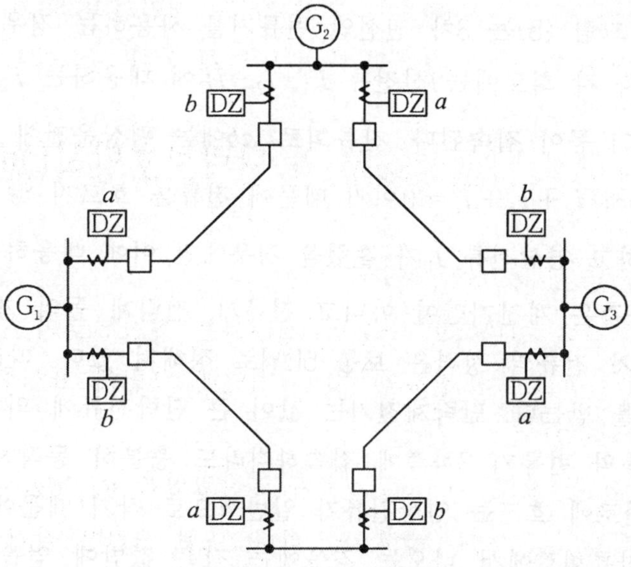

그림 21-4

21.3 지락보호(地絡保護)

21.3.1 지락계전기

지락계전기의 동작원리는 단락계전기와 완전히 동일하다. 가령 송전선용인 방향지락계전기는 전력요소와 전류요소로 이루어져 있다. 다만, 계전기의 전압 코일에 가해지는 전압은 지락사고시에만 발생하는 영상전압이며 전류 코일에 흐르는 전류도 지락사고시에만 흐르는 영상전류라는 것만이 다른 것이다. 단지 단락전류는 매우 크지만 지락사고시에 흐르는 영상전류는 중성점 직접접지의 경우 이외는 작기 때문에, 단락계전기에 비해 훨씬 예민하게 되어 있다.

최저전류 탭은 단락계전기에서는 보통 4[A] 이지만 지락계전기에서는 0.2~0.5[A] 정도인 것이다.

21.3.2 지락계전기용 변류기 및 계기용 변압기의 결선

(1) 변류기의 결선

영상전류를 얻기 위해서는 그림 21-5와 같이 결선한다. 이 그림 (a)는 보통의 방법인 것이며 그림 (b)는 3차 권선인 변류기를 사용하는 경우이다. 그림 (a)에 대해 변류기 2차 각 회로에는 선전류 $\dot{I}_A$, $\dot{I}_B$, $\dot{I}_C$에 대응하는 i_a, i_b, i_c가 흐르고 계기, 단락계전기 등이 접속된다. 잔류회로 ab에는 평상운전에 있어서는 $\dot{I}_A+\dot{I}_B+\dot{I}_C=0$, 따라서 $i_a+i_b+i_c=0$이기 때문에 전류를 흐르지 않고 선로에 1선 지락사고가 발생하고 영상전류 $\dot{I}_0$가 흘렀을 경우에만 이에 대응하는 i_0가 흐른다.

변류기의 2차측은 계전기만이 아니고 전류계, 전력계 등의 계기류가 접속되어 있는 관계로 2차 전류의 정격은 보통 5[A]로 정해져 있다. 따라서 변류비는 그 방향에서 제약을 받는다. 단락계전기는 값이 큰 단락전류에 의해 동작하는 것이기 때문에 보통의 변류기 2차측에 접속하더라도 충분히 동작하지만 지락계전기에 있어서는 선로에 흐르는 영상전류가 일반적으로 작기 때문에 변류비가 큰 보통의 변류기 잔류회로에서 나오는 경우에는 작은 값밖에 얻을 수 없고 동작이 곤란해지는 경우도 없지 않다. 이와 같은 경우에는 그림 (b)와 같이 지락계전기전용인 3차 권선을 설치하고 그 권수를 적당하게 선택해서 영상전류를 얻는다. 이 경우 2차 회로에는 계기, 단락계전기 등을 접속하고 3차 권선에 지락계전기만을 접속한다.

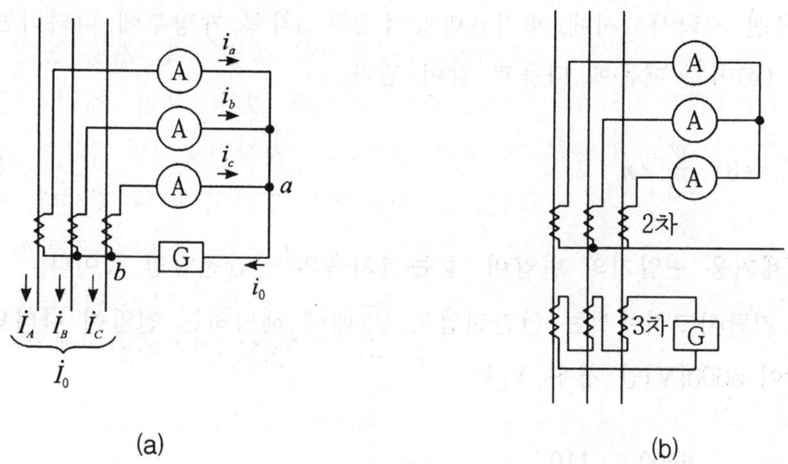

그림 21-5

(2) 계기용 변압기의 접속

지락계전기의 동작에 필요한 영상전압은 주변압기가 성형접속된 경우에는 그림 21-6과 같이 중성점과 대지와의 사이에 계기용 변압기를 삽입하여 간단히 얻을 수 있다. 또한 중성점이 접지하고 있는 경우에는 그림 21-7에서와 같이 중성점 접지장치의 대지측에 변류기를 접속하고, 그 2차측에 저항 R을 넣고 그 전압강하를 이용함으로써 목적을 달성할 수 있다.

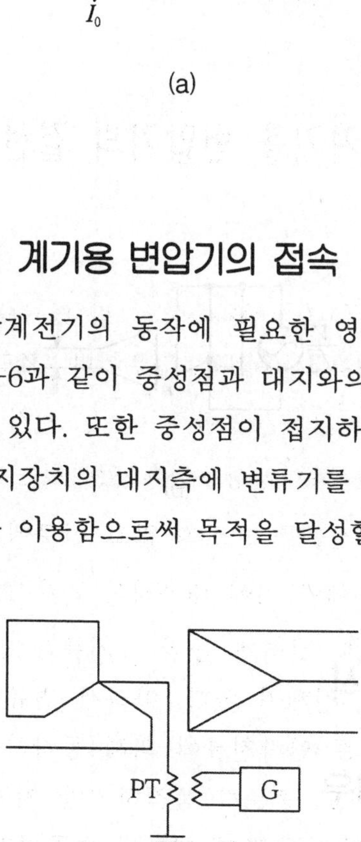

그림 21-6

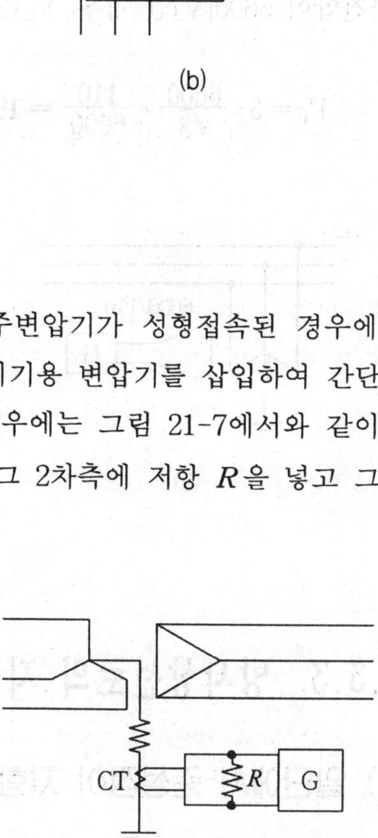

그림 21-7

주변압기가 △결선된 경우, 또는 개폐소 등에 변압기가 없는 경우에는 그림 21-8에서와 같이 접지전용의 계기용 변압기를 설치하고 그 1차측을 성형으로 2차측을 3각형으로 결선하여 그 1각을 개방하는 등의 방법에 의해 영상전압을 얻는다.

이 경우 1선 지락사고시에 계기용변압기 2차 3각형 개방부에 나타나는 전압은 등가회로가 (b)이기 때문에 다음과 같이 된다.

$$V_0 = 3 \times \frac{V}{\sqrt{3}} \times n \qquad (21\text{-}1)$$

단, n은 계기용 변압기의 변압비, V는 1차측의 선간전압인 것이다.

즉, 완전 지락사고시에서는 선간전압의 $\sqrt{3}$배에 해당하는 전압이 나타난다.

선간전압이 6600[V]인 경우 V_0는

$$V_0 = 3 \times \frac{6600}{\sqrt{3}} \times \frac{110}{6600} = 190[\text{V}]$$

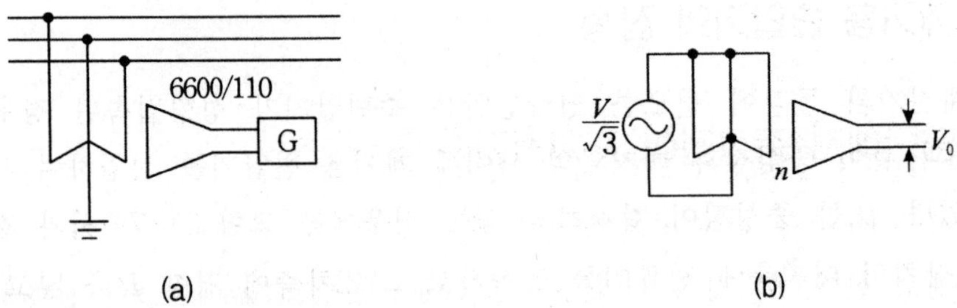

그림 21-8

21.3.3 방사상선로의 지락보호방식

(1) 일단에서 중성점이 저항접지된 경우

그림 21-9에서와 같이 1개소에서 중성점을 저항접지한 경우의 지락보호에 대해 고찰해 보기로 한다. 이 경우 가령, S_2변전소의 인출구에서 1선 지락사고가 발생했다고 하면 선로에 따라 흐르는 영상전류의 분포는 그림과 같이 된다. 즉,

S_1, S_2 사이에서는 저항기전류 $\dot{I}_R$과 이와 위상이 90° 다른 충전전류 $\dot{I}_{c1}$가 겹쳐서 흐르며 S_2, S_4 사이에서는 충전전류 $\dot{I}_{c2}$만이 흐른다. 또한 충전전류는 사고점 S_2에서 멀어짐에 따라 점차 감소된다.

따라서 선로 각 점에 있어서 영상전류의 크기에 차이가 생긴다. 그래서 지락계전기로서는 저항분전류만으로 동작하는 전력요소를 가진 방향지락계전기를 사용하지 않으며 안 된다. 단, 충전전류가 저항기전류에 비해 무시할 수 있는 경우에는 전원이 일단에 있는 선로의 단락보호의 경우와 마찬가지로 과전류지락계전기를 보호할 수가 있다.

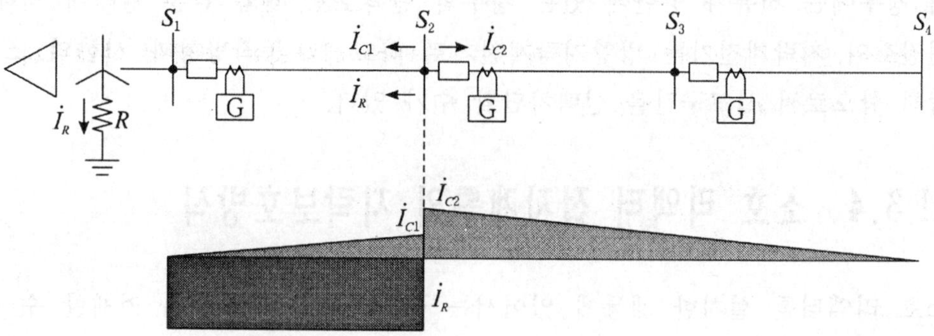

그림 21-9

(2) 양단에서 중성점이 저항접지된 경우

그림 21-10에서와 같이 선로의 양단에서 중성점이 저항접지된 경우에 대해 고찰해 보기로 한다. 이 경우 가령 S_2, S_3 사이 중앙점 P에서 1선 지락사고가 발생했다고 하면 선로에 따라 흐르는 영상전류의 분포는 그림 21-10과 같이 된다. 그림에 있어서 $\dot{I}_R$은 저항기전류, $\dot{I}_C$는 충전전류인 것이다.

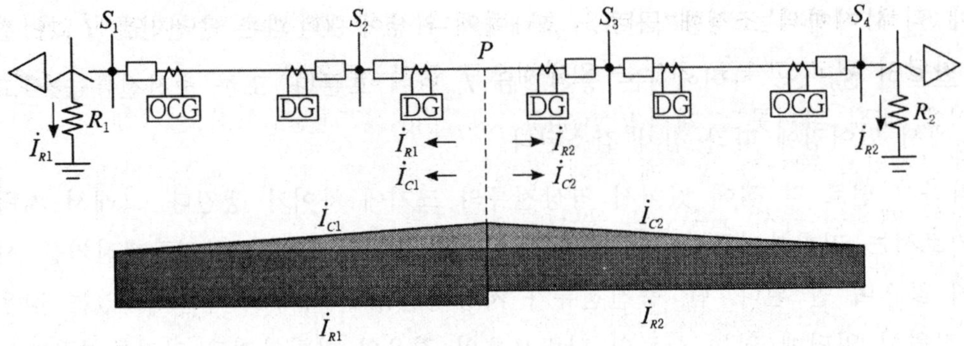

그림 21-10

이 경우에는 전류가 양단에 있는 경우의 단락보호 때와 같은 방식에 의해 중간변전소의 지락계전기를 방향지락계전기로 하고 그 동작방향과 시한의 조정을 적당히 함으로써 사고구간을 선택차단할 수가 있다.

21.3.4 소호 리액터 접지계통의 지락보호방식

소호 리액터를 설치한 계통에 있어서는 지락사고의 대부분은 억제할 수 있으나 그중에는 애자의 파손, 수목의 접촉 등에 의해 영구지락사고가 되는 경우도 있다. 이와 같은 경우에는 근접통신선에 유도장해를 미치게 한다던가 사고장소의 손상을 크게 하기 때문에 그대로 장시간 송전을 계속한다는 것은 불가능한 것이다.

이에 대해 소호 리액터에 병렬 또는 직렬로 저항을 설치해 두고 지락사고가 장시간에 걸친 경우에는 이것을 투입하여 지락계전기의 동작을 확실케 하는 방식이 있다.

21.4 파이롯트 계전방식

21.4.1 개 요

계전방식에서 모두 계전기는 그 설치된 점의 전기적 조건에 따라 동작하고 사고의 판단을 완전히 독자적이며 각 계전기 사이에는 직접적인 연락은 전혀 없다.

그에 의해 시한의 조정에 곤란을 초래하거나 병형 2회선의 선택차단에 있어서 2단 차단이 되고 고속도 차단은 일반적으로 불가능하였다.

이에 대해 파이롯트 계전방식(pilot relaying)은 보호구간의 양단에 설치된 보호계전장치가 적당한 방법에 의해 정보를 교환하고 사고가 보호구간내에 있다고 판단될 때에는 즉시 고속도로 양단의 차단기를 차단하는 방식인 것이다.

정보교환 즉, 신호의 송·수방법에 의해 **표시선계전방식**(表示線繼電方式 : pilot wire relaying), **반송파계전방식**(carrier relaying), **마이크로파 계전방식**(microwave relaying)으로 분류할 수 있다. 또한, 사고판정의 방법에 의해 **전류비교방식**(電流比較方式 : current comparison relaying), **위상비교방식**(位相比較方式 : phase com-parison relying), **방향비교방식**(方向比較方式 : directional comparison relay-ing), **전송트립방식**(transfered tripping system) 등으로 분류할 수 있다.

다음에 주요한 것에 대해 설명하기로 한다.

21.4.2 표시선 계전방식

보호구간의 양단간에서 신호를 교환하기 위해 특별히 전선을 설치하는 것인데 이 선을 **표시선**(表示線 : pilot wire)이라고 한다.

이 방식에는 교류식과 직류식이 있으나 일반적으로 교류식을 많이 사용한다.

이 방식에는 특별히 표시선을 해야 하고 또한, 표시선 자신의 고장도 생각해야 되기 때문에 경제적인면과 신뢰도의 견지에서 실제로 적용되는 것은 20[km] 이하의 단거리 선로나 표시선의 봉입이 가능한 지중선으로 한정되고 있다.

① **전류비교방식** : 이 방식은 보호구간 양단의 전류 벡터차가 어느 일정값 이상이 됨으로써 사고가 구간내인 것으로 판단하고 양단차단기를 동시에 차단하는 것인데 교류식이다.

② **방향비교방식** : 이 방식은 보호구간양단에 설치한 방향계전기에 의해 사고가 구간내에 있다는 것을 확인하여 양단차단기를 동시에 차단하는 것인데 직류방식에 속한다.

③ **전송트립(trip)방식** : 이 방식은 보호구간의 일단에 있는 계전기가 구간내에 사고가 있다는 것을 확인한 때에는 즉시 그 끝의 차단기를 차단함과 동시에 다른 끝에 신호를 보내어 다른 끝의 차단기도 개로하게 하는 방식인데, 직류

식에 속한다.

21.4.3 반송파 계전방식

이 방식은 양단의 신호교환수단으로서 200~250[kHz]의 반송전류를 사용하는 방식이다. 반송파의 전송회로로서는 피보호송전선 자체를 이용하는 방법과 통신선을 사용하는 방법이 있으나 일반적으로 피보호 송전선 자체를 이용하는 방법이 사용되고 있다. 표시선방식에 비해 장치는 복잡하나 표시선을 필요로 하지 않기 때문에 장거리선로의 보호방식으로서 유리한 것이다.

이 방식에는 방향비교방식, 위상비교방식, 전송트립방식 등이 있다.

21.4.4 마이크로파 계전방식

이 방식은 신호전달의 방법으로서 반송파 대신 마이크로파를 사용하는 것인데 기본원리는 반송파계전방식과 차이가 없다. 마이크로파로서는 대개 2,000[MHz]대 및 7,000[MHz]대가 사용된다. 송전선의 사고 등과 관계없이 안정된 전달이 가능하다는 것, 이용할 수 있는 채널수에 여우가 있다는 것 등의 특징이 있다.

21.5 자동재폐로방식(自動再閉路方式)

선로의 사고 중 애자의 표면섬락, 수목의 접촉, 조류의 접촉 등이 원인이 되는 경우가 많으나 이와 같은 경우 차단기의 동작에 의해 한번 선로가 무전압이 되면 원인이 해소되고 이어 차단기를 투입하면 이상없이 송전할 수 있는 경우가 많다.

이전부터 배전선 등에 있어서 선로가 자동차단된 경우 흔히 시송전을 시행한 것은 이 때문인 것이다. 특히 사고에 있어서 선로의 차단을 고속으로 하면 고장점의 손상은 그만큼 경감되기 때문에 재송전의 성공률은 그만큼 높아지는 셈이다. 이렇게 해서 차단·재송전을 고속도, 자동적으로 행하는 방식을 **고속도자동재폐로방식**(high speed automatic reclosing system)이라 하는데 현재 중요선로에서 널리 사용되고 있다.

이 경우 재송전까지의 시간을 가급적 짧게 하는 것은 그 본래의 목적. 즉, 송전의 신뢰성, 과도안정도의 향상 등에서 매우 바람직한 것이지만 여기에는 일정한 한도가 있다. 그 이유는 고장점에 있어서 남아있는 이온이 소멸되고 절연을 회복하려면 어느 만큼의 시간을 필요로 하기 때문인 것이다.

무전압시간은 이온 소멸 시간보다 길게 잡지 않으면 안 되지만 우리 나라의 초고압선로에 있어서는 15~20cycle 정도로 하고 있다.

재폐로해서 재차단한 경우에는 그 사고는 영구사고로 인정하고 재폐로를 하지 않는 것이 일반적이다.

재폐로방식에는 1선 지락사고에 대해 고장상만을 재폐로하는 단상재폐로 회선단위로 3상 동시에 재폐로하는 3상 재폐로방식 및 다중사고시에 고장상을 재폐로하는 다중 재폐로방식 등 여러 가지 방식이 있다.

21.6 디지털 계전기

일반적으로 디지털 계전기(digital relay, computer relay)는 소형화가 가능하고, 관련 변성기의 부담을 경감시키며, 소프트웨어의 변경으로 보호기능을 변경, 추가할 수 있다는 잇점 외에 하드웨어의 추가 없이 자동감시기능을 갖게 할 수 있다는 장점이 있다. 따라서 보호계전분야에 디지털형 보호계전기를 사용하는 경우에 있어서는 정확하고 신뢰성이 있는 보호 알고리즘을 개발하는 것이 선행되어야 한다. 표 21-1은 보호계전기의 종류에 따른 성능을 나타낸 것이다. 디지털 계전기가 지닌 장점을 그 성능뿐만 아니라 운용상의 측면까지 고려하여 보다 넓은 범위에서 고찰해 보면 다음과 같다.

표 21-1

번호	항 목	정지형 계전기		전자기계식 계전기
		디지털 계전기	아날로그 계전기	
1	동작원리와 검출기능	· digital 수치연산 · 연산알고리즘의 자유도가 크고 데이터 기억이 용이 · 신방식 창출 가능성이 큼	· 직접 레벨 검출 · pulse폭 변환위상 판정 · 다요소 조합, 다각형 특성실현 가능성	· 전자력에 의한 기계적 응용 · 기계적, 구조적으로 특성에 제약 있음
2	응답속도	약 1.8 cycle	약 2 cycle	약 3 cycle
3	주변장치와의 적합성	아날로그신호의 디지털 신호와도 접속가능	절연변성기를 거친 Analog 신호 접속가능	
4	내환경성	· digital신호의 오부호 방지책이 중요 · 내 surge noise 대책 · 온도영향 대책	소세력신호에 대해 좌측과 같음	· 신호회로의 부담이 비교적 큼 · 잡음에 강하고 진동에 약함
5	자동점검과 상시감시	용이 (S/W로 대치 가능)	H/W 교체로 가능	곤란
6	장치규모	소형화 지향	digital형의 2배 정도	대형화
7	표준화	적용범위의 확장성이 큼	계전기의 특성에 따라 하드웨어 달라짐	곤란

① 정확성, 개선된 감지능력

② 선택성과 유연성

③ 고신뢰성 및 고성능

④ 사용자 친화성(user friendliness)

⑤ 간편한 시험

⑥ 자기 감시 능력(self monitoring capability)

⑦ 표준화

더구나 컴퓨터를 이용한 트립 특성 조절이라는 이점을 가지므로, 원격 컴퓨터 단말기로부터의 소프트웨어의 갱신을 통하여 재래식 계전기법의 설정을 변화시키거나 완전히 새로운 억제/트립 영역(block/trip region)을 구성하는 일이 가능하다. 즉, 계전기를 운용하는 기술자는 바로 자신의 사무실에서 실계통에 설치되어 작동중인 계전기들의 트립특성을 다시 프로그래밍할 수 있으며, 한편 계전기의 소프트웨어가 중앙 컴퓨터에 의한 동작상황에 따라 실시간으로 갱신될 수 있는 것이다. 전력계통 보호의 중요한 한 특징은 분산화(decentralize)된 계전기의 지역적인 특성(local nature)이다.

연 습 문 제

1. 송전계통의 고속도 재폐로 방식에 대하여 설명하고 3상 재폐로 방식과 단상 재폐로방식를 비교하여라.

2. 병행 2회선 송전선의 선택보호 계전방식에 있어서의 전력평형형과 전류평형형에 대해 그 개요를 설명하고 또한, 그 득실에 대해 설명하여라.

3. 과전류 계전기의 탭값은 무엇으로 표시되는가?

4. 발전기나 변압기의 내부 고장 검출에 주로 사용되는 계전기는?

5. 모선 보호에 사용되는 계전 방식은?

6. 변류기 개방시 2차측을 단락하는 이유는?

7. 보호 계전기의 역할을 다하기 위한 구비조건을 말하여라.

8. 단락보호계전기의 종류를 나열하여라.

9. 표시선 계전방식에 대하여 설명하여라.

10. 반송파 계전방식에 대하여 설명하여라.

11. 마이크로파 계전방식에 대하여 설명하여라.

제 22 장

전력개폐설비

22.1 개폐장치(開閉裝置)

발·변전소와 전선로 등에 있어서 전기회로는 운전·보수가 용이하고 또한 불량부분을 건전한 부분으로부터 신속히 분리할 수 있는 것이 필요하며 이에 의한 적당한 장소에다 적합한 전력개폐장치를 설치할 필요가 있다. 같은 회로의 개폐라고 하더라도 커다란 전류가 흐르고 있는 회로를 차단·투입하는 경우와 전류가 작던가 또는 전혀 전류가 흐르지 않고 있는 회로를 개폐하는 경우가 있다.

개폐설비는 변전소에 유입되고 있는 송전선과 변전소에 시설되어 있는 변압기와 조상설비 등을 회로에 접속하거나 분리하기 위해 설치되는 것이다.

고압전기회로를 개폐하는 기기에는 많은 종류가 있고, 그 기능, 성능면에서 보아 크게는 단로기, 고압부하개폐기, 고압전자접촉기, 고압교류차단기로 분류할 수 있다. 이들 개폐기에 대한 기능 및 용도는 표 22-1과 같이 구분되며, 표 22-2는 고압개폐기기의 기능을 비교한 것이다.

표 22-1 고압개폐기기의 종류

개폐기의 종류	단로기	고압부하개폐기	고압전자접촉기	고압차단기	고압전력용퓨즈
기 능	· 단독으로 전로의 접속 또는 분리하는 것을 목적으로 하고 무전류 또는 무전류에 가까운 상태에서 안전하게 전로를 개폐할 수 있는 것	· 정상의 부하전류의 개폐는 할 수 있지만, 이상시(과부하, 단락시)의 보호기능은 없다. · 대부분이 수동 조작으로 되어 있다.	· 정상의 부하전류 또는 과부하전류 정도까지는 안전히 개폐할 수 있다. · 부하의 개폐를 주목적으로 하며 개폐동작을 많이 하는 곳에 사용. · 전기조작이 대부분이다.	· 정상의 부하전류는 물론 단락전류와 같은 사고시의 대전류도 지장이없이 개폐할 수 있다. · 회로보호를 주목적으로 하므로 기계적, 전기적 주목적으로 하므로 기계적, 전기적으로 Trip Free로 되어 있다.	· 어느 정도의 과부하 전류로부터 단락전류까지의 대전류를 차단할 수 있다. 단, 차단후에 폐로기능은 없다.(개폐기의 종류로는 볼 수 없다)
용 도	· 변압기나 차단기 등의 보수점검을 위해 설치하는 회로 분리용 · 전력계통의 절환을 위한 회로 분리용	· 개폐빈도가 적은 부하 개폐용 스위치로써 사용 · 전력 퓨즈와 조합하여 고압 수전설비에 쓰여지기도 한다.	· 주로 부하의 조작·제어용으로 쓰인다.(motor, transfomer, condenser 개폐용) · 전력 퓨즈와 조합시켜 combination switch로써 많이 사용된다.	· 주로 회로 보호용 차단기로써 사용된다. · 고압수전설비의 주차단장의 주차단장치로 가장 많이 쓰여지고 있다.	· 고압 부하개폐기나 고압 전자접촉기와 조합되어 쓰여지고 있다.
기 호	일반 Link기구 동력에 의한 조작 수동조작 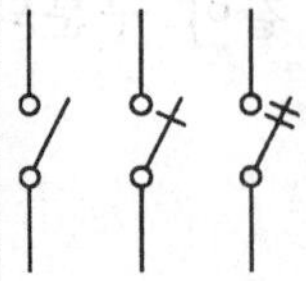	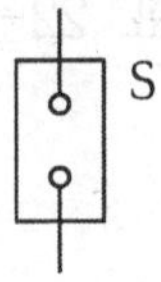 S	MC VC 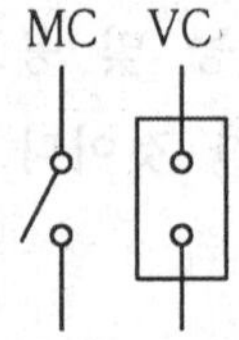	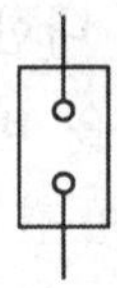 VCB MBB GCB MOCB	PF 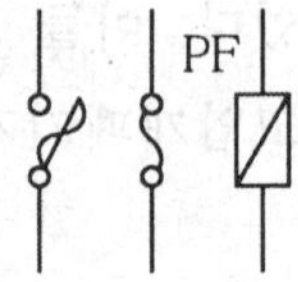

표 22-2 고압개폐기기의 비교

구 분	단로기	고압부하개폐기	고압전자접촉기	고압차단기	고압전력용퓨즈
단락차단	×	×	×	○	○
부하전류개폐	×	○	○	○	×
단락전류통전	○	○	○	○	×
단락전류투입	×	○	○	○	×

22.2 차단기(遮斷器)

22.2.1 차단기의 종류와 적용

차단기는 다양하게 분리되고 있다. 즉, 사용회로에 의해 교·직류의 구별 및 사용회로전압의 고저에 의한 구분 등이 있다. 또한 차단 매질에 의해 기중·기름·물·공기·가스의 각 차단기로 분류된다.

회로에 흐르고 있는 전류를 차단하면 아크가 발생하게 된다. 이 아크가 소멸되는 부분이 소호장치로써 차단기의 소호장치는 가장 중요한 부분이며 또한 기술적으로도 가장 어려운 장치이다.

특히, 아크를 소멸시키는 소호매체로 여러 가지가 있고 이들의 종류에 따라서 차단기는 다음과 같이 분류되며 차단기의 일반적 특징은 표 22-3과 같다.

① 기중차단기(ACB) : 공기 중에서 개폐하는 소형 차단기
② 공기차단기(ABB) : 압축 공기로 소호하는 대형 차단기
③ 유입차단기(OCB) : 전로의 차단이 절연유를 매질로 하여 동작하는 차단기
④ 전자차단기(VCB) : 고진공중에서의 높은 절연특성을 이용하는 차단기
⑤ 가스차단기(GCB) : SF_6·가스의 높은 소호특성을 이용한 차단기

이들 차단기를 사용전압별로 구분하면 표 22-3과 같이 분류하게 된다.

표 22-3 고압차단기의 일반적 특징 비교

성능 \ 종류		진공차단기 (VCB)	탱크형 유입차단기 (OCB)	소유량형 유입차단기 (GCB)	가스차단기 (GCB)	자기차단기 (MBB)
전압[kV]		3.6~36	3.6~36	3.6~300	3.6 이상	3.6~12
전류[A]		400~3,000	200~4,000	400~2,000	600~12,000	600~3,000
차단용량[MVA]		50~1,500	50~1,500	100~1,500	150~4,500	100~1,000
차단전류[kA]		8~40	8~50	16~40	20~50	16~50
차단시간[cycle]		3~5	3~6	3~5	2~5	5
차단시의 소음	통상개폐	작다	작다	작다	작다	작다
	단락전류의 차단	작다	작다	작다	작다	크다
개폐 서지(surge) 전압		가장 높다	조금 높다	높다	낮다	가장 낮다

이들 차단기별 전용전압계급을 구분한 것이 표 22-4이다.

표 22-4 각종 차단기별 전용전압 계급

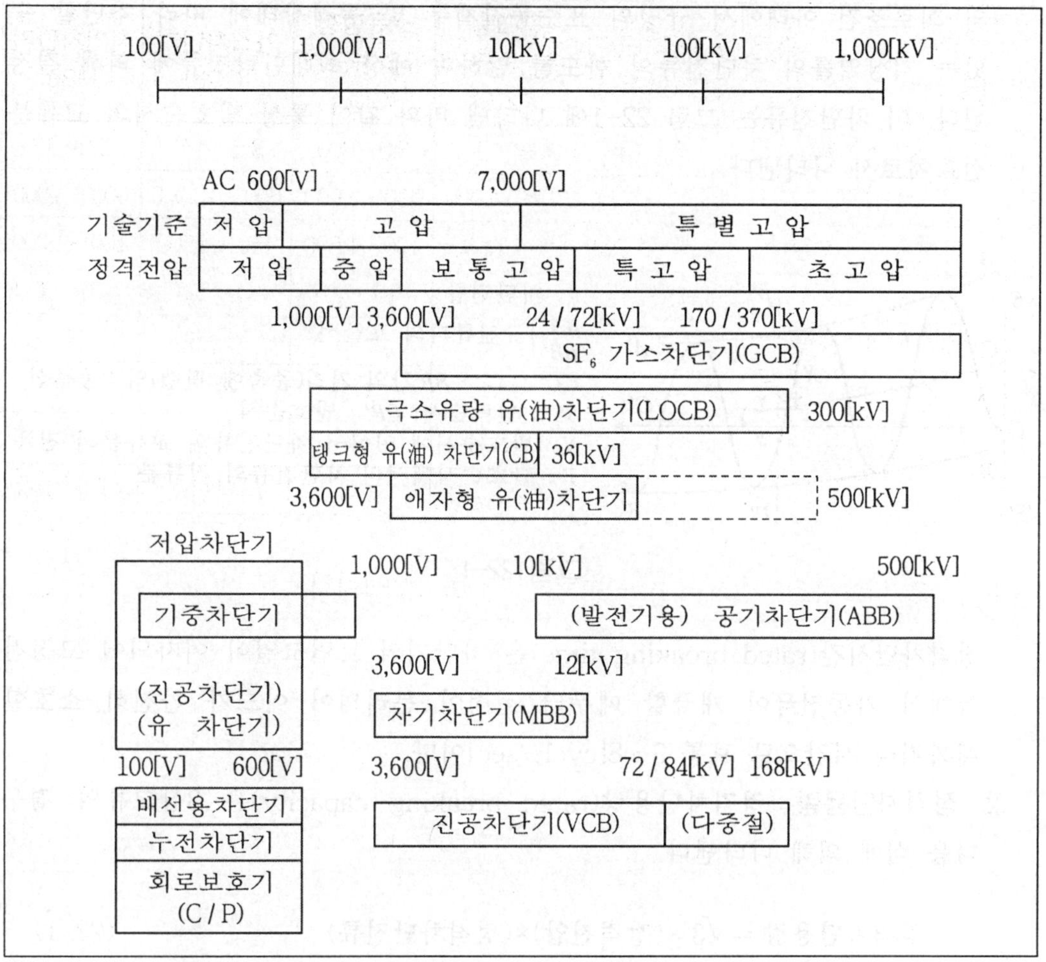

22.2.2 차단기의 정격과 동작책무(動作責務)

차단기의 정격(rating)은 차단기를 설계하는 기준과 성능의 한도를 규정하는 것으로서 교류차단기의 정격은 다음과 같이 규정한다.

정격전압, 정격전류, 정격주파수, 절연계급, 정격차단전류, 정격차단용량, 정격재기전압, 정격투입전류, 정격단시간전류, 정격차단시간, 정격개극시간, 정격투입 조작전압, 정격조작압력, 정격분리전압 등의 규정이 있다.

이중에서 차단기의 성능을 정하는 데 있어서 주된 것에 대해 설명하기로 한다.

① **정격차단전류** : 정격차단전류(rated breaking current)란 모든 정격 및 규정의 회로조건 아래에서 규정의 표준동작책무 및 동작상태에 따라 차단할 수 있는 지상역률의 차단전류의 한도를 말하며 예상 최대단락전류에 의해 결정된다. 이 차단전류는 그림 22-1에 나타낸 바와 같이 통상 발호순시의 교류분 실효치로서 나타낸다.

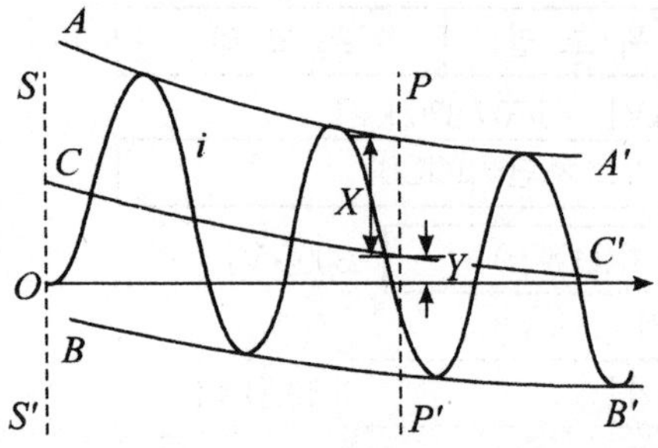

i : 차단전류

AA', BB' : 전류파의 포물선

CC' : $AA'\cdot BB'$간의 거리(종축에 평행)의 2등분선

SS' : 단락순서, PP' : 발호순시

X : 발호순시에 있어서 차단전류의 교류분의 진폭

Y : 발호순시에서의 차단전류의 직류분

그림 22-1

정격차단시간(rated breaking time)은 차단기의 트립코일이 여자되어 고정전극에서 가동전극이 개극할 때부터 접점이 분리되어 아크가 완전히 소호할 때까지의 시간으로 보통 3~8[cycle/sec]이다.

② **정격차단용량** : 정격차단용량(rated breaking capacity)은 3상교류의 경우 다음 식에 의해 나타낸다.

$$\text{정격차단용량} = \sqrt{3} \times (\text{정격전압}) \times (\text{정격차단전류}) \qquad (22\text{-}1)$$

단, 단상용인 경우에는 $\sqrt{3}$ 을 생략한다.

차단용량의 단위는 [kVA] 또는 [MVA]로 나타낸다.

③ **표준동작책무** : 차단기는 전력계통에서 사용할 경우 투입-차단-투입(C-O-C)이라는 동작을 반복하기 때문에 차단기의 용량도 이들 일련의 동작책무에 적합한 성능의 한도로서 표시한다. **표준동작책무**(標準動作責務 : standard duty cycle)는 표 22-5와 같이 규정하고 차단기가 이들 책무에 충분히 견딜 수 있도록 한다.

표 22-5 차단기의 표준동작책무

일 반 용	(갑호) O-(1분)-CO-(3분)-CO (을호) CO-(15초)-CO
고속도재투입용	(재투입) O-(θ)-CO-(1분)-CO

주 O : 차단동작, CO : 투입동작에 이어 지체없이 차단동작을 시행하는 것
θ : 재투입시간, 정격전압 120[kV] 이상에서는 0.35초를 표준으로 한다.

22.2.3 각종의 차단기

(1) 탱크형 유입차단기

그림 22-2는 탱크형 유입차단기(tank type oil circuit breaker) 중 플레인 브레이크형(plain break type)이라 하고 자연소호식에 속하며 절연유 중에서 차단을 하는 것이다.

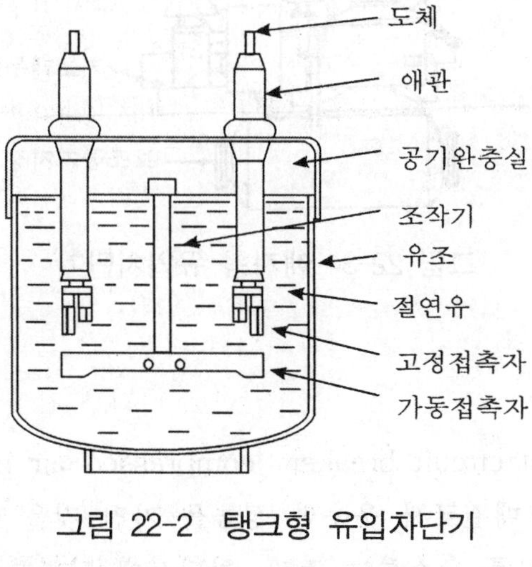

그림 22-2 탱크형 유입차단기

(2) 애자형 유입차단기

애자형 유입차단기(porcelain-clad type circuit breaker)의 외관과 구조는 그림 22-3과 같고 탱크형 유입차단기를 개량한 것이다. 그 특징은 철판유입 탱크를 없애고 애관유입 탱크내에 모든 차단부를 수용하여 도전부와 대지의 절연을 자

기제애자로서 유지한다는 것이다. 이에 의해 강재와 절연유량이 현저히 절약되며 또한 차단용량이 큰 것의 제작도 가능한 것이다. 애관유입 탱크내의 소호실은 각 제작소에 따라 탱크에 사용한 소호실의 원리 및 특징을 살려 개량하고 있다.

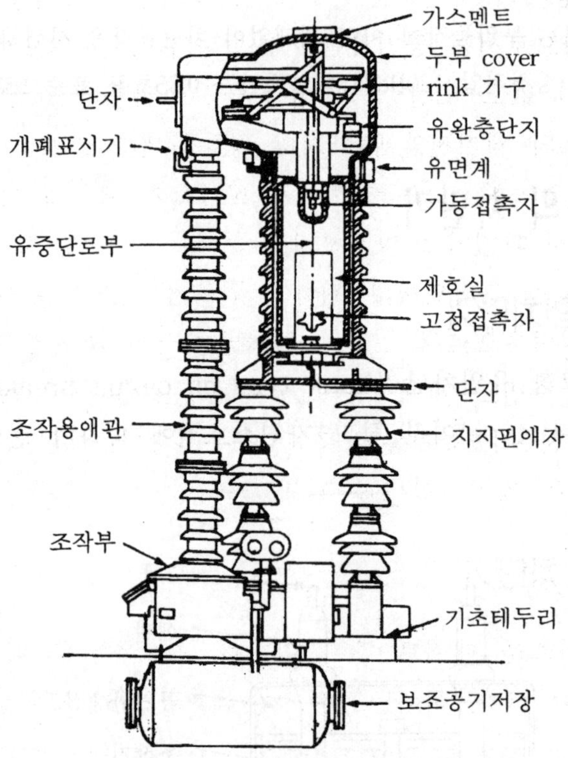

그림 22-3 애자형 유입차단기

(3) 공기차단기

공기차단기(air-blast circuit breaker : compressed-air breaker)는 압축공기가 절연내력이 높고, 소호매질로서 우수한 성능을 가진 것을 이용해서 개로시에 접촉자간의 절연이격거리를 축소하는 것과, 차단시에 강렬한 압축공기를 차단점으로 분무하여 아크를 소멸시킴으로써 차단의 목적을 달성하는 것을 특징으로 하고 있다. 오늘날, 고전압·대용량의 영역에서는 전압 750[kV], 전류 4000[A], 차단용량 60000[MVA]라는 대용량인 것이 출현하고 있다.

(4) 자기차단기

자기차단기(자기취소차단기 : magnetic blowout circuit breaker, MBB)는 사고전류(차단전류)에 의해 만들어지는 자계에 의해 아크를 좁은 틈 사이에 밀어넣고 아크 전압을 상승시켜 차단하는 자력강제소호식인 고압기중차단기인 것이다.

이 차단기의 특징으로서는 공기차단기와 마찬가지로 기름을 사용하지 않기 때문에 화재의 위험이 없고 또한 물과 압축공기도 사용하지 않기 때문에 취급이 매우 간단하며 회로의 제기전압에도 거의 영향을 받지않는 차단성을 가지고 있다는 것과, 아크는 급속히 아크 틈 사이로 구동하기 때문에 아크 접촉자의 소모가 없다는 것, 차단시 과전압을 발생하지 않는다는 것 등을 들 수 있다.

자기차단기의 용도는 광범위하다. 화재의 위험성이 있는 도시의 변전소를 비롯하여 빌딩의 수전설비용으로서 또한 유지점검을 빈번히 시행할 수 없는 무인변전소용으로서 특히 다빈도 개폐성능이 우수하다는 점에서 역률개선용 콘덴서와 빈번한 시동정지를 하는 고압전동기 등에 많이 사용되고 있다.

이 형의 차단기에는 정격전압 3.6～12[kV]급인 것이 많다.

(5) SF_6가스 차단기

전로의 차단을 가스를 매질로 해서 이루어지는 것을 가스 차단기(gas blast circuit breaker)라고 한다. 이에는 SF_6(6불화유황) 가스를 사용한 것이 대표적인 것인데 이 가스의 우수한 절연내력과 SF_6분자의 현저한 전자친화성에 의한 강한 소호력을 이용해서 공기차단기의 압축공기 대신 SF_6의 압축 가스를 분무하도록 한 차단기이다. 이것을 미국의 WH사에서 개발되었는데 현재는 초고압계통용으로서 세계 각국에서 사용하게 되었다.

(6) 진공차단기

고진공(10^{-4}[mmHg] 이상)인 용기 중에서는 대기의 수배, 기름의 2배 이상의 절연내력이 얻어지기 때문에 이것을 이용해서 진공 중에서 전극을 개폐하여 소호하는 방식인 것이 진공차단기인데 최근 급속히 발전하고 있다.

22.3 단로기(Disconnection Switch : DS)

단로기는 송배전선이나 변전소기기 점검 때, 이들을 회로로부터 놓거나 계통운용상 회로를 전환하기 위하여 설치한다.

단로기는 전류개폐능력은 갖고 있지 않고 전압을 개폐하는 기능을 갖고 있다. 따라서 원칙적으로 부하전류가 흐르는 전로의 개폐에는 사용할 수가 없다. 라인스위치는 단로기 중 그 기구와 기능을 크게 바꾸지 않는 범위에서 소량의 전류를 개폐할 수 있는 구조를 갖는 것이다.

이와같이 단로기는 부하전류의 개폐를 하지 못하며 단지 전로나 전기설비의 보수점검을 하는 경우 차단기로 차단된 전로를 확실히 끊기 위해 사용된다. 이때 선로의 충전전류와 변압기의 여자전류 등의 개폐의 경우에 사용할 수 있다(송전선로의 무부하 충전전류 차단은 불가능함).

단로기를 구조상으로 분류하면 표 22-6과 같다.

표 22-6 단로기의 종류

항 목	종류 · 시방	예 시
설치장소	옥내용 · 옥외용	
극 수	단극 · 3극	
사용회로수	단투형 : 단일회로의 개폐용 쌍투형 : 두 회로의 가운데에 접속	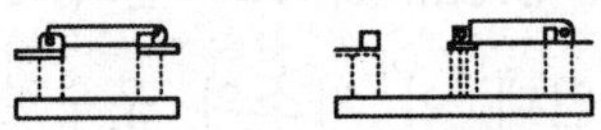 단투 쌍투
단로부수	1점절 : 1극에 붙은 1개의 단로부 2점절 : 1극에 붙은 2개의 단로부	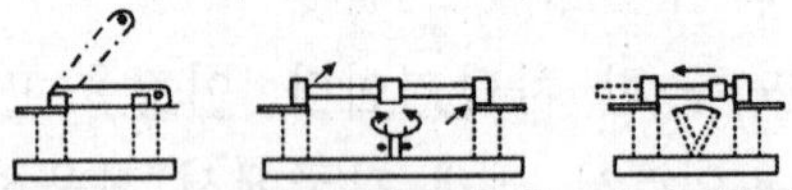 수직절(1점절) 수평절(1점절) 직선절(1점절)
단로방향	수직절 수평절 직선절 팬터그래프형 경사형	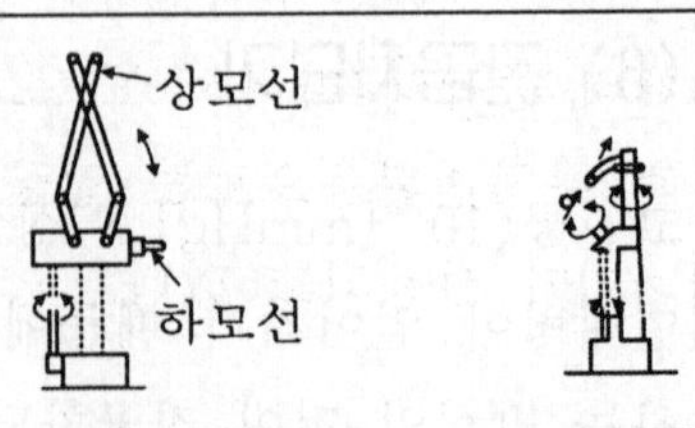 팬터그래프형(점절) 경사형

항 목	종류 · 시방	예 시
접 속 방 법	표면접속형(F-F) 이면접속형(B-B) 표면-이면(F-B) } 접속형 이면-표면(B-F)	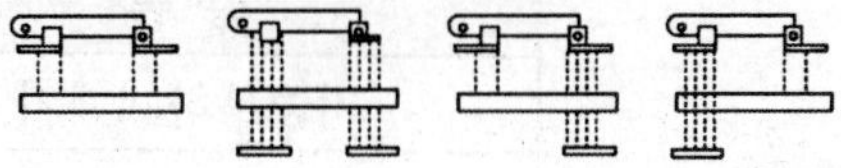 F-F　B-B　F-B　B-F

22.4 부하개폐기(Load Breaking Switch : LBS) 및 접촉기

고장전류와 같은 대전류 차단을 목적으로 한 것이 아니라 평상의 정상 상태에서 정격전류까지의 부하전류를 개폐할 수 있는 능력을 갖는 것으로 부하개폐기는 송배전선등의 개폐빈도가 많지 않은 장소에 사용되며 접촉기는 전동기 등의 개폐용으로 사용빈도가 많은 곳에서 주로 사용된다.

이와같이 부하개폐기는 변압기 등의 운전 · 정지 또는 전력계통의 운전 · 정지 등 부하전류가 흐르고 있는 회로의 개폐를 목적으로 사용한다. 즉,

① 부하전류의 개폐 및 통전
② 루프(loop) 전류의 개폐 및 통전
③ 여자전류의 개폐 및 통전
④ 충전전류의 개폐 및 통전
⑤ 콘덴서류의 개폐 및 통전

부하개폐기는 부하전류을 차단하므로 개폐시에 아크가 발생하게 되는데 소호매체의 종류에 따라서 표 22-7과 같이 분류된다. 일반적으로 배전용 변전소의 이차측 부하전환용으로는 진공개폐기를 조상설비 개폐용으로는 가스개폐기와 진공개폐기가 사용되고 있다.

표 22-7 부하개폐기의 종류

종 류	소호매체
기중부하개폐기	대기(大氣)
유(油)부하개폐기	절연유
진공부하개폐기	진공
가스 부하개폐기	SF_6 가스
공기부하개폐기	압축공기

22.5 전력 퓨즈

전력 퓨즈(power fuse : PF)는 설비의 경제화를 위하여 차단기의 대용으로 사용되는 것으로서 과부하전류 또는 단락전류 등의 과전류가 흐르면 회로를 자동적으로 차단하여 보호하는 것이다. 전력 퓨즈는 자체적으로 변류기+과전류계전기+차단기의 세가지 기능을 갖추고 있어 아주 경제적인 보호장치이다. 그렇기 때문에 전력 퓨즈는 고압회로 및 고압기기의 주로 단락보호용으로, 소용량 수전설비의 주차단장치로 많이 쓰일 뿐 아니라 변압기회로, 전동기회로, 진상 콘덴서회로 등의 단락전류를 차단하는 목적으로 사용된다. 그러나 차단기에 비해 아래와 같은 상이점이 있어서 사용할 때에는 충분한 주의를 하지 않으면 안된다.

① 차단동작을 1회할 때마다 퓨즈를 교환해야 한다.
② 소전류나 부하전류의 개폐에는 사용되지 않는다.
③ 소전류에서의 동작은 편차가 크다.
④ 과도전류에서 용단되기가 쉽고, 장시간 과부하에서는 퓨즈가 열화하기가 쉽다.

따라서 고장빈도가 적은 장소에서 부하개폐기와 조합시켜 사용하는 등의 고려가 필요하다.

피보호기기 특성이나, 회로의 다른 직렬보호장치의 동작특성과 협조를 시켜 적당한 용단전류-시간특성, 차단전류-시간특성, 단시간허용전류-시간특성의 것을 선정할 필요가 있다.

전력용 퓨즈는 그 소호원리상 과전압을 발생시키기가 쉬운 것으로서 구조, 소호방식은 제작자에 따라서 여러 종류가 있으나 방출형과 한류형 2종류로 분류된다.

22.6 가스절연 개폐장치

절연 성능 및 소호 성능이 뛰어난 SF_6가스 3~6[km²G]의 금속 압력 용기에 "개폐 장치, 모선, 변성기, 피뢰기" 등을 수납해 서로 접속하여 구성한 것으로 기중 절연에 비교하여 대폭으로 기기의 축소화가 가능하다.

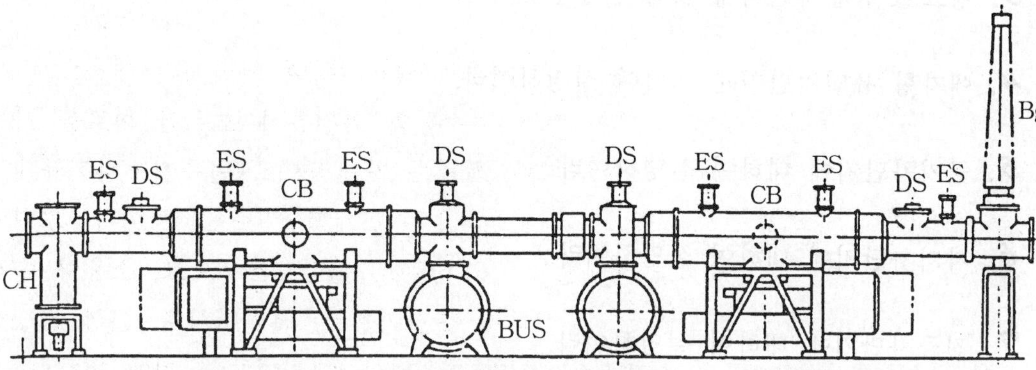

CB : 차단기, DS : 단로기, ES : 정지개폐기, BUS : 모선, CH : 케이블 헤드, Bg : 부싱

그림 22-4 가스절연 개폐장치 구조표 예(220/275[kV])

따라서 대도시에서의 용지난의 해결은 물론, 도시 미관 및 환경 조화와 안전성, 보안성, 환경성 등이 향상되기 때문에 최근 급진적으로 개발 보급이 확대되고 있다. 그림 22-4는 220/275[kV] 가스절연 개폐장치(Gas Insulated Switch-gear : GIS)의 예를 나타낸 것이다.

축소형 개폐장치는 노출 충전부가 없고 외기의 영향을 받기 어렵기 때문에 고신뢰성을 가지고 maintenance free를 지향한 기기이나 반면 만일의 내부 사고 시에는 기기를 밀폐 그리고 복합일체화하고 있기 때문에 복구시간이 길게 되는 것으로부터 상당한 유의가 필요하다.

연 습 문 제

1. 차단기의 종류를 나열하고 적용되는 것을 설명하여라.

2. 고압차단기의 일반적 특징을 비교 설명하여라.

3. 탱크형 유입차단기에 대하여 설명하여라.

4. 애자형 유입차단기에 대하여 설명하여라.

5. 공기차단기에 대하여 설명하여라.

6. 자기차단기에 대하여 설명하여라.

7. 진공차단기에 대하여 설명하여라.

제 23 장

배전방식 및 역률

23.1 개 요

일반적으로 배전선로(distribution line)란 발·변전소 또는 송전선에서 직접 수용장소에 이르는 전선로를 말한다. 즉, 전송되는 전력은 보통 송전계통의 말단에 있는 배전변전소에 들어가고 이곳에서 전압을 고압으로 강압시킨 다음 적당한 회선수의 고압배전선로에 의해 다시 전송된다. 그 선로에 따라 적당한 장소마다 배전변압기(配電變壓器 : distribution transformer)를 설치하여 이곳에서 다시 전압을 강압하여 저압배전선로에 접속한다. 일반적으로 이들 배전선로에 의해 수용가에 전력을 공급하는 것이 배전의 역할인 것이다.

배전선로는 대전력을 일괄해서 전송하는 송전선로와는 달리 각 장소에 분산한 수용가에게 끊임없이 변화하는 다양한 부하전력을 직접 배분공급하는 관계로 전선로가 짧고 저전압·소전력이지만, 회선수가 많고 각 선의 전류도 불평형이 되기가 쉽다. 배전선로의 계획·운용의 합리화는 전기사업의 기술적·경제적측면에서 볼 때 매우 중요한 것이다.

또한, 배전설비는 수용가와 직결되어 있기 때문에 무정전·양질전기의 공급이라는 서비스면에서 그 시설과 운용에 특별한 배려를 하지 않으면 안 된다. 또한 배전용 공작물은 시가지의 도로상에서 건설되는 경우가 많기 때문에 인축 및 건조물과 접근하는 기회가 많고 교통과 일반 건조물과의 관계와 화재, 지진 등의 비상시에서의 보안면 외에도 도시의 미관유지 등에 대해 충분히 배려하여 시설하지 않으면 안 된다.

우리 나라의 배전선로의 현상은 가공선로가 대부분이며 지중선로는 수용밀도가 높은 대도시 또는 특수한 장소 등에 시설되고 있다.

23.2 배전방식(配電方式)

23.2.1 전기방식에 의한 분류

(1) 직류식(直流式)과 교류식(交流式)

전기사업이 시작된 초기에는 직류발전이었기 때문에 배전에도 직류식이 채택되었고 교류발전시대가 된 이후로는 교류식은 전력계통의 각 부분에 가장 적합한 전압으로 경제적이고 용이하게 변성할 수 있다는 이점에서 세계각국이 모두 이 방식을 사용하고 있다. 따라서 직류식은 과거의 것이 일부 존재하고 있는 지역이나 또는 직류식을 요구하는 특수 수요가 있는 장소에서 사용되고 있는 것에 불과하다.

(2) 병렬식(竝列式)과 직렬식(直列式)

병렬식(parallel system)은 그림 23-1 (a)와 같이 부하를 병렬로 접속해서 배전하는 방식이며 직렬식은 그림 (b)와 같이 부하를 직렬로 접속해서 배전하는 방식이다.

병렬식은 가장 널리 사용되고 있는 방식으로서 각 부하의 단자전압이 거의 일정하게 유지되고 부하의 변동에 따라 전류가 증감하는 것인데 **정전압식배전**(定電壓式配電)이라고 한다. 직렬식(series system)은 구미(歐美)의 가로등 전용 배전선로와 같은 특수용도에 사용되고 있는 방법이다. 각 부하의 전류가 거의 일정하게 유지되며 부하의 변동에 따라 단자전압이 증감하는 것인데 **정전류식배전**(定電流式配電)이라고 한다.

이상에서 말한 바와 같이 현재의 전기방식은 거의 전부 교류병렬식이 사용되고 있기 때문에 다음의 분류는 이 방식에만 한정해서 서술한다.

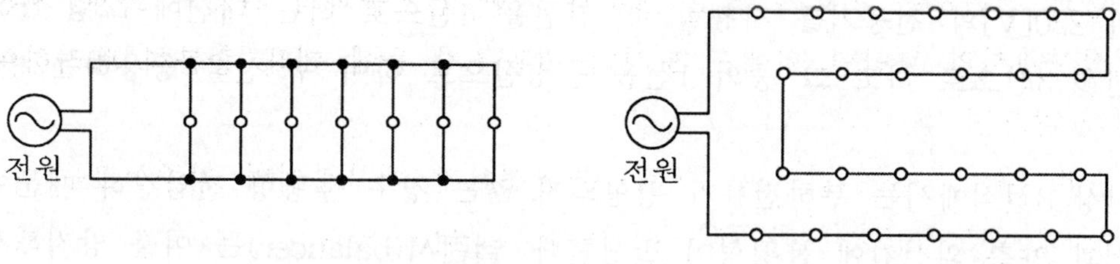

(a) (b)

그림 23-1

(3) 단상 2선식

단상 2선식(single-phase two-wire system)은 그림 23-2 (a)와 같이 단상교류전력을 전선 2조로 보내는 것인데 전등용 저압배전에서 가장 많이 사용되고 있다. 전선수가 적게 든다는 것, 가선공사가 간단하다는 것, 공사비가 저렴하다는 것 등의 장점이 있다.

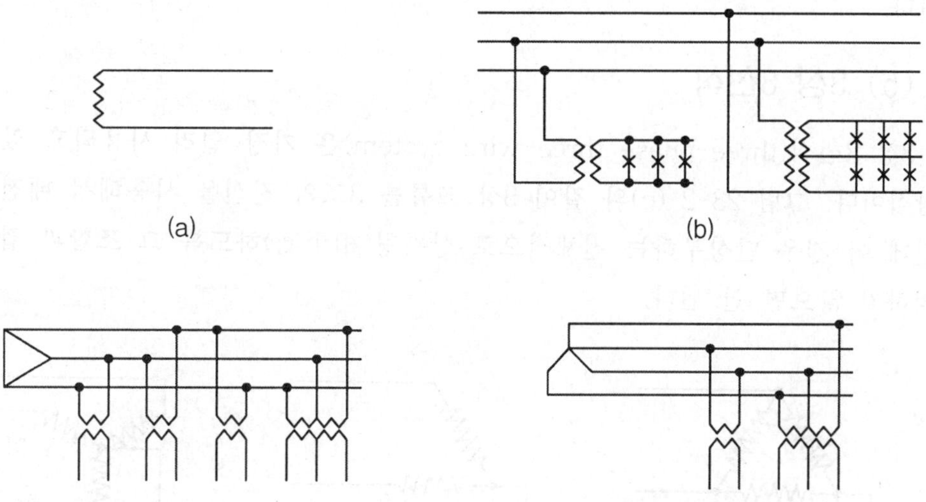

(a) (b) (c) (d)

그림 23-2

(4) 단상 3선식

한 배전계통에서 정격전압의 비가 약 1 : 2인 두 종류의 부하 즉, 110[V]의 전등과 220[V]의 전동기를 사용할 때 전선을 4선으로 하는 대신에 그림 (b)처럼 전선을 3선으로 하고 그 중의 1선을 중성선으로 하여 두 선을 공용하는 방식이다.

단상 3선식에서는 부하전류가 평형되지 않는 경우 불평형 전압강하 때문에 중성선과 양측 외선간에 불평형이 발생한다. 밸런서(balancer)는 이를 방지해서 전압의 평형을 도모하는 것으로서 밸런서의 설치로서 선로손실로서 선로손실을 경감하고 중성선의 단선 및 중성선과 외선과의 단락에 의한 전압의 이상 상승을 억제할 수 있다.

밸런서는 단상 3선식용 변압기의 고압전선을 제거한 것에 상당하며 여자임피던스가 크고 누설 임피던스가 적은 권수비 1 : 1인 일종의 단전 변압기이다.

이 배전방식은 두 외선의 부하가 불평형인 때에 중성선이 단선되는 경우가 있으면 이들의 부하가 외선간에 질렬로 되어 들어가기 때문에 소부하의 단자전압이 대부하의 경우보다 높아져 뜻하지 않은 위험을 초래하는 경우가 있다. 이와 같은 이유 때문에 3선식인 중성선에는 휴즈 등의 자동차단기를 삽입해서는 안 된다.

(5) 3상 3선식

3상 3선식(three-phase three-wire system)은 가장 널리 사용되고 있는 배전방식이다. 그림 23-2 (c)와 같이 3상 교류를 3조의 전선을 사용해서 배전하는 것인데 이 경우 단상부하는 전체적으로 상평형(相平衡)하도록 그 조합과 접속에 주의하지 않으면 안 된다.

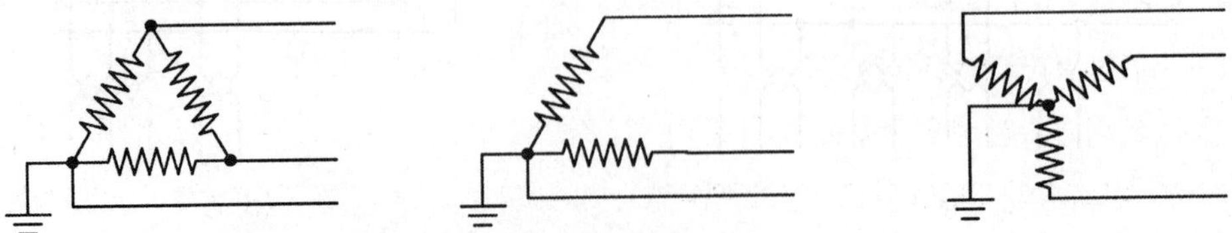

(a) △결선 (b) V결선 (c) Y결선

그림 23-3 3상 3선식

배전변압기의 2차측 결선에는 그림 23-3과 같은 종류가 있다. 비교적 용량이 큰 경우에는 단상변압기 3대를 그림 (a)와 같이 △결선으로 해서 사용하는 경우가 많은데 가장 일반적으로 사용되는 것은 단상변압기 2대를 사용한 그림 (b)의 V결선인 것이다. 3상 변압기도 흔히 사용된다.

(6) 3상 4선식

3상 4선식(three-phase four-wire system)은 그림 23-2 (d)와 같이 배전변전소의 주변압기의 2차측을 성형접속(星形接續)하고 그 중성점에서 1조의 전선을 꺼내어 3선식 전선 3조와 조합시킴으로써 얻어진다. 또한, 주상변압기의 2차측을 성형접속해서 중성선 1조를 첨가함으로써 저압 3상 4선식이 얻어진다는 것은 전술한 바와 마찬가지인 것이다.

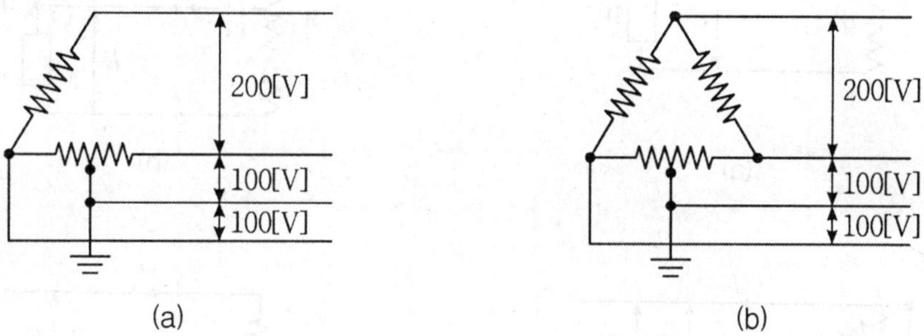

그림 23-4 3상 4선식인 특수결선

3상 3선식에서는 1종류의 전압밖에 얻을 수 없으나 3상 4선식에서는 2종류의 전압을 얻을 수 있다. 즉, 중성점과 각 상과의 사이의 전압을 E로 하면 선간전압은 $\sqrt{3}\,E$가 된다. 가령, 주상변압기의 2차측 110[V] 단자를 성형접속하면 $\sqrt{3}E = 191$[V]가 되고 약간 불편하기는 하나 1회선으로 전등과 전동기에 대해 동시에 배전할 수 있다.

3상 4선식은 전선의 총수는 1조가 많지만 총 중량은 후술하는 바와 같이 3상 3선식에 비해 약 45[%]로 감소된다는 이점이 있기 때문에 여러 나라에서 널리 사용하고 있다.

3상 4선식에는 그림 23-4 (a), (b)에서 보는 바와 같은 특수한 결선방법이다. 이 방법은 최근 우리 나라에서는 저압배전선의 일원화 즉, 전등동력공용방식으로서 사용되고 있는 것인데 중성점이 접지되고 있는 변압기에다 단상부하를 접속하고 3상의 선간에 동력부하를 접속하는 방법인 것이다.

(7) 각종 전기방식의 전선량 비교

각종 전기방식에 대해 배전전압, 배전거리, 배전전력, 전력손실이 서로 같은 조건에서 필요한 전선량을 비교해 보기로 하자. 단, 부하전압이 2종 이상 있는 방식에서는 그 최소전압, 가령 단상 3선식에서는 전압선과 중성선 사이의 전압을 비교대상으로 한다. 또한 역률을 1로 하고, 다선식에서의 부하는 모두 평형되어 있는 것으로 한다.

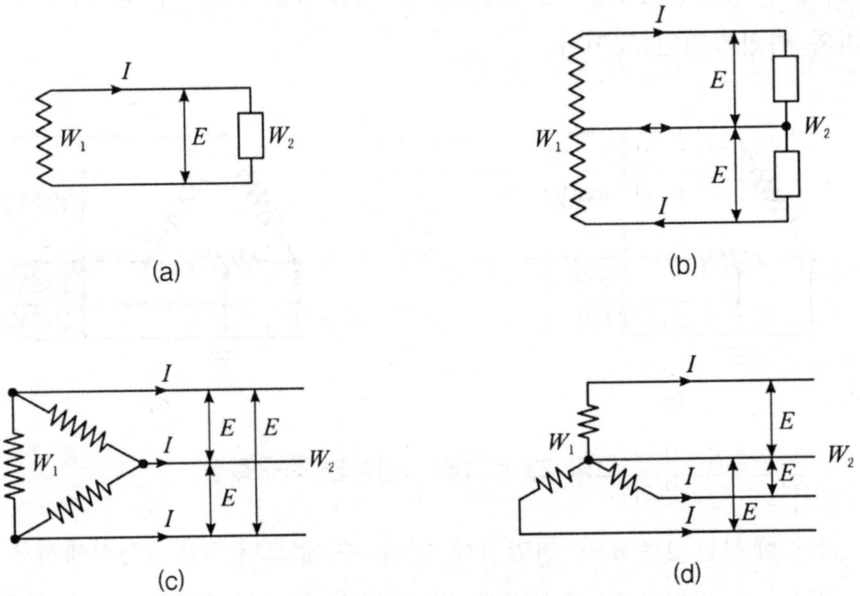

그림 23-5 각종 전기방식의 회로도

① 단상 2선식과 단상 3선식 : 단상 3선식에서는 부하의 불평형상태에 따라서 중성선의 크기가 결정된다. 보통 단상 3선식의 불평형률은 10~20[%] 이하로 억제되어 전압선보다 굵기가 가는 것이 사용되고 있으나, 여기서는 중성선의 굵기를 전압선의 1/2로 했을 경우와 중성선 단선시의 이상전압 방지를 위하여 전압선과 같은 굵기로 하는 두 경우에 대해서 비교해 본다.

부하전력이 동일한 조건에서

$$EI_1 = 2EI_2 \quad \therefore\ I_2 / I_1 = 1/2$$

배전거리, 선로손실이 동일한 조건에서

$$2I_1{}^2R_1 = 2I_1{}^2R_2 \quad \therefore\ R_1 / R_2 = (I_2 / I_1)^2 = 1/4$$

㉠ 단상 3선식 중성선의 굵기가 전압선 굵기의 1/2인 경우

$$W_2 / W_1 = S_2 / S_1$$

한편 $S_2 / S_1 = R_1 / R_2$이므로

$$W_2 / W_1 = R_1 / R_2 = 1/4$$

$$\therefore \frac{3\text{선식의 전선총량}}{2\text{선식의 전선총량}} = \frac{2W_2 + \frac{W_2}{2}}{2W_1} = \frac{5}{4} \times \frac{W_2}{W_1} = \frac{5}{16} = 0.313$$

즉, 동일부하에 공급하는데 단상 3선식에서는 1/3 정도의 전선량이면 된다.

㉡ 단상 3선식 중성선의 굵기가 전압선의 굵기와 같은 경우

①에서와 같이 $W_2 / W_1 = 1/4$이므로

$$\frac{3\text{선식의 전선총량}}{2\text{선식의 전선총량}} = \frac{3W_2}{2W_1} = \frac{3}{8} = 0.375$$

이 경우에도 전선량은 37.5[%]이면 된다.

② 단상 2선식과 2상 3선식 : 2상 3선식의 중성선전류는 전압선전류 I_3의 $\sqrt{2}$배로 되어 전류밀도가 동일하다고 하면 굵기는 $\sqrt{2}\,S_3$이 되고 따라서 저항값은 $R_3 / \sqrt{2}$로 된다.

부하전력이 동일한 조건에서

$$EI_1 = 2EI_3 \quad \therefore\ I_3 / I_1 = 1/2$$

선로손실이 동일한 조건에서

$$2I_1{}^2R_1 = 2I_3{}^2R_3 + (\sqrt{2}I_3)^2 + \frac{R_3}{\sqrt{2}} = (2+\sqrt{2})I_3{}^2R_3$$

$$\therefore \ \frac{R_1}{R_3} = \frac{2+\sqrt{2}}{2} \times \left(\frac{I_3}{I_1}\right)^2 = \frac{2+\sqrt{2}}{8} = \frac{W_3}{W_1}$$

$$\therefore \ \frac{\text{2상 3선식의 전선총량}}{\text{단상 2선식의 전선총량}} = \frac{2\,W_3 + \sqrt{2}\,W_3}{2\,W_1} = \frac{2+\sqrt{2}}{2} \times \frac{W_3}{W_1}$$

$$= \frac{(2+\sqrt{2}\,)^2}{16} = 0.729$$

③ 단상 1선식과 3상 3선식

동일부하조건에서

$$EI_1 = \sqrt{3}\,EI_4 \quad \therefore \ I_4 \,/\, I_1 = 1 \,/\, \sqrt{3}$$

동일손실 전력조건에서

$$2I_1{}^2R_1 = 3\,I_4{}^2R_4$$

$$\therefore \ R_1 \,/\, R_4 = W_4 \,/\, W_1 = \frac{3}{2} \times \left(\frac{I_4}{I_1}\right)^2 = \frac{1}{2}$$

그러므로 전선중량비는

$$\frac{\text{3상 3선식의 전선총량}}{\text{단상 2선식의 전선총량}} = \frac{3\,W_4}{2\,W_1} = \frac{3}{4} = 0.75$$

④ 단상 2선식과 3상 4선식 : 3상 4선식의 중성선에는 전류가 흐르지 않는 것으로 하고

동일부하 전력조건에서

$$EI_1 = 3EI_5 \quad \therefore \ I_5 \,/\, I_1 = 1 \,/\, 3$$

동일손실조건에서

$$2\,I_1{}^2R_1 = 3\,I_5{}^2R_5$$

$$\therefore \ R_1 \,/\, R_5 = W_5 \,/\, W_1 = \frac{3}{2} \times \left(\frac{I_5}{I_1}\right)^2 = \frac{1}{6}$$

그러므로

중성점의 굵기를 전압선의 굵기의 1/2로 했을 경우

$$\frac{\text{3상 4선식의 전선총량}}{\text{단상 2선식의 전선총량}} = \frac{3.5W_5}{2W_1} = \frac{3.5}{12} = 0.292$$

중성선의 굵기를 전압선의 굵기와 같게 한 경우

$$\frac{\text{3상 4선식의 전선총량}}{\text{단상 2선식의 전선총량}} = \frac{4W_5}{2W_1} = \frac{1}{3} = 0.333$$

(8) 각종 전기방식의 공급전력 및 전력손실의 비교

각종 전기방식에 있어서 길이(배전 거리), 역률이 같고 평형 부하로 하여 공급 전력과 전력 손실을 비교하면 다음과 같다.

단, 단상 3선식, 3상 4선식의 중성선에 전류는 흐르지 않는 것으로 한다.

① 공급 전력의 비교(단, V, I, $\cos\theta$는 일정)

전기 방식	송전 전력(P)	1선당의 공급 전력	단상 2선식에 대한 비율[%]
단상 2선식	$VI\cos\theta$	$VI\cos\theta/2$	100
단상 3선식	$2VI\cos\theta$	$2VI\cos\theta/3$	133
3상 3선식	$\sqrt{3}VI\cos\theta$	$\sqrt{3}VI\cos\theta/3$	115
3상 4선식	$3VI\cos\theta$	$3VI\cos\theta/4$	150

② 전력 손실의 비교

전기 방식	전류(I)	전류비	전력손실(w)	비율[%]
단상 2선식	$I_1 = \dfrac{P}{V\cos\theta}$	$I_1 = \dfrac{1}{2}I_1$	$w_1 = 2I_1{}^2R = w_1$	100
단상 3선식	$I_2 = \dfrac{P}{2V\cos\theta}$	$I_2 = \dfrac{1}{2}I_1$	$w_2 = 2I_2{}^2R = \dfrac{w_1}{4}$	25
3상 3선식	$I_3 = \dfrac{P}{\sqrt{3}V\cos\theta}$	$I_3 = \dfrac{1}{\sqrt{3}}I_1$	$w_3 = 2I_3{}^2R = \dfrac{w_1}{2}$	50
3상 4선식	$I_4 = \dfrac{P}{3V\cos\theta}$	$I_4 = \dfrac{1}{3}I_1$	$w_4 = 2I_4{}^2R = \dfrac{w_1}{6}$	17

23.2.2 구성상의 분류

(1) 피이더 · 간선 및 분기선

피이더(feeder)란 배전변전소 또는 발전소로부터 배전간선에 이르기까지의 도중에 부하가 없는 부분을 말한다. 바꾸어 말하면, 배전구역까지의 송전선이라고 할 수 있는 부분인데 **급전선**이라고도 한다. **간선**(main line)이란 피이더에 접속되어 수용구역에 있어서의 배전선로중 주간선이 되는 부분으로서 발 · 변전소의 모선에 해당하는 것을 말한다.

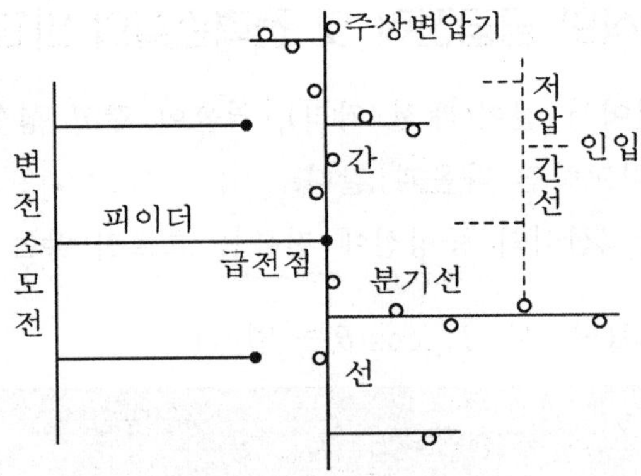

그림 23-6

피이더와 간선과의 접속점을 **피이더 점**이라고 한다. **분기선**(分岐線 : branch line)은 간선에서 분기한 배전선로의 가지모양의 부분인 것이다. 이들 구성은 그림 23-6과 같다.

소도시와 농어촌에서의 배전에는 피이더를 설정하지 않고 변전소에서 직접 배전간선을 끌어내는 경우가 많다.

(2) 배전선의 형태

배전선의 형태는 **수지식**(樹枝式 : tree system), **환상식**(環狀式 : loop system, ring system) 및 **망상식**(網狀式 : network system)으로 구분된다.

① **수지식** : 그림 23-7 (a)와 같이 발 · 변전소에서 나온 배전선이 부하의 분포에 따라 수지상으로 분기선을 내고 각 방면에 이르는 것이다. 이 방식은 가

장 간단한 것인데 수용증가에 대해 선로를 연장 또는 증감시킬 수 있으나 사고시에 다른 계통으로 절환할 수 없기 때문에 정전을 피할 수가 없다. 우리 나라에서의 배전선은 종래 거의 모두가 이 방식이었으나 수용밀도의 증대와 배전의 근대화로 최근 다른 방식으로 바꾸어지고 있다.

② 환상식 : 그림 23-7 (b)와 같이 배전간선이 1개의 환선으로 구성되며 분기선이 수용분포에 따라 각 장소에서 인출되어 있는 것이다. 환상식 배전에서는 좌우의 양방향에서 전원이 전송되기 때문에 선로의 도중에서 고장이 발생하더라도 고장 장소의 분리조작이 용이하며 부분사고 때문에 정전의 범위가 광범위하게 확대될 우려가 없다는 것과 전류의 통로에 융통성이 있기 때문에 전력손실과 전압강하가 수지식에 비해 적다는 등의 장점이 있다.

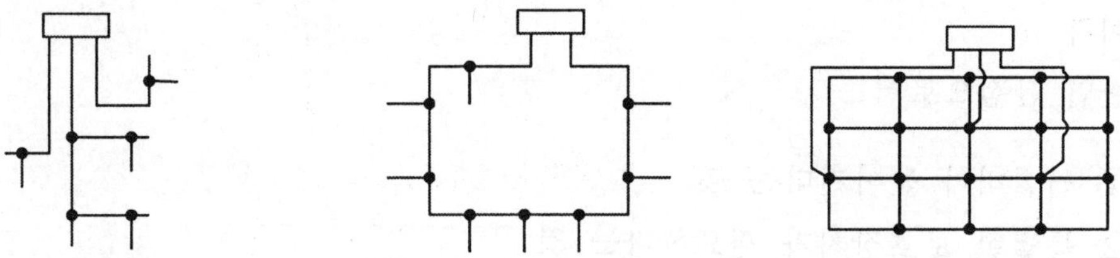

(a) 수지식 (b) 환상식 (c) 망상식

그림 23-7

③ 망상식 : 그림 23-7 (c)와 같이 배전간선을 망상으로 접속하고 그 여러 장소의 접속점에다 피이더를 연결한 것이다.

망상식 배전은 환상식보다도 무정전 공급의 신뢰도가 더욱 높은 것인데 구미의 대도시에서는 널리 실시되고 있다.

23.2.3 네트워크식 배전

(1) 개 요

네트워크식 배전(network distribution system)은 망상식인 것인데 앞에서 서술한 바와 같이 배전간선을 망상으로 접속한 것으로서 환상식보다도 무정전공급의 신뢰도가 더욱 높은 것이다.

한편, 이 방식은 처음부터 도시 중심부의 지중배전구역에서 주로 실시되었으나 그후 가공배전에서도 응용되고 있다.

이 방식의 장점은

① 배전의 신뢰도가 높은 것
② 저압변동이 적다는 것
③ 전력손실이 감소된다는 것
④ 전등과 동력을 같은 설비에서 공급할 수 있기 때문에 기기의 이용률이 향상된다는 것
⑤ 부하증가에 쉽게 응할 수 있다는 것
⑥ 변전소의 수를 감소시킬 수 있다는 것

등이다.

반면 단점으로서는

① 건설비가 높아진다는 것
② 특별한 보호장치가 필요하다는 것

등을 고려하지 않으면 안 된다.

(2) 저압 네트워크방식

2개 이상의 배전 변압기의 2차측(저압측)을 전기적으로 연결해서 망상으로 한 것인데 그 네트워크에서 분기하여 직접 각 수용가에 공급하는 방식인 것이다.

전기방식으로서는 중성선을 접지한 3상 4선식이 가장 많은데 전등과 동력의 경우는 동일회로에서 공급된다.

지중 네트워크 배전인 경우 변압기에 대한 급전선은 일반적으로 전압이 높아지는 경향이 있으며 보통, 특별고압 22[kV]급에 사용되고 네트워크 변압기에 의해 직접 저압으로 강압하고 있다. 따라서 이 방식에 있어서도 고압 네트워크배전과 마찬가지로 변전소의 수를 감소할 수 있다.

그림 23-8은 저압 네트워크방식의 일례이다.

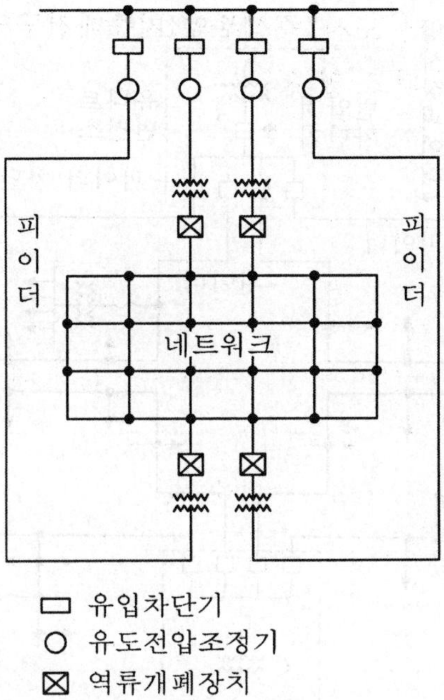

그림 23-8

(3) 고압 네트워크방식

고압배전선이 네트워크로 되어 있는 것으로서 그림 23-9와 같이 소용량의 유니트 변전소(unit 變電所)를 수용지점의 각 장소에 설치하고 특별고압인 피이더에 의해 급전하며 그 2차 고압측을 망상으로 접속한다.

여기에다 배전변압기를 접속하고 2차 저압측을 각각 독립회로로 한 것이다.

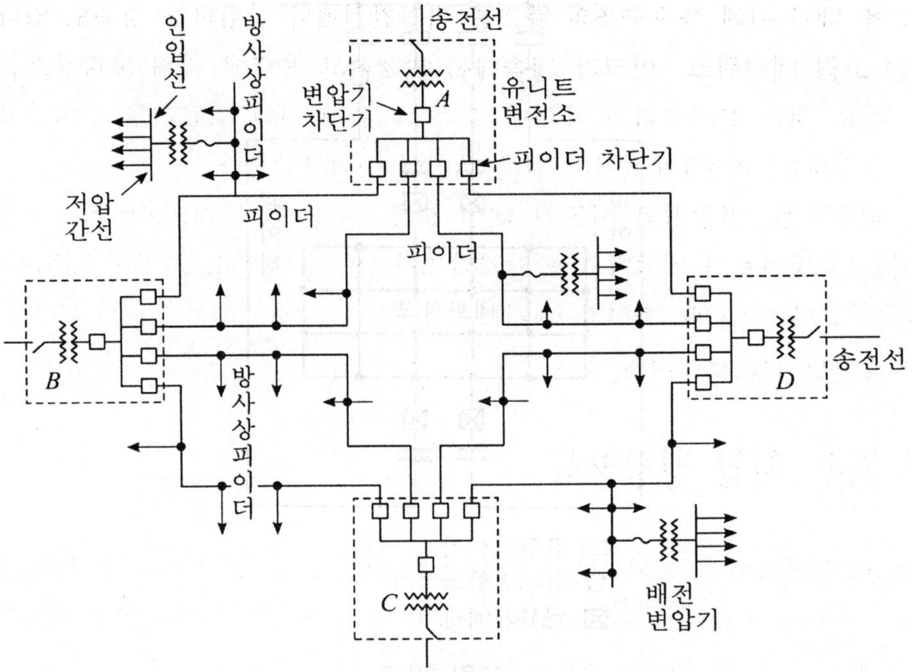

그림 23-9

(4) 네트워크방식의 보호

① 네트워크의 내부사고에 대한 보호 : 네트워크에 사용하는 케이블에는 상단 단락사고의 발생을 방지하기 위해 단심 케이블을 사용하는 경우가 많다. 그러나 단심 케이블을 사용하더라도 선로 리액턴스를 저하시키고 부하분담을 양호하게 하기 위해 각 상 및 중성선을 일괄하여 한 관로에 넣는 것이 보통이다.

㉠ 저압 네트워크 : 케이블의 전연은 그 사용전압이 보통의 케이블에 비해 매우 높게 설계되어 있기 때문에 기계적손상 이외의 절연파괴는 거의 생각할 수 없다.

가령, 곡괭이 등을 잘못 찍어서 심선과 연피 등이 단락된 경우에는 지락전류 또는 단락전류에 의해 주위의 연피가 용해하고 곡괭이와의 접촉에 의해 절단되기에 이른다. 즉, 저압 케이블의 사고는 고장시의 대전류에 의해 용단되고 고장점이 제거되기 마련이다.

또한, 사고때 케이블의 용단이 오래끌고 다른 장소에 사고를 유발하는 것을 막기 위해 특수구조의 퓨즈를 저압간선에다 삽입하는 경우도 있다.

㉡ 고압 네크워크 : 아크가 계속해서 발생하고 용단에 의해 고장장소를 제거하는 것은 불가능하기 때문에 간선요소에 피이더 차단기를 설치하고 이에 부속하는 과전류계전기의 협조에 의해 선택차단한다.

② 피이더 및 변압기의 사고에 대한 보호 : 역류개폐장치(network protector)를 보호장치로서 네트워크 변압기의 2차측에 설치한다. 이것은 네트워크계전기(역전력계전기와 과전압 재폐로계전기를 조합한 것)와 이것으로 제어되는 기중차단기로 구성되어 있다.

23.2.4 저압 뱅킹방식

같은 고압선에서 공급되는 인접변압기의 2차측을 연결하는 것을 **저압 뱅킹방식**(low voltage banking system)이라고 한다. 일반적으로 단상변압기의 2차측에 적용되지만 이들 변압기의 고압측은 동일회선인 것이다. 바꾸어 말하면 저압 네트워크인 경우에는 인접변압기와 다른 고압선에서 공급하여 그 2차측을 접속하는 것인데 저압 뱅킹의 경우에는 인접변압기와 같은 고압선에서 공급된다.

이 방식은 미국에서 널리 실시되고 있다. 종래의 2차측의 수지상배전선과 비교해서 다음과 같은 장점을 가지고 있다.

① 전동기의 기동전류에 의한 전등의 점멸이 적다.
② 변압기용량 및 저압선 동량을 절감할 수 있다.
③ 전압강하 및 전력손실이 적다.
④ 수용증가에 대해 탄력성이 있다.
⑤ 고장보호방법이 적당하며 공급신뢰도가 높다.

뱅킹(banking)방식인 경우 2차측은 다음의 3가지 방식에 의해 설치된다(그림 23-10 (a), (b), (c) 참조).

① 선상형(line type)
② 환상형(loop type)
③ 격자형(grid type)

선상형은 2차측의 직선이 짧아도 되는 이점이 있다. 따라서 환상형이 생각되었으나 격자형으로 하면 뱅킹(banking)의 효율을 완전히 발휘할 수 있다.

뱅킹(banking)방식에서는 캐스케이딩(cascading)이라고 하는 장애가 변압기에서 일어나는 경우가 있기 때문에 적당한 보호장치를 사용하지 않으면 안된다. 캐스케이딩이란 일부의 고장이 전영역으로 파급되는 현상을 말한다.

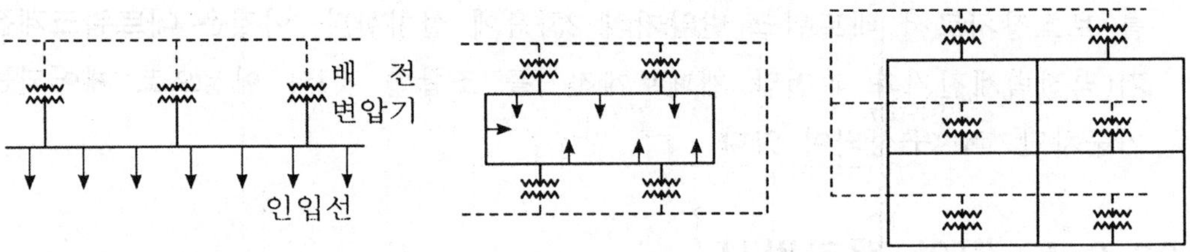

(a) 선상형 (b) 환상형 (c) 격자형

※ 점선 : 고압선, 실선 : 저압선

그림 23-10

일반적으로 사용되고 있는 고장보호방식은 인접변압기의 중간에 퓨즈 또는 차단기를 삽입하는 방법이다. 즉, 변압기의 1차측에 퓨즈를 설비하고 인접변압기를 연결하는 저압선의 중간에다 구분 퓨즈를 장치한다. 변압기 또는 저압선에 고장이 일어나면 1차측 퓨즈 및 변압기 양측의 구분 퓨즈가 용단되고 그 구간의 수용가만 정전하게 된다. 이 경우 변압기 퓨즈와 구분 퓨즈의 용단특성의 협조가 잘 취해질 필요가 있는데 구분 퓨즈가 변압기 퓨즈보다도 시간적으로 빨리 절단되지 않으면 안 된다.

23.3 부하(負荷)의 성질

(1) 부하곡선

어느 일정한 기간내에 있어서 부하의 시간적 변동상황을 그림으로 나타낸 것을 부하곡선(負荷曲線 : load curve)이라 하는데 부하의 종류와 수용지역의 산업·사회의 상황에 의해 다양한 형상을 나타내고 있다. 그림 23-11은 일부하곡선(日負荷曲線)의 일례를 보여 주는 것으로서 전량계로 1시간마다의 부하전력량을 계량해서 작성하고 있다.

부하곡선에는 기록전력계에 의한 것과 30분간의 평균전력으로 나타내는 것이 있다. 또한, 주·월 또는 연간의 것도 작성되고 있는데 모두 부하의 특성을 가장 잘 표시하는 것이다.

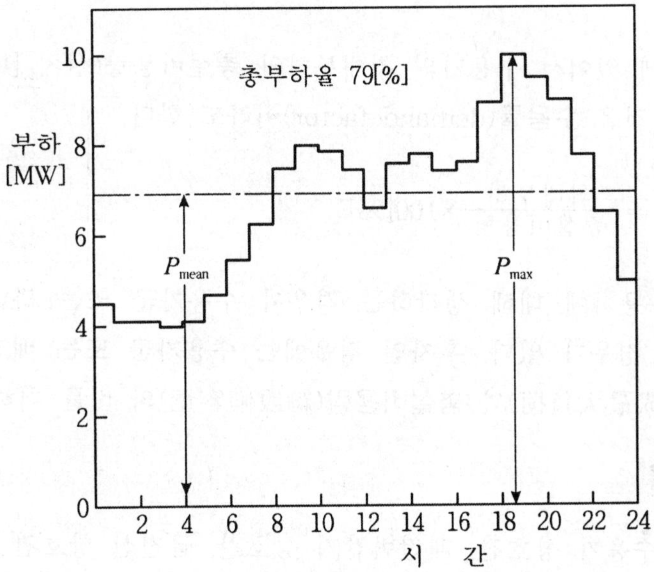

그림 23-11

어느 기간내의 부하전력 중 최대인 것을 최대부하(最大負荷), 또는 첨두부하(尖頭負荷 : peak load)라 하는데 그림 23-11에서 P_{max}로 나타낸 것을 가리킨다. 또한, 어느 기간내의 부하전력량을 그 기간의 전시간수로 나눈 것 즉, 그 기간내의 부하전력 평균치를 평균부하라 하는데 그림 23-11에서 P_{mean}으로 나타낸 것을 가리키고 있다.

어느 기간내에서의 평균부하와 최대부하의 비를 백분율로 나타낸 것을 부하율(load factor)이라고 한다.

$$\text{부하율} = \frac{\text{평균부하}}{\text{최대부하}} \times 100[\%] = \frac{\text{총전력량} \div \text{총시간}}{\text{최대부하}} \times 100[\%] \qquad (23\text{-}1)$$

부하율에는 기간을 잡는 데 따라 일부하율(日負荷率), 월부하율(月負荷率), 연부하율(年負荷率)이 있다.

부하율은 전기요금의 산정 등에도 중대한 관계가 있다.

설비이용률(設備利用率)은 어느 기간내의 발전 또는 수전의 평균전력과 발전소 또는 변전소의 설비용량과의 비를 백분율로 나타낸 것인데 부하율과는 관계가 깊다.

(2) 수용률

어느 기간중에 있어서 수용가의 최대부하와 총설비용량(설치 [kW])의 비를 백분율로 나타낸 것을 **수용률**(demand factor)이라고 한다.

$$수용률 = \frac{최대부하}{총설비용량} \times 100[\%] \qquad (23\text{-}2)$$

수용률은 1수용가에 대해 생각하는 경우와 수용가군 또는 하나의 배전계통에 대해 생각하는 경우가 있다. 후자인 경우에는 수용가군 또는 배전계통마다의 합성최대부하(合成最大負荷)와 총설비용량(總設備容量)의 비를 취하게 된다.

(3) 부등률

일반적으로 수용가 상호간, 배전변압기 상호간, 급전선 상호간 또는 변전소 상호간 등에 있어서 각 장소의 최대부하는 같은 시각에 일어나는 것이 아니고 그 발생시각에 각각 시간의 차가 있다. 따라서 1군의 수용가 1군의 변압기와 1군의 급전선 등에서의 각 구성 수용설비의 최대부하의 총합은 이들의 설비가 1단으로서 발생하는 합성최대부하 보다도 크다. 이 비율을 **부등률**(diversity factor)이라 하는데 일반적으로 1보다 크다.

$$부등률 = \frac{각\ 개개의\ 최대부하의\ 총합}{합성최대부하} \qquad (23\text{-}3)$$

23.4 배전 변압기(配電變壓器)

수용전력은 일반적으로 변전소에서 고압으로 전송되고 수용장소 부근의 부하중심점에 근접해서 시설하는 배전변압기(가공배전선인 경우에는 주상변압기)에 의해 이것을 강압하며 다시 저압배전선에 의해 다수 수용가에게 공급된다.

현재 시판되고 있는 3.3[kV]용과 6.6[kV]용의 단상변압기의 내부결선은 그림

23-12처럼 되어 있다. 즉, 저압측에는 105[V]의 권선 2개를 갖추고 이것을 직렬로 연결함으로써 210[V] 병렬로 연결함으로써 105[V]를 얻는데 각각 동력과 전등의 2종류 수용에 대응할 수 있게 되어 있다. 또한 고압측에는 6,900[V]에서 5,700[V](3,300[V] 배전인 경우에는 3,450[V]에서 2,850[V])까지의 5개 단자를 구비하고 있다. 일반적으로 배전선의 전압은 변전소에 가까울수록 높고 말단에 가까이 갈수록 저하하기 때문에 배전변압기는 그 설치장소에 따라 1차측 단자를 적당히 선정하고 2차측에 있어서 항상 소정의 전압값을 얻도록 한다.

주상용인 소형변압기에는 다음과 같은 표준용량이 있다.

1, 2, 3, 5, 7.5, 10, 15, 20, 25, 30, 40, 50[kVA]

일반적으로 전등용에는 단상변압기 1대를 사용하고 동력용에는 단상변압기 2대로 V결선 또는 3대로 △결선하여 사용하는데 소용량인 경우에는 설치장소의 절약을 도모하기 위해 3상변압기를 사용하는 경우가 많다.

배전변압기의 용량은 다음과 같은 방법에 의해 결정된다. 이론적으로는 변압기에서 공급하려고 하는 수용가군에 대해 먼저 개개의 수용가의 설치용량의 합에다 수용률을 곱하여 각 수용가의 최대 부하전력의 합을 구한다. 다음에는 이것을 수용가 상호간의 부등률로 나누면 그 변압기에 의해 공급을 필요로 하는 최대전력을 구할 수 있다. 이에 대해 가까운 장래의 수용증가에 대한 예상량을 추가하여 그 구역의 수용가군에 대한 공급용 변압기의 용량을 결정하게 된다.

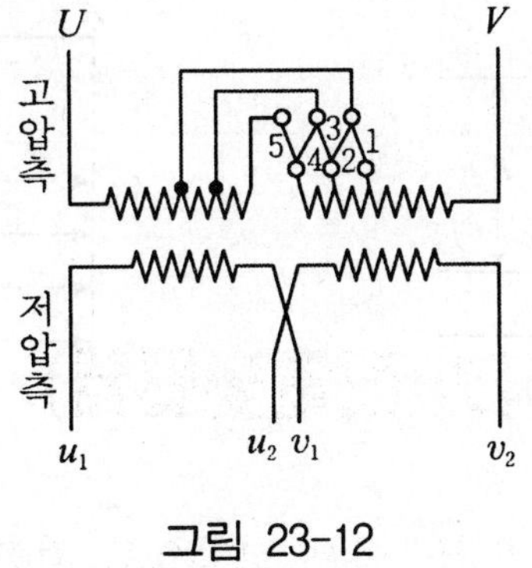

그림 23-12

배전변압기의 가장 경제적인 용량과 배치간격을 결정하는 데는 저압배전선의 길이와 굵기의 관계를 고려해서 산출할 필요가 있다. 즉, 이들 시설방법으로서는 대용량변압기와 대길이저압선에 의한 경우와 소용량변압기 및 소길이전압선에 의한 경우가 있다. 좀더 상세히 말하면 1개의 변압기가 담당하는 공급구역을 넓게 잡고 그 용량을 증대하면 저압선의 길이가 커지고 또한 말단 수용가에서 규정전압을 유지하기 위해 굵은 전선을 사용하지 않으면 안 된다. 이런 경우 변압기 1[kVA]당의 연간경비는 감소되지만 저압선의 수용 1[kVA]당의 연간경비는 증가한다. 반대로 변압기를 소용량으로 해서 저압선을 짧게 분할하면 1[kVA]당의 연간경비는 변압기측에서 상승, 저압선측에서 감소된다.

따라서 가장 경제적인 용량은 이 변압기 연간경비와 저압선 연간경비의 합이 최소로 되는 점을 각 수용밀도에 상응하는 각 저압선의 굵기에 대해 구하면 이것을 산출할 수 있다.

전술한 V결선법은 수용의 증가에 따라 또한 제3의 변압기를 1개 추가하고, △접속으로 해서 쉽게 증가부하에 따를 수 있기 때문에 일반적으로 널리 사용되고 있는데 그 출력은 다음과 같이 나타낼 수 있다.

그림 23-13에 있어서 부하전력은 다음과 같다.

$$\sqrt{3}\,EI = \sqrt{3}\,E \times \frac{P}{E} = \sqrt{3}P[\text{VA}]$$

단, P : 1개의 변압기 용량[VA]

E : 상전압(변압기 정격전압)[V]

I : 변압기정격 전류[A]

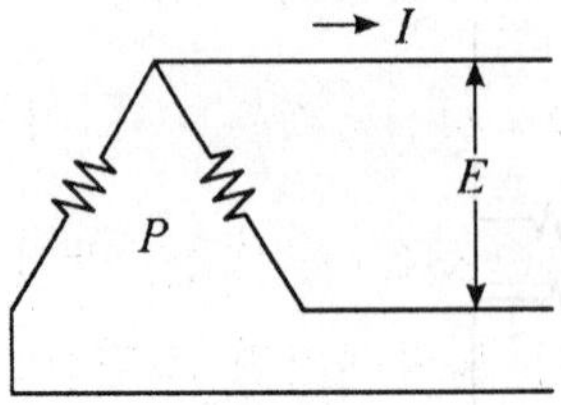

그림 23-13

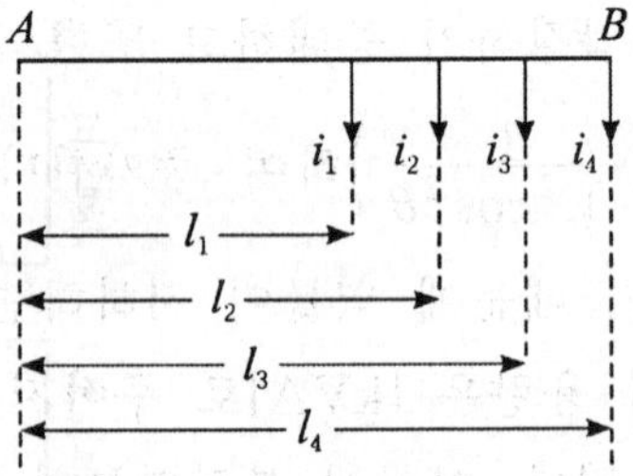

그림 23-14

이에 대해 변압기 설비용량은 $2P$[VA]이기 때문에 전설비용량에 대하여 $\sqrt{3}P/2P = 0.866$배의 부하밖에 걸 수 없게 된다.

주상변압기의 위치는 전압강하가 가장 적고 전선비를 가장 절약할 수 있는 장소를 선정하지 않으면 안 되는데 이것은 **부하중심점**(負荷中心点 : load center)을 구해서 설치하는 것이 가장 적당한 것이다. 그림 23-14에서 일단 a에서 각 부하점에 이르는 거리를 각 l_1, l_2, l_3, l_4 각 부하전류를 i_1, i_2, i_3, i_4로 하면 A에서 부하 중심점까지의 거리 L은 다음 식으로 구할 수 있다.

$$L = \frac{l_1 i_2 + l_2 i_2 + l_3 i_3 l_4 i_4}{i_1 + i_2 + i_3 + i_4} = \frac{\sum_{k=1}^{n} l_k i_k}{\sum_{k=1}^{n} i_k} \tag{23-4}$$

이것은 점 B에서 계산하더라도 동일점이 된다.

23.5 역률의 개선과 진상용(進相用)콘덴서

23.5.1 역률의 개선

부하의 역률은 백열전구와 전열기에서는 거의 100[%]이나 형광등, 유도전동기, 용접기 등에서는 역률이 낮고 경부하시에 50[%] 정도로 사용할 수 있는 것도 있다. 또한, 주상변압기 등도 경부하시에는 전선로의 역률을 불량하게 한다.

일정한 전력을 수전하는 경우 부하의 역률이 낮을수록 선로전류는 커지며 따라서 전압강하가 증대하고 또한 선로손실은 역류의 자승에 반비례 $\left(P_l \propto \frac{1}{V^2 \cos^2\theta}\right)$하여 증가한다. 또한, 전선로의 전선용량은 전압강하에 의해 결정되기 때문에 역률이 저하하면 용량이 그만큼 감소된다. 또한, 발전기와 변압기 등의 용량은 [kVA]로 주어지기 때문에 역률이 불량해지면 그만큼 [kW]출력이 감소된다. 따라서 부하역률의 양부는 부하점에서 발전소에 이르는 전기설비에 영향을 미치게 되기 때문에 그 개선은 매우 중요한 것으로 되어 있다.

전선로의 부하역률의 개선에는 **전력용**(電力用) 콘덴서를 직접부하와 병렬로 또는 선로상 또는 변전소 등에 설치해서 시행하고 있다. 물론, 그 영향은 설치점에서 전원측에 대해서만 미치는 것이다. 그림 23-15는 3상 회로에서의 설치예를 보여 주고 있다.

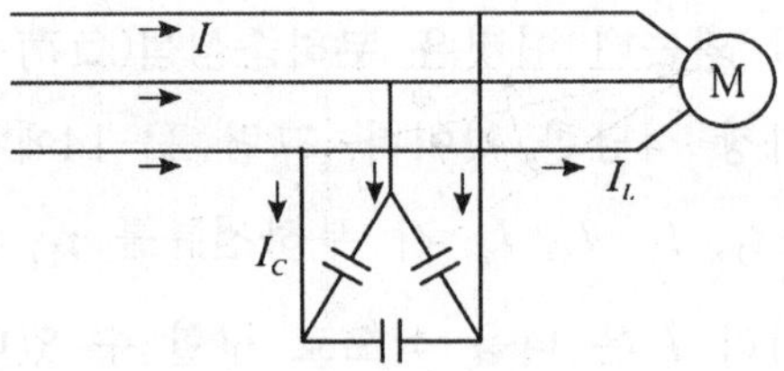

그림 23-15

이 진상용 설비에 소요되는 경비는 이 설비가 없을 때의 손실가격을 보상하고 또한 충분한 이익이 남는 것으로 계산되고 있다.

다음에 콘덴서의 정격전압을 E[V], 주파수를 f[Hz], 정전용량을 $C[\mu F]$, 전류를 I[A]로 하면 [kVA] 용량 Q는 다음 식에 의해 나타낼 수 있다.

$$Q = EI \times 10^{-3} = E \times E \times 2\pi f C \times 10^{-6} \times 10^{-3}$$
$$= 2\pi f C E^2 \times 10^{-9} [\text{kVA}]$$
$$C = \frac{Q \times 10^9}{2\pi f E^2} [\mu \text{F}]$$

위의 식에 의하면 일정한 [kVA]를 얻기 위한 C의 값은 전압의 자승에 반비례하기 때문에 콘덴서의 효과는 설치점에서 전원측 변전설비에 미치는 것이지만 특별한 지장이 없는 경우에는 고압측에 설치한다. 또한, 3상의 경우에는 Y결선으로 접속하게 되면 콘덴서에는 △결선에 비해 전압이 $\frac{1}{\sqrt{3}}$이 되기 때문에 콘덴서의 정전용량[μF]은 전압의 자승에 반비례하므로 △결선에 비해 3배가 필요하다. 따라서 역률개선용 전력용 콘덴서는 반드시 △결선으로 한다.

23.5.2 진상용(進相用) 콘덴서의 용량계산(容量計算)

그림 23-16에 있어서 E_r : 부하의 성형전압[V], I_L : 부하전류[A], $\cos\theta$: 부하역률로 하고, 콘덴서를 설치하여 역률을 $\cos\phi$로 상승시키려고 할 경우 I_c를 필요로 하는 콘덴서 전류, I를 합성선로전류로 한다.

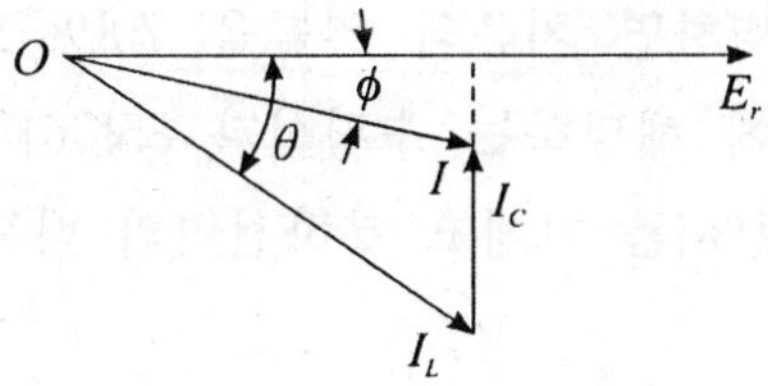

그림 23-16

3상 콘덴서의 용량 Q[kVA]는 다음과 같다.

$$Q = 3E_rI_c \times 10^{-3} = 3E_rI_r(\sin\theta - \cos\theta\tan\phi)\times 10^{-3}$$
$$= (\text{kVA 부하})\times(\sin\theta - \cos\theta\tan\phi)$$
$$= (\text{kW 부하})\times(\tan\theta - \tan\phi)[\text{kVA}] \qquad (23\text{-}5)$$

식 (23-5)을 변형하면

$$Q = (\text{부하전력 kW})\times\left\{\sqrt{\frac{1}{\cos^2\theta}-1}-\sqrt{\frac{1}{\cos^2\phi}-1}\right\}[\text{kVA}] \qquad (23\text{-}6)$$

식 (23-6)에서 $\cos\theta$를 종축으로, Q/kW를 횡축으로 취하고 이들 관계를 그림으로 나타내면 그림 23-17과 같이 $\cos\phi$에 관한 다수의 곡선이 얻어진다.

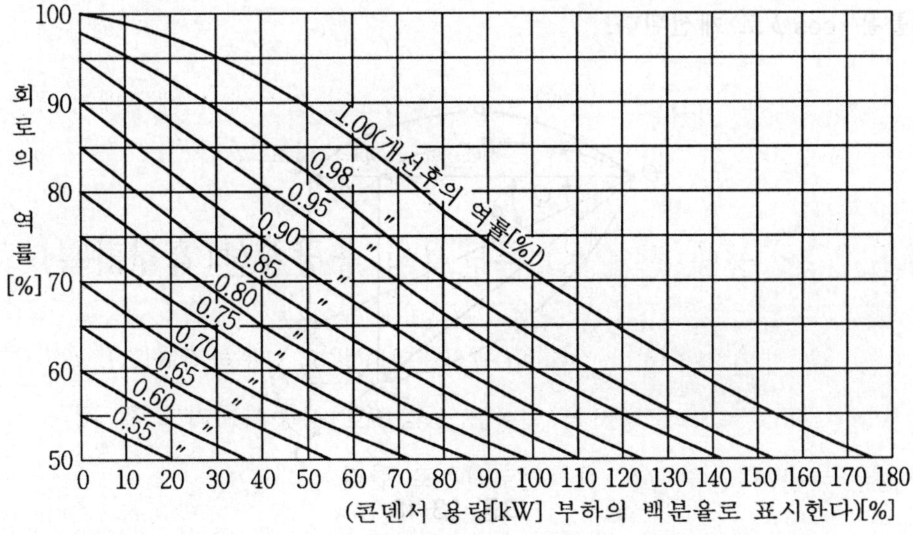

그림 23-17

이 곡선의 사용법을 설명하면 처음의 역률을 70[%]로 하고 이것을 85[%]로 개선하기 위해서는 70[%]에 해당하는 수평선과 85[%] 곡선의 교점에서 수직선을 긋고 횡축과의 교점 40[%]를 가지고 부하전력의 백분율로 나타낸 콘덴서용량으로 한다.

역률을 개선함으로써 얻어지는 이익은 콘덴서 설치점에서 거슬러 올라가 발전소까지 미치는 것이기 때문에 전체로서 어느 정도의 이익이 되는가를 수량적으로 나타내는 것은 극히 곤란한 것이다. 따라서 콘덴서의 경제적 용량을 결정한다는 것은 쉽지 않다.

일반적으로 콘덴서 용량의 실제적 기준으로서 역률을 90~95[%] 정도로 개선하는 용량이 적당한 것으로 되어 있다.

23.5.3 역률개선에 의한 변압기 용량의 여유 증가

진상용 콘덴서로 역률을 개선하면 부하전류가 감소하게 되어 같은 변압기로 더 큰 부하를 공급할 수 있게 된다.

정격용량 W_0[kVA]의 변압기로 W_0[kVA] 역률 $\cos\theta$의 부하를 공급하고 있을 때 전력용 콘덴서를 설치하여 기설부하와 같은 역률의 부하 W_1[kVA]를 추가로 공급하고자 하며, 이때의 전력벡터도는 그림 23-18과 같이 된다. 이때 개선된 역률은 $\cos\phi$로 개선된다.

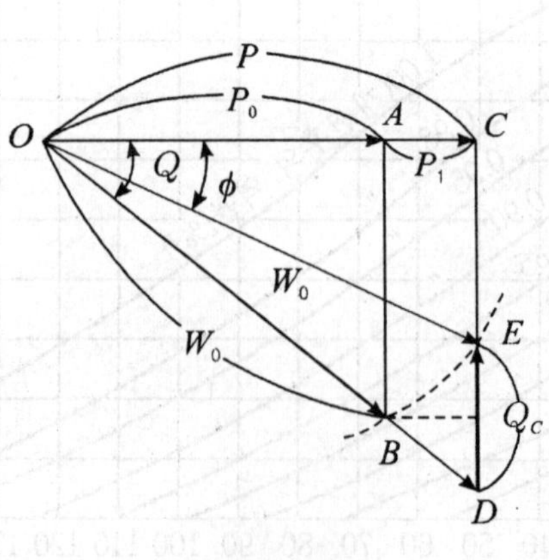

그림 23-18

따라서 역률을 $\cos\theta$에서 $\cos\phi$로 개선하여 변압기의 정격용량 W_0[kVA]으로

기설부하와 같은 역률의 부하 W_1[kVA]에 대응할 수 있는 전력용 콘덴서의 용량은 그림 23-18에서

$$Q_c = CD - CE = P(\tan\theta - \tan\phi)$$

$$= W_0 \cos\phi(\tan\theta - \tan\phi) \tag{23-7}$$

이 된다. 이때의 W_1과 P_1는 다음과 같이 구해진다.

$$W_1 = BD = OD - OB = \frac{P}{\cos\theta} - \frac{P_0}{\cos\theta}$$

$$= \frac{W_0 \cos\phi}{\cos\theta} - W_0 \tag{23-8}$$

$$P_1 = W_1 \cos\phi = P - P_0 = W_0(\cos\phi - \cos\theta) \tag{23-9}$$

연 습 문 제

1. 어떤 변전설비의 역률을 60[%]에서 80[%]로 개선하기 위한 콘덴서의 용량이 2,800[kVA]였다. 이 변전설비의 용량은 몇 [kVA]인가?

2. 어느 수용가가 당초 역률(지상) 80[%]로 60[kW]의 부하를 사용하고 있었는데 새로 역률(지상) 60[%]로 40[kW]의 부하를 증가해서 사용하게 되었다. 이때 콘덴서로 합성역률을 90[%]로 개선하려고 할 경우 콘덴서의 소요 용량[kVA]은 대략 얼마인가?

3. 우리나라 배전방식 중 가장 많이 사용하는 방식은?

4. 저압 뱅킹 배전방식에서 캐스케이딩 현상이란?

5. 네트워크 배전방식의 장점을 설명하여라.

6. 저압 밸런서를 필요로 하는 방식은?

7. 저압 단상 3선식 배전 방식의 장점을 설명하여라.

8. 어떤 고층건물의 부하의 총설비 전력이 400[kW], 수용율이 0.5일 때 이 건물의 변전시설 용량의 최저값은 몇 [kVA]인가? 단, 부하의 역률은 0.8이다.

9. 전등 설비 250[W], 전열 설비 800[W], 전동기 설비 200[W], 기타 150[W]인 수용가가 있다. 이 수용가의 최대 수용 전력이 910[W]이면 수용률은?

10. 400[kW]의 동력설비를 가진 수용가의 수용률이 85[%]라면 최대 수용전력은 몇 [kW]인가?

제 24 장

배전선의 전기적 계산

24.1 선로정수(線路定數)

배전선의 선로정수로서는 저항 외에도 교류회로에서는 리액턴스를 고려하지 않으면 안 된다. 전선에는 주로 경동선이 사용되고 있다.

길이 1[m] 단면적 1[mm²]의 경동선 저항은 20[℃]에 있어서 약 1/56[Ω]이다. 따라서 단면적 A[mm²], 길이 l[km]의 저항은 식 (24-1)과 같다.

$$R = \rho \frac{l}{A} [\Omega] \tag{24-1}$$

다음에 반경 r[mm]의 전선 $2l$조를 D[mm]의 전선상호간 거리에서 가선한 경우의 전선 $1l$조당의 인덕턴스는 식 (24-2)와 같다.

$$L = 0.4605 \log_{10} \frac{D}{r} + 0.05 [\text{mH/km}] \tag{24-2}$$

3상 회로에 있어서, 각 선간거리를 D_{ab}, D_{bc}, D_{ca}로 하면, 식 (24-2)의 D의 등가선간거리는 $D = \sqrt[3]{D_{ab}D_{bc}D_{ca}}$를 사용하면 1상당의 인덕턴스가 얻어진다. 따라서 리액턴스는 다음 식에 의해 계산된다.

$$X = 2\pi f L \times 10^{-3} [\Omega/\text{km}]$$

24.2 직류배전선(直流配電線)의 전압강하(電壓降下)

보통 배전선의 전압강하는 이에 흐르는 전류 I와 왕복선의 저항 R과의 곱으로 나타낸다.

24.2.1 1단에서 급전하는 경우

그림 24-1에 나타낸 바와 같이 전류 $I=\sum i$가 일단 A에서 유입하는 경우 전압강하 v는 다음 식으로 표현된다.

$$v = (i_1 + i_2 + i_3 + \cdots\cdots + i_n) r_1 + (i_2 + i_3 + \cdots\cdots + i_n) r_2 + \cdots\cdots + i_n r_n$$
$$= i_1 r_1 + i_2(r_1 + r_2) + \cdots\cdots + i_n(r_1 + r_2 + r_3 + \cdots\cdots + r_n) \quad (24\text{-}3)$$

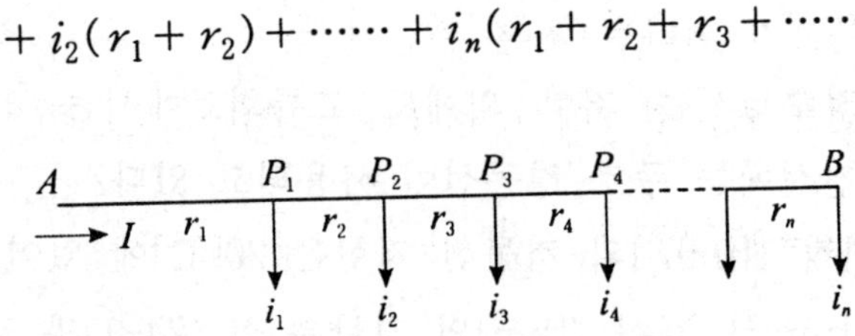

그림 24-1

24.2.2 양단에서 급전하는 경우

그림 24-2에 나타낸 바와 같이 양단의 S 및 T의 2점을 급전점으로 하고 설명의 편의를 위해 각 부하점 P_1, P_2 등에 있어서의 전류 및 각 부하점 간의 저항값을 그림과 같이 예시한다.

이 경우 전류는 S와 T에서 유입되고 간선내에 있는 부하점에 있어서 좌우로부터 전류가 모이는 점이 1개 존재하는데 이곳이 전압이 매우 낮은 지점이다. 이것을 분할점(分割點)이라고 한다. 양단급전인 경우의 각 부하점 전압을 구하려면 먼저 이 분할점을 구하지 않으면 안 된다. 이 점을 구하기 위해서는 다음과 같이 생각하는 것이 편리하다. 즉, 지금 간선을 T측 급전점에다 근접시킨 곳에서 접속이 절단된 것으로 가정하면 그림에 있어서 전전류 20[A]가 점 S에서 공급받는 것이 된다. 이 때 간선의 전류분포를 갑분포라고 가칭한다. 또한 종단의 전압은 다음의 식으로 구할 수 있다.

$$E_B{}' = 55 - 0.2(8+6+2+4) - 0.2(6+2+4) - 0.3(2+4) - 0.1\times 4$$
$$= 46.4[\mathrm{V}]$$

다음에는 절단점에서의 간선을 접속하면 원래와 같이 되지만 이 때 전압차 50−46.4=3.6[V]에 의해 점 T에서 점 S를 향해 간선을 통해서 전류가 흐른다.

$$\frac{3.6}{0.2+0.2+0.3+0.1+0.4} = 3[\mathrm{A}]$$

이것을 을분포라고 가칭한다. 이 분포와 앞의 갑분포를 합성하는 것이 그림에 대한 간선의 전류분포가 된다는 것은 중합의 이치에 의해 설명된 것이다. 즉, 점 S에서 유입되는 전류 I_S, 점 t에서 유입되는 전류 I_T는 다음과 같이 된다.

$$I_S = 20 - 3 = 17[\mathrm{A}],\ I_T = 3[\mathrm{A}]$$

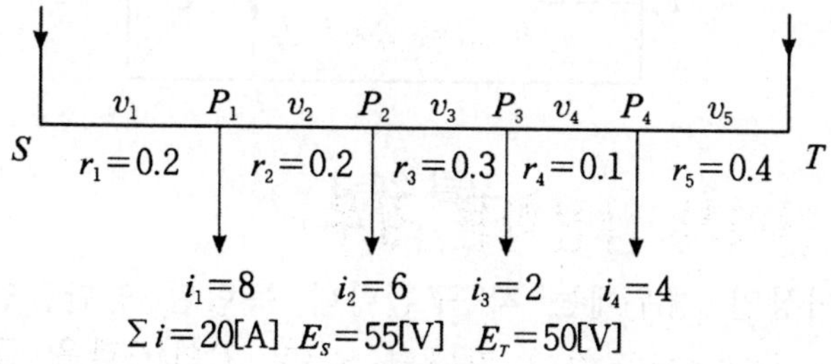

그림 24-2

I_S, I_T을 알면 간선의 각 구간의 전류분포를 알 수 있으며 분할점도 판명된다. 이 경우 $i_4 = 4[\mathrm{A}]$에 대해서 $I_T = 3[\mathrm{A}]$이기 때문에 i_4는 T쪽에서 3[A], S쪽에서 1[A]가 공급되며 다른 부하점의 전류는 모두 S쪽에서 공급하게 된다. 즉, 이 경우의 분할점은 P_4가 된다. 이상에 의해 각 부하점의 전압을 계산하면 표 24-1

과 같이 된다.

반대로 점 S에 있어서 급전원을 절단했다고 생각해서 계산하더라도 같은 결과가 얻어진다.

표 24-1

S	P_1	P_2	P_3	P_4	T
55[V]	51.6[V]	49.8[V]	48.9[V]	48.8[V]	50[V]

24.2.3 환상식 간선의 경우

그림 24-3에 있어서 급전점 A에서 루프(loop)를 열고 그 절구의 양단에다 급전전압을 가했다고 하더라도 조금도 상태는 변하지 않는다.

따라서 이 경우의 취급은 앞의 절에서 양단의 급전전압이 같다고 한 경우와 동일하게 된다.

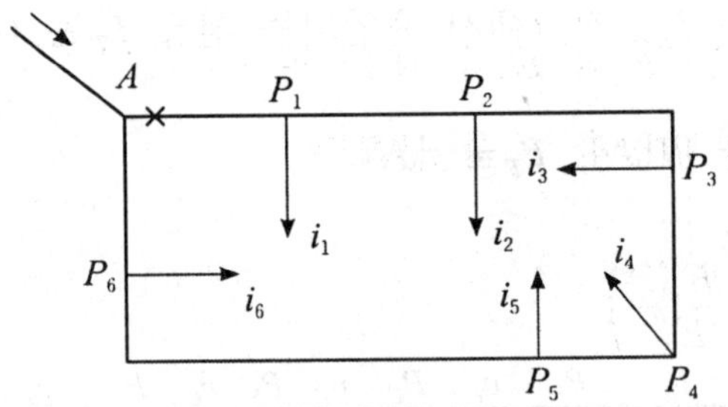

그림 24-3

급전점이 2개 이상인 경우에는 각 구간마다 독립된 양단급전선으로서 취급하면 된다.

24.3 교류배전선(交流配電線)의 전압강하

24.3.1 전압강하의 계산

전선로의 말단에 단일부하가 있고 또한 전선로의 임피던스만을 생각하면 이 회로는 그림 24-4 (a)와 같이 되고 그런 경우의 전압·전류의 벡터그림은 그림 (b)와 같이 된다. 이 그림에 있어서 X : 회로의 리액턴스, R : 회로의 저항, $\dot{Z}=R+jX$, $\dot{E}_s$: 송전단전압, $\dot{E}_r$: 수전단전압, $\dot{I}$: 선전류, $\cos\theta$: 부하역률, 단 역률각 θ : 진상역률일 때는 정(+)의 값, 지상역률일 때는 부(−)의 값으로 한다.

지금 E_r를 기준 벡터로 하면 다음 식이 성립한다.

$$\begin{aligned}\dot{E}_r &= E_r+\dot{I}Z = E_r+IR\cos\theta+IX\sin\theta+j(IX\cos\theta-IR\sin\theta)\\ &=(E_r+IR\cos\theta+IX\sin\theta)+j(IX\cos\theta-IR\sin\theta)\\ &=E_s{}'+jE_s{}'' \end{aligned} \tag{24-4}$$

여기에서 $E_s{}'$, $E_s{}''$는 $\dot{E}_s$의 E_r에 대한 같은 상분과 직각상분을 나타낸다. 다음에 $\dot{E}_s$의 E_r에 대한 위상각 θ_e를 구하면

$$\theta_e=\tan^{-1}\left(\frac{E_s{}''}{E_s{}'}\right)$$

이 되고 이 각도는 보통의 배전선에서는 매우 작으며 무시할 수 있을 정도인 것이다.

다른 송전단에서의 역률각 θ_s는 $\theta_s=\theta-\theta_e$로서 θ_e를 무시하면 $\theta_s \fallingdotseq 0$가 된다. 보통의 배전선에서는 송전단과 수전단간의 역률은 동일한 것으로 간주해도 무방하다.

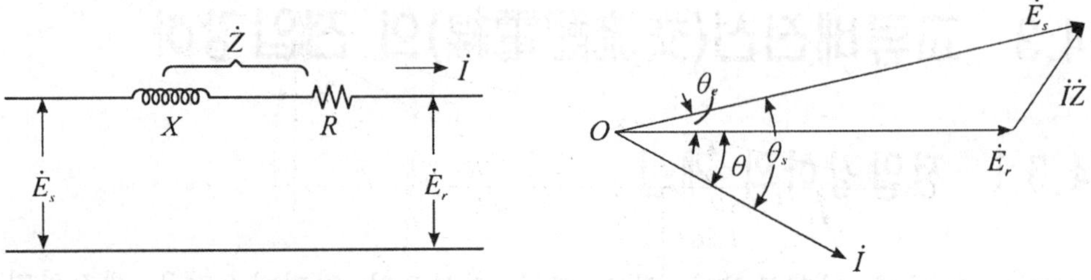

(a) 배전선의 등가회로 (b) 배전선의 벡터도

그림 24-4

송전단의 전압 $\dot{E}_s$의 절대값은

$$
\begin{aligned}
E_s &= \sqrt{E_s'^2 + E_s''^2} \\
&= \sqrt{(E_r + IR\cos\theta + IX\sin\theta)^2 + (IX\cos\theta - IR\sin\theta)^2} \\
&\fallingdotseq E_r + I(R\cos\theta + X\sin\theta) \qquad (24\text{-}5)
\end{aligned}
$$

송전단전력 $P_s + E_s I\cos\theta_s$

수전단전력 $P_r + E_r I\cos\theta$

선 로 손 $W = P_s - P_r = E_s I\cos\theta - E_r I\cos\theta = I^2 R$ (24-6)

상기의 여러 식에 의해 수전단의 여러 가지 조건이 판명되고 있는 경우에는 송전단의 여러 가지 조건에 전압변동률과 선로손 등을 계산할 수가 있다. 한편, 위에 서술한 바와 같이 전압을 상전압, 전력 및 선로손은 각 1선의 경우이기 때문에 선간전압을 구하기 위해서는 상기한 방법에 의해 구한 값에 3상 3선식인 경우에는 $\sqrt{3}$, 단상 2선식인 경우에는 2를 곱하지 않으면 안 된다. 또한, 전력과 손실에 대해서는 각각 3, 또는 2를 곱할 필요가 있다.

지금 지상역률의 부하인 경우에 대해 이상의 관계를 벡터도로 그리면 그림 24-5와 같이 된다.

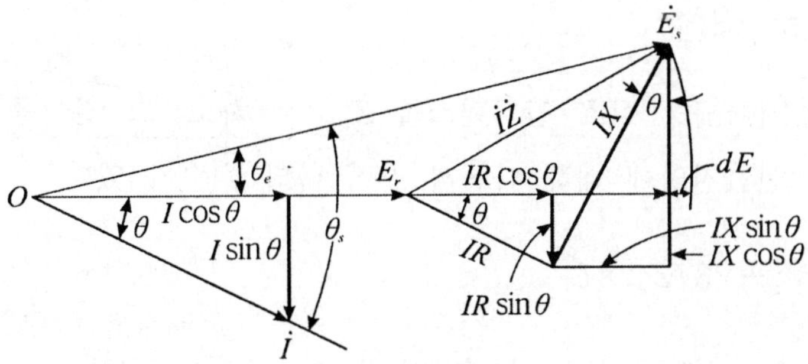

그림 24-5

24.3.2 약산법

(1) 약산식

앞의 절에 있어서 일반적으로 θ_e는 작은 것으로서 무시할 수 있다고 지적했는데 이것은 식 (24-4)에 있어서 $j(IX\cos\theta - IR\sin\theta)$의 항을 무시할 수 있다는 것을 뜻한 것이며 그림 24-5에서도 쉽게 추정할 수 있는 것이다. 이것은 또한 이 그림에서 dE를 무시할 수 있다는 것을 의미하고 있다.

이렇게 생략을 하면 식 (24-4)는 다음과 같이 간단해지며 직류계산과 마찬가지로 다룰 수가 있다.

$$E_s = E_r + I(R\cos\theta + X\sin\theta) = E_r + IZ_{eff} = E_r + I'R + I''X$$

$$Z_{eff} = R\cos\theta + X\sin\theta \quad I' = I\cos\theta \quad I'' = I\sin\theta \tag{24-7}$$

이 약산법에 의한 오차는 R과 X와의 비, 전류의 크기와 역률 등에 관계된다. 즉, X/R가 큰 경우 역률이 1에 가까울수록 또한 IZ가 클수록 오차는 커진다. 또한 X/R가 작은 경우 역률이 0에 가까울수록 또한 IZ가 커질수록 오차는 커진다. 이러한 것은 각 경우에 대한 벡터도를 그림으로써 알 수가 있다. 어쨌든 배전선의 전압강하 등의 계산에 있어서는 상기한 약산식을 사용하더라도 실용상 아무런 지장이 없는 것이다.

(2) kW · km 곡선

3상 배전선의 1[km]당 실효 임피던스를 Z_{eff}*로 하고, 그 길이를 L[km]로 하면 식 (24-7)은 선간전압에 대해 다음과 같이 나타낼 수가 있다.

$$V_s = V_r + \sqrt{3} I Z_{eff} \times L \tag{24-8}$$

단, V_s, V_r : 송 · 수전단의 선간전압[V], I : 부하전류[V], $Z_{eff} = r\cos\theta + x\sin\theta$ r, x : 1[km]당의 저항 및 리액턴스[Ω], $\cos\theta$: 부하역률, $\sin\theta$: 진상역률일 때 정의 값, 지상역률일 때 부의 값을 가지는 것으로 한다.

지금 부하전력을 W[kW]로 하면 다음과 같다.

$$I = \frac{W \times 10^3}{\sqrt{3} V_r \cos\theta}$$

또한 선로의 전압강하율을 a[%]로 하면 다음과 같다.

$$V_r = \frac{V_s}{1 + a + 10^2}$$

따라서

$$I = \frac{W(1 + a \times 10^{-2}) \times 10^3}{\sqrt{3} V_s \cos\theta}$$

이것을 식 (24-8)에 대입하면 다음과 같다.

$$V_s = \frac{V_s}{1 + a \times 10^{-2}} + \frac{WLZ_{eff}(1 + a \times 10^{-2}) \times 10^3}{V_s \cos\theta}$$

이에 의해 식 (24-9)와 같이 된다.

$$WL = \frac{V_s^2 \cos\theta \times 10^{-5}}{Z_{eff}(1 + a \times 10^{-2})^2} \text{[kW · km]} \tag{24-9}$$

---

* Z_{eff}를 실효 임피던스(effective impedence)라고 한다.

식 (24-9)는 다음과 같은 것을 의미하고 있다.

전선의 종류 및 그 배치치수가 정해지고(즉, r, x가 결정되고) 또한 송전전압과 부하역률이 결정되면 어느 일정한 전압강하율이 있는 부하전력[kW]은 선로의 길이[km]에 반비례하며 이 양자의 곱 [kW · km]은 일정한 것이다.

일반적으로 전선의 배치치수 · 배전전압 및 전압강하율에는 일정한 표준이 있다. 따라서 어느 특정역률 $\cos\theta$에 대해 각종 굵기의 전선을 사용하는 경우 Z_{eff}를 계산하면 식 (24-9)에 의해 그 역률에 관한 전선의 굵기와 [kW] · [km]과의 관계를 나타내는 곡선을 구할 수 있다. 이와 같은 곡선을 각종의 역률에 대해 계산하고 이것을 동일지면에 기입해 두면 배전선의 계획과 설계를 하는 경우에 매우 편리하다. 이것을 [kW] · [km]곡선이라고 한다.

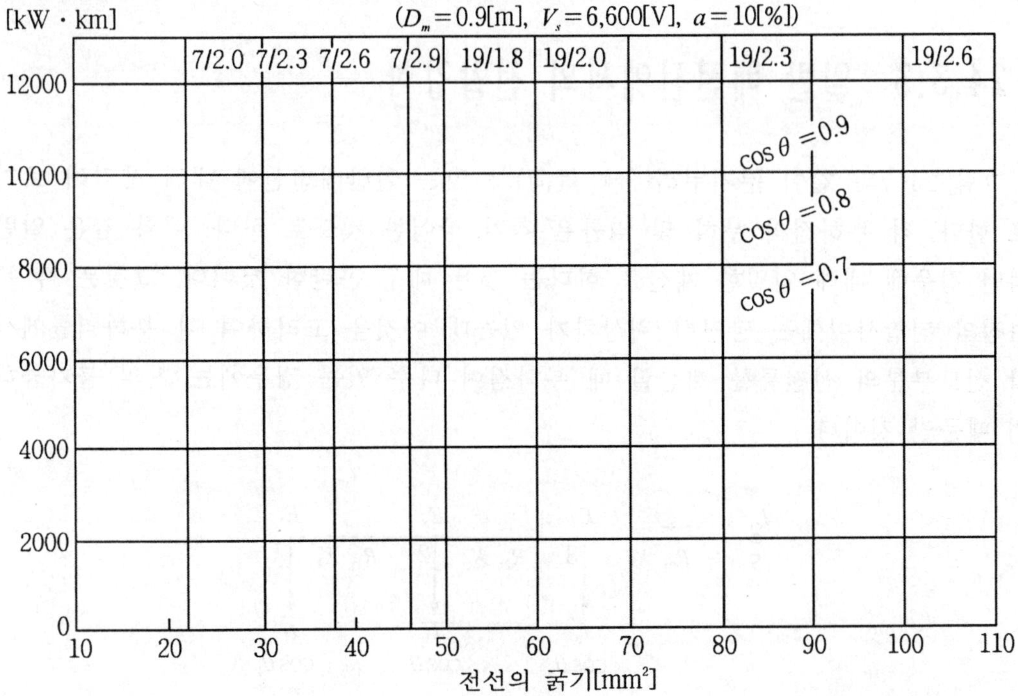

그림 24-6

그림 24-6은 이 일례를 보여 주고 있다. 이 그림은 $V_s = 6,600$[V], 전압강하율 10[%], 전선의 배치치수 $D_m = 0.9$[m]로 한 경우의 [kW] · [km]곡선인 것이다.

지금 이 그림에 의해 곡선이용의 일례를 나타내면 다음과 같이 된다.

가령, 변전소에 4[km] 떨어진 지점에다 1,500[kW]의 배전을 시행하려고 할 경우 전압강하의 측면에서 어떤 굵기의 전선을 선정하면 좋은가를 생각하면

$$[kW] \cdot [km] = 1{,}500 \times 4 = 6{,}000$$

즉, 그림 24-6에서 종축인 6,000에 해당하는 수평선에서 역률이 0.7이라면 19/2.0(소선수/소선의 직경[mm])에서는 약간 작고 19/2.3으로 하지 않으면 안 된다는 것을 알 수 있다. 만약 진상용 콘덴서를 설치하여 역률을 개선하고 이것을 0.8로 하면 19/2.3로 좋고 또한 $\cos\theta = 0.9$로 역률을 향상하면 전선은 19/2.4로 좋다는 것을 간단히 알 수 있다. 일정한 V_s에 대해 각종의 a, 각종의 $\cos\theta$에 대해 곡선을 만들어 두면 더욱 편리할 것이다.

24.3.3 일반 배전선에서의 전압강하

그림 24-7과 같이 분기부하(分岐負荷)가 있는 일반배전선에 대해 생각해 보기로 한다. 각 부하점의 부하 및 역률은 각각 상이한 것으로 한다. 이와 같은 일반적인 경우에 대해 엄밀한 계산을 한다는 것은 매우 곤란한 것이다. 그것은 각 부하점의 전압사이에는 당연히 위상차가 있는데 이것을 고려하여 각 부하역률에서 각 선로부분의 선전류를 계산할 때 부하점이 다수 있는 경우에는 거의 불가능하기 때문인 것이다.

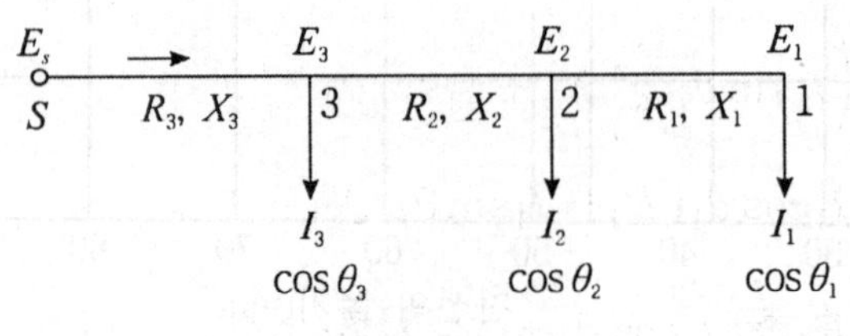

그림 24-7

전술한 바와 같이 배전선정도의 전선로에서는 각 점의 전압간 위상차는 매우 적고 실제에는 무시할 수 있기 때문에 이런 경우에는 약산식을 적용한다.

그림 24-7에 대해 식 (24-7)을 적용해 보기로 하자. 이 그림에서 $\cos\theta_1$ 등을 각 부하의 역률로 하면, 선로의 각 부분의 전류는 다음과 같이 된다.

	유 효 분	무 효 분
구간 1~2	$I_1 \cos\theta_1$	$I_1 \sin\theta_1$
구간 2~3	$I_1 \cos\theta_1 + I_2 \cos\theta_2$	$I_1 \sin\theta_1 + I_2 \sin\theta_2$
구간 3~4	$I_1 \cos\theta_1 + I_2 \cos\theta_2 + I_3 \cos\theta_3$	$I_1 \sin\theta_1 + I_2 \sin\theta_2 + I_3 \sin\theta_3$

(24-10)

따라서 점 1의 성형전압은 다음 식으로 나타낼 수 있다.

$$\begin{aligned} E_1 = E_s &- (I_1 \cos\theta_2 + I_2 \cos\theta_2 + I_3 \cos\theta_3) R_3 \\ &+ (I_1 \sin\theta_1 + I_2 \sin\theta_2 + I_3 \sin\theta_3) X_3 \\ &- (I_1 \cos\theta_1 + I_2 \cos\theta_2) R_2 + (I_1 \sin\theta_1 + I_2 \sin\theta_2) X_2 \\ &- I_1 \cos\theta_1 \times R_1 + I_1 \sin\theta_1 \sin\theta_2 \times X_1 \end{aligned}$$

일반적으로 부하점이 n개 있는 경우에서는

$$\begin{aligned} E_1 = E_s &- \left(\sum_{i=1}^{n} I_i \cos\theta_i \times R_n - \sum_{i=1}^{n} I_i \sin\theta_i \times X_n \right) \\ &- \left(\sum_{i=1}^{n-1} I_i \cos\theta_i \times R_{n1} - \sum_{i=1}^{n-1} I_i \sin\theta_i \times X_{n-1} \right) \\ &- \cdots\cdots\cdots\cdots\cdots - (I_i \cos\theta_1 + R_1 - I_1 \sin\theta_1 \times X_1) \\ = E_s &- \left(I_i \cos\theta_1 \sum_{i=1}^{n} R_i + I_2 \cos\theta_2 \sum_{i=1}^{n} R_i + \cdots\cdots + I_n \sin\theta_n \times R_n \right) \\ &+ \left(I_i \sin\theta_1 \sum_{i=1}^{n} X_i + I_2 \sin\theta_2 \sum_{i=2}^{n} X_i + \cdots\cdots + I_n \sin\theta_n \times X_n \right) \end{aligned}$$

$$E_2 = E_1 + I_1 \cos\theta_1 \times R_1 - I_1 \sin\theta_1 \times X_1$$

$$E_3 = E_2 + R_2 \sum_{i=1}^{2} I_i \cos\theta_i - X_2 \sum_{i=1}^{2} I_i \sin\theta_i \qquad (24\text{-}11)$$

선로손실은 식 (24-10)에 의해 각 부분의 합성전류를 구하고 $\sum_{i=1}^{n} I^2 R$에 의해 산정할 수가 있다. 또한 선로의 각 부분의 역률도 식 (24-10)에 의해 산정할 수가 있다.

각 점의 부하가 [kW]로 주어질 때에는 전압강하를 살펴보고 각 점의 전압을 가정하여 전류를 산정한 다음 식 (24-11)에 의해 전압을 산출한다. 계산 결과가 당초의 가정치와 현저하게 다를 때에는 다시 계산해서 정정한다.

이상이 실용적 계산법이다.

24.4 전압강하율(電壓降下率)과 전압변동률(電壓變動率)

전압강하율(percentage voltage drop)과 전압변동률(voltage regulation)은 다음 식으로 나타낼 수 있다.

$$\left.\begin{aligned} \text{전압강하율} &= \frac{E_s - E_r}{E_r} \times 100[\%] \\ \text{전압변동률} &= \frac{E_r' - E_r}{E_r} \times 100[\%] \end{aligned}\right\} \quad (24\text{-}12)$$

단, E_s : 송전단전압, E_r : 전부하시의 수전단전압, E_r' : 무부하시의 수전단전압

24.4.1 직류선로의 경우

직류선로인 경우에는 $E_r' = E_s$이고, $E_s - E_r = IR$가 되기 때문에 전압변동률 δ는 다음과 같이 된다.

$$\begin{aligned} \delta &= \frac{E_r' - E_r}{E_r} \times 100 = \frac{E_s - E_r}{E_r} \times 100 \\ &= \frac{IR}{E_r} \times 100 = \frac{I^2 R}{E_r I} \times 100[\%] \end{aligned} \quad (24\text{-}13)$$

단, I : 전부하전류, R : 선로저항 즉, 이 경우에는 전압변동률과 전압강하율은 백분율손과 동일해진다.

24.4.2 교류선로의 경우

이 경우에 있어서도 배전선과 같이 정전용량을 무시할 수 있는 경우에는 $E_s = E_r'$로 간주해도 무방하다. 단, $E_s - E_r = IZ$가 되지 않을 경우에는 그림 24-5처럼 된다. 이 경우 약산식을 사용하며 전압변동률 δ는 다음 식으로 나타낼 수 있다.

$$\delta = \frac{E_r' - E_r}{E_r} \times 100$$

$$= \frac{I(R\cos\theta + X\sin\theta)}{E_r} \times 100[\%] \qquad (24\text{-}14)$$

또한 백분율손은 식 (24-15)와 같이 나타낸다.

$$p = \frac{I^2 R}{E_r I \cos\theta} \times 100[\%] \qquad (24\text{-}15)$$

연 습 문 제

1. 선로의 부하가 균일하게 분포되어 있을 때 배전선로의 전력손실은 이들의 전 부하가 선로의 말단에 집중되어 있을 때에 비하여 어느 정도가 되는가?

2. 어떤 공장의 저압 간선의 부하 설비 용량이 100[kW], 150[kW], 200[kW], 수용률이 다같이 50[%]이고, 각 저압 간선 사이의 부등률이 1.2일 경우 이 공장의 수전 설비 용량은 최소 몇 [kVA]인가? 단, 평균 부하 역률은 80[%]이다.

3. 보통의 배전 선로에 있어서 전압 강하를 표시하는 근사값은?

4. 단상 2선식의 교류배전선이 있다. 전선 1줄의 저항은 0.15[Ω], 리액턴스는 0.25[Ω]이다. 부하는 무유도성으로서 100[V], 3[kW]일 때 급전점의 전압은 몇 [V]인가?

5. 500[m]의 거리에 100개의 가로등을 같은 간격으로 배치하였다. 전등 하나의 소요 전류는 1[A], 전선의 단면적 38[mm^2], 도전율 55[℧]라 한다. 한 쪽 끝에서 110[V]로 급전할 때 최종 전등에 가해지는 전압 [V]은?

제 25 장

배전선의 전압조정

25.1 전압조정(電壓調整)의 필요성

양질전기의 공급에는 수용장소의 전압변동을 가급적 적게 할 필요가 있다. 일반적으로 변전소에서 수용가에 이르는 동안에는 고압배전선, 배전변압기, 저압배전선 및 인입선 등이 있고 그 각 부분에 있어서 전압강하가 발생하며 더구나 그 크기는 부하의 대소와 역률의 양부에 따라 변화할 뿐만 아니라 변전소의 모선전압 자체도 또한 변화한다. 따라서 적당한 방법에 의해 이 전압강하를 보상하지 않으면 안 된다. 물론 전선 자체를 굵게 하면 전압강하를 상당히 작게 할 수도 있으나 이에는 경제적인 측면에서 제한을 받는다.

만약 고압배전선의 전압이 불변이면 설사 전압강하가 상당히 있더라도 그 전압에 따라 배전변압기의 단자를 적당히 선정하면(배전변압기의 탭(tap) 조정) 어느 위치에 있어서나 배전변압기의 2차측의 단자전압을 표준치로 유지할 수가 있다. 그러나 부하의 변동에 따라 고압배전선 중의 전압강하가 각 점에 의해 변화할 뿐만 아니라, 변전소의 모선전압도 또한 변화하기 때문에 배전변압기의 2차전압은 장소에 따라 상당히 변동하며 공급지점의 전압을 법정범위로 유지할 수 없는 경우가 있다. 따라서 배전선에 있어서 전압조정의 필요성이 발생한다.

수용가의 공급전압을 법정치로 유지하기 위해 배전선로의 운용상, 일반적으로 다음과 같은 방법이 사용되고 있다.

① 변전소에 있어서의 전압조정에는 모선 또는 급전선별로 전압조정설비를 설치하고 송전전압을 중부하시에는 높게 경부하시에는 낮게 조정한다.

② 배전선에 있어서의 전압조정에는 전선로의 설계상 고압선 및 저압선에서는 전압강하를 적정한도 이하로 억제하는 외에도 전선로의 중간장소 또는 말단에 전압조정설비를 둔다.

③ 배전변압기에서의 전압조정에는 고압선 각 부의 전압에 따라 배전변압기의 탭을 알맞게 변환해서 사용하고 저압선의 전압을 조정한다.

배전선의 전압조정설비로서 현재 사용되고 있는 것으로는 승압기, 부하시 탭 변환변압기, 자동전압조정기(SVR 또는 IR), 병렬 콘덴서 및 직렬 콘덴서 등이 있으나 병렬콘덴서는 무효전력을 조정하여 전압강하방지의 효과도 있으나 일반적으로 배전선의 전압조정을 위한 설비로는 분류하지 않는다.

25.2 승압기(昇壓器)

(1) 단상승압기

단상변압기를 그림 25-1과 같이 접속하고 승압기(booster)로서 사용하는 것이 보통이다. 이 경우 2차권선의 대지절연에 불안이 있는 경우에는 변압기 전체를 절연대에 올린다. 그림에 있어서

E_1 : 승압전의 전압(전원측 전압)[V], E_2 : 승압후의 전압(부하전압)[V]

e_1 : 승압기의 1차 정격전압[V], i_2 : 승압기의 2차 정격전류[A]

ω : 승압기의 용량[kVA], e_2 : 승압기의 2차 정격전압[V]

W : 부하의 용량[kVA]

로 하면

$$\left.\begin{aligned} E_2 &= E_1 + \frac{e_2}{e_1}E_1 = E_1\left(1+\frac{e_2}{e_1}\right)[\mathrm{V}] \\ W &= \frac{E_2 i_2}{1,000} = E_2\frac{w}{e_2}[\mathrm{kVA}] \\ w &= \frac{We_2}{E_2}[\mathrm{kVA}] \end{aligned}\right\} \qquad (25\text{-}1)$$

즉, E_1를 E_2로 승압하고 w의 부하에 응하기 위해서는 식 (25-1)에 나타낸 변압기 e_2/e_1와 용량 w[kVA]를 가진 변압기를 필요로 한다.

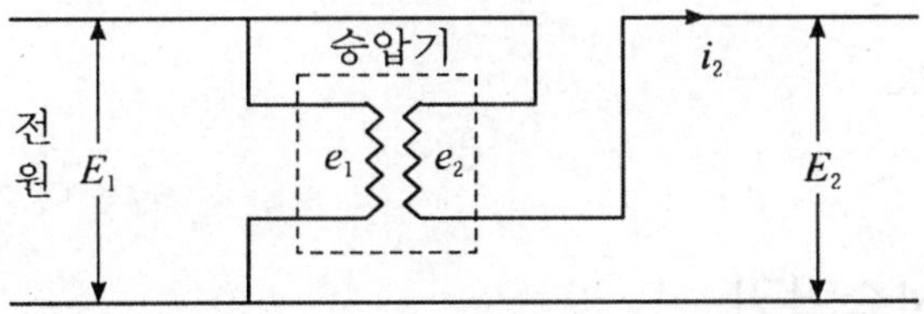

그림 25-1

(2) 3상 V결선승압기

그림 25-2 (a)는 단상변압기 2개를 V결선으로 하고 3상의 승압을 하는 경우의 결선도이다. 이 경우는 다음과 같이 된다.

$$\left.\begin{aligned} E_2 &= E_1\left(1+\frac{e_2}{e_1}\right)[\mathrm{V}] \\ W &= \frac{\sqrt{3}E_2 i_2}{1,000} = \sqrt{3}w\frac{E_2}{e_2}[\mathrm{kVA}] \\ \therefore\ w &= \frac{We_2}{\sqrt{3}E_2}[\mathrm{kVA}] \end{aligned}\right\} \qquad (25\text{-}2)$$

즉, E_1을 E_2로 승압하고 w의 부하에 응하기 위해서는 식 (25-2)에서 보여 주는 변압비 e_2/e_1과 용량 w[kVA]를 가진 단상변압기 2대가 필요하게 된다.

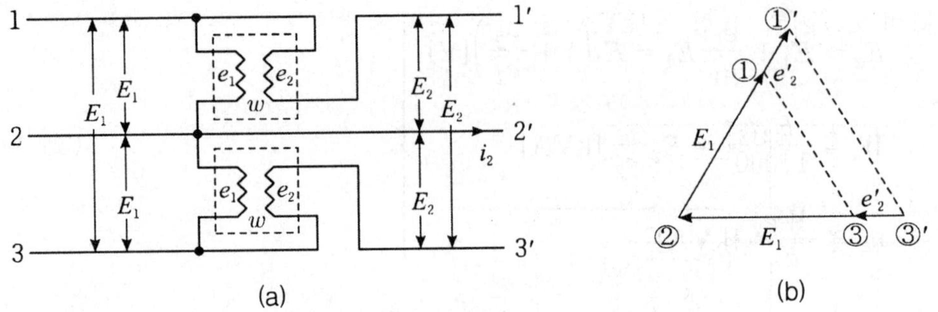

그림 25-2

그림 (b)는 이 경우의 벡터도이지만 다음 식이 성립한다.

$$e_2' = E_1 \frac{e_2}{e_1}$$

(3) 3상 △결선승압기

그림 25-3 (a)는 단상변압기 3개를 △결선으로 하여 3상의 승압을 하는 경우의 결선도인데 그림 (b)는 그 벡터 그림이며 다음 식이 성립한다.

$$e_2' = E_1 \frac{e_2}{e_1} [\mathrm{V}]$$

$$E_2 = \sqrt{\left(E_1 + \frac{3}{2} e_2'\right) + \left(\frac{\sqrt{3}}{2} e_2'\right)^2} \fallingdotseq E_1 + 1.5 e_2$$

$$= E_1\left(1 + 1.5 \frac{e_2}{e_1}\right) [\mathrm{V}]$$

$$W = \sqrt{3}\, E_2 i_2 \times 10^{-3} = \sqrt{3}\, w \frac{E_2}{e_2} [\mathrm{kVA}]$$

$$\therefore\ w = \sqrt{3}\, E_2 i_2 \times 10^{-3} = \sqrt{3}\, w \frac{E_2}{e_2} [\mathrm{kVA}]$$

$$\therefore\ w = \frac{We_2}{\sqrt{3}\, E_2} [\mathrm{kVA}] \tag{25-3}$$

즉, E_1을 E_2로 승압하고 w의 부하에 응하기 위해서는 식 (25-3)에서 나타내는 변압비 e_2/e_1과 용량 w[kVA]를 가진 단상변압기 3개가 필요하다.

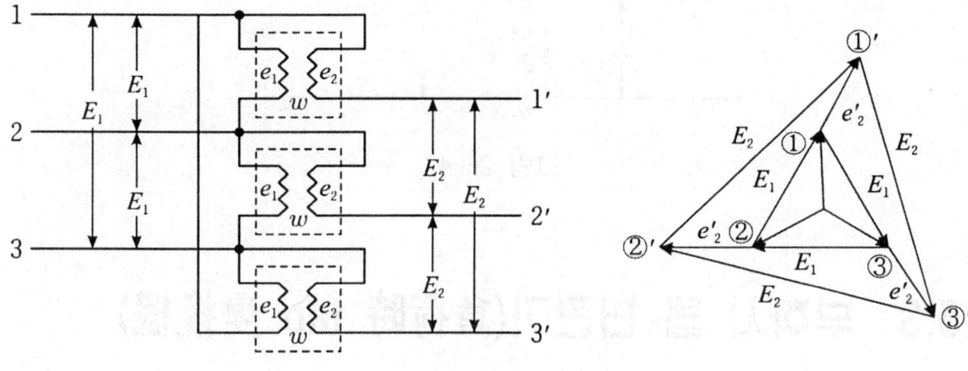

그림 25-3

(4) 자동승압기(自動昇壓器)

보통의 고정식 승압기에서는 전압강하의 보상은 할 수 있지만 경부하시에는 전압이 오히려 너무 상승하는 단점이 있어 최근에는 자동승압기(automatic booster ; step regulator)를 사용하고 있다. 이것은 선로 전압의 고저에 따라 전압계전기에 의해 조작회로를 제어하고 탭을 단계식으로 자동변환하여 전압을 조정하도록 한 것이다. 즉, 2차 권선에다 탭을 설치하고 접속전환에 의해 가령 2.5[%]씩 4단의 조정단계가 설정되면 전체 10[%]의 승압, 또는 강압이 가능하게 된다.

(5) 단권변압기(單卷變壓器)

단권변압기(auto-transformer)는 그림 25-4에서와 같이 1개의 권선을 1차와 2차에 공용하며 ab간에는 1차, 2차 양자의 전류차가 흐른다.

변압비는 ac간의 권선수와 ab간의 권선수와의 비가 되기 때문에 이것을 승압기로서 사용할 때에는 bc간의 권선수간의 전압가감이 가능한 것이다. 승압기로서의 출력은 $E_2 I_2 \times 10^{-3}$[kVA]인데 그 용량은 bc간의 용량을 말하며 다음과 같이 된다.

$$\text{용량} = I_2(E_2 - E_1) \times 10^{-3} [\text{kVA}] \tag{25-4}$$

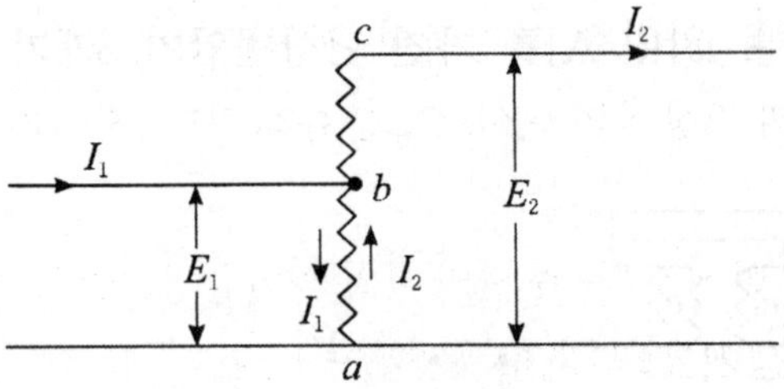

그림 25-4

25.3 부하시 탭 변환기(負荷時 tap 變換機)

부하시 탭 변환기(on-load tap changer : OLTC)와 부하시 전압조정변압기(loadratio control transformer)는 변압기의 1차측 전압변동에 수반하여 2차측 전압을 조정하기 때문에 변압기의 탭에 부하를 건 채 신속하게 변환할 수 있도록 장치한 것이다.

25.4 자동전압조정기(自動電壓調整器)

자동전압조정기는 정지형 전압조정기(static voltage regulator : SVR)와 유도전압조정기(induction regulator : IR)가 있으나 현재는 전자식인 SVR만을 주로 사용하고 있다.

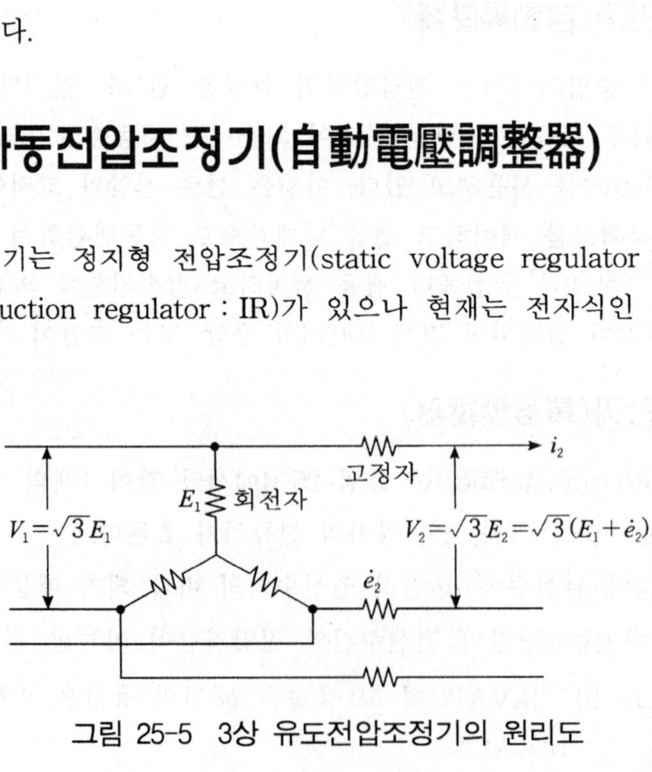

그림 25-5 3상 유도전압조정기의 원리도

유도전압조정기는 회전자를 1차 권선으로 고정자를 2차 권선으로 해서 고정자에 대한 회전자의 위치를 임의로 조정하여 전압조정을 하는 것이다.

이 조정기는 단상식과 3상식의 종류로 분류되지만 후자가 많이 사용되고 있다(그림 25-5 참조).

자동전압조정기에는 변전소의 주변압기인 2차측에 설치해서 모선전압을 일괄 조정하는 **모선전압 조정기**(母船電壓調整器 : bus voltage regulator)와 각 배전선마다 설치하여 피이더별로 전압을 조정하는 피이더전압조정기(feeder voltage regulator)가 있다(그림 25-6 (a), (b) 참조). 전자는 각 배전선의 길이와 부하상태가 유사한 경우 등에 대용량인 조정기를 사용해서 모선전압의 변동을 조절하는 것이며 후자는 각 배전선에 의해 전압변동상태의 상이가 크고 일괄조정으로는 불충분한 경우에 각 선로의 인출구에다 소용량의 조정기를 두고 개별조정하는 것이다.

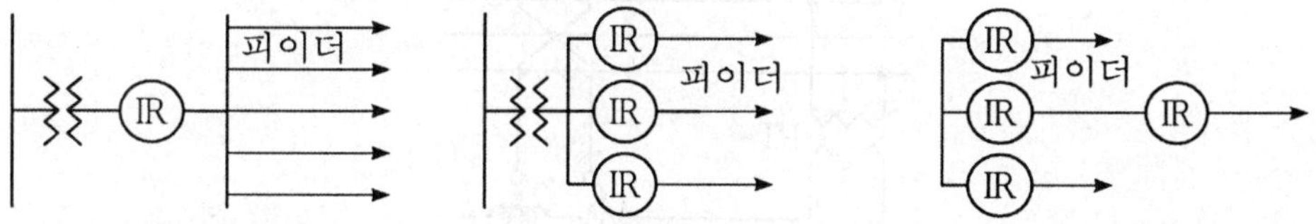

(a) 집단조정 (b) 개별조정 (c) 선로도중에서 재조정하는 방법

그림 25-6 자동전압조정기의 사용법

한편, 선로의 길이가 부하의 크기와 비교해서 특히 큰 경우에는 그림 (c)와 같이 선로의 도중에도 조정기를 설치하여 전압을 2단으로 조정하는 경우가 있다.

전압의 조정 범위를 정격 1차 전압에 대한 비율로 나타내고, 일반적으로 ±10[%] 및 ±5[%]를 표준으로 하고 있으나 전자가 일반적인 것이며 후자는 대도시와 같이 수용밀도가 높고 배전선의 전압강하가 적은 지역의 변전소에서 사용된다.

정격출력은 단권변압기의 경우와 마찬가지로 정격 2차전압 e_2와 정격 2차전류 i_2에 의해 결정되며 3상식인 경우에는 다음 식으로 나타낸다.

$$P = \frac{\sqrt{3}\, e_2 i_2}{1000} \,[\mathrm{kVA}] \tag{25-5}$$

따라서 가령 10[%]만의 전압을 가감하기 위해서는 통과전력[kVA]의 10[%]만의 정격출력이 있으면 되는 셈이다.

조작방식에는 수동, 전동 및 유압에 의한 조작방법이 있으나 일반적으로 자동제어방식이 널리 사용되고 있다. 전동조작식인 전압조정기를 자동제어하는 경우에는 전동기나 전압계전기에 의해 조작한다. 즉, 2차회로전압이 규정값에서 변화하면 전압계전기가 동작해서 전동기를 승압방향으로 정회전시키고 또한 강압방향으로 역회전시킨다.

조정기를 선로인출구에 설치하면 인출구의 전압은 일정하게 되나 인출구와 부하점과의 사이에 전압강하가 있기 때문에 선로길이가 크고 부하변동이 심한 경우에는 부하점의 전압은 상당히 변동한다. 이와 같은 경우에는 **선로전압강하보상기**(線路電壓降下補償器 : line drop compensator)를 사용하고 조정기를 변전소에 설치하면 부하점의 전압이 일정하게 유지가 된다.

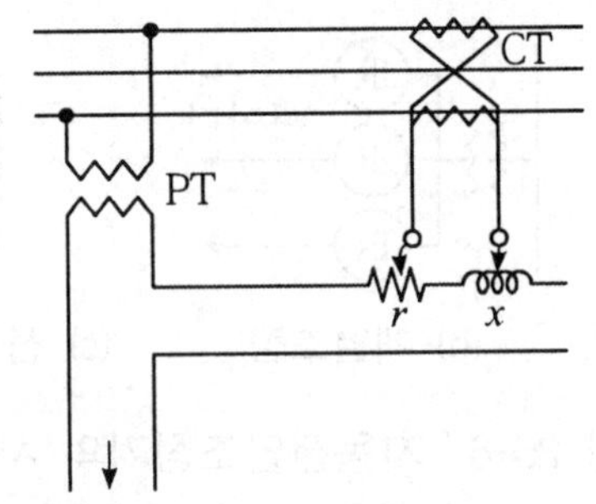

그림 25-7 선로전압강하보상기

그 원리는 그림 25-7과 같은 계기용 변압기 및 변류기의 2차 회로에 가감저항 r과, 가감 리액턴스 x(각각의 크기를 선로저항 R 및 리액턴스 X에 비례하도록 한다.)를 조합한 선로의 의사회로를 접속하고 PT의 2차 전압과 CT에서 오는 선로전류에 의한 전압강하와의 차감전압을 전압계전기의 제어 코일에다 가해서 변전소 전압을 임피던스 강하만큼 높게 조정하여 보상하는 것이다.

25.5 전력용(電力用) 콘덴서

전력용 콘덴서(static condenser)는 전에 서술한 바와 같이 선로의 역률개선용으로 사용되고 있으나 동시에 전압조정의 목적으로도 이것을 이용할 수 있다. 콘덴서의 사용방법으로는 병렬식과 직렬식이 있다. 전자는 선로역률을 개선하고 선로전류를 경감시켜 전압강하를 감소시키는 것이지만 후자는 전선로에 직렬로 삽입함으로써 선로의 유도 리액턴스를 보상하고 선로에서의 전압강하를 경감시키는 것이다. 한편, 직렬식에 의한 전압강하의 보상은 부하전류의 변화에 따라서 시행되는 특징이 있기 때문에 직렬 콘덴서는 선로계통과 전차선회로에 설치되는 외에도 대용량전동기와 저항용접기와 같은 역률이 낮은 부하설비의 회로에 사용하면 시동·정지에 의한 깜박임(flicker)의 억제에 특히 효과가 있다.

연 습 문 제

1. 단상승압기 1대를 사용하여 승압할 경우 승압전의 전압을 E_1이라 하면, 승압 후의 전압 E_2는 어떻게 되는가? 단, 승압기의 변압비는 $\frac{e_1}{e_2}$이다.

2. 고압 배전 선로의 중간에 승압기를 설치하는 주목적은?

3. 단권 변압기를 사용하여 3,000[V]의 전압을 3,300[V]로 승압하여 용량 80 [kW], 역률 80[%]의 단상 부하에 전력을 공급하는 경우 이 변압기의 자기 용량[kVA]으로 적당한 것은?

4. 단상 교류회로에 3,150/210[V]의 승압기를 80[kW], 역률 0.8인 부하에 접속하여 전압을 상승시키는 경우에 다음 중 몇 [kVA]의 승압기를 사용하여야 적당한가? 단, 전원전압은 2,900[V]이다.

5. 배전계통에서 콘덴서를 설치하는 주된 목적은?

찾 아 보 기

∥1∥

∥2∥

∥3∥

∥4∥

∥C∥

∥P∥

∥T∥

∥π∥

∥ㄱ∥

‖ ㄹ ‖

‖ ㅁ ‖

‖ ㅂ ‖

‖ㅈ‖

‖ ㅊ ‖

신편 전력공학

2024. 2. 10 인쇄
2024. 2. 15 발행

판 권
소 유

저 자 : 이동신 · 류근채 · 이황재 · 석원엽 · 박상호 공저

발행자 : 이진권

발행처 : 도서출판 **태영문화사**

주 소 : 서울특별시 강서구 초원로 38

전 화 : 2661-8751

F A X : 2661-8798

등 록 : 1998년 11월 12일 제 2-2682호

정가 25,000원

• • 이 책의 내용 일부 또는 전부에 대한 복사나 전재를 불허함.